大学物理实验

（第2版）

主编　李保春　周海涛　董有尔

中国科学技术大学出版社

内 容 简 介

本书将物理实验分为基本实验、综合设计性实验和研究性实验，形成从低到高、从基础到前沿、从接受知识型到综合能力型逐级提高的一、二、三级基础物理实验课程新体系. 一、二级物理实验适用于理、工科各专业的学生，为普及性课程；三级物理实验对物理类专业学生开课. 在选择实验内容时，力求站在现代科学技术水平的高度，注重时代性，有效地引入先进的科学技术方法和新概念，使传统的实验内容与现代技术很好地结合起来.

本书可作为高校的物理实验教材.

图书在版编目(CIP)数据

大学物理实验/李保春，周海涛，董有尔主编. —2 版. —合肥：中国科学技术大学出版社，2016. 8(2025. 8 重印)
ISBN 978-7-312-03999-7

Ⅰ. 大…　Ⅱ. ①李… ②周… ③董…　Ⅲ. 物理学—实验—高等学校—教材
Ⅳ. O4-33

中国版本图书馆 CIP 数据核字(2016)第 128328 号

出版　中国科学技术大学出版社
安徽省合肥市金寨路 96 号，230026
http://press. ustc. edu. cn
https://zgkxjsdxcbs. tmall. com
印刷　安徽省瑞隆印务有限公司
发行　中国科学技术大学出版社
开本　710 mm×960 mm　1/16
印张　23. 25
字数　465 千
版次　2006 年 7 月第 1 版　2016 年 8 月第 2 版
印次　2025 年 8 月第 10 次印刷
定价　46. 00 元

前　言

物理学是以实验为基础的科学，物理实验在物理学发展史上占有重要的地位.在物理本科教学大纲中，普通物理（包括力、热、电、光）、电子线路、近代物理等实验，占本科阶段4年教学总课时的1/5左右，分别安排在一到三年级完成.开设这些物理实验课程的目的是通过全面、系统、严格的实验技能的训练，丰富和活跃学生的物理思想，提高学生科学地观察、分析、研究和解决实际问题的创新能力，培养实事求是的科学态度，为今后的学习和工作打下坚实的基础.物理实验教学曾经为培养20世纪的优秀人才做出了卓越的贡献.但随着科学技术的迅猛发展及社会的不断进步，为培养21世纪高素质创新人才，传统的物理实验教学体系和教学内容已经不能适应新观念、新思维方法及时代发展的需要，为此，物理实验教学的课程体系、教学内容、教学方法等必须改革.我们在几十年物理实验教学实践的基础上，加之近几年的改革探索，编写了本书.本书是我们几十年教学经验的总结，更是近几年教学改革经验的总结.

传统的物理实验课程体系是按普通物理实验（力、热、电、光）、电子线路实验和近代物理实验分别安排的封闭体系，学生用3年时间完成这些物理实验，由于各学科相互独立，限制了学生跨学科思维能力和创新能力的培养，我们打破旧的实验课程体系，实行各门实验课重组与融合，将物理实验分为基本实验、综合设计性实验和研究性实验，形成从低到高、从基础到前沿、从接受知识型到综合能力型的逐级提高的一、二、三级基础物理实验课程新体系.每一级实验用一年左右的时间完成，不同的级标志着不同的实验技能和科学思维水平.

一级物理实验主要是学习基础物理量的测量、基本实验仪器的使用，常用电子器件与传感器测试，基本实验方法和技术的训练，基本测量方法与误差的分析等，这些基础实验内容涉及力、热、电、光、电子线路、近代物理各个学科，将过去二、三年级才完成的电子线路和近代物理部分实验内容移植到基本实验中.本级实验要求学生在理解实验原理的基础上，不仅要学会仪器的使用，而且还要掌握其内部结构和相关的电子线路知识，掌握运用该原理解决实际问题的方法.本级我们安排了32个基础实验.

二级物理实验为综合设计性实验，本级实验逐步增加综合性实验和设计性实验的比例和难度,改变过去由教师排好实验、准备好仪器、学生来做实验的状态,而是由学生在教师的指导下,自己设计实验、选择仪器、查阅资料文献,写出实验原理、实施方案,连接电路和调试仪器等每一个实验的环节全部由学生独立完成,以此培养和提高学生的综合思维和创造能力. 学生通过设计实验,从成功与失败中受到训练,整体素质得到提高. 三级物理实验体系的建立,使综合、设计性实验出现了一个良性循环状态,同学们在研究性实验中开发的新实验项目和制作的新实验仪器,投入到综合设计性实验教学之中,不仅增加了综合、设计性实验的数量,而且还提高了质量.

三级物理实验为研究性实验. 本级实验以科研实践为主题,以课题组为组织形式,让学生直接参加到新实验的设计和传统实验的更新和改造之中,本级实验与专业研究接轨,缩短了教与学、教学与科研、教科书与现代科学技术之间的距离,使学生的独立科研能力得到锻炼. 研究性物理实验选题一般是在实验教学中提出来的,具有明显的研究价值,也具有较好的研究条件. 在教师的指导下,学生通过自己的努力就可以完成这些题目. 为了搞好研究性物理实验,我们采用导师制,每一个学生根据自己的情况,选择实验指导教师,教师要加强指导,与学生共同进行研究性实验. 做好研究性实验,充分发挥每个学生的才能,提高学生的实际操作能力,培养创新能力,是我们建立三级物理实验教学体系的最终目标.

本书在选择实验内容时,力求站在现代科学技术水平的高度上,注重时代性,有效地引入先进的科学技术方法和新概念,使传统的实验内容与现代技术很好地结合起来. 第一,将传感器技术、微波技术、激光技术、磁共振技术等现代技术进一步引入实验教学中,不仅使物理实验的项目增加,而且使物理实验的内容得以扩充. 第二,将计算机技术深入实验教学和实验数据采集、处理和控制中,让计算机的应用贯穿在实验教学的始终,不同的级也标志着有不同的计算机应用水平. 第三,充分利用学院、研究所的科研成果,不断增加新的实验内容,改进实验技术,开发新的实验仪器设备,使基础物理实验具有学院的特色,为科研工作打下坚实的基础. 第四,对于受到经费限制、价格昂贵暂时不能购置和一些复杂、精密无法对其内部结构、设计思想进行剖析的实验仪器,我们可以建立数学模型,利用计算机仿真方式模拟物理实验的各个环节,达到实际实验难于实现的效果,不仅增加了实验的趣味性,而且提高了物理实验的教学水平.

从基本实验到综合设计性实验再到研究性实验,对学生的要求更高,目标更明确,用传统的实验教学方法,很难完成本书的教学任务,为此,实行开放式实验教学. 不同的级对开放实验有不同的目的和要求,如在基本实验教学中,要求学生除了完成课表安排的基本实验之外,每个学生可根据自己学习的需要,随时到实验室进行预习或进行实验操作,时间、内容不受限制. 开放实验教学为学生创造一个能够发挥自身特长的教学环境，有利于鼓励学生个性发展和勇于探索精神的培养，也是我们顺利完成三级物理实验教学任务的保证.

与本书相配套的考核方法也需要改革，不同的学习内容采用不同的考核方法，一级物理实验实行平时成绩＋操作考试＋答辩成绩；二级物理实验实行平时成绩＋答辩成绩；三级物理实验实行科学报告＋答辩成绩. 等级答辩能够调动学生学习的积极性和主动性，强化了因材施教，突出了创新能力的培养.

在课程安排上，一、二级物理实验适用于理、工科各专业的学生，为普及性课程；三级物理实验对物理类专业学生开课. 物理实验教学体系的改革，是全体实验课教师和实验技术人员集体智慧和劳动的结晶. 在本书出版之际，我们感谢几十年来在山西大学物理实验教学中做出过贡献的所有老师和实验技术人员. 本书共收进基础物理实验 32 个，综合性物理实验 19 个，设计性物理实验 40 个，研究性物理实验专题 2 个. 参加编写的人员为：宿星亮（1-1，1-2，1-3，1-4，1-6），李保春（绪论、1-5，1-7，1-8，1-9，1-10，1-11，1-12，2-5，2-6，2-7，2-8，2-12，第 3 单元），杨利民（1-10），王申（1-13，1-14，1-15，1-16，1-17，1-22，2-13，2-14），王月明（1-18，1-19，1-20，1-21，2-3，2-4），周海涛（1-23，1-24，1-31，1-32，2-1，2-2，2-9，2-10，2-11，第 4 单元），董宏伟（2-11），杨保东（绪论、1-25，1-26，1-27，1-28，1-29，1-30，2-15，2-16，2-17，2-18，2-19），董有尔审阅了全书.

2006 年，山西大学物理实验教学中心被教育部批准为国家级实验教学示范中心. 本书在编写过程中得到了学校和学院各级领导的关心和支持，在此深表感谢. 实验教学改革是一个长期和复杂的系统工程，还有许多不完善和需要改进之处. 由于我们的水平和条件所限，书中难免存在错误和不妥之处，我们真诚欢迎使用本书的教师、学生和各位读者批评指正.

编　者

2016 年 4 月

目　　录

绪　论

0-1　大学物理实验的任务与要求

一、物理实验的重要性

物理学是一门以实验为基础的科学，物理学概念的形成、规律的发现以及理论的建立，都以实验为基础，并受到实验的检验. 可以说，没有物理实验，就没有物理学，没有物理实验的重大突破，就没有物理学的发展.

正是16世纪伟大的物理学家伽利略，把实验方法发展到一个科学的、崭新的高度. 从此物理学作为一门学科，才真正地形成和发展起来. 力学中的许多基本定律，如自由落体定律、惯性定律等，都是由伽利略通过实验发现和总结出来的. 电磁学的研究，也是从库仑发明扭秤并用来测量电荷之间的作用力开始的. 经典物理学的基本定律几乎全部是实验结果的总结与推广. 在19世纪以前，没有纯粹的理论物理学家，所有物理学家，包括对物理理论的发展有重大贡献的牛顿、菲涅耳、麦克斯韦等，都亲自从事实验工作.

当代获得诺贝尔物理学奖金的成果均是物理学中划时代的里程碑级的重大发现和发明. 据统计，1901年以来，实验物理学家获得诺贝尔奖的人数是理论物理学家人数的2倍；而近30年来，前者的人数超过后者的6倍以上. 如1901年，首届诺贝尔物理学奖金获得者德国人伦琴(W. C. Rontgen)因发现X射线而获奖；1902年获奖者是荷兰人塞曼(P. Zeeman)，他在1894年发现光谱线在磁场中分裂的现象；1903年的获奖者是法国人贝可勒尔(H. A. Becquerel)和居里夫妇(P. Curie，M. S. Curie)，他们发现了天然放射性，由此成为核物理学的奠基人. 由此可见，物理实验在物理学发展中的地位是多么重要.

物理实验不仅对于物理学的研究工作极其重要，对于物理学在其他学科的应用也十分重要. 物理学是技术的基础. 没有热学、热力学的研究就不会有以蒸汽机的发明和广泛应用为标志的第一次工业革命；没有电磁学的研究和电磁理论的建立,就不会有今天的工业电气化和现代的无线电通信;没有20世纪以来以相对论和量子力学作为理论基础的近代物理学的巨大进展,就不会有今天的微型计算机、激光和光通信、核能、纳米科学和技术等各种各样的高新技术.在化学中,从光谱分析到量子化学、从放射性测量到激光分离同位素,也无不是物理的应用;在生物学的发展史中,离不开各类显微镜的贡献,也就离不开物理学的应用.物理学正在广泛应用到各个学科领域,而这种应用无不与实验密切相关.显然,实验正是物理学应用到其他学科的桥梁.正是由于实验手段的不断进步、仪器精度的不断提高、实验设计思想的巧妙创新,才能顺利地把物理原理应用到其他学科而推动社会向前发展.

综上所述,要研究与发展物理学,要把物理理论应用到各行各业的实际应用中去,都必须重视物理实验,学好物理实验.因此要正确处理好实验与理论的关系,努力掌握科学实验技术,为服务社会打下坚实的基础.

二、物理实验课的目的和任务

物理实验是理工科大学生独立设置的一门必修基础课程,是培养和提高学生科学素质和能力的重要课程之一,它的主要目的和任务是:

(1) 通过对物理实验现象的观察分析和对物理量的测量,使学生在物理实验的基本知识、基本方法和基本技能等方面受到严格而系统的训练,并能运用物理学原理、物理实验的方法研究物理现象和规律,加深对物理理论的理解和掌握,在实践中提高发现问题、分析问题和解决问题的能力.

(2) 在实验中培养与提高科学实验能力.在实验过程中,正确使用实验仪器,认真观察实验现象,一丝不苟地记录实验数据.记录数据要原始、完整、全面、清楚,要有必要的说明注解,要用已掌握的知识去分析现象、处理数据、分析结果以及写实验报告等,在此基础上,着重培养学生的探索精神、创新精神、自主学习能力和科学研究的方法.

(3) 培养学生严格、细致、刻苦从事科学实验的素质,培养学生理论联系实际和百折不挠的科学精神,以及爱护公共财物的优良品德,培养学生善于动脑、乐于动手、讲究科学方法、遵守操作规程、注意安全等科学习惯.使学生在获取知识的自学能力、运用知识的综合分析能力、动手实践能力、设计创新能力以及严肃认真的工作作风、实事求是的科学态度等方面得到训练与提高.

三、物理实验教学对学生的基本要求

实验课与理论课不同,它的特点是学生在教师的指导下,自己动手,独立完成实验任务,对学生有以下基本要求.

1. 实验预习

实验前必须仔细阅读实验教材或有关的资料，了解实验所用的原理和方法，并学会从中整理出主要实验条件、实验关键及实验注意事项，根据实验任务画好记录数据的表格. 有些实验还要求学生课前自拟实验方案，自己设计电路图或光路图、自拟数据表格等. 因此，课前预习的好坏是实验中能否获得主动的关键. 要求学生实验前必须预习并写出预习报告.

2. 实验操作

学生进入实验室后应遵守实验室规则，按照一个科学工作者要求自己. 井井有条地布置仪器，安全操作，细心观察实验现象，认真钻研和探索实验中出现的问题. 不要期望实验工作会一帆风顺，在遇到问题时，应看作是学习的良机，冷静地分析和处理它. 仪器发生故障时，也要在教师指导下学习排除故障的方法. 总之，要将着重点放在实验能力的培养上，而不是测出几个数据就完成了任务. 对实验数据要严肃对待，如确系记错了，也不要涂改，应轻轻划一道，在旁边写上正确值(错误多的，需重新记录)，使正误数据能清晰可辨，以供在分析测量结果和误差时参考. 不要用铅笔记录原始数据，留有涂抹的余地，也不要先草记在另外的纸上再誊写到数据表格里，这样容易出错，况且，这已不是"原始记录"了. 注意纠正自己的不良习惯，从一开始就不断培养良好的科学作风. 实验结束时，将实验数据交给教师审阅签字，整理还原仪器后方可离开实验室.

3. 实验总结(实验报告)

实验后要对实验数据及时进行处理. 如果原始记录删改较多，应加以整理，对重要的数据要重新列表. 数据处理过程包括计算、作图、误差分析等. 计算要有计算式(或计算举例)，代入的数据要有根据，便于别人看懂，也便于自己检查. 作图要按作图规则，图线要规矩、美观. 数据处理后应给出实验结果. 最后要求撰写出一份简洁、明了、工整、有见解的实验报告，这是每一个大学生必须具备的报告工作成果的能力. 实验内容包括：

(1) 实验名称.

(2) 实验目的.

(3) 实验原理. 简要叙述有关物理内容(包括电路图、光路图或实验装置示意图)及测量中依据的主要公式，式中各物理量含义及单位，公式成立所应满足的实验条件等.

(4) 实验步骤. 根据实际的实验过程写明关键步骤和安全注意要点.

(5) 数据表格与数据处理. 记录中应有仪器编号、规格及完整的实验数据. 完成数据计算、曲线图绘制及误差分析. 最后写明实验结果.

(6) 总结或讨论. 内容不限，可以是实验中现象的分析、对实验关键问题的研究体会、实验的收获和建议,也可解答思考题.

4. 遵守实验室规则

为了保证实验正常进行,以及培养严肃认真的工作作风和良好的实验工作习惯,要求同学们遵守以下实验室规则.

(1) 学生应在课表规定时间内进行实验,不得无故缺席或迟到.实验时间若要更动,须经实验室同意.

(2) 学生在每次实验前对排定要做的实验应进行预习,并在预习的基础上作出预习报告.

(3) 进入实验室后,应将预习报告放在桌上由教师检查,并回答教师的提问,经过教师检查认为合格后,才可以进行实验.

(4) 实验时,应携带必要的物品,如文具、计算器和草稿纸等.对于需要作图的实验应事先准备毫米方格和铅笔.

(5) 进入实验室后,根据仪器清单核对自己使用的仪器是否缺少或损坏,若发现有问题,应向教师或实验室管理员提出.未列出清单的仪器,另向管理员借用,实验完毕时归还.

(6) 实验前应细心观察仪器构造,操作时动作应谨慎细心,严格遵守各种仪器仪表的操作规则及注意事项,尤其是电学,线路接好后,先经教师或实验室工作人员检查,经许可后才可接通电源,以免发生意外.

(7) 实验完毕应将数据交给教师检查,实验合格者,教师予以签字通过.余下时间在实验室内进行实验计算与做作业题.待下课后方可离开实验室.

实验不合格或请假缺课的学生,由指导教师登记,通知学生在规定时间内补做.

(8) 实验时,应注意保持实验室整洁、安静.实验完毕,应将仪器、桌椅恢复原状,放置整齐,经老师检查同意后,方能离开实验室.

(9) 如有损坏仪器,应及时报告教师或实验室工作人员,并填写损坏单,说明损坏原因,赔偿办法根据学校规定处理.

(10) 实验报告应在实验后一周内交给实验室.

四、基本物理实验教学的要求

一级物理实验主要是学习基本物理量的测量、基本实验仪器的使用,常用电子器件与传感器测试,基本实验方法和技术的训练,基本测量方法与误差的分析等,这些基本实验内容涉及力、热、电、光、电子线路、近代物理各个学科,将过去二、三年级才完成的电子线路和近代物理部分实验内容移植到基本实验中.本级实验要求学生在理解实验原理的基础上,不仅要学会仪器的使用,而且还要掌握其内部结构和与其相关的电子线路知识，以及运用该原理解决实际问题的方法.

做好基本实验，对学生进行基本实验方法和技术的训练，是实验教学的主要任务. 基本实验要求学生必须认真预习，仔细阅读教材，掌握实验原理，了解实验中的物理思想及实验中应完成哪些工作和实验的关键性措施，在此基础上，写出预习报告. 实验操作前，教师要检查学生的预习情况，根据学生的预习情况，教师提出问题和学生一起讨论，进一步引导学生领会实验原理和物理思想. 在此基础上教师重点讲解有关实验理论，使学生更好地理解实验原理，体会实验方法的思路和适用条件以及教学具体要求等；同时教师也要对仪器设备进行操作示范，让学生在正式做实验之前，有机会了解实验装置，学会仪器的使用，以便进一步考虑如何做好实验. 最后由学生独立完成实验操作、数据处理、误差分析，直到写出实验报告. 整个实验过程要充分体现学生的主体作用和教师的主导作用.

物理类学生在基本实验阶段，学期末，学生汇报本学期基本实验仪器、基本实验测量方法、基本实验技能等掌握情况，并回答师生的提问，根据答辩情况和平时考核计算出总成绩，两学期都合格，可进入二级物理实验学习，否则继续学习一级物理实验，直到合格为止. 非物理类专业的学生根据其专业，在一级实验中，选取一定的实验项目完成，考核方式采用平时成绩＋理论考试＋操作考试.

五、综合设计性实验教学的基本要求

二级物理实验为综合设计性实验，本级实验逐步增加综合性实验和设计性实验的比例和难度，改变过去由教师排好实验、准备好仪器、学生来做实验的状态，过渡到学生在教师的指导下，自己设计实验，选择仪器，查阅资料、文献，写出实验原理、实施方案. 包括连接电路和调试仪器等每一个实验环节，全部由学生独立完成，以此培养和提高学生的综合思维和创造能力. 学生通过做设计实验，从成功与失败中受到训练，整体得到素质提高. 三级物理实验体系的建立，使综合设计性实验出现了一个良性循环状态，如同学们在研究性实验中开发的新实验项目和制作的新实验仪器，投入到综合设计性实验教学之中，不仅增加了综合设计性实验的数量，而且还提高了质量. 在综合设计性实验内，增加了一定数量的近代物理、应用性和综合性的物理实验，以利于学生理解近代物理概念，了解物理实验技术应用，提高进行综合实验的能力.

设计性实验是在基本训练的基础上，提出一些有利于启发思维，有应用价值的实验课题，让同学们进行实验. 课题内容介绍，以提出任务、要求和阐述应用背景为宜，而如何解决问题，解决问题的原理、方法和所用仪器等由同学自行提出并实践. 做实验前，要求先广泛查阅有关资料，论证和了解课题原理，提出解决问题的方法，并选择最佳方案，最后对实验数据处理、概括归纳、总结分析，得出正确的结论. 这一过程相当于一个小型、初步的科研工作过程，也是一次创新能力的培养过程. 创新能力，简单来说就是善于发现问题，提出问题，进而解决问题的能力. 创新能力的培养包含在平时的教学过程中. 设计性实验正为此创造出良好的条件，提供一个锻炼和实践的机会. 设计性实验的要求和大体步骤是：

(1) 了解题目要求，明确任务.

(2) 查阅有关资料. 寻求各种解决问题的方法. 从原理、方法和仪器等多方面提出完成课题任务的依据及实验步骤.

(3) 做实验. 记录与处理数据，测量结果评价，总结分析.

(4) 按科学论文的要求，写出实验报告.

综合性应用物理实验，旨在训练综合运用多种实验仪器的能力，培养在比较复杂条件下，观察现象、测试数据、探索研究、解决问题以及综合分析能力，有些实验着重在训练实验技能上.

综合设计性实验阶段考核实行平时成绩＋答辩成绩. 近代物理实验与综合应用性实验，根据学生的预习、实验操作、实验报告等情况，计算平时成绩；设计性实验和开放实验，学生要根据实验室提供的仪器、实验题目、实验目的要求，自己设计实验，选择仪器设备，连接线路调试、测量等，直到写出实验报告. 物理类学生学期末每位同学要进行二级物理实验答辩汇报，答辩的题目要写成论文，根据答辩情况，由答辩组成员确定二级物理实验是否达标. 非物理类学生只计算每学期成绩，不要求二级物理实验达标.

六、研究性物理实验的基本要求

三级物理实验为研究性实验. 本级实验以科研实践为主题，以课题组为组织形式，让学生直接参与到新实验的设计和传统实验的更新和改造之中，与专业研究接轨，要缩短教与学、教学与科研、教科书与现代科学技术之间的距离，使学生的独立科研能力得到锻炼. 研究性物理实验选题一般是在实验教学中提出来的，具有明显的研究价值，也具有较好的研究条件，在教师的指导下，通过自己的努力就可以完成的题目. 为了搞好研究性物理实验，我们采用导师制，每个学生根据自己的情况，选择指导教师，教师要加强指导，与学生共同进行研究性实验. 做好研究性实验，充分发挥每个学生的才能，提高学生的实际操作能力，培养创新能力，是我们建立三级物理实验教学体系的最终目标.

研究性实验阶段，每位学生根据所学物理知识及自己的兴趣和能力，选择 1～3 个研究性实验题目进行专题研究，在一年内完成，写成论文并进行成果展示和答辩，如果达到了三级物理实验的标准，就有了一定的独立工作能力和科研能力. 三级物理实验一环紧扣一环，哪一级都不能松懈，通过等级答辩，检验学生每一级物理实验掌握情况.

在物理实验教学中,利用一年的时间,开设研究性实验,是我们改革的重点,学生在研究性实验教学中,通过选题、开题、初研、实验调试、总结答辩等训练,了解科研的环节和方法,学到更多的书本以外的知识,培养了科研能力. 与此同时,教师与学生讨论的机会增多了,也为培养学生良好的道德品质和心理素质,引导学生拼搏进取、勇于创新提供了有利时机,不仅利于教会学生如何学习,而且利于教会学生如何做人,帮助学生树立正确的人生观,增强学生的事业心、使命感,树立起艰苦创业的优良品质和执著追求的科学精神.

0-2　测量的不确定度和数据处理

物理实验的任务不仅是定性地观察各种自然现象,更重要的是定量地测量相关物理量. 在物理实验中可以获得大量的测量数据,这些数据必须经过认真的、正确的、有效的处理,才能得出合理的结论,从而把感性认识上升为理性认识,形成物理规律. 因此误差分析和数据处理是物理实验课的基础. 本节将介绍一些误差分析、不确定度评定和实验数据处理方法的基本知识.

一、测量与误差

1. 测量

物理实验基本内容包括三部分,一是设计或选用仪器,为测量准备条件,使得物理现象再现;二是测量;三是数据处理,找出物理量之间的数学关系,从而得出物理规律. 可以说,物理现象的再现是物理实验的基础,进行测量是物理实验的核心,数据处理是物理实验的结果.

(1) 测量. 测量就是将待测的物理量与一个选来作为标准的同类量进行比较,得出它们之间的倍数关系. 倍数值称为待测量的数值,所选的计量标准称为单位. 因此,一个物理量的测量值应有数值和单位两部分组成,缺一不可.

(2) 单位. 按照中华人民共和国法定计量单位的规定,物理量的单位均是以国际单位制(SI)为基础的,其中米(长度)、千克(质量)、秒(时间)、安培(电流强度)、开尔文(热力学温标)、摩尔(物质的量)和坎德拉(发光强度)是基本单位,其他物理量的单位可由这些基本单位导出,称为国际单位制的导出单位.

(3) 测量分类. 根据获得数据的方法不同,测量可分为直接测量和间接测量.

用测量仪器或仪表直接读出测量值的测量称为直接测量. 如用米尺测长度、用温度计测温度、用电压表测电压等都是直接测量，所得的物理量如长度、温度、电压等称为直接测量值.

在物理实验中，大多数物理量没有直接测量的量具，不能直接获取数据，但能够找到它与某些直接测量的函数关系. 这种通过测量某些直接测量值，再根据某一函数关系而获取被测量数据的测量，称为间接测量，相应的测得量就是间接测量量. 如单摆法测量重力加速度 g 时，$g=4\pi^2 l/T^2$，T(周期)、l(摆长)是直接测量值，而 g 就是间接测量值. 间接测量是建立在直接测量基础上的，也就是说间接测量是通过直接测量获得的，不论直接测量或间接测量，都需要满足一定的实验条件，按照严格的方法及正确地使用仪器，细心地进行操作、读数和记录，以达到巩固理论知识和加强实验技能训练的目的.

2. 误差

一个待测物理量的大小，在客观上应该有一个真实的数值，叫作“真值”. 在实际测量过程中，人们对于客观事物的认识的局限性，测量工具的不准确性，测量手段不完善、受环境影响或测量工作中的疏忽等，都会使测量结果与被测量的真值在数值上存在差异，这个差异就是测量误差. 测量误差可以用绝对误差表示，也可以用相对误差表示.

绝对误差＝测量结果－被测量的真值

相对误差＝绝对误差/被测量的真值(用百分数表示)

任何测量都不可避免地存在误差，所以一个完整的测量结果应该包括测量值和误差两个部分. 测量误差按其产生的原因与性质可分为系统误差、随机误差和过失误差三大类.

(1) 系统误差. 在多次测量同一物理量时，符号和绝对值保持不变的误差，或按某一确定的规律变化的误差称为系统误差. 如仪器的缺陷，或测量理论不完善，或环境变化等对测量结果造成的误差，都可以认为是系统误差.

系统误差是有规律的，在测量条件不变时有确定的大小和方向，增加测量次数并不能减少系统误差. 对实验中的系统误差应如何处理呢？可以通过校准仪器，改进实验装置和实验方法，或对测量结果进行理论上的修正加以消除或尽可能减少. 发现和减少实验中的系统误差通常是一个困难的任务，需要对整个实验所依据的原理、方法、测量步骤及所用仪器等可能引起误差的各种因素一一进行分析，在实验过程中逐渐积累经验、掌握技术、提高实验素养，分析系统误差应当是实验必须要讨论的问题之一.

(2) 随机误差. 在相同的条件下，多次测量同一个量值时，误差的绝对值和符号均以不可预知方式变化的误差称为随机误差. 产生这种误差的原因有：①测量仪器中零部件配合的不稳定或有摩擦，仪器内部器件产生噪声等；②温度及电源电压的频繁波动，电磁干扰，地基振动等；③测量人员感觉器官的无规则变化.

就一次测量而言，随机误差没有规律，不可预定. 但是当测量次数足够多时，其总体服从统计的规律，多数情况下接近于正态分布. 可以利用这种规律对实验结果作出随机误差的估算. 这就是在实验中往往对某些关键量要进行多次测量的原因.

(3) 粗大误差. 粗大误差是由于观察者不正确地使用仪器，观察错误或记录错数据等不正常情况下引起的误差. 它会明显地歪曲客观现象，应将其剔除. 所以在作误差分析时，要估计的误差通常只有系统误差和随机误差.

总之，由于误差的性质不同，来源不同，处理方法不同，对测量结果的影响也不同. 一个实验者要全面分析误差情况，根据误差的来源和性质的不同，应采取不同的方法解决. 尽管我们采取办法来减少测量误差，但实验结果总是还存在误差的. 因此，要对实验结果的质量进行评价，以反映测量结果的可信程度.

3. 测量结果的评定

对测量结果做总体评定时，一般均应把系统误差和随机误差联系起来看. 通常用准确度、精密度和精确度来评定测量结果，但是这些概念的含义不同，使用时应加以区别.

(1) 准确度：是指测量值与真值的接近程度. 反映系统误差的影响，系统误差小，则准确度高.

(2) 精密度：表示测量结果中随机误差大小的程度. 它是指在一定的条件下进行重复测量时，所得结果的相互接近程度，是描述测量重述性高低的. 精密度高，即测量数据的重述性好，随机误差较小.

(3) 精确度：它反映系统误差和随机误差综合的影响程度. 精确度高，说明准确度和精确度都高，意味着系统误差和随机误差都小. 一切测量都应力求实现既精密而又准确. 可用打靶的例子来说明上述 3 种情况. 如图 0-2-1 所示，图(a)是准确度高而精密度低；图(b)是精密度高而准确度低；图(c)是精确度高，既准确又精密.

(a)

(b)

(c)

图 0-2-1　表示误差的 3 种情况

二、测量不确定度的评定

1. 测量不确定度的一些基本概念

由于测量误差的存在,任何一个测得值都不可能绝对精确,它必然有不确定的成分.实际上,这种不确定程度可以用一种科学的、合理的、公认的方法来表征的,这就是"不确定度"的评定.近年来,人们已经越来越普遍地认为,在测量结果的定量表述中,用"不确定度"比"误差"更为合适.测量不确定度,指由于测量误差的存在而对测量值不能肯定(或可疑)的程度.测量不确定度是测量结果所含有的一个参数,用以表征合理地赋予被测量值的分散性.在测量方法正确的情况下,不确定度愈小,表示测量结果愈可靠.反之,不确定度愈大,它的可靠性愈差,使用价值就愈低.

以前国内外对于测量结果的不确定度的表述、运算规则都不尽统一.1992年,国际标准化组织(ISO)发布了具有指导性的文件《测量不确定度指南》(以下简称《指南》),为世界各国不确定度的统一奠定了基础.1993年ISO和国际理论与应用物理联合会(IUPAP)等7个国际权威组织又联合发布了《指南》的修订版.从此,物理实验的不确定度评定有了国际公认的准则.我国的计量标准部门也已明确指出应采用不确定度作为误差数字指标的名称.

《指南》对实验的不确定度有十分严格而详尽的论述,作为大学物理实验,只能介绍测量不确定度的基本原理和具体应用.

测量不确定度是与测量结果相关联的一个参数,用以表征测量值可信赖的程度,或者说它是被测量值在某一范围内的一个评定.测量不确定度分为A类不确定度和B类不确定度.前者在同一条件下多次测量,即由一系列观测结果的统计分析评定的不确定度;后者由非统计分析评定的不确定度.

2. A类不确定度

(1) 正态分布.在相同的条件下,对同一物理量进行重述多次测量,测量误差服从正态分布(或称高斯分布)规律.标准化的正态分布曲线如图0-2-2所示.图中x代表某一物理量的实验测量值,$p(x)$为测量值的概率密度,且

$$p(x)=\frac{1}{\sigma\sqrt{2\pi}}\mathrm{e}^{-(x-\mu)^2/2\sigma^2} \tag{0-2-1}$$

其中$\mu=\lim\limits_{n\to\infty}\dfrac{\sum x}{n}$,$\sigma=\lim\limits_{n\to\infty}\sqrt{\dfrac{\sum\limits_{i=1}^{n}(x_i-\mu)^2}{n-1}}$.从曲线可以看出,被测量值在$x=\mu$处的概率密度最大,曲线峰值处的横坐标相应于测量次数$n\to\infty$时,被测量的平均值μ.横坐标上任一点到μ值的距离$(x-\mu)$即为与测量值x相应的随机误差分量.随机误差小的概率大,随机误差大的概率小.σ为曲线上拐点处的横坐标与μ值之差,

它是表征测量值分散性的重要参数，称为正态分布的标准偏差. 这条曲线是概率密度分布曲线，当曲线和 x 轴之间的总面积定为 1 时，其中介于横坐标上任何两点间的某一部分面积可以用来表示随机误差在相应范围内的概率. 如图中阴影部分 $-\sigma$ 到 $+\sigma$ 之间的面积就是随机误差在 $\pm\sigma$ 范围内的概率（又称置信概率），即测量值落在 $(\mu-\sigma,\mu+\sigma)$ 的区间中的概率，由定积分计算得其值为 $P=68.3\%$. 如将区间扩大到 -2σ 到 $+2\sigma$，则 x 落在 $(\mu-2\sigma,\mu+2\sigma)$ 区间中的概率就提高到 95.4%；落在 $(\mu-3\sigma,\mu+3\sigma)$ 区间中的概率为 99.7%. 因此，可用 3σ 准则（莱特准则）将一些测量结果中的“坏值”剔除掉。因为，就多次测量（测量值呈正态分布）而言，误差大于 3 倍标准偏差的概率极小，这些“坏值”多半是由于实验过程中一些错误的操作造成的.

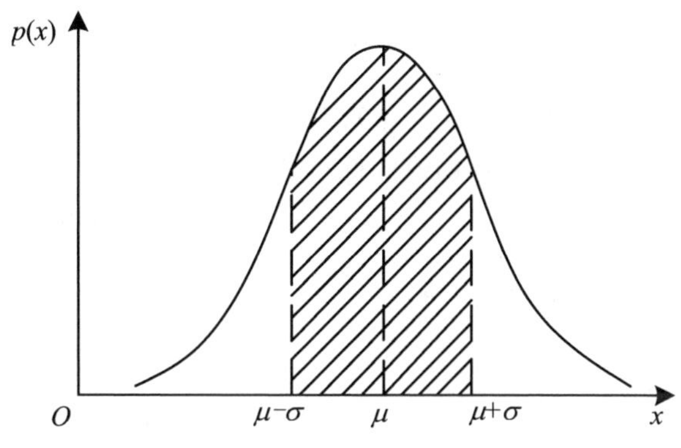

图 0-2-2　正态分布曲线

从图 0-2-2 可以看出：正态分布曲线的概率密度具有以下性质：①单峰性，即测量值与真值之差的绝对值小的出现的概率比绝对值大的出现的概率要大. ②对称性，即概率密度分布以真值为中心，与真值之差绝对值相等的出现的概率相等.

(2) 标准偏差. 设对某一物理量在条件相同的条件下进行 n 次无明显系统误差的独立测量，测得 n 个测量值 $x_1, x_2, \cdots, x_n$. 当无系统误差分量存在时，得到测量值的算术平均值为

$$\bar{x}=\frac{1}{n}\sum_{i=1}^{n}x_i,\ i=1,2,\cdots,n \tag{0-2-2}$$

式(0-2-2)说明当系统误差已被消除时，测量值的平均值可以作为被测量的真值. 测量次数越多，两个值接近的程度越好（当 $n\to\infty$ 时，平均值趋近真值）. 因此，算术平均值是真值的最佳估计值，常用平均值表示测量结果.

每一次测量值 x_i 与平均值 $\bar{x}$ 之差称为残差，即

$$\Delta x_i=x_i-\bar{x},\ i=1,2,\cdots,n \tag{0-2-3}$$

显然，这些残差有正有负，有大有小. 在实际情况中，常用“方均根”对它们进行统计，在测量次数足够多时，标准偏差的估计值为

$$\sigma = \sqrt{\frac{\sum_{i=1}^{n} (x_i - \bar{x})^2}{n-1}} \tag{0-2-4}$$

式(0-2-4)称为标准偏差估计值的贝塞尔公式,标准偏差可以表示这一系列测量值的精密度.标准偏差小就表示测量值很密集,即测量的精密度高;标准偏差大就表示测量值很分散,即测量的精密度低.

(3) A 类不确定度 u_A.在实际测量中,对物理量进行了有限 n 次测量,算术平均值的标准差用 u_A 表示,由概率论可以证明算术平均值 $\bar{x}$ 的标准差 u_A 为

$$u_A = \frac{\sigma}{\sqrt{n}} = \sqrt{\frac{\sum_{i=1}^{n} (x_i - \bar{x})^2}{n(n-1)}} \tag{0-2-5}$$

当测量次数趋于无限时,算术平均值将无限接近待测物理量的客观值,为最佳值.u_A 叫做 A 类标准不确定度,即平均值的标准差.

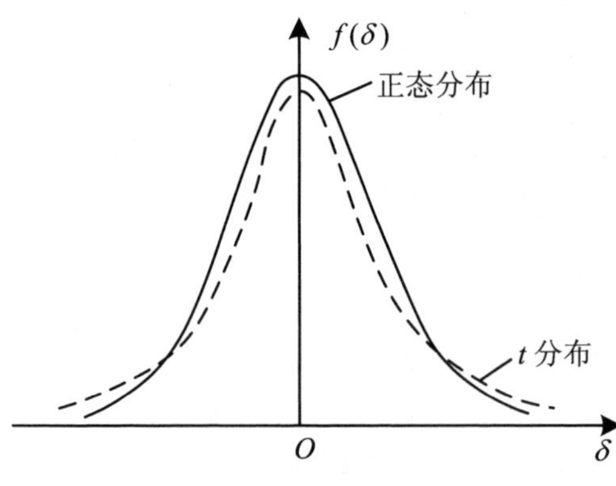

图 0-2-3 t 分布与正态分布比较

测量次数趋于无穷只是一种理论情况,这时物理量的概率密度服从正态分布.当次数减少时,概率密度曲线变得平坦,成为 t 分布,也叫学生分布.当测量次数趋于无限时,t 分布过渡到正态分布,如图 0-2-3 所示.

对有限次测量的结果,要保持同样的置信概率,显然要扩大置信区间,把 u_A 乘以一个大于 1 的因子 t,在 t 分布下,A 类不确定度记为 Δ_A,则

$$\Delta_A = t_p u_A \tag{0-2-6}$$

要使测量值落在平均值附近,具有与正态分布相同的置信概率,$P=0.68$,置信区间要扩大为$[-t_p u_A, t_p u_A]$,t_p 与测量次数有关.

表 0-2-1 给出不同置信概率下 t 因子与测量次数的关系.

表 0-2-1　t 与 n 的关系

P \ t \ n	3	4	5	6	7	8	9	10	15	20	∞
0.68	1.32	1.20	1.14	1.11	1.09	1.08	1.07	1.06	1.04	1.03	1
0.90	2.92	2.35	2.13	2.02	1.94	1.86	1.83	1.76	1.73	1.71	1.65
0.95	4.30	3.18	2.78	2.57	2.46	2.37	2.31	2.26	2.15	2.09	1.96
0.99	9.93	5.84	4.60	4.03	3.71	3.50	3.36	3.24	2.98	2.86	2.58

［例 1］ 测量某一长度得到 9 个值：42.35，42.45，42.37，42.33，42.30，42.40，42.48，42.35，42.29（均以 mm 为单位）. 求置信概率为 0.68、0.95、0.99 时，该测量值的平均值、标准差和 A 类不确定度.

由式(0-2-2)得到平均值 $\bar{x}=42.396$ mm. 由(0-2-4)得到标准差 $\sigma=0.064$ mm. 由式(0-2-5)得到 A 类标准差 $u_A=0.021$ mm. $n=9$，查表得

$P=0.68$，$t=1.07$，由式(0-2-6)得 $\Delta_A=1.07\times0.021$ mm$=0.022$ mm

$P=0.95$，$t=2.31$，$\Delta_A=2.31\times0.021$ mm$=0.048$ mm

$P=0.99$，$t=3.36$，$\Delta_A=3.36\times0.021$ mm$=0.070$ mm

3. B 类不确定度 u_B

测量中凡不符合统计规律的不确定度统称为 B 类不确定度. 若对某物理量 x 进行单次测量，那么 B 类不确定度主要由测量不确定度 $u_{B1}(x)$ 和仪器不确定度 $u_{B2}(x)$ 两部分组成.

(1) 测量的估计误差 $\Delta_{估}$. 测量不确定度 $u_{B1}(x)$ 是由估读引起的，通常取仪器分度值 d 的 $\frac{1}{10}$ 或 $\frac{1}{5}$，有时也取 $\frac{1}{2}$，视具体情况而定；特殊情况下，可取 $\Delta_{估}=d$，甚至更大. 例如用分度值为 1 mm 的米尺测量物体长度时，在较好地消除视差的情况下，测量不确定度可取仪器分度值的 $\frac{1}{10}$，即 $\Delta_{估}=\frac{1}{10}\times1$ mm$=0.1$ mm；但在示波器上读电压值时，如果荧光线条较宽、且可能有微小抖动，则测量不确定度可取仪器分度值的 $\frac{1}{2}$，若分度值为 0.2 V，那么测量不确定度 $\Delta_{估}=\frac{1}{2}\times0.2$ V$=0.1$ V. 又如，用肉眼观察远处物体成像的方法粗测透镜的焦距，虽然所用钢尺的分度值只有 1 mm，但此时测量不确定度可取毫米，甚至更大.

(2) 仪器不确定度 $u_{B2}(x)$. 仪器不确定度 $u_{B2}(x)$ 是由仪器本身的特性所决定的，它定义为

$$u_{B2}(x)=\frac{\Delta_{仪}}{c} \tag{0-2-7}$$

其中，$\Delta_{仪}$ 是仪器说明书上所标明的“最大误差”或“不确定度限值”，c 是一个与仪器不确定度 $u_{B2}(x)$ 的概率分布有关的常数，称为“置信系数”. 仪器不确定度 $u_{B2}(x)$ 的概率分布通常有正态分布、均匀分布和三角分布等，其置信系数 c 分别取 3、$\sqrt{3}$ 和 $\sqrt{6}$. 如果仪器说明书上只给出不确定度限值（即最大误差），却没有关于不确定度概率分布的信息，则一般可用均匀分布处理，即 $u_{B2}(x)=\dfrac{\Delta_{仪}}{\sqrt{3}}$.

有些仪器说明书没有直接给出其不确定度限值，但给出了仪器的准确度等级，则其不确定度限值 $\Delta_{仪}$ 需要计算才能得到，如指针式电表的不确定度限值：其满量程为 250 V 的指针式电压表，其等级为 1 级，则其不确定度限值 $\Delta_{仪}=250\ \text{V}\times1\%=2.5\ \text{V}$. 又如电阻箱的不确定度限制值等于示值乘以等级再加上零值电阻，由于电阻箱各档的等级是不同的，因此在计算时应分别计算，例如常用的 ZX21 型电阻箱，其示值为 760.4 Ω，零值电阻为 0.02 Ω，则其不确定度限值 $\Delta_{仪}=(700\times0.1\%+60\times0.2\%+0\times0.5\%+0.4\times0.5\%+0.02)\ \Omega=0.86\ \Omega$.

4. 标准不确定度的合成与传递

由正态分布、均匀分布和三角形分布所求得的标准不确定度可以按以下规则进行合成与传递.

(1) 合成. ① 在相同的条件下，对 x 进行多次测量时，待测量 x 的标准不确定度 $u(x)$ 由 A 类不确定度 $u_A(x)$ 和仪器不确定度 $u_{B2}(x)$ 合成而得. 即

$$u(x)=\sqrt{u_A^2(x)+u_{B2}^2(x)} \tag{0-2-8}$$

其中，$u_{B2}(x)$ 的值由(0-2-7)式根据相应的概率分布进行估算.

② 对待测量 x 进行单次测量时，待测量 x 的标准不确定度 $u(x)$ 由测量不确定度 $u_{B1}(x)$ 和仪器不确定度 $u_{B2}(x)$ 合成而得. 即

$$u(x)=\sqrt{u_{B1}^2(x)+u_{B2}^2(x)} \tag{0-2-9}$$

对于单次测量，有时会因待测量的不同，其不确定度的计算也有所不同. 在一般情况下，简化的做法是采用仪器误差或其数倍的大小作为单次直接测量量的不确定度的估计值.

(2) 传递. 间接测量量

$$y=(x_1,x_2,\cdots,x_n) \tag{0-2-10}$$

其中 $x_1,x_2,\cdots,x_n$，如果为相互独立的直接测量量，则测量结果 y 的标准不确定度 $u(y)$ 的传递公式为

$$u^2(y)=\sum_{i=1}^{N}(\frac{\partial f}{\partial x_i})^2u^2\ (x_i)^2 \tag{0-2-11}$$

其中 $u(x_i)$ 为测量量 x_i 的不确定度. 由(0-2-11)式可以得到一些常用的不确定度传递公式如下：

对加减法：$y=x_1\pm x_2$，则

$$u^2(y)=u^2(x_1)+u^2(x_2) \tag{0-2-12}$$

对乘除法：$y=x_1\cdot x_2$，或 $y=\frac{x_1}{x_2}$，则

$$\left[\frac{u(y)}{y}\right]^2=\left[\frac{u(x_1)}{x_1}\right]^2+\left[\frac{u(x_2)}{x_2}\right]^2 \tag{0-2-13}$$

对乘方（或开方）：$y=x^n$，则

$$\left[\frac{u(y)}{y}\right]^2=\left[n\cdot\frac{u(x)}{x}\right]^2 \tag{0-2-14}$$

5. 不确定度的表示

一个完整的测量结果不仅要给出该量值的大小（即数值和单位），同时还应给出它的不确定度. 用不确定度来表征测量结果的可信程度. 于是测量结果应写成下列标准形式：

$$Y=x\pm u(x)\text{（单位）} \tag{0-2-15}$$

$$U_r=\frac{u(x)}{x}\times 100\% \tag{0-2-16}$$

式中 x 为测量值，对等精度多次测量而言，x 为多次测量的算术平均值；$u(x)$ 为不确定度，U_r 为相对不确定度.

不确定度是测量结果所携带的一个必要参数，以表征待测量值的分散性、准确性和可靠程度.

严格的测试报告在给出测量结果的同时，应有详尽的测试参数，并给出相应的测量不确定度. 不确定度愈小，表示对测量对象属性的了解愈透彻，测量结果的可信度愈高，使用价值也愈高.

三、数据处理

1. 有效数字及其表示

任何一个物理量，其测量结果既然都含有误差的数值，那么该物理量的数值就不应该无限制地写下去，对其尾数的取舍，应该反映出测量值的准确度. 所以在记录数据、计算以及书写测量结果时，究竟应写出几位数字，有严格的要求，要根据测量误差或实验结果的不确定度来定.

例如，测量值 $\rho=1.194\,23\ \mathrm{g\cdot cm^{-3}}$，其不确定度 $U_\rho=0.003\ \mathrm{g\cdot cm^{-3}}$. 可见测量小数点后第三位数字已是可疑，我们认为这位数字“4”是不可靠的，在它后面的数字就没有再表示出来的必要. 上面的测量结果应写成 $\rho=(1.194\pm 0.003)\ \mathrm{g\cdot cm^{-3}}$，我们把这个测量值中前面的 3 位数字“1”、“1”和“9”称之为可靠数字，而最后一位与不确定度对齐的数字“4”称之为可疑数字. 又例如用毫米尺测量一段工

件的长度，如图 0-2-4 所示. 此工件的长度大于 13 mm，小于 14 mm ，其右端点超过 13 mm 刻度线处，估计为 6/10 格，即工件的长度为 13. 6 mm. 从获得结果来看，前 2 位数 13 是直接读出，称为可靠数字，而末一位 0. 6 mm 则是从尺上最小刻度间估计出来的，称为可疑数字（尽管可疑，但还是有一定根据，是有意义的）.

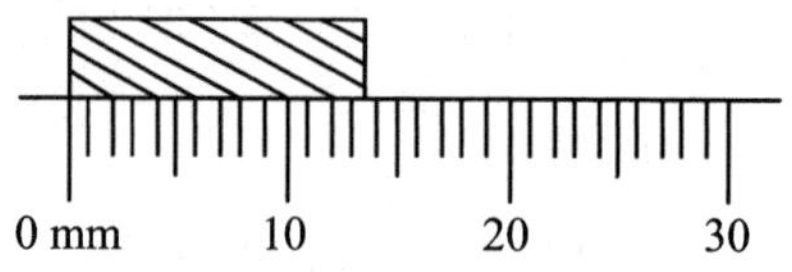

图 0-2-4 用米尺测量工件的长度

通常规定数值中的可靠数字与所保留一位（或两位）可疑数字，统称为有效数字. 上述的第一个例子中，测量值 ρ 为四位有效数字，第二个例子为三位有效数字.

有效数字位数的多少，直接反映实验测量的准确度. 有效数字位数越多，测量的准确度就越高. 例如，用游标卡尺（游标精度值为 0. 02 mm）去测量上述工件的长度，得到的测量值为 13. 60 mm. 同样一个测量对象，用米尺测量其长度为 13. 6 mm，为三位有效数字；而用游标卡尺测量，其宽度 13. 60 mm，为四位有效数字. 由此可见，在直接测量中，测量仪器的最小刻度（或仪器精度）与测量值的有效数字位数有着密切关系. 切记，在记录实验数据的时候，小数点后面的零是有效数字，不能任意删除或增添.

必须注意，十进制单位的变换只涉及小数点位置改变，而不允许改变有效数字位数. 例如 1. 3 m 为两位有效数字，在换算成 km 或 mm 时，应采用科学记录法（用 10 的不同次幂表示）写成为

$$1.3\ \text{m} = 1.3 \times 10^{-3}\ \text{km} = 1.3 \times 10^{3}\ \text{mm}$$

由此可见，小单位转化大单位或大单位转化小单位时，原数的有效位数不变.

2. 数据运算方法

在实验的数据处理过程中，数据运算也是一个非常重要的环节. 在运算过程中，首先要保证运算结果的准确程度，在此前提下，尽可能节省运算时间. 运算时，要保证足够的有效数字，不可多算，也不可少算. 少算会带来附加误差，降低结果的准确程度，多算则是浪费时间，因为即使算得位数再多，也不会减少实验误差.

有效数字运算取舍的原则是：运算结果中可疑数字一般保留一位（最多两位）有效数字.

（1）加减法运算. 几个数字相加减时，最终结果的可疑数字应与各个数字中最先出现的可疑数字位对齐，举例说明，其中数字下划横线的为可疑数字.

［例 2］ 已知 $Z=W+X-Y$，式中 $W=(95.\underline{3}\pm 0.2)$ mm，$X=(24.2\underline{61}\pm 0.013)$ mm，$Y=(67.3\underline{11}\pm 0.003)$ mm. 问结果应保留几位数字？

先看一下运算的具体过程

$$\begin{array}{r} 95.\underline{3} \\ +24.2\underline{\underline{61}} \\ \hline 119.\underline{561} \end{array} \xrightarrow{\text{简化为}} \begin{array}{r} 95.\underline{3} \\ +24.\underline{3} \\ \hline 119.\underline{6} \end{array}$$

$$\begin{array}{r} 119.\underline{6} \\ -67.3\underline{\underline{81}} \\ \hline 52.\underline{219} \end{array} \xrightarrow{\text{简化为}} \begin{array}{r} 119.\underline{6} \\ -67.\underline{4} \\ \hline 52.\underline{2} \end{array}$$

一个数字与可疑数字相加减时，其结果必然是可疑数字. 本例中最先出现的可疑数字的位置在小数点的后一位(95.$\underline{3}$). 按照运算结果保留一位有效数字的原则，上面的计算结果可简化为

$$95.\underline{3}+24.\underline{3}-67.\underline{4}=52.2\ \mathrm{mm}$$

结果表示为

$$Z=(52.2\pm0.2)\ \mathrm{mm},\frac{U_x}{Z}=0.4\%$$

(2) 乘除法运算. 几个数相乘，最终结果的有效数字位数与各数值中有效数字位数最少的一个相同或最多再多保留一位.

[例 **3**]　1.111 $\underline{1}$×1.1 $\underline{1}$=？试问计算结果应保留几位有效数字？

先看一下具体计算过程

$$\begin{array}{r} 1.111\underline{1} \\ \times1.1\underline{1} \\ \hline \underline{11111} \\ 1111\underline{1} \\ 1111\underline{1} \\ \hline 1.233321 \end{array}$$

因为一个数字与一个可疑数字相乘，结果必然是可疑数字，所以上面运算结果中小数点后面第二位的“3”及其以后的数字都是可疑数字. 按照保留一位有效数字的原则最终结果应写为 1.23，即三位有效数字. 这与上面叙述的乘除法简算法则是一致的，即在此例中，五位有效数字与三位有效数字相乘，其结果应保留三位有效数字.

除法是乘法的逆运算，这里就不再举例说明.

对于一个间接测量，如果它是由几个直接测量量相乘除而计算得到的，那么，在进行测量过程中应考虑各个直接测量量的有效数字位数基本相仿，或者说，它们的不确定度应比较接近. 如果相差悬殊，则精度过高的测量就失去意义.

[例 4]　在长度测量实验中，用米尺、游标卡尺和螺旋测微器分别测量得一个长方体边长为 $a=(13.79\pm0.02)$ cm，$b=(3.635\pm0.005)$ cm，$c=(0.4915\pm0.0005)$

cm. 试计算长方体的体积 V.

根据简算方法,长方体的体积为

$$\begin{aligned} V &= abc \\ &= 13.79 \times 3.635 \times 0.4915 \\ &= 24.64\ \text{cm}^3 \end{aligned}$$

根据误差传递公式算得相对不确定度为

$$\begin{aligned} \frac{U_V}{V} &= \sqrt{\left(\frac{U_a}{a}\right)^2 + \left(\frac{U_b}{b}\right)^2 + \left(\frac{U_c}{c}\right)^2} \\ &= \sqrt{\left(\frac{0.02}{14}\right)^2 + \left(\frac{0.005}{3.6}\right)^2 + \left(\frac{0.0005}{0.5}\right)^2} \\ &\simeq 0.22\% \end{aligned}$$

$$U_V = 25 \times 0.22\% = 0.055 \simeq 0.06\ \text{cm}^3$$

结果用标准形式表示,长方体体积为

$$V = (24.64 \pm 0.06)\ \text{cm}^3, \frac{U_V}{V} \simeq 0.22\%$$

从上例可见,用简算方法与利用不确定度传递公式计算得到的测量结果表示是一致的. 实验中测量三个边长分别采用不同精度的量具,其目的是为了使三个边长测量值有相同的有效数字位数,相对不确定度很接近.

(3) 乘方运算. 乘方运算的有效位数与其底数相同.

(4) 对数、三角函数和 n 次方运算. 上面所述的简算法则已不适用. 它们的计算结果必须按照不确定度传递公式计算出函数值的不确定度,然后,根据测量结果最后一位数字与不确定度对齐的原则来决定有效数字.

[例 **5**] $A=3\,000\pm2$. 计算:$y=\ln A=\ln 3\,000=8.006\,367\,6$,此值由计算器算得.

按照传递公式 $$U_y=\frac{U_A}{A}=\frac{2}{3\,000}=0.000\,7$$

结果为

$$y=\ln A=8.006\,4\pm0.000\,7, \frac{U_y}{y}=0.009\%$$

计算 $z=\sqrt[3]{A}=\sqrt[3]{3\,000}=14.422496$,此值由计算器算得. 按照传递公式

$$U_z = \frac{1}{3}A^{-\frac{2}{3}}U_A = \frac{1}{3}\times 3\,000^{-\frac{2}{3}}\times 2 = 0.003$$

结果:$z=14.422\pm0.003, \frac{U_z}{z}=0.021\%$

值得注意的是,上述简算方法不是绝对的. 一般说来,为了避免在运算过程中数字的取舍而引入计算误差,在运算过程中应多保留一位为妥,但最后结果仍应删

去,以间接测量值最后一位数字与不确定度对齐的原则为准.

3. 数字取舍原则

数字的取舍采用"四舍六入五成双"规则,即

(1) 欲舍去数字的最高位为 4 或 4 以下的数,则"舍";若为 6 或 6 以上的数,则"入".

(2) 被舍去数字的最高位为 5 时,前一位数为奇数,则"入";为偶数,则"舍". 通过取舍,总是把前一位数保留为偶数. 这又称为"单进双不进"规则. 这样可以使"入"和"舍"的机会均等,以避免用"四舍五入"在处理较多数据时,因入多舍少而引入计算误差.

数据运算是实验数据处理的一个中间过程. 简算方法和数字取舍规则的采用,目的是保证测量结果的准确程度不致因数字取舍不当而受影响,同时,也可避免因保留一些无意义的可疑数字而做无用功,浪费时间和精力. 这在过去计算工具落后的年代尤为重要. 现今微型计算机的应用已普及,简算方法和数字取舍规则与过去相比,其重要性已显得不是很重要. 但是,实验结果的正确表达仍是值得重视的. 尽管计算器可以给出 8～10 位数字的计算结果,但是,实验者应该能正确地判断结果是几位有效数字,怎样用标准形式来表示实验结果.

4. 数据处理方法

实验必然要采集大量数据,实验人员需要对实验数据进行记录、整理、计算与分析,从而寻找出测量对象的内在规律,正确地给出实验结果. 所以说,数据处理是实验工作不可缺少的一部分. 下面介绍实验数据处理常用的四种方法.

(1) 列表法. 对于一个物理量进行多次测量,或者测量几个量之间的函数关系,往往借助于列表法把实验数据列成表格,它的好处是,使大量数据表达清晰醒目,条理化,易于检查数据和发现问题,避免差错,同时有助于反映出物理量之间的对应关系.

列表没有统一的格式,但在设计表格时要求能充分反映上述优点,初学者要注意以下几点:

① 各栏目都要注明名称和单位.

② 栏目的顺序应充分注意数据间的联系和计算顺序,力求简明、齐全、有条理.

③ 反映测量值函数关系的数据表格,应按自变量由小到大或由大到小的顺序排列.

(2) 图解法. 图线能够明显地表示出实验数据间的关系,并且通过它可以找出两个量之间的数学关系式. 所以图解法是实验数据处理的重要方法之一,它在科学技术上很有用处. 用图解法处理数据,首先要求画出合乎规范的图线. 为此要注意

以下几点：

① 作图纸的选择. 作图纸有直角坐标纸（即毫米方格纸），对数坐标纸，半对数坐标纸和极坐标纸等几种，根据作图需要进行选择. 在物理实验中比较常用的是直角坐标纸. 由于图线中直线最易画出，而且直线方程的两个参数——截距和斜率也较容易算得. 所以，对于两个变量之间的函数关系是非线性的情况，如果它们之间的函数关系是已知的或者准备采用某种关系拟合曲线时，尽可能通过变量变换将非线性的函数曲线转变为线性函数的直线. 下面举出常见的几种变换方法.

（Ⅰ）$PV=C$（C 为常数），令 $u=\frac{1}{V}$，则 $P=Cu$. 可见 P 与 u 为线性关系.

（Ⅱ）$T=2\pi\sqrt{\frac{l}{g}}$. 令 $y=T^2$，则 $y=4\pi^2\ \frac{l}{g}$. y 与 l 为线性关系，斜率为$\frac{4\pi^2}{g}$.

（Ⅲ）$y=ax^b$，式中 a 和 b 为常数. 等式两边取对数得，$\lg y=\lg a+b\lg x$. 于是 $\lg y$ 与 $\lg x$ 为线性关系，b 为斜率，$\lg a$ 为截距.

② 坐标比例的选取与标度. 作图时通常以自变量作横坐标（x 轴），以因变量为纵坐标（y 轴），并标明坐标轴所代表的物理量（或相应的符号）和单位. 坐标比例的选取，原则上做到数据中的可靠数字在图上应是可靠的. 坐标比例选得不合适时，若过小会损害数据的准确度；若过大会夸大数据的准确度，并且使数据点过于分散，对确定图线的位置造成困难. 对于直线，其斜率最好在 40°～60°之间，以免图线偏于一方. 坐标比例的选取应以便于读数为原则，常用比例为 1∶1，1∶2，1∶5 系列（包括 1∶0.1，1∶10，…），切勿采用复杂的比例关系，如 1∶3，1∶7，1∶9，1∶11 等. 这样不但绘制不便，而且读数困难，易出错. 纵坐标的比例可以不同，并且标度也不一定从零开始. 可以用小于实验数据最小值的某一数作为坐标轴的起点，用大于实验数据最高值的某一数作为终点，这样图纸就能被充分利用.

坐标轴上每隔一定间距（如 2～5 cm）应均匀地标出分度值，标记所用的有效数字位置应与实验数据的有效数字位数相同.

③ 数据点的标出. 实验数据点用“＋”符号标出，符号的交点正是数据点的位置. 同一张图上如有几条实验曲线，各条曲线的数据点可用不同的符号（如×，⊙等）标出，以示区别.

④ 曲线的描绘. 由实验数据点描绘出平滑的实验曲线，连线要用透明直尺或三角板、曲线板等连接，要尽可能使所描绘的曲线通过较多的测量点. 对那些严重偏离曲线的个别点，应检查标点是否出错. 若没有错，在连线时可舍去不予考虑. 其他不在图线上的点，应均匀分布在曲线的两侧. 对于仪器仪表的校正曲线和定标曲线，连接时应将相邻的两点连成直线，整个曲线呈折线形状.

⑤ 注解和说明. 在图纸上要写明图线的名称、作图者姓名、日期以及必要的简单说明（实验条件如温度、压力等）.

直线图解法首先是求出斜率和截距，进而得出完整的线性方程．其步骤如下：

（Ⅰ）选点．用两点法，因为直线不一定通过原点，所以不能采用一点法．在直线上取相距较远的两点 $A(x_1, y_1)$ 和 $B(x_2, y_2)$．此两点不一定是实验数据点，并用与实验数据点不同的符号表示，在记号旁注明其坐标值．如果所选两点相距过近，计算斜率时会减少有效数字的位数，也不能在实验数据范围以外选点，因为它已无实验依据．

（Ⅱ）求斜率．直线方程为 $y=ax+b$，将 A 和 B 两点坐标值代入，便可算出斜率．即

$$a=\frac{y_2-y_1}{x_2-x_1}\text{（单位）} \tag{0-2-17}$$

（Ⅲ）求截距．若横坐标起点为零，则可将直线用虚线延长得到与纵坐标轴的交点，便可求出截距．若起点不为零，则可用下式计算截距

$$b=\frac{x_2y_1-x_1y_2}{x_2-x_1}\text{（单位）} \tag{0-2-18}$$

（3）逐差法．在两个变量之间存在多项式函数关系，且自变量为等差级数变化的情况下，用逐差法处理数据，既能充分利用实验数据，又具有减小误差的效果．

由于随机误差具有抵偿性，对于多次测量的结果，常用平均值来估计最佳值，以消除随机误差的影响．但是，当自变量与因变量成线性关系时，对于自变量等间距变化的多次测量，如果用求差平均的方法计算因变量的平均增量，就会使中间测量数据两两抵消，失去利用多次测量求平均的意义．例如，在拉伸法测杨氏模量的实验中，当荷重均匀增加时，标尺位置读数依次为 $x_1, x_2, x_3, x_4, x_5, x_6, x_7, x_8, x_9, x_{10}$，如果求相邻位置改变的平均值有

$$\begin{aligned}\overline{\Delta x}&=\frac{1}{9}[(x_{10}-x_9)+(x_9-x_8)+(x_8-x_7)+(x_7-x_6)+\cdots+(x_2-x_1)]\\&=\frac{1}{9}(x_{10}-x_1)\end{aligned}$$

即中间的测量数据对 $\overline{\Delta x}$ 的计算值不起作用．为了避免这种情况下中间数据的损失，可以用逐差法处理数据．

逐差法是物理实验中常用的一种数据处理方法，特别是当自变量与因变量成线性关系，而且自变量为等间距变化时，更有其独特的特点．

逐差法是将测量得到的数据按自变量的大小顺序排列后平分为前后两组，先求出两组中对应项的差值（即求逐差），然后取其平均值．例如，对上述杨氏模量实验中的 10 个数据的逐差法处理为：

① 将数据分为两组．1 组：x_1, x_2, x_3, x_4, x_5；2 组：$x_6, x_7, x_8, x_9, x_{10}$；

② 求逐差：$x_6-x_1, x_7-x_2, x_8-x_3, x_9-x_4, x_{10}-x_5$；

③ 求差平均：$\overline{\Delta x'}=\frac{1}{5}[(x_6-x_1)+\cdots+(x_{10}-x_5)]$.

但要注意的是，使用逐差法时求$\overline{\Delta x'}$，相当于一般平均法中$\overline{\Delta x}$的$\frac{n}{2}$倍(n 为 x_i 的数据个数).

(4) 最小二乘法(线性回归). 通过实验获得测量数据后，将其画成图线，可以形象地表示出物理规律，但图线的表示往往不如用函数表示那样明确和定量化. 另外，用图解法处理数据，由于绘制图线有一定的主观随意性，同一组数据用图解法可能得出不同的结果. 为此，下面将介绍一种利用最小二乘法来确定一条最佳直线的方法，从而准确地求得两个测量值之间的线性函数关系(即经验方程). 从几何上看，就是要选择一条曲线，使之与所获得的实验数据更好地吻合. 因此，求取经验公式的过程也即是曲线拟合的过程. 由实验数据求经验方程，称之为方程的回归.

最小二乘拟合法是以严格的统计理论为基础，是一种科学而可靠的曲线拟合方法. 此外，还是方差分析、变量筛选、数字滤波、回归分析的数学基础. 在此仅简单介绍其原理和对一元线性拟合的应用.

① 最小二乘法的基本原理. 设在实验中获得了自变量 x_i 与因变量 y_i 的若干组对应数据(x_i，y_i)，在使偏差平方和$\sum[y_i-f(x_i)]^2$取最小值时，找出一个已知类型的函数 $y=f(x)$(即确定关系式中的参数). 这种求解 $f(x)$的方法称为最小二乘法.

根据最小二乘法的基本原理，设某量的最佳估计值为 x_0，则

$$\frac{\mathrm{d}}{\mathrm{d}x_0}\sum_{i=1}^{n}(x_i-x_0)^2=0 \tag{0-2-19}$$

可求出

$$x_0=\frac{1}{n}\sum_{i=1}^{n}x_i$$

即

$$x_0=\bar{x}$$

而且可证明

$$\frac{\mathrm{d}^2}{\mathrm{d}x_0^2}\sum_{i=1}^{n}(x_i-x_0)^2=\sum_{i=1}^{n}(2)=2n>0$$

说明$\sum\limits_{i=1}^{n}(x_i-x_0)^2$可以取得最小值.

可见，当 $x_0=\bar{x}$ 时，各次测量偏差的平方和为最小，即平均值就是在相同条件下多次测量结果的最佳值.

根据统计理论，要得到上述结论，测量的误差分布应遵从正态分布(高斯分

布). 这也即是最小二乘法的统计基础.

② 一元线性拟合. 设一元线性关系为

$$y = a + bx \tag{0-2-20}$$

实验获得的 n 对数据为 $(x_i, y_i)(i=1,2,\cdots,n)$. 由于误差的存在,当把测量数据代入所设函数关系式时,等式两端一般并不严格相等,而是存在一定的偏差. 为了讨论方便起见,设自变量 x 的误差远小于因变量 y 的误差,则这种偏差就归结为因变量 y 的偏差,即

$$v_i = y_i - (a + bx_i)$$

根据最小二乘法,获得相应的最佳拟合直线的条件为

$$\left.\begin{aligned} \frac{\partial}{\partial a}\sum_{i=1}^{n} v_i^2 &= 0 \\ \frac{\partial}{\partial b}\sum_{i=1}^{n} v_i^2 &= 0 \end{aligned}\right\} \tag{0-2-21}$$

若记

$$\left.\begin{aligned} I_{xx} &= \sum (x_i - \bar{x})^2 = \sum x_i^2 - \frac{1}{n}\left(\sum x_i\right)^2 \\ I_{yy} &= \sum (y_i - \bar{y})^2 = \sum y_i^2 - \frac{1}{n}\left(\sum y_i\right)^2 \\ I_{xy} &= \sum (x_i - \bar{x})(y_i - \bar{y}) = \sum (x_i y_i) - \frac{1}{n}\sum x_i \cdot \sum y_i \end{aligned}\right\} \tag{0-2-22}$$

代入方程组可以解出

$$\left.\begin{aligned} a &= \bar{y} - b\bar{x} \\ b &= \frac{I_{xy}}{I_{xx}} \end{aligned}\right\} \tag{0-2-23}$$

由误差理论可以证明,最小二乘一元线性拟合的标准差为

$$S_a = \sqrt{\frac{\sum x_i^2}{n\sum x_i^2 - \left(\sum x_i\right)^2}} \cdot S_y$$

$$S_b = \sqrt{\frac{n}{n\sum x_i^2 - \left(\sum x_i\right)^2}} \cdot S_y$$

$$S_y = \sqrt{\frac{\sum (y_i - a - bx_i)^2}{n-2}}$$

为了判断测量点与拟合直线符合的程度,需要计算相关系数

$$r = \frac{I_{xy}}{\sqrt{I_{xx} \cdot I_{yy}}}$$

一般地，$|r|\leqslant 1$. 如果 $|r|\to 1$，说明测量点紧密地接近拟合直线(见图 0-2-5)；如果 $|r|\to 0$，说明测量点离拟合直线较分散，应考虑用非线性拟合(见图 0-2-6).

从上面的讨论可知，回归直线一定要通过点 $(\bar{x},\bar{y})$，这个点叫做该组测量数据的重心. 注意，此结论对于我们用图解法处理数据是很有帮助的.

一般来讲，使用最小二乘法拟合时，要计算上述六个参数：a,b,S_a,S_b,S_y,r. 所以方程的线性回归，用手工计算是很麻烦的. 但是，不少袖珍型计算器上均有线性回归计算键，使用起来极为方便，因而线性回归的应用日益普及. 具体使用方法可参考各类计算器的使用说明书.

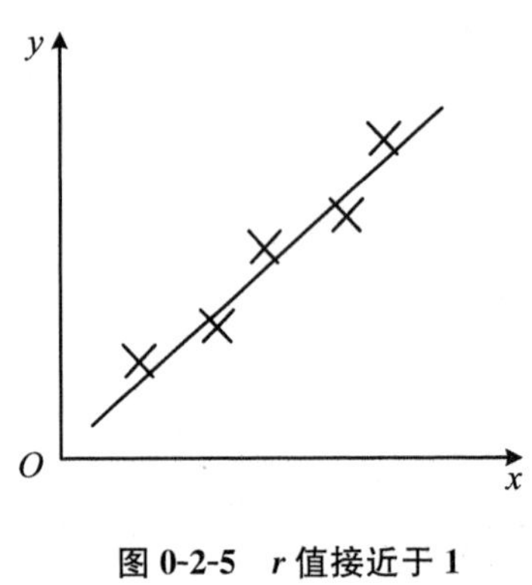

图 0-2-5　r 值接近于 1

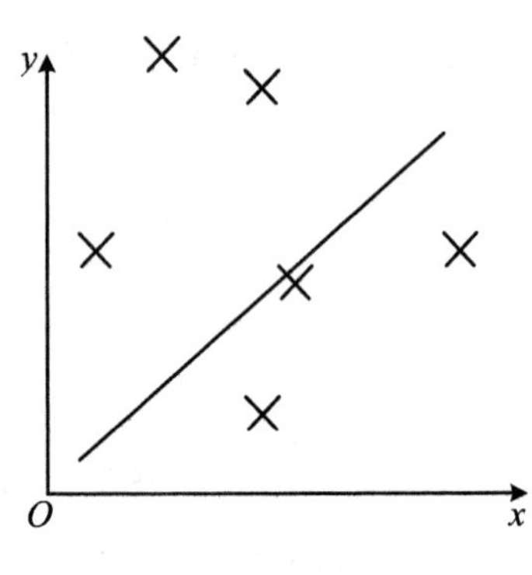

图 0-2-6　r 值接近于 0

参 考 文 献

[1] 张天喆，董有尔. 近代物理实验[M]. 北京：科学出版社，2004.
[2] 吕斯骅. 基础物理实验[M]. 北京：北京大学出版社，2002.
[3] 陆廷济. 物理实验教程[M]. 上海：同济大学出版社，2000.
[4] 李志超. 大学物理实验[M]. 北京：高等教育出版社，2001.
[5] 国家技术监督局. 测量误差及数据处理(试行)：JJG 1027-91[S]. 北京：中国计量出版社，1992.
[6] 杜义林. 大学实验物理教程[M]. 合肥：中国科学技术大学出版社，2002.
[7] 林占江. 电子测量技术[M]. 北京：电子工业出版社，2003.

附　　录

中华人民共和国法定计量单位

我国的法定计量单位(以下简称法定单位)包括：① 国际单位制的基本单位(见表 1)；② 国际单位制的辅助单位(见表 2)；③ 国际单位制中具有专门名称的导

出单位(见表 3);④ 国家选定的非国际单位制单位(见表 4);⑤ 由以上单位构成的组合形式单位;(6) 由词头和以上单位所构成的十进倍数和分数单位(见表 5).

表 1　国际单位制的基本单位

量的名称	单位名称	单位符号
长　度	米	m
质　量	千克(公斤)	kg
时　间	秒	s
电　流	安[培]	A
热力学温度	开[尔文]	K
物质的量	摩[尔]	mol
发光强度	坎[德拉]	cd

表 2　国际单位制的辅助单位

量的名称	单位名称	单位符号
平面角	弧度	rad
立体角	球面度	Sr

表 3　国际单位制中具有专门名称的导出单位

量的名称	单位名称	单位符号	用 SI 基本单位的表示式	其他表示式例
频率	赫[兹]	Hz	s^{-1}	
力,重力	牛[顿]	N	$m \cdot kg \cdot s^{-2}$	
压力,压强,应力	帕[斯卡]	Pa	$m^{-1} \cdot kg \cdot s^{-2}$	N/m^2
能[量],功,热量	焦[耳]	J	$m^2 \cdot kg \cdot s^{-2}$	$N \cdot m$
功率,辐[射能]通量	瓦[特]	W	$m^2 \cdot kg \cdot s^{-3}$	J/s
电荷[量]	库[仑]	C	$s \cdot A$	
电位,电压,电动势,(电势)	伏[特]	V	$m^2 \cdot kg \cdot s^{-3} \cdot A^{-1}$	W/A
电容	法[拉]	F	$m^{-2} \cdot kg^{-1} \cdot s^4 \cdot A^2$	C/V
电阻	欧[姆]	Ω	$m^2 \cdot kg \cdot s^{-3} \cdot A^{-2}$	V/A
电导	西[门子]	S	$m^{-2} \cdot kg^{-1} \cdot s^3 \cdot A^2$	A/V
磁[通量]	韦[伯]	Wb	$m^2 \cdot kg \cdot s^{-2} \cdot A^{-1}$	$V \cdot s$
磁[通量]密度,磁感应强度	特[斯拉]	T	$kg \cdot s^{-2} \cdot A^{-1}$	Wb/m^2

续表

量的名称	单位名称	单位符号	用 SI 基本单位的表示式	其他表示式例
电感	亨[利]	H	$m^2 \cdot kg \cdot s^{-2} \cdot A^{-2}$	Wb/A
摄氏温度	摄氏度	℃	K	
光通量	流[明]	lm	$cd \cdot sr$	
[光]强度	勒[克斯]	lx	$m^{-2} \cdot cd \cdot sr$	lm/m^2
[放射性]活度	贝克[勒尔]	Bq	s^{-1}	
吸收剂量	戈[瑞]	Gy	$m^2 \cdot s^{-2}$	J/kg
剂量当量	希[沃特]	Sv	$m^2 \cdot s^{-2}$	J/kg

表 4 国家选定的非国际单位制单位

量的名称	单位名称	单位符号	换算关系和说明
时间	分 [小]时 天,(日)	min h d	1 min=60 s 1 h=60 min=3 600 s 1 d=24 h=86 400 s
[平面]角	[角]秒 [角]分 度	(″) (′) (°)	1″=(π/64 800)rad(π 为圆周率) 1′=60″=(π/10 800)rad 1°=60′=(π/180)rad
旋转速度	转每分	r/min	1 r/min=(1/60) s^{-1}
长度	海里	n mile	1 n mile=1 852 m(只用于航程)
速度	节	kn	1 kn=1n mile/h=(1 852/3 600)m/s(只用于航行)
质量	吨 原子质量单位	t u	1 t=10^3 kg 1 u≈1.660 565 5×10^{-27} kg
体积,容积	升	L,(l)	1 L=1 dm^3=10^{-3} m^3
能	电子伏	eV	1 eV≈1.602 189×10^{-19} J
级差	分贝	dB	
线密度	特[克斯]	tex	1 tex=10^{-6} kg/m

表 5　用于构成十进倍数和分数单位的词头

所表示的因数	词头名称	词头符号	所表示的因数	词头名称	词头符号
10^{24}	尧[它]	Y	10^{-1}	分	d
10^{21}	泽[它]	Z	10^{-2}	厘	c
10^{18}	艾[可萨]	E	10^{-3}	毫	m
10^{15}	拍[它]	P	10^{-6}	微	μ
10^{12}	太[拉]	T	10^{-9}	纳[诺]	n
10^{9}	吉[咖]	G	10^{-12}	皮[可]	p
10^{6}	兆	M	10^{-15}	飞[母托]	f
10^{3}	千	k	10^{-18}	阿[托]	a
10^{2}	百	h	10^{-21}	仄[普托]	z
10^{1}	十	da	10^{-24}	幺[科托]	y

注：1. 周、月、年(年的符号为 a)，为一般常用时间单位.

2. [　]内的字，是在不致混淆的情况下，可以省略的字.

3. ( )内的字为前者的同义语.

4. 平面角单位度、分、秒的符号，在组合单位中应采用(°)，(′)，(″)的形式. 例如，不用°/s而用(°)/s.

5. 升的两个符号属同等地位，可任意选用.

6. r 为“转”的符号.

7. 人民生活和贸易中，质量习惯称为重量.

8. 公里为千米的俗称，符号为 km.

9. 10^4称为万，10^8称为亿，10^{12}称为万亿，这类数词的使用不受词头名称的影响，但不应与词头混淆.

练　习　题

1. 指出下列各数是几位有效数字.

(1) 0.000 1；　(2) 0.010 0；　(3) 1.000 0；　(4) 856.251 00

(5) 1.35；　(6) 0.015 6；　(7) 0.425；　(8) 0.000 4250 0

2. 指出下列测量值为几位有效数字，哪些数字是可疑数字，并计算相对不确定度.

(1) $g=(9.794\pm0.002)\ \mathrm{m\cdot s^{-1}}$

(2) $e=(1.612\ 10\pm0.000\ 07)\times10^{-19}$ C

(3) $m_e=(9.109\ 1\pm0.000\ 4)\times10^{-32}$ kg

(4) $\eta=(2.925\pm0.012)$ Pa·s

3. 根据可疑数字保留一位(最多两位)的原则,将下列测定值写成标准形式.

(1) $f=(12.063\ 1\pm0.02)$ mm

(2) $M=(618\ 600\pm600)$ g

(3) $R=4\ 011\ \Omega,\dfrac{\Delta R}{R}=1\%$

4. 推导圆柱体体积 $V=\dfrac{\pi d^2 h}{4}$ 的不确定度合成公式$\dfrac{\Delta V}{V}$(“方和根”合成).

5. 利用单摆测重力加速度 g,当摆角 $\theta<5°$ 时,$T=2\pi\sqrt{\dfrac{L}{g}}$,式中摆长 $L=97.69\pm0.02$ (cm),周期 $T=1.984\ 2\pm0.000\ 2$(s).求 g 和 U_g,并写出标准式.

第 1 单元　基本物理实验

1-1　用流体静力称衡法测定固体的密度

密度是物质的基本特性之一,与物质的纯度有关.在对材料的成分及纯度进行分析和鉴定时,通常要测定材料的密度.通过本实验,主要使学生学会使用物理天平,并用流体静力称衡法测定固体的密度,掌握间接测量数据处理的方法.

一、实验仪器

物理天平、待测物体、玻璃烧杯、细线、温度计等.

二、仪器描述

天平是一种等臂杠杆,按其称衡的精确程度分等级,精确度低的是物理天平,精确度高的是分析天平.不同精确程度的天平配置不同等级的砝码.各种等级的天平和砝码的允许误差都有规定,可以查看产品说明或鉴定证书,天平的规格除了等级以外主要还有最大称量和感量(或灵敏度).最大称量是天平允许称量的最大质量.感量就是天平的摆针从标度尺上零点平衡位置偏转一个最小分格时,天平两秤盘上的质量差.一般来说,感量的大小应该与天平砝码读数的最小分度值相适应.灵敏度是感量的倒数.

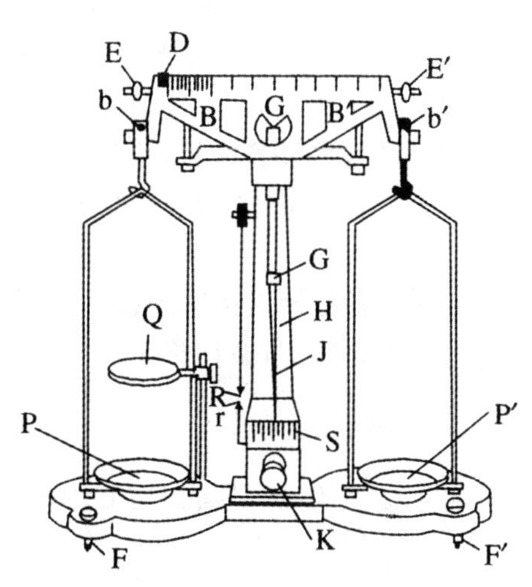

图 1-1-1　物理天平的构造

物理天平的构造如图 1-1-1 所示,

在横梁 BB′的中点和两端共有三个刀口. 中间刀口 a 安置在支柱 H 顶端和玛瑙刀垫上,作为横梁的支点. 在两端的刀口 b 和 b′上悬挂两个秤盘 P 和 P′.

每架物理天平都配有一套砝码,一种实验室常用的物理天平最大称量为 500 g,由于 1 g 以下的砝码太小,用起来不方便,所以在横梁上附有可以移动的游码 D. 横梁上每个分度值为 50 mg,游码 D 在横梁上向右移动一个分度,就相当于在右盘中加 50 mg 的砝码. 实验室常用的另一种物理天平的最大称量为 1 000 g,最小分度值为 0.1 g. 横梁下部装有读数指针 J. 立柱 H 上装有标尺 S,根据指针在刻度标尺上的示数来判断天平是否平衡.

为了便利某些实验,在底板左面装有托架 Q. 例如:用阿基米德原理测量物体的体积时,可将盛有水的烧杯放在托架上,以便于将物体浸没在水中进行称衡.

物理天平的操作步骤如下:

(1) 调节水平螺钉 F 和 F′使支柱铅直. 这可由铅锤 R 的尖端与底座上的准钉 r 尖端是否对准来检查. 有的天平是利用底座上的水准泡来检查.

(2) 调整零点. 把游码 D 拨到刻度"0"处,将秤盘吊钩挂在两端刀口上,将止动旋钮 K 向右旋转,支起天平横梁,观察指针 J 摆动情况,判断天平是否平衡. 当 J 在标度尺 S 的中线左右作等幅摆动时,天平就平衡. 如不平衡,可以调整平衡螺母 E 及 E′.

(3) 称衡. 将待测物体放在左盘内,砝码放在右盘内,进行称衡.

(4) 每次称衡完毕,将 K 向左旋转,放下横梁. 全部称完后将秤盘摘离刀口.

仪器的操作规则是为了保证正确使用仪器和仪器不受损坏而规定的. 物理天平的操作规则如下:

(1) 天平的负载量不得超过其最大称量,以免损坏刀口或压弯横梁.

(2) 为了避免刀口受冲击而损坏,必须切记:在取放物体、取放砝码、调节平衡螺母及不使用天平时,都必须将天平止动. 只是在判断天平是否平衡时才将天平启动. 天平启、止动时动作要轻,止动时最好在天平指针接近标尺中间刻度时进行.

(3) 砝码不得用手拿取,只准用镊子夹取;从秤盘上取下砝码后应立即放入砝码盒中.

(4) 天平各部分以及砝码都要防锈、防蚀;高温物体、液体及带腐蚀性的化学药品,不得直接放在秤盘内称衡.

三、实验原理

物体的质量为 m,其体积为 V,则其密度为

$$\rho=\frac{m}{V} \tag{1-1-1}$$

测定 m 及 V 就可以得到 ρ. 本实验中,用物理天平测定 m,用流体静力称衡法间接

地解决 V 的测量问题. 对于测定不规则物体的密度,这是一种常用的方法.

如果不计空气的浮力,物体在空气中的重量 $W=mg$ 与它浸没在液体中的视重 $W_1=m_1g$ 之差即为它在液体中所受浮力:

$$F=W-W_1=(m-m_1)g \tag{1-1-2}$$

式中,m 和 m_1 是该物体在空气中及全部浸入液体中称衡时相应的天平砝码质量. 根据阿基米德原理,物体在液体中所受的浮力等于它所排开液体的重量,即

$$F=\rho_0 Vg \tag{1-1-3}$$

式中,ρ_0 是液体的密度. 在物体全部浸入液体中时,V 是排开的液体的体积,即物体的体积. 由式(1-1-1)、(1-1-2)、(1-1-3)可得

$$\rho=\frac{m}{m-m_1}\rho_0 \tag{1-1-4}$$

如果待测物体的密度小于液体的密度,则可以采用如下方法进行检测:将物体拴上一个重物,加上这个重物后,物体连同重物可以全部浸没在液体中,这时进行称衡,如图 1-1-2 所示,相应的砝码质量为 m_2. 再将物体提升到液面之上,而重物仍浸没在液体中,这时进行称衡,如图 1-1-3 所示,相应砝码质量为 m_3. 则物体在液体中所受的浮力为

$$F=(m_3-m_2)g \tag{1-1-5}$$

物体的密度为

$$\rho=\frac{m}{m_3-m_2}\rho_0 \tag{1-1-6}$$

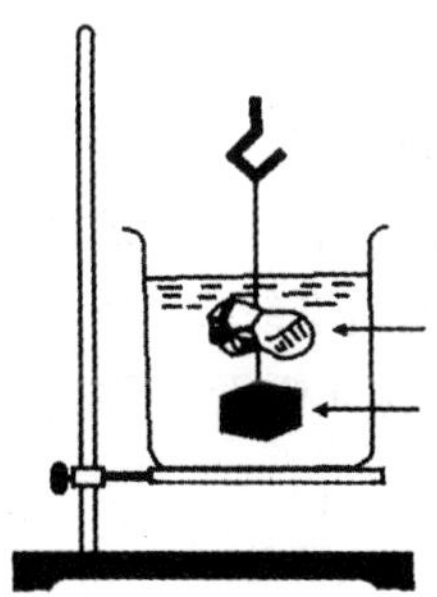

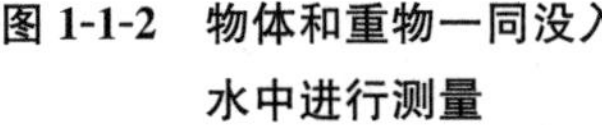

图 1-1-2　物体和重物一同没入水中进行测量

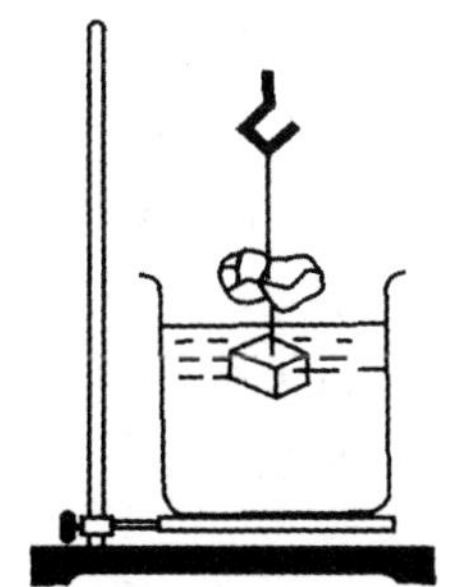

图 1-1-3　重物没入水中进行测量

注意,只有当浸入液体后物体的性质不会发生变化时,才能用流体静力称衡法测定它的密度.

四、实验内容和操作步骤

1. 测定外形不规则的铝块的密度

(1) 检查、调整物理天平.

(2) 测出物体的质量 m.

(3) 将物体浸没于水中,测出质量 m_1.

(4) 测出实验时的水温,由表中查出水在该温度下的密度 ρ_0.

(5) 计算 ρ. 用有效数字的计算规则进行运算,或由一次测量估计出 m 和 m_1 的测量误差来计算 $\Delta\rho$.

2. 测定黄蜡(或 $\rho<1$ 的塑料块)的密度

(1) 测出黄蜡的质量 m.

(2) 将黄蜡拴上重物,只将重物完全浸没水中,测出质量 m_3.

(3) 将黄蜡和重物都浸入在水中,测出质量 m_2.

(4) 测出水温,由表中查出该温度下水的密度 ρ_0,计算 ρ 及 $\Delta\rho$.

五、思考题

(1) 实验中所用的水是事先放置在容器里的自来水. 用当时从水龙头放出来的水好不好?

(2) 实验中用来把铝块吊起来的线为什么要用细线而不用粗线? 如果线的粗细是一样的,用棉线好还是用尼龙线好? 试定性说明. 如果线会影响测量结果,将使测出的 ρ 偏大还是偏小?

(3) 如果用一根长 15 cm、直径为 0.1 mm 的细铜丝吊起一个重 25 g 的铝块进行测量,铝块放在水中称衡时,有 3 cm 长的一段铜丝没入在水中. 试估计这能否对实验结果带来影响,设这时物理天平称衡时的误差(包括系统误差)约为称衡值的 0.5%. 如果用分析天平称衡,要不要考虑这个影响? 设分析天平称衡时的误差约为称衡值的 0.005%.

参考文献

[1] 吕斯骅. 基础物理实验[M]. 北京:北京大学出版社,2002.
[2] 陆廷济. 物理实验教程[M]. 上海:同济大学出版社,2000.
[3] 李志超. 大学物理实验[M]. 北京:高等教育出版社,2001.
[4] 杜义林. 大学实验物理教程[M]. 合肥:中国科学技术大学出版社,2002.

1-2　冰的熔解热的测定

一定压强下晶体开始熔解时的温度，称为该晶体在此压强下的熔点. 1 g 质量的某种晶体熔解成同温度的液体所吸收的热量，叫做该晶体的熔解潜热，亦称熔解热. 本实验用混合法来测定冰的熔解热，它的基本做法是：把待测的系统 A 和一个已知其热容的系统 B 混合起来，并设法使它们形成一个与外界没有热量交换的孤立系统 C(C=A+B). 这样 A(或 B)所放出的热量，全部为 B(或 A)所吸收. 因为已知热容的系统在实验过程中所传递的热量 Q 是可以由其温度的改变 ΔT 和热容 C_s 计算出来的，即 $Q=C_s\Delta T$. 因此，待测系统在实验过程中所传递的热量也就知道了. 由此可见，保持系统为孤立系统，是混合量热法所要求的基本实验条件，这要从仪器装置、测量方法及实验操作等各方面去保证. 如果实验过程中与外界的热交换不能忽略，就要做散热或吸热修正. 温度是热学中的一个基本物理量，量热实验中必须测量温度. 一个系统的温度，只有在平衡态时才有意义，因此计温时必须使系统温度达到稳定而均匀. 用温度计的指示值代表系统温度，必须使系统与温度计之间达到热平衡. 通过此实验要了解热学实验的基本问题——量热和计温，学会一种粗略修正散热的方法，并进行实验安排和参量选择.

一、实验仪器与材料

量热器、物理天平、温度计(0～50 ℃)、冰、纯净水、停表、量筒、干拭布.

二、仪器描述

为了使实验系统(待测系统与已知其热容的系统二者合在一起)成为一个孤立系统，我们采用量热器.

传递热量的方式有三种：传导、对流和辐射. 因此，必须使实验系统与环境之间的传导、对流和辐射都尽量减少，量热器即能满足这样的要求.

量热器的种类很多，随测量的目的、要求、测量精度的不同而异. 最简单的一种如图 1-2-1 所示. 它是由良导体做成的内筒，放在一个较大的外筒中组成. 通常在内筒中放水、温度计及搅拌器，这些东西(内筒、温度计、搅拌器及水)连同放进的待测物就构成了我们所考虑的(进行实验的)系统. 内筒、水、温度计和搅拌器的热容是可以计算出来的，因此根据前述的混合法就可以进行量热实验了.

内筒置于一绝热架上，外筒又用绝热盖盖住，因此空气与外界对流很小. 又因

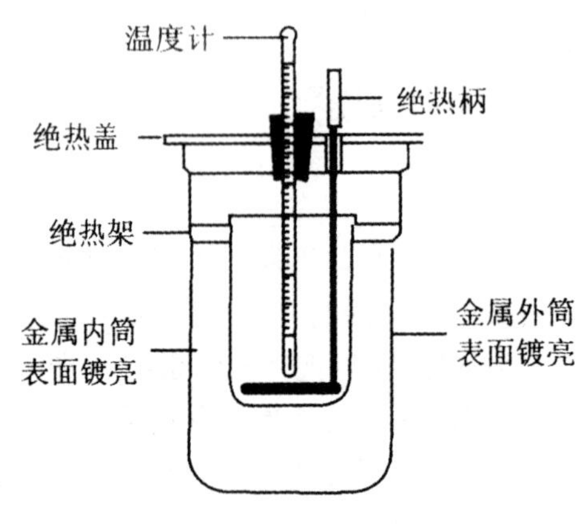

图 1-2-1 量热器示意图

为空气是不良导体,所以内、外筒间借传导传递的热量便可以减至很小.同时由于内筒的外壁及外筒的内外壁都电镀得十分光亮,使得它们发射或吸收辐射热的本领变得很小,于是我们进行实验的系统和环境之间因辐射而产生热量的传递也可以减小.这样的量热器已经可以使实验系统粗略地接近于一个孤立系统.

三、实验原理

若有质量 M g、温度为 T_1 摄氏度的冰(设在实验室环境下其熔点为 T_0 摄氏度)与质量 m g、温度为 T_2 摄氏度的水混合,冰全部熔解为水后的平衡温度为 T_3 摄氏度.设量热器的内筒和搅拌器的质量分别为 m_1、m_2,比热容分别为 c_1、c_2.温度计的热容为 Δm.已知冰的比热容为 0.43 cal/g・℃(−40～0 ℃).如果实验系统为孤立系统,将冰投入盛有 T_2 摄氏度水的量热器中,则有:

$$0.43M(T_0-T_1)+ML+M(T_3-T_0)c_0$$
$$=(mc_0+m_1c_1+m_2c_2+\Delta m)(T_2-T_3)$$

式中 L 为冰的熔解热,取水的比热容 c_0 为 1.00 cal/g・℃.

所以冰的熔解热

$$L=\frac{1}{M}(mc_0+m_1c_1+m_2c_2+\Delta m)(T_2-T_3)-(T_3-T_0)c_0-0.43(T_0-T_1)$$

从上式可见,内筒、搅拌器和温度计的热容效果,相当于水的质量增加$(m_1c_1+m_2c_2+\Delta m)$,而用一热容为 0 的量热器.我们把$(m_1c_1+m_2c_2+\Delta m)$叫做量热器的水当量,用 m' 表示,其量纲与热容量相同.于是有:

$$L=\frac{1}{M}(m+m')(T_2-T_3)-(T_3-T_0)c_0-0.43(T_0-T_1) \quad (1\text{-}2\text{-}1)$$

温度计是由玻璃和水银或酒精制成的,玻璃的比热容为 0.19 cal/g・℃,密度约为 2.5 g/cm^3;水银的比热容为 0.033 cal/g・℃,密度为 13.6 g/cm^3;酒精在 21 ℃时的比热容为 0.57 cal/g・℃,密度为 0.79 g/cm^3.因而,1 cm^3 玻璃的水当量等于

$$0.19\times 2.5=0.48\ \text{cal}\cdot℃$$

1 cm^3 水银的水当量等于

$$0.033\times 13.6=0.45\ \text{cal}\cdot℃$$

1 cm^3 酒精的水当量等于

$$0.57 \times 0.79 = 0.45 \text{ cal} \cdot ℃$$

故通常计算水银温度计或酒精温度计的水当量只须求得浸入液体部分的体积 V，然后乘以 0.46，即

$$\Delta m = 0.46V \text{ cal} \cdot ℃ \tag{1-2-2}$$

因此

$$m' = m_1c_1 + m_2c_2 + 0.46V \tag{1-2-3}$$

为了尽可能使系统与外界交换的热量达到最小，除了使用量热器以外，在实验的操作过程中也必须予以注意，例如不应该用手去握量热器的任何部分；不应该在阳光的直接照射下或空气流动太快的地方（如通风过道，风扇旁）进行实验；冬天要避免接近火炉或在暖气旁做实验等. 此外，由于系统与外界温度差越大时，它们之间传递热量越快，时间越长，传递的热量越多，因此在进行量热实验时，要尽可能使系统与外界温度差小，并尽量使实验过程进行得迅速.

尽管注意到了上述的各个方面，但除非系统与环境的温度时时刻刻相同，否则就不可能完全达到绝热的要求. 因此，在做精密测量时，就需要采用一些办法来求出实验过程中实验系统究竟散失或吸收了多少热量. 在系统与环境温度差不大时，这种修正是根据牛顿冷却定律来进行的.

一个系统的温度如果高于环境温度，它就要散失热量. 实验证明，当温度差相当小时（约不超过 10～15 ℃），散热速度与温度差成正比，即牛顿冷却定律. 用数学形式表示可写成：

$$\frac{\Delta q}{\Delta t} = K(T - \theta) \tag{1-2-4}$$

这里 Δq 是系统散失的热量，Δt 是时间间隔，K 是一个常数（称为散热常数），它与系统表面积成正比并随表面的吸收或发射辐射热的本领而变，T、θ 分别是我们所考虑的系统及环境的温度，$\frac{\Delta q}{\Delta t}$称为散热速率，表示单位时间内系统散失的热量.

本实验中，我们介绍一种根据牛顿冷却定律粗略修正散热的方法. 已知当 $T > \theta$ 时，$\frac{\Delta q}{\Delta t} > 0$，系统向外散热；当 $T < \theta$ 时，$\frac{\Delta q}{\Delta t} < 0$，系统从环境吸热. 我们可以取系统的初温 $T_2 > \theta$，终温 $T_3 < \theta$，以设法使整个实验过程中系统与环境间的热量传递前后彼此抵消.

考虑到实验中的具体情况，在刚投入冰时，水温高，冰的有效面积大，熔解快，因此系统表面温度 T（即量热器中水温）降低较快；随后，随着冰的不断溶解，冰块逐渐变小，水温逐渐降低，冰熔解就慢了，水温的降低也就变慢起来. 量热器中水温随时间的变化曲线如图 1-2-2 所示.

根据式(1-2-4)，$\Delta q=K(T-\theta)\Delta t$. 实验过程中，即系统温度从 T_2 变为 T_3 这段时间($t_2\sim t_3$)内系统散失的热量为

$$q=\int_{t_2}^{t_3}K(T-\theta)\mathrm{d}t \tag{1-2-5}$$

(1-2-5)式可写成

$$q=K\int_{t_2}^{t_\theta}(T_2-\theta)\mathrm{d}t+K\int_{t_\theta}^{t_3}(T_3-\theta)\mathrm{d}t \tag{1-2-6}$$

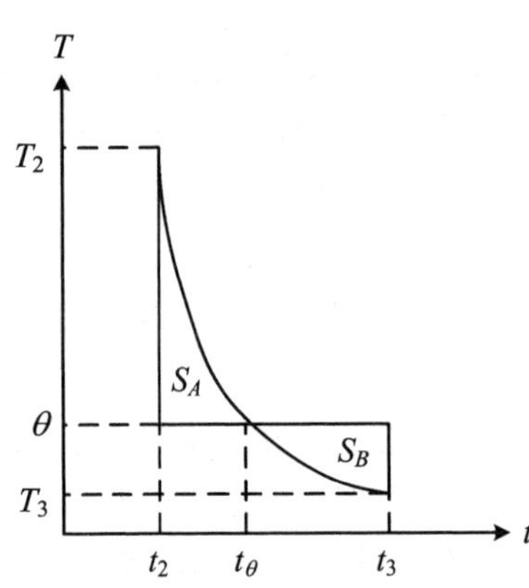

图 1-2-2　水温随时间变化曲线

前一项 $T_2-\theta>0$，系统散热；后一项 $T_3-\theta<0$，系统吸热. 在图 1-2-2 中，面积 $S_A=\int_{t_2}^{t_\theta}(T_2-\theta)\mathrm{d}t$，面积 $S_B=\int_{t_\theta}^{t_3}(T_3-\theta)\mathrm{d}t$. 由此可见，面积 S_A 与系统向外界散失的热量成正比即 $q_{散}=KS_A$；面积 S_B 与系统由外界吸收的热量成正比 $q_{吸}=KS_B$. 因此，只要使 $S_A\approx S_B$，系统对外界的吸热和散热就可以相互抵消. K 是散热常数.

要使 $S_A\approx S_B$，就必须使 $(T_2-\theta)>(\theta-T_3)$，究竟 T_2 和 T_3 应取多少，或 $(T_2-\theta):(\theta-T_3)$ 应取多少，要在实验中根据具体情况选定.

三、实验内容与注意事项

实验步骤由学生自行安排，应注意以下几点：

(1) 水的初温 T_2 可取比室温 θ 高 10～15 ℃，水的体积约取量热器内筒体积的 1/2 左右.

(2) 要选取透明、清洁的水. 冰不要直接放在天平盘上称衡. 冰的质量可由冰熔解后，冰加水的质量减去水的质量求得.

(3) 准确记录初温 T_2，结合牛顿冷却定律确定终温 T_3. 整个实验过程中应不断地轻轻地进行搅拌.

(4) 注意维护温度计. 玻璃液体(水银或酒精)温度计容易折断，水银泡更易破碎，水银逸出会造成严重污染.

(5) 先做一次实验，在分析其情况和结果的基础上，确定 T_2、T_3 及冰的质量 M 等值大体应为多少为宜. 然后仔细地重复实验.

(6) 确定实验过程中系统温度随时间的变化，每隔一定时间(如 15 s)测系统温度，作 T-t 图. 从而适当选择 T_3 值.

本实验的内容都是热学实验的基本内容，具有热学实验绪论的性质.无论在实验原理和方法(混合量热法和孤立系统，冷却定律和修正散热，测量原理等)，仪器构造和使用(量热器、温度计等)，操作技巧(搅拌、读温度等)和参量选择(水、冰取多少为宜，温度如何选择等)都对以后的热学实验有普遍意义，应注意了解和掌握.

四、思考题

1. 混合量热法必须满足什么实验条件？本实验是如何从仪器、实验安排和操作等各个方面来力求实现的？

2. 试说明下列各种情况将使测出的冰的熔解热偏大还是偏小？只需定性说明.

(1) 假定测 T_2 以前没有对系统(水)进行搅拌，并且系统已在温室下静置了一段时间.

(2) 测 T_2 后到投入冰相隔了一段时间.

(3) 搅拌过程中把水溅到量热器的盖子上.

(4) 冰中含水.

(5) 水蒸发，在量热器绝缘盖上结成露滴.

3. 你怎样通过试测，去找到合适的 T_2 和 T_3，从而使系统与环境的热交换可以忽略？

4. 实验系统的散热常数 K，并根据实测的 T-t 曲线估计，由于系统从环境吸热以及向环境散热不能抵消，造成对 L 的影响.

5. 如果冰中含水的质量为整块冰质量的 $X\%$，试证明测量结果 L 由此产生的相对误差(系统误差)为

$$\frac{\Delta \cdot L}{L}=-X$$

“－”表示 L 值降低，$\Delta \cdot L$ 表示 L 的系统误差.

参考文献

[1] 陆廷济.物理实验教程[M].上海：同济大学出版社，2000.

[2] 赵鲁卿，王玉文.普通物理实验[M].西安：西北大学出版社，1993.

1-3　用落球法测液体的黏滞系数

黏滞系数是液体的重要性质之一，它反映液体流动行为的特征.黏滞系数与液

体的性质,温度和流速有关.因此黏滞系数的测量在工程技术方面有着广泛的使用价值.有关液体中物体运动的问题,19 世纪物理学家斯托克斯(George Gabriel Stokes)建立了著名的流体力学方程组"斯托克斯组",它较为系统地反映了流体在运动过程中质量、动量、能量之间的关系:一个在液体中运动的物体所受力的大小与物体的几何形状、速度以及液体的内摩擦力有关.通过本实验观察液体的内摩擦现象,学会用落球法测液体的黏滞系数,掌握基本测量仪器(游标卡尺、读数显微镜、米尺、数字秒表等)的用法.

一、实验仪器与材料

游标卡尺、读数显微镜、米尺、秒表、温度计、镊子、小铅粒、蓖麻油、量筒、细铜丝.

二、实验原理

当流体内部各部分速度不同时,较快层流体对较慢层流体施加向前的"拉力",较慢层对较快层施加"阻力",这一对力是流体内部不同部分间的摩擦力,称为内摩擦力,又称为黏滞力.流体的这种性质叫做黏滞性.量度黏滞大小的物理量用黏滞系数,计算技术中又称为动力黏度,简称黏度.测量液体黏滞系数方法有多种,如落球法、转筒法、毛细管法等,其中落球法是最基本的一种,它可用于测量黏度较大的透明或半透明液体,如蓖麻油、变压器油、甘油等.

实验证明,流体内面元两侧相互作用的黏滞力 f 与面元面积 ΔS 及速率梯度 $\frac{\mathrm{d}v}{\mathrm{d}y}$ 成正比,即

$$f = \eta \frac{\mathrm{d}v}{\mathrm{d}y} \Delta S \tag{1-3-1}$$

称为黏滞定律.式中比例系数 η 即黏滞系数.在国际(SI)单位制中,η 的单位为帕斯卡·秒,国际符号为 Pa·s;在现在的科学和技术出版物中,帕斯卡·秒被用得很少.最常见的单位是达因·秒每平方厘米,称为"泊"(P).1 泊=0.1 帕·秒.η 值除与物质材料有关外,还和温度、压强有关.液体的黏滞性随温度的升高而减小,而气体则相反.压强不太大时,液体黏性变化不大;压强很高时,黏性才急剧增加.

如果液体是无限广延的,液体的黏性大,小球的半径很小,且在运动过程中不产生漩涡,则根据斯托克斯定律,小球受到的黏滞力为

$$f = 6\pi\eta\gamma v \tag{1-3-2}$$

式中,η 为黏滞系数,γ 为小球半径,v 为小球运动的速度.若能测出 f、γ、v,则 $\eta = \frac{f}{6\pi\gamma v}$ 可知.如何测量 f、γ、v 呢?

(1) f 的测量. 如图 1-3-1 所示，让小球在黏滞性液体中下落时，小球将受到三个力的作用：重力(mg)、浮力($\rho_{液} Vg$)、黏滞阻力($6\pi\eta\gamma v$). 当小球刚落入液体时，向下的力大于向上的力，小球做变加速运动，随着运动速度的增加，黏滞阻力也增大，当速度达到某一值 v_0 时，小球所受的合力为零，此后，小球就以该收尾速度匀速下落. 有关系式

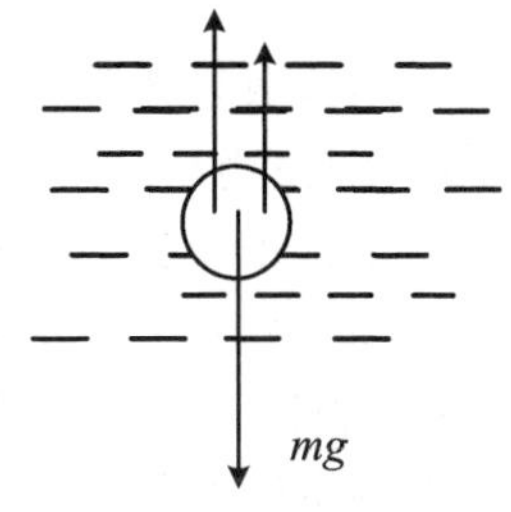

图 1-3-1　小球在液体中的受力情况

$$mg = f + \rho_{液} V_{排} g \tag{1-3-3}$$

或

$$f = mg - \rho_{液} V_{排} g (\rho = \rho_{液}\ V = V_{排} = V_{球})$$

若能得到小球质量 m，液体密度 $\rho_{液}$，小球体积 V，则可间接测出小球所受的黏滞阻力 f。小球的密度为 ρ_0，则小球质量 $m=\rho_0 V$，而体积近似使用球体体积公式 $V=\frac{\pi}{6}d^3$，其中 d 为小球直径(由可用读数显微镜测出)，从而黏滞力为

$$f = \frac{\pi}{6} d^3 g (\rho_0 - \rho_{液}) \tag{1-3-4}$$

式中，ρ_0 及 $\rho_{液}$ 由实验室根据所用材料给出.

(2) 收尾速度 v_0 的测量. 因为小球以 v_0 匀速下落，所以可依据匀速直线运动速度公式：

$$v_0 = \frac{S}{t} \tag{1-3-5}$$

t 用秒表测量. 至此，三个待测量都有了各自的测量手段，从而可得

$$\eta = \frac{(\rho_0 - \rho_{液}) g t d^2}{18S} \tag{1-3-6}$$

式(1-3-6)只适用于小球在无限广延的液体中运动的情况. 而本实验中，液体是装在直径为 D 的量筒内，即小球是在有边界的液体中下落，如果只考虑管壁对小球运动的影响，则(1-3-6)式修正为

$$\eta = \frac{(\rho_0 - \rho_{液}) g t d^2}{18S\left(1 + 2.4\frac{d}{D}\right)\left(1 + 3.3\frac{d}{2h}\right)} \tag{1-3-7}$$

式中，D 为量筒内直径，可用游标卡尺读出；h 为液体的高度，可用米尺测出.

三、实验步骤

(1) 列好数据记录表格.

(2) 调整量筒，使其中心轴线处于铅直位置，用游标卡尺测出其内直径 D.

(3) 在量筒上用细铜丝做两条适当的水平标线 N_1、N_2，用米尺测出 N_1 与 N_2

的间距 S.

(4) 用读数显微镜测小铅球的直径 d,在 5 个不同方向上测,取其平均值. 共测 3 个小球,记录测量的结果,编号待用.

(5) 用镊子夹起小铅球(注意用力不可太大,以免使其变形),先将小球在待测油中浸一下,使其表面完全被所测油浸润,然后释放小球,使其沿量筒的中心轴线下落. 用秒表记录小球通过 N_1、N_2 所用的时间(用 3 个小球分别测量).

(6) 测量油的温度 T.

(7) 根据每个小球的数据,按照式(1-3-7)计算 η,然后求 η 的平均值.

四、注意事项

(1) 实验时,油中应无气泡,小球应彻底清除掉油污.

(2) 因为油的黏度随温度改变会发生显著变化(如蓖麻油的 η 值从 10 ℃升到 40 ℃时,降为原来的$\frac{1}{4}$),因此,实验中不要用手摸量筒,以尽力保证实验中油温恒定. 每次实验结束时,应随时记录油的温度.

五、思考题

(1) 实验时,标线 N_1 及 N_2 的位置选取应如何考虑?

(2) 在温度不同的一种润滑油中,同一小球下落的收尾速度相同否? 为什么?

(3) 当选用不同半径的小球做此实验时,对于实验结果 η 的误差怎样影响?

(4) 在选定的液体中,在小球的半径减小时,它的收尾速度如何变化? 当小球的密度增大时,又将如何变化?

(5) 试根据式(1-3-7)推出计算 η 的相对误差公式(方和根),试计算测量误差. 为了尽量减小误差,实验应如何改进?

参考文献

[1] 沈光先. 用落球法测定液体黏滞系数的实验条件选择及结果修正[J]. 贵州师范大学学报:自然科学版,2002,20(3).

[2] 朗道,粟弗席茨. 流体力学:上册[M]. 孔祥言,等,译. 北京:高等教育出版社,1983.

[3] 赵鲁卿,王玉文. 普通物理实验[M]. 西安:西北大学出版社,1993.

1-4 分析天平的使用

分析天平是一种精密称衡质量的仪器,主要适用于工矿企业、科学研究机构及高等院校的实验室、化验室等作化学分析和物质精密测量. 通过本实验,学会使用分析天平,仔细地进行精密测量,并学习一种测定小块固体密度的方法.

一、实验仪器与材料

分析天平、比重瓶、待测小玻璃球若干、蒸馏水、温度计、移液管、吸水纸等.

二、仪器介绍

1. 分析天平介绍

一般分析天平可以准确到1/10 000 g或2/10 000 g,它们的最大称量为100 g或200 g. 有摆动式、空气阻尼式和光学式三种. 现在先介绍一种具有部分机械加码装置的光学天平,如图1-4-1所示.

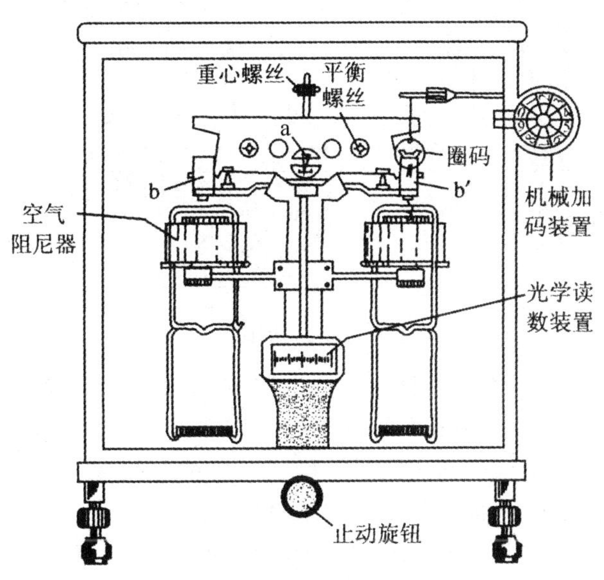

图1-4-1 分析天平示意图

分析天平的构造原理与物理天平相似,为了提高称衡精确度,分析天平有更精致的结构. 三个刀口a、b、b′是由坚硬、不易磨损的玛瑙(或人造宝石)制成,并配有玛瑙刀垫. 当天平摆动时,刀口与刀垫相接触,因为它们均由玛瑙制成,所以摩擦力很小. 为了保护刀口,在横梁下装有止动架(图中未画出),转动安置在天平下部的止动旋钮,就可以使止动架上升,把横梁及秤盘向上举起一些,这样刀口就不与刀垫接触,天平止动. 为了保护天平,分析天平都放在玻璃柜内,柜内有干燥剂防潮. 分析天平上还装有水准仪,用来调整刀垫水平.

为了增加横梁摆动时所受的阻力,使它能够很快静止下来,以便迅速读取指针位置,装有空气阻尼器.阻尼器的构造为:在两秤盘上方各装一固定在支柱上的金属外筒,挂在天平吊环上的金属内筒其筒口向下套于内筒中,内外筒之间有一定的(很小)空隙,横梁摆动时,必有一秤盘下降,相应的内筒也随之下降,并压缩内外筒之间的空气,被排出的空气必须通过两筒壁间很狭窄的缝隙及外筒底板上的小孔,因而流泄较慢,横梁的摆动受到阻尼,很快地静止不动,而便于我们迅速地读数.

称衡 1 g 以下的质量用机械加码装置及光学投影读数装置. 机械加砝码装置(读数范围 10～990 mg)有 1 g 以下的圈码 8 个,如图 1-4-2 所示,转动机械使加码时,相应的圈码组就自动加在横梁上了.

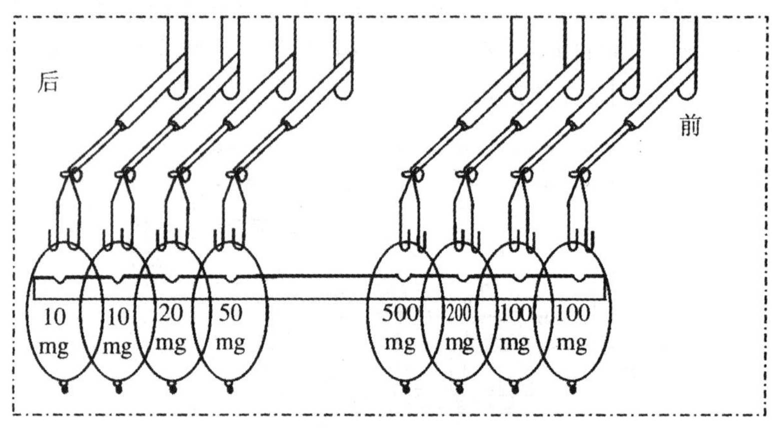

图 1-4-2 圈码

光学投影读数装置(读数范围为 10 mg 以下)是为了方便地读取最小称衡值、减轻工作人员的疲劳、提高称衡效率. 其结构是:在天平指针下部固定有透明的微量标尺,由光源发出的光线,透过微量标尺后经过放大、反射,投影到观察屏上,实验者就能在屏上看到微量标尺的放大像. 观察屏上刻有一条准线,作为读数标记,其光学系统如图 1-4-3 所示. 微量标尺的刻度中间为 0,两边各为 +10 mg 及 −10 mg,其最小刻度为 0.1 mg,所以感量为 0.1 mg/格. 当准线指在正值时表示砝码读

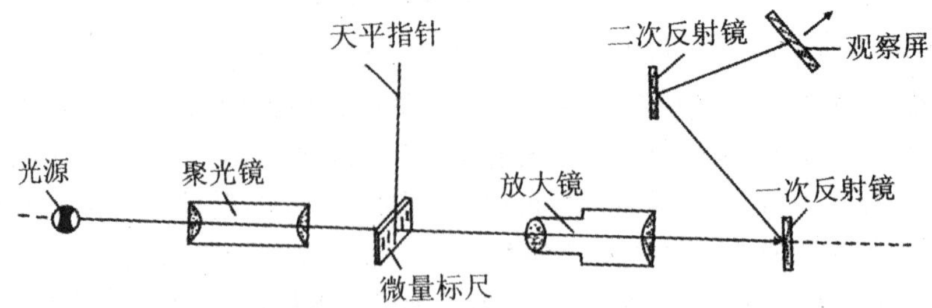

图 1-4-3 读数光学系统光路图

数必须加上微量标尺读数；反之，当准线指在负值时，砝码读数必须加上微量标尺负读数，称衡时，微量标尺在移动而准线固定不动.

平衡螺母是用来调整零点的. 较小的零点调整可以用天平底板下的拨杆，使微量标尺上的零点与观察屏上的准线完全重合. 重心螺丝是用来调整灵敏度的.

2. 光学天平读数方法

(1) 在 10 mg 以下称量时，观察屏上的示数为＋3. 80 mg＝0. 003 80 g，读数盘上为 0，称量结果为 0. 003 80 g. 如图 1-4-4 所示.

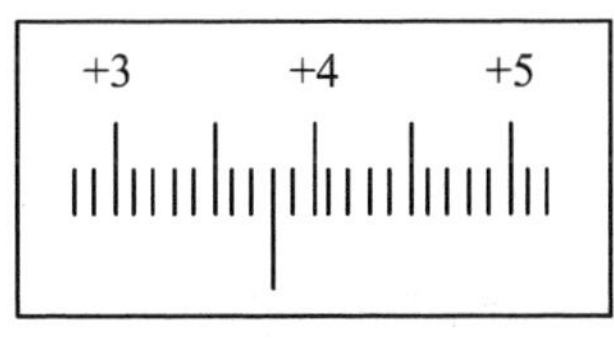

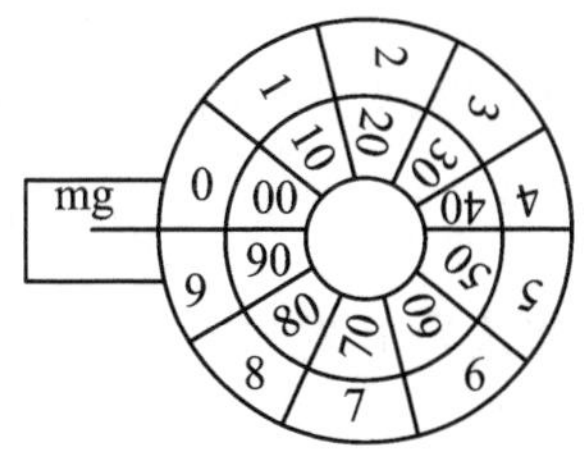

图 1-4-4　10 mg 以下的计数方法

(2) 在 10 mg 以上时，观察屏上示数为－4. 97 mg＝－0. 004 97 g，读数盘上为 20 mg，称衡结果为(0. 020 00－0. 004 97)＝0. 015 03 g. 如图 1-4-5 所示.

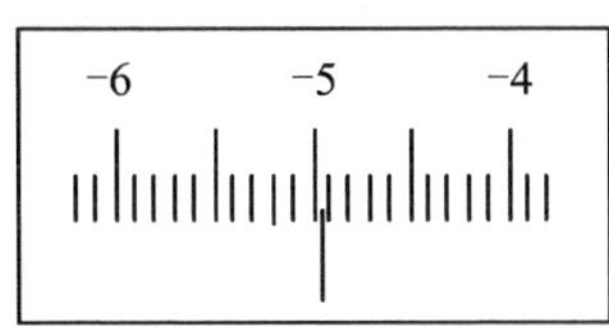

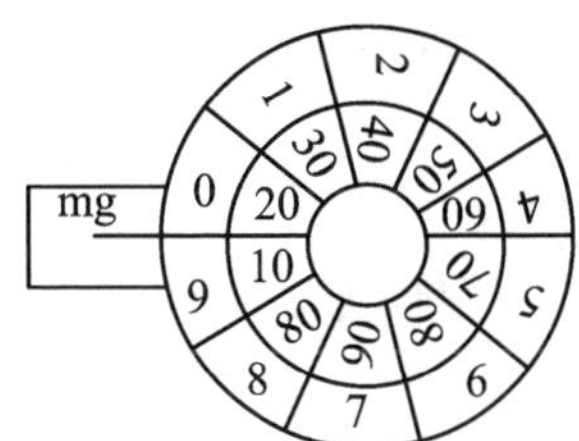

图 1-4-5　10 mg 以上的读数方法

(3) 在 1 g 以上时，观察屏上为 0. 04 mg，读数盘上为 810 mg，砝码读数为 6 g，则称量结果为 6. 810 04 g，如图 1-4-6 所示.

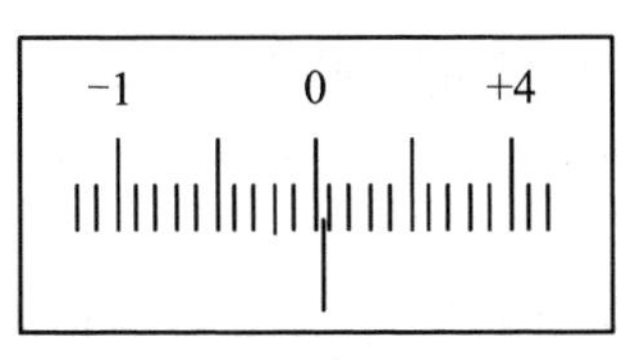

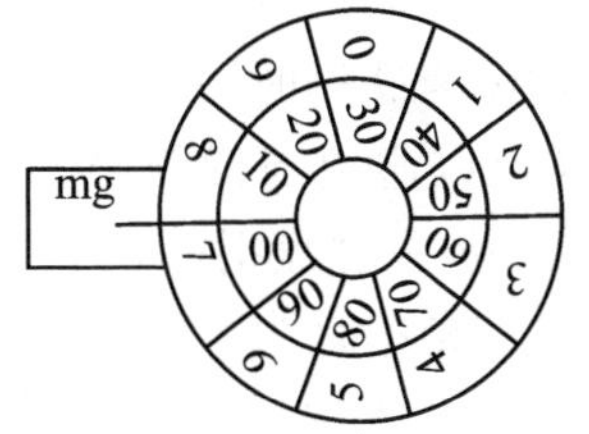

图 1-4-6　1 g 以上的读数方法

3. 空气浮力影响的修正

若待测物体的体积是 V，砝码总体积是 V_1，在称衡时的温度和压强下，空气的密度是 ρ'，则在空气中称衡时，物体受浮力为 $V\rho' g$，而砝码受浮力为 $V_1\rho' g$. 设 M 是物体的真实质量，P 是砝码的真实质量，则当天平平衡时，有：

$$Mg - V\rho' g = Pg - V_1\rho' g$$

$$M = P + (V - V')\rho' \tag{1-4-1}$$

设 ρ 为待测物体的密度，ρ_1 为砝码的密度，则：

$$M = \rho V, \quad P = V_1\rho_1$$

代入式(1-4-1)，考虑 $\rho' \ll \rho$，$\rho' \ll \rho_1$，略去高次项，得：

$$M = P\left(1 - \frac{\rho'}{\rho_1} - \frac{\rho'}{\rho}\right) \tag{1-4-2}$$

式中，ρ' 可近似认为 $1.2 \times 10^{-3}\ \text{g/cm}^3$，$\rho_1$ 和 ρ 则由手册中查得.

4. 操作步骤

(1) 调水平.

(2) 调零点.

(3) 检查灵敏度. 即加上(或减去)10 mg，看与光学读数装置上的读数是否相符.(如果相差很大，怎么办?)允许差 2 小格.

(4) 称衡. 用分析天平称衡时要多次启动读数，至少启动两次观察读数是否重复.(为什么?)

5. 操作规则

除了严格遵守物理天平的操作规则外，根据分析天平的特点，还要遵守下列规则：

(1) 称衡前，必须先用物理天平称衡，已知待测物体的近似质量.

(2) 取放待测物体和砝码(包括圈码)及调节零点、灵敏度时，一定要止动妥善. 启动和止动时，应缓慢而均匀地转动止动把手，最好在指针摆动接近零点时再止动天平，避免产生较大的震动，以保护玛瑙刀口不受磨损，并尽量缩短刀口的负载时间. 用机械加码器加减圈码时，动作要轻、慢.

(3) 比较待测物体与砝码时，只要稍一动天平，便能判断谁重谁轻，不必把止动架全放下来，这样可以避免当待测物体与砝码的质量相差较大时，指针过度偏转. 待测物体和砝码要放在秤盘正中间.

(4) 分析天平放在柜中是为了防止气流和灰尘的侵袭，加取待测物体和砝码时，只需打开柜子的侧门，加取完毕，随即关上，再进行称衡. 柜子中门无特殊需要不得打开.

6. 分析天平的灵敏度

设当天平两盘均负载质量为 P 克砝码时，天平指针处于铅直方向；在左盘附

加质量为 q 克后，指针向右偏转一角度 φ，而后静止下来，如图 1-4-7 所示，这时横梁受力为：作用于刀口 b' 上的 $(P+q)$，作用于刀口 b 的 P，横梁所受重力 W（至于刀垫作用于刀口 a 上的力，因其力矩为零，故未考虑）. 当横梁静止不动时，此三力对支点 a 的力矩相互平衡，即

$$L(P+q)\sin i_1 = PL\sin i_2 + Wh\sin\varphi \tag{1-4-3}$$

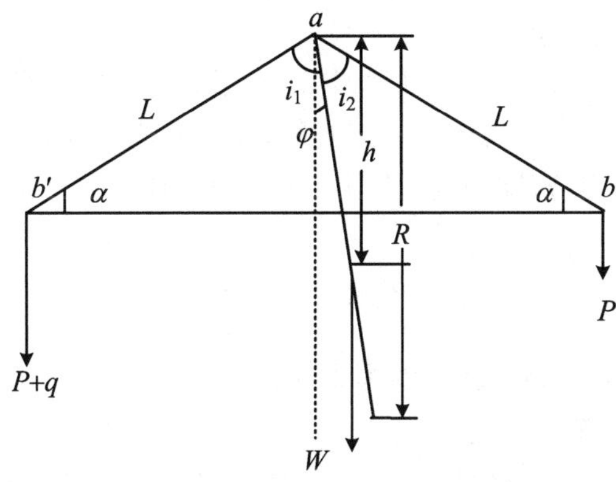

图 1-4-7　分析天平灵敏度原理图

式中，L 为天平横梁的臂长，h 为天平重心到支点 a 的距离. 由图 1-4-7 可见

$$i_1 + \alpha + \varphi = \frac{\pi}{2}$$

$$i_2 + \alpha - \varphi = \frac{\pi}{2}$$

代入(1-4-3)式得

$$(P+q)L\cos(\alpha+\varphi) = PL\cos(\alpha-\varphi) + Wh\sin\varphi$$

展开化简，可得

$$qL\cos\alpha\cos\varphi = (2P+q)L\sin\alpha\sin\varphi + Wh\sin\varphi$$

两边除以 $\cos\varphi$，即得

$$qL\cos\alpha = (2P+q)L\sin\alpha\tan\varphi + Wh\tan\varphi$$

或

$$\frac{\tan\varphi}{q} = \frac{L\cos\alpha}{L(2P+q)\sin\alpha + Wh}$$

灵敏度

$$S = \frac{R\tan\varphi}{q} = \frac{RL\cos\alpha}{L(2P+q)\sin\alpha + Wh} \tag{1-4-4}$$

式中，R 是指针长度.

由式(1-4-4)可见，分析天平的灵敏度与横梁的重量、横梁重心的位置及负载

情况均有关.

三、实验原理

若物体的质量为 m,体积为 V,其密度为

$$\rho=\frac{m}{V} \tag{1-4-5}$$

测定 m 和 V,就可以得出 ρ.

本实验中,要较精密地测定小块固体密度(要求达到 5～6 位有效数字). m 用分析天平测定;对于 V,由于物体是不规则的,我们采用下述方法:

取一定量的液体,其密度为 ρ_0,质量为 m_0,使其体积 V_0 与待测物体体积 V 相同,则待测液体密度

$$\rho=\frac{m}{V}=\frac{m}{V_0}=\frac{m}{m_0}\rho_0 \tag{1-4-6}$$

这样,求体积 V 的问题就转化变为求 m_0 和 ρ_0 的问题了,ρ_0 可以从表中查出,m_0 很容易用分析天平精确测定.

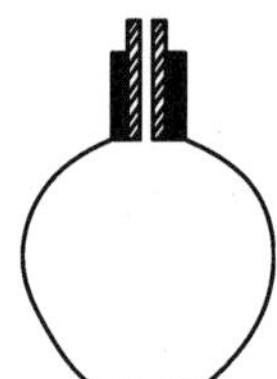

图 1-4-8　比重瓶

为了测定 m_0,并保证 $V_0=V$,我们用比重瓶. 普通比重瓶是用玻璃制成的容积固定的容器. 比重瓶可以有多种不同的形状,这里用的是一种形状最简单的,如图 1-4-8 所示. 为了保证瓶中的容积固定,比重瓶的瓶塞是一个中间有毛细管的磨口塞子做成的. 使用时,用移液管注入液体到瓶口,用塞子塞紧,多余的液体就会通过毛细管流出来,这样就可以保证比重瓶的容积是固定的.

本实验中,待测固体是玻璃小球,其质量为 m,体积为 V,m 不能直接放在天平秤盘上称,而是将它们放在空的比重瓶内称. 比如比重瓶的质量为 m_1,放入小球后质量为 m_2,则

$$m=m_2-m_1 \tag{1-4-7}$$

用这种方法测定密度,要求液体与待测物不起化学作用. 我们用的液体是蒸馏水,它在不同温度下的密度很容易在常数表中查到. 设比重瓶盛满水后的总质量为 M_0 克. 若将待测物体放入盛满水的比重瓶中,则必须排出体积为 V 立方厘米的水,此时(瓶＋水＋小块固体)的总质量为 M 克. 这样,V 立方厘米蒸馏水的质量即为

$$m_0=M_0+m-M=M_0+m_2-m_1-M \tag{1-4-8}$$

将式(1-4-7)、式(1-4-8)代入式(1-4-6),有

$$\rho=\frac{m_2-m_1}{M_0+m_2-m_1-M}\rho_0 \tag{1-4-9}$$

整个实验过程中，既要保证 $V=V_0$ 的条件，还要保持温度不变，因为 ρ_0 与温度有关，而且温度变化会引起玻璃的膨胀（或缩小）而使比重瓶的体积发生变化，就不能保证 $V=V_0$ 了.

四、实验步骤和注意事项

(1) 检查、调整分析天平.

(2) 测出空比重瓶的质量为 m_1，注意空瓶必须保持干燥.（为什么?）

(3) 把干净的玻璃小球装入比重瓶内约半瓶左右，测 m_2. 小球和比重瓶都不能用手去摸.（为什么?）

(4) 用移液管将温室的蒸馏水注入比重瓶，并用细铜丝伸入瓶内轻轻搅动，以驱除附着于玻璃球表面的气泡. 盖紧瓶塞，使水充满到瓶塞顶端. 用镊子夹住瓶颈（这时更不能用手握瓶），用吸水纸吸干溢到瓶外的水，特别注意擦去瓶口与塞子间隙的水. 测 M.

(5) 实验前后记下室温，取平均值，查出该温度下水的密度 ρ_0.

(6) 由式(1-4-9)算出 ρ，并由偶然误差 Δm_1、Δm_2、ΔM、ΔM_0 算出 $\Delta\rho$.

实验过程中要注意分析天平零点的浮动及灵敏度是否随负荷变化，要尽量保持温度的恒定和比重瓶容积的恒定.

五、思考题

1. 本实验中，用 m_0 来代替 V，其优点何在? 条件是什么? 如何在实验中予以满足?

2. 以下情况会使测量结果 ρ 偏大还是偏小?

(1) 测 m_1 时比重瓶不干燥.

(2) 测 M_0 时比重瓶外有水没有擦干.

(3) 测 M 时用手握了比重瓶.

3. 以下情况会对测量结果 ρ 产生多大的影响?

(1) 测 M 时，瓶内有一个体积为 1 mm^3 的气泡.

(2) 实验过程中温度有 1 ℃的起伏.

(3) 考虑或不考虑空气阻力.

参考文献

[1] 吕斯骅. 基础物理实验[M]. 北京：北京大学出版社，2002.

[2] 李志超. 大学物理实验[M]. 北京：高等教育出版社，2001.

1-5 单 摆 实 验

本实验要求验证摆长与周期间的关系，求出重力加速度 g，掌握光电计时器的使用方法，学会用最小二乘法作直线拟合.

一、实验原理

把一个金属小球拴在一根细长的线上，如图 1-5-1 所示. 如果细线的质量比小球的质量小很多，而球的直径又比细线的长度小很多，则此装置可看作是一根不计质量的细线系住一个质点，这就是单摆. 略去空气的阻力和浮力以及线的伸长不计，在摆角很小时，可以认为单摆作简谐振动，其振动周期 T 为

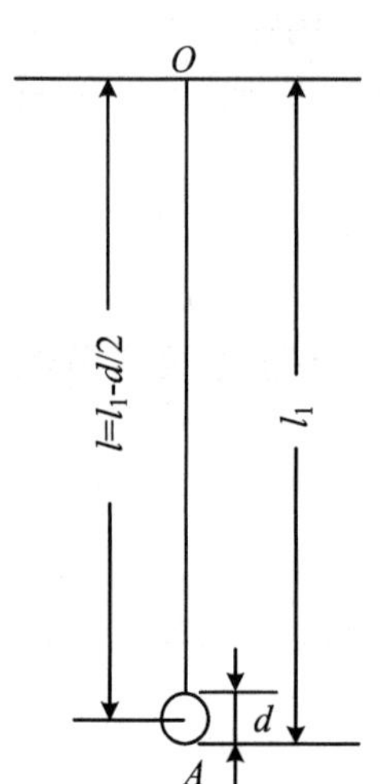

图 1-5-1 摆杆示意图

$$T = 2\pi\sqrt{\frac{l}{g}}$$

或

$$T^2 = 4\pi^2 \frac{l}{g} \tag{1-5-1}$$

重力加速度为

$$g = 4\pi^2 \frac{l}{T^2} \tag{1-5-2}$$

式中，l 是单摆的摆长（就是从悬点 O 到小球球心的距离），g 是重力加速度. 单摆周期 T 只与摆长 l 和重力加速度 g 有关，如果我们测量出单摆的 l 和 T，就可以计算出重力加速度 g.

二、实验内容

1. 固定摆长，测定重力加速度

(1) 测定摆长（摆长 l 取 65 cm 左右）.

① 带刀口的米尺测量悬点 O 到小球最低点 A 的距离 l_1.

② 用游标卡尺多次测量小球沿摆长方向的直径 d，如表 1-5-1 所示.

表 1-5-1 测直径的结果

次数	1	2	3	平均	卡尺零点	修正零点后的平均值
d(cm)						

③ 摆长为

$$l = l_1 - \bar{d}/2$$

(2) 测量单摆周期. 使单摆作小角度摆动. 通过计算可知，当小球的振幅小于摆长的 1/12 时，摆角 $\theta<5°$. 小球的振幅通过挡杆在水平方向的位置而确定. 从挡杆方向平稳放开小球，开始自由摆动，待摆动稳定后，用光电计时器测量.

光电计时器的使用方法：开机通电后，默认的计时次数为 30 次，连接好光电门与计时器的插线，按“执行”键即准备计时，等小球经过光电门挡光时，即进行计时，光电计时器每挡一次光就记录一次挡光时刻的值，一个周期内共挡光两次. 如果要改变计时次数，按“复位”键后，按“上调”、“下调”键可改变计时次数. 再按“执行”键即可计时.

测量摆动多次所需的时间（积累法），并重复测量多次求平均值，如表 1-5-2 所示.

表 1-5-2　测量摆动所需时间

次数	1	2	3	4	5	平均
T(s)						

(3) 由 $g=\frac{4\pi^2 l}{T^2}$ 计算 g. (1-5-3)

2. 摆角 θ<5°，改变摆长求得 g

使 l 分别为 0.35 m，0.45 m，0.55 m 左右，测出不同摆长下的 T，如表 1-5-3 所示.

表 1-5-3　测量不同摆长的周期

l(m)	T(s)						g(m/s^2)
	第 1 次	第 2 次	第 3 次	第 4 次	第 5 次	平均值	

用直角坐标纸作 l-T^2 图，是否为直线？解释原因，并由此图求得 g.

3. 固定摆长，改变摆角 θ，测定周期 T

使 θ 分别为 5°，10°，15°，用光电计时器测摆动周期 T，然后做比较.

周期 T 随摆角 θ 变化的二级近似式为

$$T = 2\pi\sqrt{\frac{l}{g}}\left(1+\frac{1}{4}\sin^2\frac{\theta}{2}\right) \tag{1-5-4}$$

根据此修正公式计算出上述相应角度的周期,并与测量结果进行比较.从比较中体会以上实验内容中要求摆角 θ 很小这一条件的重要性,并体会摆角 θ 略偏大时用式(1-5-4)进行修正的必要性.如表 1-5-4 所示.

表 1-5-4 固定摆长光电计时器测周期

摆角 次数	5°	10°	15°
1			
2			
3			
实验值 $\bar{T}$(s)			
由式(1-5-4)计算 T(s)			

三、注意事项

(1) 如用停表测量周期,应选择小球通过最低位置处计时,并在某一个固定位置时启动和停止计时.或者采用差值计算以减小人的反应误差,如计 40 次和 10 次的差值.

(2) 要注意小摆角的实验条件,例如控制摆角 $\theta<5°$.

(3) 要注意使小球始终在同一个竖立平面内摆动,防止形成"锥摆".

四、思考题

1. 请想出一种用不规则形状的重物(如一把挂锁)作为摆锤制成"单摆",并测定重力加速度 g 的方法.

2. 假设单摆的摆动不在竖立平面内,而是作圆锥形运动(即"锥摆").若不加修正,在同样的摆角条件下,所测的 g 值将会偏大还是偏小?为什么?

参考文献

[1] 贾玉润.大学物理实验[M].上海:复旦大学出版社,1988.
[2] 朱敏复,楼畹珍.大学物理实验[M].北京:中国铁道出版社,1996.

1-6　复 摆 实 验

通过本实验，要研究复摆的物理特性，用复摆测定重力加速度，并学会用作图法研究问题及处理数据.

一、实验仪器

复摆、计时器、物理天平、尺等.

二、实验仪器描述

复摆实验是一个传统的实验，通常是研究周期与摆轴位置的关系，并测定重力加速度. 有时，定出质心位置以后，算出转动惯量. 开忒氏可逆摆常常是作为一个单独的仪器和实验来安排的.

新设计的复摆以及用它安排的实验有以下特点：

(1)包括了有关物理摆的多方面的物理内容. 即不仅有上述的传统内容，而且可组装成开忒摆，还可研究周期的微调，测定撞击位置等，集复摆问题的研究于一个仪器上.

(2)指出了复摆周期的两种微调原理. 特别是通过在摆杆的某个特殊位置加上一定质量，可以实现对周期的精密微调.

(3)结构小型化. 摆杆及支架均可接拆，连同各种附件，装入一个 28 cm×60 cm×9 cm 的木箱内，全重 7.5 kg.

新设计的复摆是一个厚 6 mm 的矩形扁钢，杆长 600 mm，杆上每隔 10 mm 钻一个 ϕ8 mm（ϕ 表示直径）的圆孔，可作支承刀口或插入刀口用. 摆板上自中心起向两端以米尺刻度，分度值为1 mm. 杆的两端各有一个微调螺母，还有一个指针，作挡光计时用. 用电子秒表改装的周期测定仪器，亦可用通用的频率计计时，摆杆的示意图如图 1-6-1 所示.

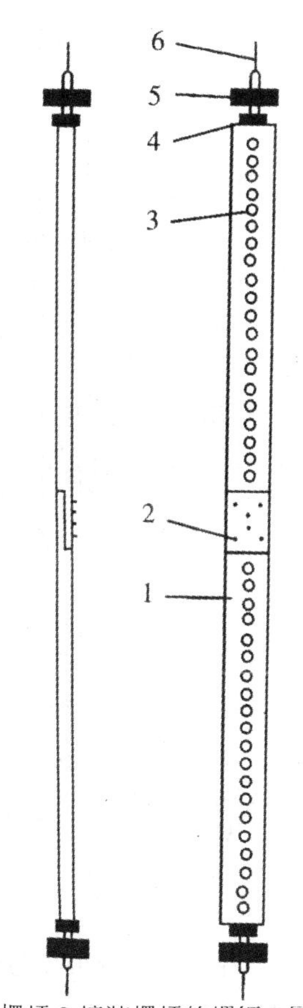

1.摆杆 2.接装摆杆的螺钉 3.圆孔 4.固定螺母 5.微调螺母 6.挡光针

图 1-6-1　摆杆示意图

由于减轻了复摆本身的重量，因此不必把它放在固着于墙壁的刀口上进行实验，而采用一个带有平衡块的 T 型座架，可放在桌上或桌边上做实验. 座架上安装一个可接拆的立柱，立柱顶端安装一个“上座”，其一侧是一个三角形的刀口，正好可套入摆杆上的圆孔内，另一侧是一个 U 形刀承，当摆杆的圆孔中加上“插入刀口”后，可将摆支承于此进行实验. 安装好的座架及复摆实验装置如图 1-6-2 所示.

加重安装柱固着于咬合板上，用一对咬合板可以抱合在摆杆的任何部位，可加上加重片，其示意图如图 1-6-3 所示. 这个附件作周期微调用.

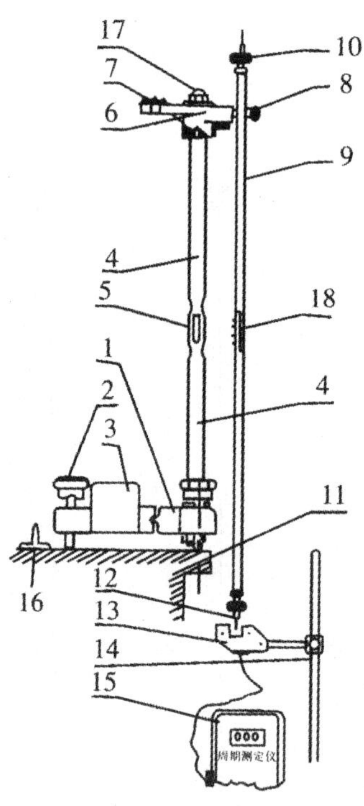

1.T形座架 2.调节螺丝 3.平衡块 4.立柱 5.立柱的接拆部 6.立柱上座 7.U形刀承 8.刀口 9.摆杆 10.微调螺母 11.桌子 12.挡光针 13.光电门 14.光电门支架 15.周期测定仪 16.桌上刀口 17.固定上座的螺丝 18.摆杆接拆部

图 1-6-2　复摆实验装置图

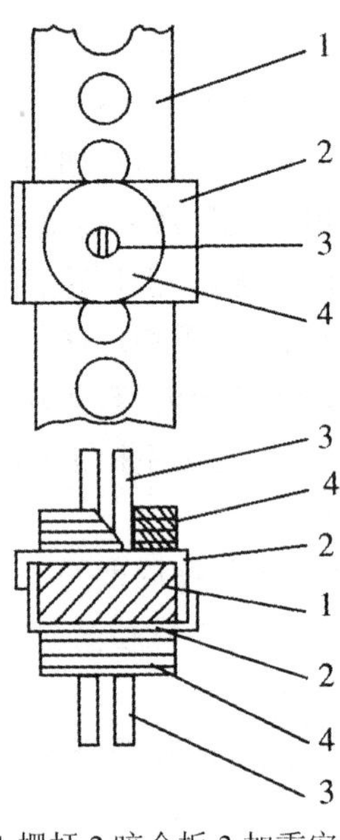

1.摆杆 2.咬合板 3.加重安装柱 4.加重片

图 1-6-3　加重示意图

“插入刀口”用刀口卡板固定于摆杆上，如图 1-6-4 所示，在摆杆上加上“插入刀口”后在座架的 U 型刀承上摆动，可以做开式摆实验，研究周期与摆的悬点的关系，找出撞击中心等.

还有一个桌上刀口，是测定摆的质心位置用的. 如图 1-6-2 所示的 16.

铁锤，塑料锤大小各一个，可以套在摆杆上，并予以固定. 这样，就组装成一个开忒可逆摆，加上“插入刀口”，利用 U 型刀承，就可以做开忒摆实验了. 其示意图如图 1-6-5 所示.

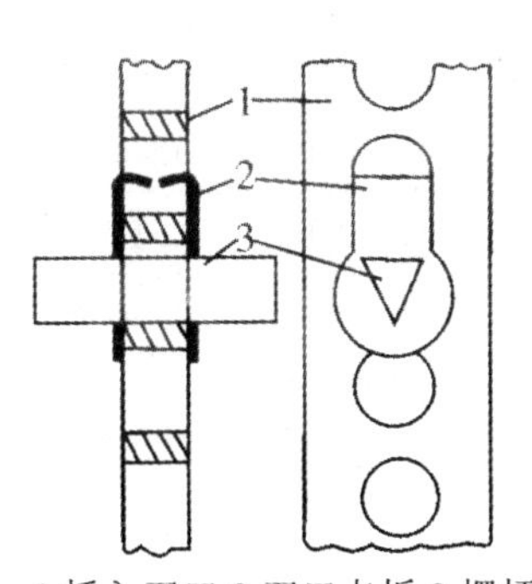

1.插入刀口 2.刀口卡板 3.摆杆

图 1-6-4 刀口示意图

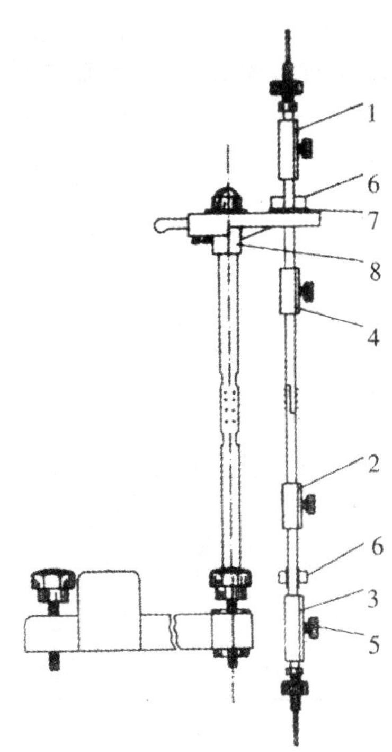

1.大塑料锤 2.小塑料锤 3.大铁锤 4.小铁锤 5.固定螺丝 6.插入刀口 7.U形刀承 8.立柱上座

图 1-6-5 开忒摆实验示意图

三、实验原理

1. 测定转动惯量，回转半径

当摆角较小时，复摆的周期

$$T = 2\pi\sqrt{\frac{I}{mgh}} = 2\pi\sqrt{\frac{I_G + mh^2}{mgh}} \tag{1-6-1}$$

式中，I 是复摆对于转动轴(悬挂点)的转动惯量，I_G 是该摆对于通过质心 G 并与摆轴平行的轴的转动惯量，h 是 G 到摆轴(悬挂点)的距离，m 是复摆的质量，g 是重力加速度.

取

$$I = mR^2 \tag{1-6-2}$$

$$I_G = mR_G^2 \tag{1-6-3}$$

式(1-6-2)和式(1-6-3)中 R 和 R_G 称为回转半径.

用桌子上刀口定出 G 的位置,测得 T,就可以得到 I,I_G,R 和 R_G.将任一重锤固定在摆杆的各个部位,或者不加重锤,可成为不同的复摆.

2. 研究复摆周期与摆动轴位置的关系

由式(1-6-1)可知,T 与 h 有关.将不加摆锤的摆杆套入支架上的刀口,测得 T 与 h 的关系如表 1-6-1 所示,h_1、h_2 是从摆的两侧悬挂得到的结果.并由此画出图 1-6-6.

表 1-6-1 T 与 h 的关系

h_1(cm)	4.50	5.580	6.50	7.50	8.50	9.50	10.50	11.50	12.50	13.50	14.50	15.50	16.50
$10T$(s)	17.88	16.38	15.33	14.56	13.97	13.50	13.14	12.86	12.66	12.50	12.38	12.30	12.25
h_1(cm)	17.50	18.50	19.50	20.50	21.50	22.50	23.50	24.50	25.50	26.50	27.50	28.50	29.50
$10T$(s)	12.22	12.21	12.22	12.25	12.28	12.33	12.39	12.45	12.53	12.61	12.69	12.78	12.88
h_2(cm)	4.30	5.30	6.30	7.30	8.30	9.30	10.30	11.30	12.30	13.30	14.30	15.30	16.30
$10T$(s)	18.46	16.83	15.70	14.82	14.16	13.66	13.26	12.95	12.73	12.54	12.42	12.33	12.26
h_2(cm)	17.30	18.30	19.30	20.30	21.30	22.30	23.30	24.30	25.30	26.30	27.30	28.30	29.30
$10T$(s)	12.22	12.20	12.21	12.24	12.27	12.32	12.38	12.44	12.51	12.58	12.67	12.76	12.85

图 1-6-6 中 T 有极小值.

利用式(1-6-3),将式(1-6-1)写成

$$T = 2\pi\sqrt{\frac{R_G^2}{gh} + \frac{h}{g}} \tag{1-6-4}$$

对于 h 求微商,有

$$\frac{\mathrm{d}T}{\mathrm{d}h} = \pi\left(\frac{R_G^2}{gh} + \frac{h}{g}\right)^{-\frac{1}{2}}\left(\frac{1}{g} - \frac{R_G^2}{h^2 g}\right) \tag{1-6-5}$$

由极值位置,可得

$$R_G = h \tag{1-6-6}$$

亦是图 1-6-6 中两条曲线的极小值之间的距离 $h_1 + h_2 = 2R_G$.

如果把摆看成均匀细棒,则

$$R_G^2 = \frac{1}{12}L_0^2 \tag{1-6-7}$$

$L_0 = 600\ \mathrm{mm}$,是摆杆的长度.考虑两端的调整螺母及挡光针,其质量为 $2m_1 = 2\times 16.60\ \mathrm{g}$,距摆杆中心 $l_1 = 306\ \mathrm{mm}$,摆杆的质量为 $m_0 = 419.9\ \mathrm{g}$,这样

$$R_G^2=\left(\frac{m_0}{12}L_0^2+2m_1l_1^2\right)\Big/(m_0+2m_1) \tag{1-6-8}$$

算得 $R_G=18.62$ cm. 从图解得 $R_G=18.55$ cm，是相符的.

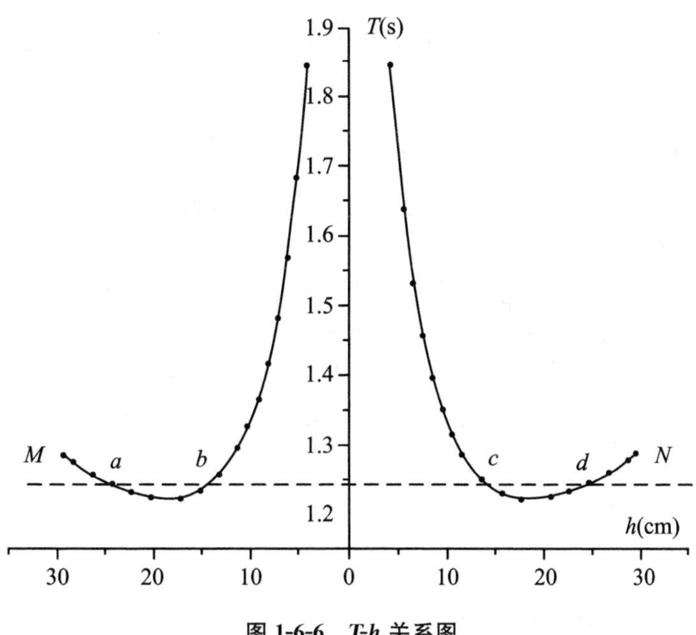

图 1-6-6　*T-h* 关系图

也可以不测 h_1、h_2，而利用摆杆上的刻度，读出两侧的读数 l_1 和 l_2，作 T-I 图，则由图的对称中心可以定出 G 的位置来. 可与桌上刀口定出 G 的位置作比较. 这时两条曲线极小值之间的距离为 $l_1+l_2=h_1+h_2=2R_G$.

3. 复摆的共轭性

复摆的共轭特性是指在重心 G 的两旁总可以找到两个共轭点 O 和 O'（与重心三点共线），当两点之间的距离等于等效摆长 L'时，以 O 为悬点的摆动周期和以 O'为悬点的摆动周期正好相等，如图 1-6-7 所示. 证明如下.

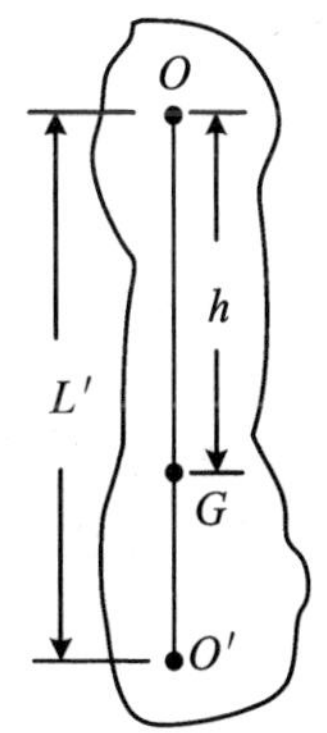

图 1-6-7　复摆

设复摆对重心 G 轴的转动惯量为 I_G，根据平行轴定理可得复摆对转轴 O(到重心的距离为 h)的转动惯量

$$I=I_G+mh^2 \tag{1-6-9}$$

复摆以 O 为悬点的等效摆长

$$L'=\frac{I}{mh}=\frac{I_G}{mh}+h \tag{1-6-10}$$

同理可以求得复摆以 O'为悬点(到重心的距离为 $L'-h$)的等效摆长

$$L'' = \frac{I'}{m(L'-h)} = \frac{I_G + m(L'-h)^2}{m(L'-h)} = \frac{I_G}{m(L'-h)} + L' - h \tag{1-6-11}$$

将(1-6-10)式变形有$\frac{I_G}{m(L'-h)} - h = 0$，于是由式(1-6-11)可得 $L'' = L'$. 可见，以 O'为悬点的等效摆长与以 O 为悬点的等效摆长相同，因而它们的摆动周期也相同，都等于

$$T = 2\pi\sqrt{\frac{L'}{g}} = 2\pi\sqrt{\frac{I_G + mh^2}{mgh}} \tag{1-6-12}$$

根据复摆的这一共轭特性，只要能找到 $T = T'$的两个点 O 和 O'，测出其间距$\overline{OO'}$就可得到与复摆周期 T 相对应的等效摆长 L'.

实际测量时，先测量一系列悬点所对应的周期 T；然后在坐标纸上绘制周期 T 与悬点位置 h 之间的关系曲线(如图 1-6-6)；接着在坐标图上作一条 $T = T_i$ 的直线 MN，它与 T-h 曲线有 a、b、c、d 四个交点(其中 a 与 c 共轭、b 与 d 共轭)；最后由交点坐标计算与复摆周期 T_i 相对应的等效摆长 $L' = \left(\frac{\overline{ac} + \overline{bd}}{2}\right)$，由此可测得 g.

四、实验内容

(1) 安装、调整复摆.

(2) 测定转动惯量和回转半径.

(3) 研究复摆的周期与摆动轴位置的关系，复摆的共轭性，测 g.

五、思考题

1. 根据本实验仪器的结构设计及数据处理方法，估计本实验结果可能达到的精确程度.

2. 本实验使用秒表计时如何选取计时点？如果在实验的调节和测量时提高周期测量的精确度？

3. 利用“插入刀口”，作出 T-h 图，能否利用复摆的“共轭性”，从图上各点求 g？

参考文献

[1] 吕斯骅. 基础物理实验[M]. 北京：北京大学出版社，2002.

[2] 李志超. 大学物理实验[M]. 北京：高等教育出版社，2001.

1-7　重力加速度的测定

本实验用自由落体测定重力加速度，要求掌握一种测微小时间的方法——光电控制计时法.

一、实验原理

根据自由落体公式

$$h = \frac{1}{2}gt^2 \tag{1-7-1}$$

只要保证落体初速度 $v_0=0$，测出落体下落的时间 t 和时间 t 内落体下落的距离，即可求出重力加速度来. 要实现初速度 $v_0=0$ 这一条件，需把第一个光电门调到恰好刚刚不挡光的临界位置，这是比较困难的. 由此会给测定 h 和 t 带来一定的测量误差. 为了避免临界位置调整的困难和减小测量误差，可用以下方法来测定重力加速度.

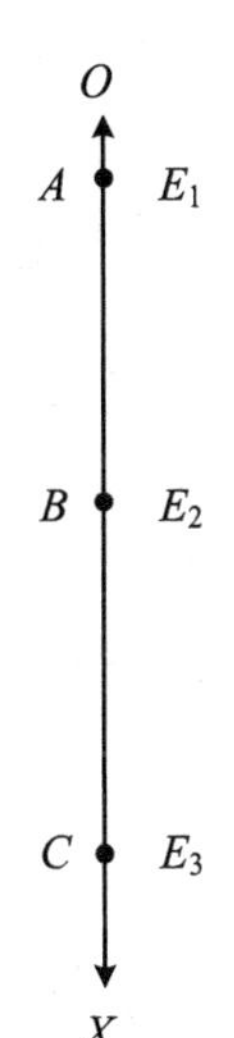

图 1-7-1　落体示意图

如图 1-7-1 所示，设小钢球从 O 点开始自由下落，OX 为下落轨迹. 把光电门 E_1 固定于支柱顶部 A 点位置，把光电门 E_2 固定于支柱中部 B 点的位置，令 AB 之间的距离为 S_1，小球经过 S_1 的时间为 t_1，小球经过 A 点瞬时速度为 v_0，则有

$$S_1 = v_0 t_1 + \frac{1}{2}gt_1^2 \tag{1-7-2}$$

然后，保持光电门 E_1 的位置不变，把光电门 E_2 下移至支柱底部 C 点位置，此时，AC 之间的距离为 S_2，相应小球经过 S_2 的时间为 t_2，于是有

$$S_2 = v_0 t_2 + \frac{1}{2}gt_2^2 \tag{1-7-3}$$

根据式(1-7-2)、式(1-7-3)可得

$$\frac{S_1}{t_1} = v_0 + \frac{1}{2}gt_1 \tag{1-7-4}$$

$$\frac{S_2}{t_2} = v_0 + \frac{1}{2}gt_2 \tag{1-7-5}$$

式(1-7-5)减去式(1-7-4)，消去 v_0 得

$$g=\frac{2\left(\dfrac{S_2}{t_2}-\dfrac{S_1}{t_1}\right)}{t_2-t_1} \tag{1-7-6}$$

只要保持光电门 E_1 位置不变，即 v_0 相同，测出 t_1、t_2、S_1、S_2 即可求出 g 值来.

二、仪器介绍

QDZJ-2 型重力加速度测试仪主要由支架、电磁释放落体装置和光电门三部分组成，如图 1-7-2 所示，带有标尺的直立支柱紧定在三角底座上，底座的三只脚上分别装有调节螺丝，用以调节支柱铅直. 支柱下端装有接球网用来回收落下的钢球. 支柱上端安放电磁释放落体装置，当电磁释放落体装置接通电源时，电磁铁产生吸力吸住钢球，切断电源时，钢球下落. 支柱中部装有两个可以上下移动并定位的光电门，当钢球通过光电门时，遮断射向光敏管狭缝的光束，光敏管即产生一电脉冲信号，此信号可控制计时器的启、停.

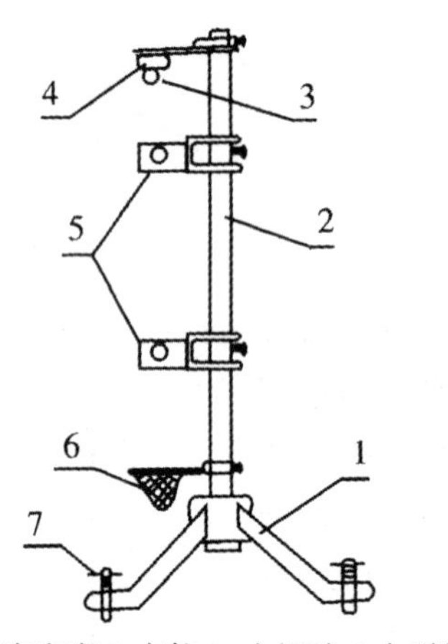

1.三脚底座 2.支柱 3. 小钢球 4.电磁铁
5.光电门 6.接球网 7.调节螺丝

图 1-7-2 重力加速度测试仪

SSM-5C 型计时-计数-计频仪是多种用途的计量仪器，仪器的输入可为光电转换或电位触发形式. 测量结果由五位荧光数码管显示输出，此仪器的面板如图 1-7-3 所示. 各开关、旋钮、插座的功能和使用介绍如下：

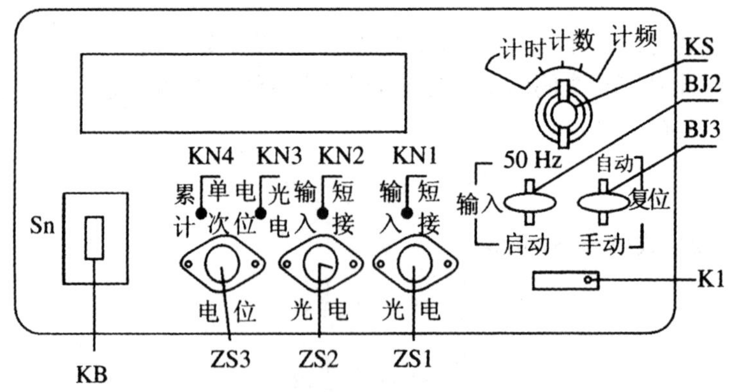

图 1-7-3 SSM-5C 型计时-计数-计频仪面板图

K1：电源开关.

KS：功能选择开关.

此开关置于“计时”时，数码管显示的时间单位，小数点前为秒.

KNS：输入方式选择开关.

此开关扳向“电位”标志时为电位输入，扳向“光电”标志即为光电转换输入.

KN1、KN2：输入光电管 e、c 极短接开关.

当此二开关中其一指向“短接”时，其光电转换输入被禁止，指向“输入”时，光电转换信号即可输入.

KN4：累计、单次选择开关.

此开关指向“单次”时，仪器只能作一次计时. 只有仪器复位以后，才能进行下一次计时. 指向“累计”时，数字显示为每次所计时间总和.

KB(sn)：输入信号分配开关.

此开关为十位拨盘开关，仅在“计时”测量时使用. 扳于“1”时，仪器记录光敏管被一次遮光时间；扳于“2”时，记录两次遮光之间的时间. 扳于“3”时，记录第一次和第三次遮光之间的时间. 扳于“4”至“9”时，可类推. “计数”、“计频”时，此开关不起作用，可置于空挡“0”的位置.

BJ1：复位方式选择扳键.

此扳键向下掀动为手动复位，数码显示全为“0”. 扳向上方指向“自动”时，仪器计时停止后，保留数码显示 0.8 s，然后自动复位.

BJ2：电位输入选择扳键.

此扳键指向“50 Hz”位置，KS 指向“计频”时，输出 50 Hz 频率数. KS 指向计时、KN4 置于“单次”KB(sn)置于 2～9 时，显示 50 Hz 交流电 1～8 个周期的时间数.

此键指向“启动”时，KS 指向“计时”，KNS 扳向“光电”时，“电位”输入插头两端由短接转为断开时，启动计时，计时停止则由“光电”输入控制.

ZS1、ZS2：光电转换输入插座.

插座经四芯电缆与光电门连接.

ZS3：电位输入插座.

此两芯插座为电位触发、控制输入插座.

三、实验内容

(1) 调节支柱铅直.

(2) 用式(1-7-1)测定重力加速度.

(3) 用式(1-7-6)测定重力加速度.

四、实验步骤

(1) 调节重力加速度测试仪支柱铅直. 注意要使上下两光电门的中心在一条铅垂线上,并使下落小球的中心通过两光电门中心.

(2) 接通电磁铁开关的电源,使钢球吸附在电磁定位罩上.

(3) 调节上光电门的位置,使之处于钢球刚好能挡光的临界位置上. 注意调整时要使计时仪处于累计各次遮光时间的工作状态,根据显示的数字变化与否进行判断,仔细、准确地调整好临界位置.

(4) 确定并调整下光电门至适当位置,记录好两光电门的位置,两光电门位置之差作为钢球下落距离.

(5) 把计时仪输入信号分配开关调整到"2"的位置,使之记录由两次遮光之间时间的状态. 切断电磁铁电源,钢球自由下落,记录显示的时间 t,重复多次取 t 的平均值.

(6) 根据式(1-7-1))计算出 g 的值.

(7) 把光电门 E_1 移至临界位置稍下面的位置 A,光电门 E_2 移动在支柱中部位置 B,记录两光电门之间的距离 S_1.

(8) 切断电磁铁电源,使小球下落,记录小钢球通过两光电门之间的距离 S_1 以及所需的时间 t_1,重复多次取 t_1 的平均值.

(9) 保持光电门 E_1 位置不变,把光电门 E_2 移至支柱下部 C 点位置,记录改变之后两光电门之间的距离 S_2,并记录小钢球经过 S_2 距离所需时间 t_2,重复多次取 t_2 的平均值.

(10) 根据公式(1-7-6)计算出 g 来.

五、思考题

1. 分析本实验(实验内容(2)、(3))产生误差的主要原因是什么?
2. 比较式(1-7-1)和式(1-7-6)测定重力加速度 g 的方法各有哪些优缺点?

参 考 文 献

[1] 李志超. 大学物理实验[M]. 北京:高等教育出版社,2001.
[2] 赵鲁卿,王玉文. 普通物理实验[M]. 西安:西北大学出版社,1993.
[3] 张兆奎. 大学物理实验[M]. 上海:华东理工大学出版社,1998.

1-8　测定金属丝的杨氏模量

本实验要求用拉伸法测定金属丝的杨氏模量，掌握用光杠杆测量长度的微小变化；学会用逐差法处理数据.

一、实验原理

长为L、截面积为S的均匀金属丝或棒，在受到沿长度方向的外力F作用下伸长ΔL. 根据胡克定律有：在弹性限度内，伸长应变$\frac{\Delta L}{L}$与外施压强$\frac{F}{S}$成正比，写作

$$\frac{\Delta L}{L}=\frac{1}{E}\frac{F}{S} \tag{1-8-1}$$

式中，E为该金属丝的杨氏模量. 因此

$$E=\frac{FL}{S\Delta L} \tag{1-8-2}$$

在(1-8-2)式中，F、S和L都比较容易测量，ΔL是一个很小的长度变化，很难用普通测量长度的仪器将它测准. 因此，实验装置的主要部分就是为了解决这个微小长度的变化，用光杠杆和镜尺组来测量.

当金属丝受力伸长ΔL时，光杠杆后足尖也随之下降ΔL，而前刀口保持不动，于是后足尖以刀口为轴，以D为半径旋转一角度θ，这时平面镜也同样旋转θ角. 在θ较小，即$\Delta L \ll D$时，它可以近似地表达为

$$\theta \approx \frac{\Delta L}{D} \tag{1-8-3}$$

若望远镜中叉丝原来对准竖尺上的刻度r_0，平面镜转动后，根据光的反射定律，镜面旋转θ角；反射线将旋转2θ角. 设这时叉丝对准新刻度为r_i，令$l=|r_i-r_0|$，则当θ很小即$l \ll R$时，有

$$2\theta \approx \frac{l}{R} \tag{1-8-4}$$

式中，R是由平面镜的反射面到竖尺间的距离. 将式(1-8-3)代入式(1-8-4)即可得到ΔL的测量式

$$\Delta L=\frac{Dl}{2R} \tag{1-8-5}$$

由此可见，光杠杆的作用在于将微小的ΔL放大为竖尺上的位移l，通过l、D、R这些比较容易测量准的量间接地测定ΔL.

将式(1-8-5)代入式(1-8-2),并利用 $S=\frac{1}{4}\pi d^2$(d 是金属丝的直径),有

$$E=\frac{8FLR}{\pi d^2 Dl} \tag{1-8-6}$$

由以上推导过程可知,式(1-8-5)成立的条件中包括有不超过弹性限度,θ 很小,即 $\Delta L \ll D$,$l \ll R$ 及后足尖和刀口维持在同一水平面内,所以实验中 F 不能过大,以保证条件.

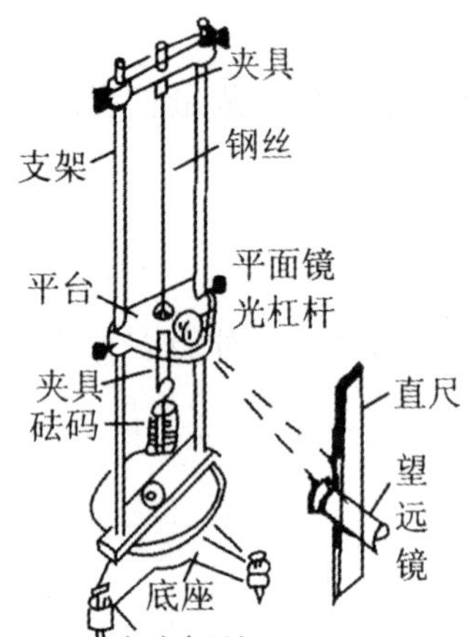

图 1-8-1 杨氏模量测量仪器

二、实验内容

(1) 调节仪器. 如图 1-8-1 所示.

(2) 测量金属丝伸长变化 l,以及金属丝长度 L,金属丝直径 d,光杠杆后足尖至刀片的垂线长度 D,平面镜与竖尺之间的距离 R.

(3) 根据(1-8-6)式求出 E 值,并评定测量值的不确定度 $u(E)$,把测量结果表达成 $E=E\pm u(E)$的形式.

三、实验步骤

1. 认识仪器

在动手做实验前,应有一个认识仪器的习惯,看看仪器的构造,仪器上各部分有什么作用?哪些部件可以调节?应怎样调节?经过这样的认识过程,做实验时就能较主动地掌握仪器而不忙乱地、盲目地调节. 如图 1-8-2 所示.

(1) 调支架铅直(用底脚螺丝调节),以维持平台水平并使夹具在平台圆孔间无摩擦的自由移动.

(2) 调整光杠杆和镜尺组,要求光杠杆的后足尖与刀口水平. 同时,使平面镜镜面竖直;镜尺组的竖尺竖直,望远镜光轴水平,并与平面镜在同一高度.

2. 调节仪器

调节望远镜使叉丝清晰,并调节焦距,使竖尺成像清晰. 调整光杠杆和镜尺组,使与望远镜光轴在同一高度的竖尺刻度 r_0 落在叉丝上,如图 1-8-3 所示.

3. 实验内容

(1) 测量金属丝伸长变化. 仪器调整好后记下 r_0,然后在砝码托盘上逐次加一个砝码,同时在望远镜中读记对应的 r_i,直至加到 n 个砝码(一般取 n 为奇数,具体 n 要根据实际测量情况确定). 然后将所加砝码逐次减去(每次减一个),记下对应读数 r_i',并取两组对应数据的平均值得到 $\bar{r}_i=\frac{r_i+r_i'}{2}$,$i=0,1,2,\cdots,n$.

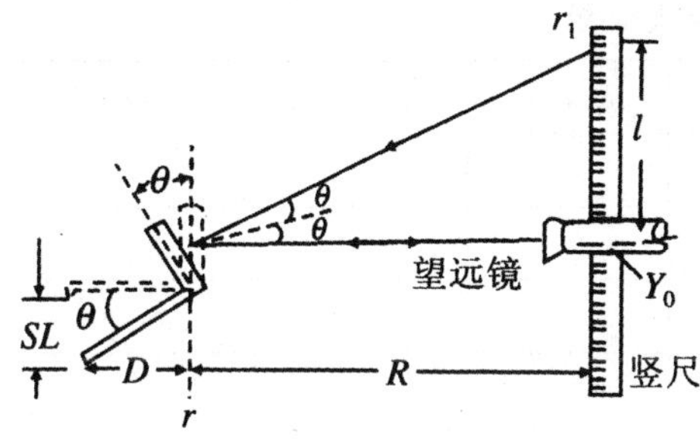

图 1-8-2　测量原理图

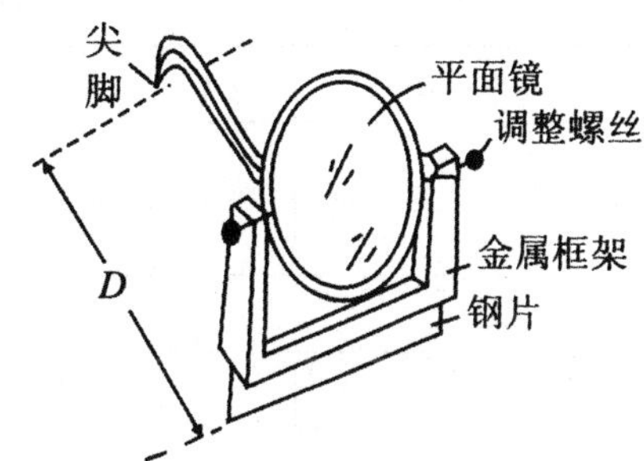

图 1-8-3　光杠杆结构图

测量中应随时注意判断数据，以便及时发现问题，改进操作. 可根据待测量是否遵从测量公式的规律和多次测量是否重复来判断数据是否合理.

(2) 用米尺测量 D、L、R，均一次测量. 用螺旋测径器测金属丝直径 d，多次测量并求平均值.

(3) 数据处理. 根据数据记录表 1-8-1，用逐差法计算出每加 $(n+1)/2$ 个砝码望远镜中读出的位移 l_i，计算公式是

$$l_i = \bar{r}_{i+(n+1)/2} - \bar{r}_i \qquad \left[i = 0,1,2,\cdots,(n-1)/2 \right] \tag{1-8-7}$$

并求出其平均值. 最后，根据式(1-8-6)求出 E 值，再按下式计算 E 值的不确定度 $u(E)$：

$$u(E) = E\left[\left(\frac{u(L)}{L}\right)^2 + \left(\frac{u(R)}{R}\right)^2 + \left(2\,\frac{u(d)}{d}\right)^2 + \left(\frac{u(D)}{D}\right)^2 + \left(\frac{u(l)}{l}\right)^2\right]^{\frac{1}{2}} \tag{1-8-8}$$

四、注意事项

(1) 在光杠杆和镜尺组调整好之后，实验过程中要防止光杠杆和望远镜及竖尺的位置有任何变动. 特别是在加、减砝码时要格外小心，轻放轻取.

(2) 使用望远镜读数时要注意避免视差，即当视线略作上下移动时，所看到的竖尺刻度像与叉丝之间应没有相对移动. 如果发现有明显的视差，可稍微调节一下望远镜目镜的聚焦.

(3) 注意维护金属丝的平直状态. 在螺旋测径器测量其直径时勿将它折扭，如果做实验前发现金属丝略有弯折，可在砝码托盘上先加一定量的本底砝码，使它在伸直的状态下开始做实验.

表 1-8-1 数据记录

i	M_i(g)	r_i(cm)	r_i'(cm)	$\bar{r}_i$(cm)	$l_i=\bar{r}_{i+(n+1)/2}-\bar{r}_i$(cm)
0					
1					
2					
3					
4					
…					

(注:i 取值个数视测量情况而定)

五、思考题

在计算望远镜中读出的位移 l_i 时,为何要用式(1-8-7)逐差,而不是相邻两项逐差?

参 考 文 献

[1] 陆廷济. 物理实验教程[M]. 上海:同济大学出版社,2000

[2] 赵鲁卿,王玉文. 普通物理实验[M]. 西安:西北大学出版社,1993.

[3] 丁慎训,张连芳. 物理实验教程[M]. 北京:清华大学出版社,2002.

1-9 声速的测量

声波是一种在弹性媒质中传播的机械波. 声速是描述声波在媒质中传播特性的一个基本物理量. 它的测量方法可分为两大类:第一类方法是根据关系式 $v=L/t$,测出传播距离 L 和所需时间 t 后,即可算出声速 v;第二类方法是利用关系式 $v=f\lambda$,从测量其频率 f 和波长 λ 来算出声速 v. 本实验所采用的方法属于后者. 由于超声波具有波长短、易于定向发射等优点,所以在超声波段进行声速测量是比较方便的. 本实验要求学会一种测量声速的方法,熟悉振动合成.

一、实验原理

1. 共振干涉法

设有一从发射源发出的一定频率的平面声波,经过空气传播,到达接收器. 如果接收面与发射面平行，入射波即在接收面上垂直反射，改变接收器与发射源之间的距离 L，在一系列特定的距离上，入射波与反射波相干涉形成驻波，媒质中出现稳定的驻波共振现象．反射面处为位移的波节，声压的波腹．此时，L 等于半波长的整数倍，驻波的幅度达到极大，同时，在接收面上声压波腹也相应地达到极大值．不难看出，在移动接收器的过程中，相邻两次达到共振所对应的接收面之间的距离即为半波长．因此，若保持频率 f 不变，通过测量相邻两次接收信号达到极大值时接收面之间的距离($\lambda/2$)，就可以用 $v=f\lambda$ 计算声速．

2. 位相比较法

发射波通过传声媒质到达接收器，所以在同一时刻，发射处的波与接收处的波的位相不同，其位相差 φ 可利用示波器的李萨如图形来观察．φ 和角频率 ω 传播时间 t 之间有如下关系

$$\varphi=\omega t \tag{1-9-1}$$

同时有 $\varphi=2\pi/T, t=L/v, \lambda=Tv$(式中 T 为周期)，代入上式得

$$\varphi=2\pi L/\lambda \tag{1-9-2}$$

当 $L=n\lambda/2$ ($n=1,2,3\cdots$)时，得

$$\varphi=n\pi \tag{1-9-3}$$

实验时，通过改变发射器与接收器之间的距离，可观察到相位的变化．而当位相差改变 π 时，相应距离的改变量即为半个波长．由波长和频率值可求出声速．

3. 理想气体中的声速值

声波在理想气体中的传播可认为是绝热过程，因此传播速度表示为

$$v=\sqrt{\frac{\gamma RT}{\mu}} \tag{1-9-4}$$

式中，R 为摩尔气体常数($R=8.314\ \mathrm{J/mol\cdot K}$)，$\gamma$ 是比热容比(气体定压比热容与定容比热容之比)，μ 为分子量，T 为气体的开氏温度，若以摄氏温度计算，则

$$T=T_0+\theta, T_0=273.15\ \mathrm{K}$$

代入式(1-9-4)，得

$$v=\sqrt{\frac{\gamma R}{\mu}(T_0+\theta)}=\sqrt{\frac{\gamma R}{\mu}T_0}\cdot\sqrt{1+\frac{\theta}{T_0}}=v_0\sqrt{1+\frac{\theta}{T_0}} \tag{1-9-5}$$

对于空气介质，0 ℃时的声速为 $v_0=331.45\ \mathrm{m/s}$，若同时考虑到空气中水蒸气的影响，校准后速度公式为

$$v=331.45\sqrt{\left(1+\frac{\theta}{T_0}\right)\left(1+\frac{0.3192P_W}{P}\right)} \tag{1-9-6}$$

式中，P_W 为水蒸气的分压强，P 为大气压压强．

二、实验仪器

超声声速测定仪、专用信号源、示波器．

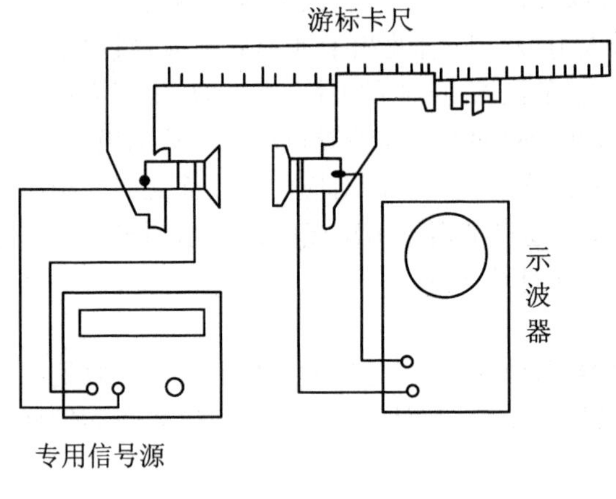

图 1-9-1 测声速装置

本实验装置如图 1-9-1 所示，在游标卡尺的量爪上，相向安置两个固有频率相同的换能器. 移动游标及借助其微动装置就可精密地调节两个换能器之间的距离 L. 超声换能器的头部采用轻金属铝大致做成喇叭的形状，而尾部则用重金属（如铁）制成，螺钉则从压电陶瓷环中穿过. 这种结构增加了辐射面积，增强了振子与介质的耦合作用. 实验时，先按图将实验装置连接好.

三、实验内容

(1) 调整测试系统的谐振频率.

(2) 用共振干涉法测声速.

(3) 用位相比较法测声速.

四、实验步骤

1. 调整测试系统的谐振频率

先将两个换能器彼此贴紧，调整发射器固定螺丝，使换能器端面与游标活动方向垂直后锁定，再调整接收换能器固定螺丝，使两个换能器的平面严格平行. 然后调节专用信号源频率，使示波器上的电压信号为最大；以便大致测定测试系统的谐振频率. 然后，将两个换能器分开(间距约 5 cm)，通过移动接收换能器和调节信号源频率，再次使示波器上的电压信号达到最大值. 此时信号源的输出频率才能最终等于换能器固有频率，在该频率上，换能器能发射较强的超声波.

2. 在谐振频率处用共振法和位相比较法测声速

当测得一声压极大值之后，连续地移动接收端的位置，测量相继出现 10 个极大值所对应的接收面位置 S_n，再用逐差法求波长值.

在用相位比较法时，将接收器与示波器的 Y 轴相连，发射器与示波器的 X 轴相连，即可利用李萨如图形观察发射波与接收波的相位差. 但要注意，由于发射波与接收波的振幅相差甚远(接收波的振幅较小)，而通常 X 轴输入又无衰减器，为了避免 X 轴输入电压过大损坏仪器，必须将信号源的幅度适当衰减后才能与示波

器的 X 轴相连. 再适当调节 Y 轴的灵敏度,就能获得比较满意的李萨如图形. 对于两个同频率互相垂直的谐振动的合成,随着两者之间位相差从 $0\to\pi$ 变化,其李萨如图形由斜率为正的直线变为椭圆,再由椭圆变为斜率为负的直线. 记录游标卡尺上读数时,应选择李萨如图形为直线时所对应的位置. 每移动半个波长,就会重复出现直线图形.

3. 测量温度

本实验应正确仔细地测量温度,并测出温度计干泡温度和湿泡温度,查书得 P_W 值,由式(1-9-6)求出声速值,并与上述共振干涉法和相位比较法的测量结果比较.

五、思考题

1. 本实验前为什么要调整测试系统的谐振频率? 怎样调整谐振频率?

2. 用逐差法处理数据的优点是什么? 是否有更合适的数据处理方法通过测量得出波长 λ?

参 考 文 献

[1]　丁慎训,张连芳. 物理实验教程[M]. 北京:清华大学出版社,2002.

[2]　赵鲁卿,王玉文. 普通物理实验[M]. 西安:西北大学出版社,1993.

1-10　气体比热容比的测量

气体的定压比热容 C_p 与定容比热容 C_V 之比为 $\gamma=C_p/C_V$,也叫做气体的绝热系数,是绝热过程中一个很重要的参量. γ 值的测定对研究气体的内能、气体分子的运动及分子内部运动规律都是很重要的. 由绝热方程可知,理想气体作绝热膨胀时,它的温度必然降低,反之,在绝热压缩时,温度必然升高. 据此可以用绝热过程来调节气体的温度,也可以借助绝热过程来获得低温. 在生产和生活中广泛应用的制冷设备中,绝热过程起着举足轻重的作用. 测定 γ 的方法很多,本实验通过测定物体在容器中的振动周期 T 来计算 γ 值.

一、实验原理

气体的定压比热容与定容比热容之比为 $\gamma=C_p/C_V$,测定的方法有多种, 在此通过测定物体在特定容器中的振动周期 T 来计算 γ 值.

实验装置如图 1-10-1 所示:振动物体小球的直径比玻璃管直径仅小 0.01～

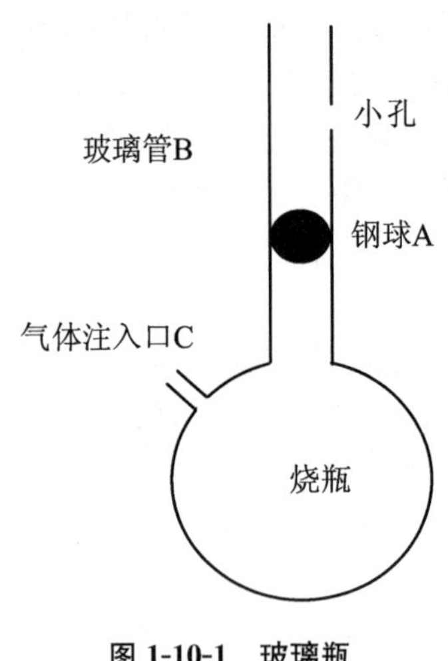

图 1-10-1 玻璃瓶

0.02 mm,可在玻璃管中上下移动.在烧瓶的侧壁上有气体注入口,并插入一根细管,通过它各种气体可以注入烧瓶中.为了补偿由于空气阻力引起振动物体 A 振幅的衰减,通过 C 管一直注入一个小气压的气流.在精密玻璃管 B 的中央开设有一个小孔,当振动物体 A 处于小孔下方时,注入气体使容器的内压力增大,引起物体 A 向上移动,而当物体 A 处于小孔上方时,容器内的气体将通过小孔流出,使物体 A 下沉.重复上述过程,只要适当控制注入气体的流量,物体 A 就能在玻璃管 B 的小孔中上下作简谐振动.

钢球 A 的质量为 m,半径为 r(直径为 d),当瓶子内压力 p 满足下面条件时钢球处于力平衡状态

$$p = p_0 + \frac{mg}{\pi r^2} \tag{1-10-1}$$

式中,p_0 为大气压力.若物体偏离平衡位置一个较小距离 x,则容器内的压强变化为 $\mathrm{d}p$,根据牛顿第二定律,物体的运动方程为

$$m\frac{\mathrm{d}^2 x}{\mathrm{d}t^2} = \pi r^2 \mathrm{d}p \tag{1-10-2}$$

考虑到物体的振动过程相当快,可以看作绝热过程,由气体的绝热方程可知

$$pV^\gamma = 常数 \tag{1-10-3}$$

两边取对数后微分可得

$$\mathrm{d}p = -\frac{p\gamma \mathrm{d}V}{V}$$

$$\mathrm{d}V = \pi r^2 x \tag{1-10-4}$$

将式(1-10-4)代入式(1-10-2)得

$$\frac{\mathrm{d}^2 x}{\mathrm{d}t^2} + \frac{\pi^2 r^4 p\gamma}{mV}x = 0 \tag{1-10-5}$$

此式即为简谐振动方程,可知圆频率为

$$\omega^2 = \frac{\pi^2 r^4 p\gamma}{mV} = \left(\frac{2\pi}{T}\right)^2$$

则比热容比为

$$\gamma = \frac{4mV}{T^2 pr^4} = \frac{64mV}{T^2 pd^4} \tag{1-10-6}$$

根据气体运动理论,γ 值与气体分子的自由度 f 有关:

$$\gamma = (f + 2)/f \tag{1-10-7}$$

与温度无关.对于单原子气体只有三个自由度,双原子气体有五个自由度,多原子气体,则具有六个自由度.理论上可得出:单原子气体(例如 Ar,He),$f=3$,$\gamma=1.67$;双原子气体(例如 N_2,H_2,O_2),$f=5$,$\gamma=1.40$;多原子气体(例如 CO_2,CH_4),$f=6$,$\gamma=1.33$.

二、实验仪器

振动主体、多功能数字计时仪、微型气泵、大气压力计、缓冲瓶、螺旋测微器、物理天平.

三、实验内容

(1) 用螺旋测微器测量备用小球(不可取出管道内的小球,以免损坏仪器)直径 10 次.

(2) 测量大气压强(实验前、后各测量一次,取平均值).

(3) 用物理天平测量备用小球的质量.

(4) 利用小气泵作为气源,测定空气的比热容比(可近似为双原子气体),振动次数选 100 次,重复测 5 次.

(5) 数据处理.将测量值代入式(1-10-6)计算结果,并与理论值比较,分析不确定度.

四、注意事项

(1) 本实验的主要装置由玻璃制成,对玻璃管的要求特别高,振动物体的直径仅比玻璃管内径小 0.01 mm 左右,因此振动物体表面不允许擦伤.

(2) 平时钢球停留在玻璃管的下方(用弹簧托住),若要将其取出只需在它振动时,用手指将玻璃管壁上的小孔堵住,稍稍加大气流量物体便会上浮到管子上方开口处,可以方便地取出.

(3) 调节气泵气流时应缓慢增加,当小球作谐振动时,要注意使小球不与玻璃管摩擦、碰撞.

(4) 大气压力由气压计自行读出,并换算为 N/m^2.($760\ mmHg = 1.013 \times 10^5\ N/m^2$)

五、思考题

1. 了解气体自由度与比热容比的关系.

2. 如果大气压发生变化,气体比热容比将发生什么变化?

3. 若空气中混有水蒸气，对实验结果的影响如何？

4. 如果振动物体的周期较长，公式$\gamma=\frac{4mV}{T^2 pr^4}=\frac{64mV}{T^2 pd^4}$还适用吗？为什么？

参考文献

[1] 陆廷济. 物理实验教程[M]. 上海：同济大学出版社，2000.

[2] 赵鲁卿，王玉文. 普通物理实验[M]. 西安：西北大学出版社，1993.

[3] 丁慎训，张连芳. 物理实验教程[M]. 北京：清华大学出版社，2002.

1-11 金属比热容的测定

比热容是描述物体热学性质的一个重要物理量. 根据热平衡原理用混合法测定金属比热容是量热学中的方法之一. 本实验用此法测定金属样品的比热容，实验在量热器内进行. 要求学生掌握量热器、温度计、普通天平的正确使用方法；掌握用混合法测定金属的比热容；并学习根据误差分析合理选择参量进行实验.

一、实验原理

单位质量的物质，其温度升高 1 K（或 1 ℃）所需的热量叫做该物质的比热容.

把具有一定温度和质量的待测系统与已知温度、质量、比热容的已知系统混合，如果整个系统和外界没有热交换，则热量将由高温系统传向低温系统，高温系统放出的热量全部被低温系统所吸收，最后两系统达到平衡状态. 此即热平衡原理.

将比热容为 C，质量为 m，温度为 T_0 的待测金属样品投入温度为 T_1 的盛有水的量热器中，设量热器内筒（包括搅拌器）的质量为 m_1，比热容为 c_1，水的质量为 m_2，比热容为 c_2，温度计浸入水中部分的体积为 V（以 cm^3 为单位），以 T 表示待测金属样品与量热系统热平衡后的温度. 由热平衡原理可知

$$mc(T_0-T)=(m_1c_1+m_2c_2+1.94V)(T-T_1) \tag{1-11-1}$$

式中左方是待测样品传递给量热系统的热量表达式，右方是量热系统所得之热量表达式. 因此

$$c=\frac{(m_1c_1+m_2c_2+1.94V)(T-T_1)}{m(T_0-T)} \tag{1-11-2}$$

常温情况下，铜的比热容 $c_1=0.385\ \mathrm{J/g\cdot℃}$；水的比热容为 $c_2=4.18\ \mathrm{J/g\cdot℃}$；$1.94V(\mathrm{J/cm^3})$为温度计浸入水中部分的热容.

二、实验仪器及材料

量热器、温度计(0～50 ℃和0～100 ℃各一支)、普通天平一台、待测金属粒若干、蒸汽锅、酒精灯、水、冰块.

三、实验内容

(1) 自行设计数据记录表格.

(2) 自行拟定主要实验步骤.

(3) 合理选择实验参量测定金属比热容.

(4) 对结果进行具体的误差分析,讨论各次数据的离散程度和原因.

(5) 把结果表示成 $c=c\pm u(c)$ 的形式.

四、注意事项

(1) (1-11-1)式成立的条件是系统与外界绝热,实验中这是不可能的,除非系统与环境温度时时刻刻完全相同,否则就不可能完全达到绝热的要求. 为了尽可能使系统与外界交换的热量达到最小,以减小这种误差,除了使用量热器以外,在实验操作过程中必须注意以下几点:

① 尽可能使系统与外界温差小;

② 尽量使实验过程进行得迅速;

③ 量热器要远离蒸汽锅炉;

④ 量热器不要放在日光下和空气流动快的地方;

⑤ 混合、搅拌时要避免水溅出.

(2) 待测金属样品质量 m,温度 T_0,水的质量 m_2,初温 T_1 如何选择? 应以实验误差最小,操作方便为原则.

一般情况温度计浸入水中部分热容 $1.94V \ll (m_1c_1+m_2c_2)$,在式(1-11-2)中略去 $1.94V$,根据不确定度的合成,有

$$\left(\frac{u(c)}{c}\right)^2=\left(\frac{c_1u(m_1)}{m_1c_1+m_2c_2}\right)^2+\left(\frac{c_2u(m_2)}{m_1c_1+m_2c_2}\right)^2+\left[\left(\frac{1}{T-T_1}+\frac{1}{T_0-T}\right)u(T)\right]^2$$
$$+\left(\frac{u(m)}{m}\right)^2+\left(\frac{u(T_1)}{T-T_1}\right)^2+\left(\frac{u(T_0)}{T_0-T}\right)^2 \tag{1-11-3}$$

略去其中小量可得

$$\frac{u(c)}{c}\approx\left[\left(\frac{u(T)}{T-T_1}\right)^2+\left(\frac{u(T_1)}{T-T_1}\right)^2\right]^{1/2} \tag{1-11-4}$$

由此可见,本实验被测量的不确定度主要来自温度测量. 加大温差可以减小相对不确定度. 因此,选择各参量时须注意加大温差的几条途径是:① 增加待测金属样品

的质量 m;② 提高待测金属样品的温度 T_0;③ 减少水的质量 m_2. 同时需注意:① 水不能太少以致不能浸没金属;② 高温的金属投入过程中损失较大,因此投入时速度要快,否则热量损失过大会带来较大的系统误差;③ (1-11-4)式是在系统和外界没有热量交换的前提下,评定测量结果不确定度的近似表达式. 实际测量过程很难满足系统和外界没有热量交换的条件. 因此,评定测量结果不确定度还应考虑到系统和外界热量交换导致的测量结果不确定度分量.

五、思考题

1. 用混合法能否测定不良热导体的比热? 为什么?

2. 分析实验过程中还有哪些因素会影响测量结果? 操作过程中如何尽量减少其影响?

参考文献

[1] 陆廷济. 物理实验教程[M]. 上海:同济大学出版社,2000.
[2] 赵鲁卿,王玉文. 普通物理实验[M]. 西安:西北大学出版社,1993.
[3] 丁慎训,张连芳. 物理实验教程[M]. 北京:清华大学出版社,2002.

附　　录
量热器简介

量热器是通过测定物体间传递的热量来求出物质的比热、潜热及化学反应热的仪器. 是为了尽量减少实验系统与环境之间的传导、对流和辐射这三种方式而设计的. 其结构如图 1-11-1 所示,主要是由两个金属筒(良导体)组成. 将内筒放在有盖的大筒中,并插入带有绝缘柄的搅拌器和温度计,内筒放置在绝热架上,两筒互不接触,夹层中间充满不传热的物质(一般为空气),这样就构成量热器. 量热器外筒用绝热盖盖住,使内桶上部的空气不与外界发生对流. 一般,常将内筒外壁与外筒外壁镀亮,以减少热辐射影响,这样内筒与外筒及环境之间不易进行热交换,因而我们可以通过测定量热器内筒中待测物体和已

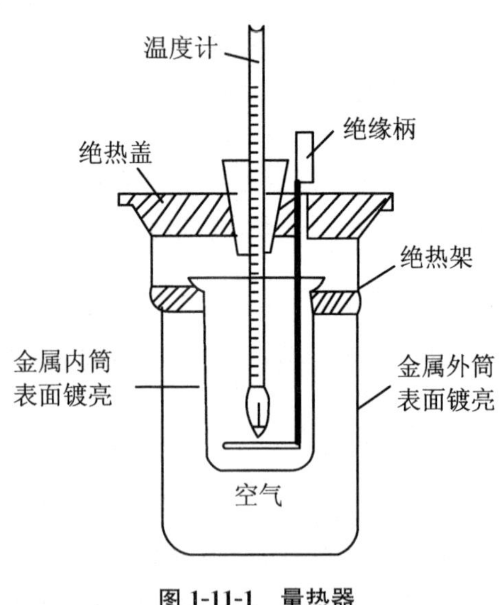

图 1-11-1　量热器

知热容量诸物体之间交换的热量来计算待测物的比热和潜热等.

量热器只能使实验系统粗略的接近一个孤立系统.为了尽量减少系统与外界热交换,实验操作时也要注意绝热问题.如尽量少用手触摸量热器的任何部分;应在远离热源(或空气流通太快)的地方做量热实验;应使系统与外界温度差尽可能小;应尽量迅速地完成实验等.尽管如此,在不同的热学实验中,根据不同的情况还应进行散热或吸热修正.

1-12　弹簧振子的研究

通过本实验研究弹簧本身质量对振动的影响;研究不同形式弹簧的质量对振动的影响是否相同.

一、实验原理

设弹簧的劲度系数为 k,悬挂负载质量为 m(图1-12-1).一般给出弹簧振动周期 T 的公式为

$$T = 2\pi\sqrt{\frac{m}{k}} \tag{1-12-1}$$

测量加各种不同负载的周期 T 的值,作 T-$\sqrt{m}$ 图线,如图1-12-2(a)所示,可以看出 T 与 $\sqrt{m}$ 不是线性关系,但是作 T^2-m 图线,则显然是一直线(图1-12-2(b)),不过此直线不能过零点,即 $m=0$ 时,$T^2\neq 0$,从上述实验结果可以看出在弹簧周期公式中的质量中,除去负载 m 还应包括弹簧自身质量 m_0 的一部分,即

$$T = 2\pi\sqrt{\frac{m + cm_0}{k}} \tag{1-12-2}$$

式中,c 为未知系数,在此实验中就是研究 c 值.把式(1-12-2)改写为

$$T^2 = \frac{4\pi^2}{k}cm_0 + \frac{4\pi^2}{k}m \tag{1-12-3}$$

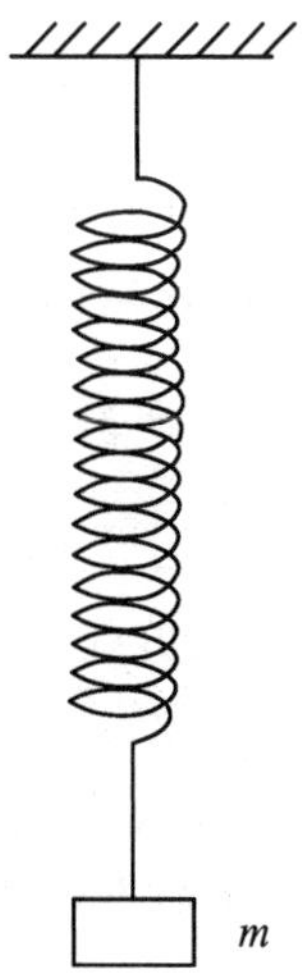

m

图1-12-1　实验示意图

令:$y=T^2$,$x=m$,$a=\frac{4\pi^2}{k}cm_0$,$b=\frac{4\pi^2}{k}$,则得

$$y = a + bx \tag{1-12-4}$$

从 n 组 (x_i, y_i) 值,可求得 a、b 值,从而求出 c 值以及弹簧的劲度系数 k.

$$c=\frac{a}{bm_0} \tag{1-12-5}$$

$$k=\frac{4\pi^2}{b} \tag{1-12-6}$$

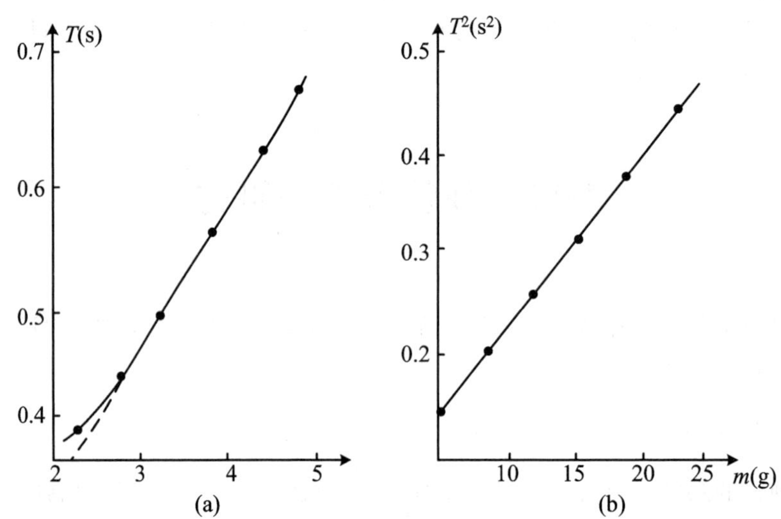

图 1-12-2 实验曲线

二、实验内容

(1) 研究锥形弹簧的 c 值与劲度系数 k.

(2) 研究柱形弹簧的 c 值与劲度系数 k.

(3) 比较两种弹簧的 c 值是否一致.

三、实验步骤

(1) 用天平测出弹簧自身的质量 m_0 以及砝码托盘的质量 m'(砝码托盘质量 m'应计入负载中).

(2) 弹簧下端悬挂不同负载 m,用停表测量连续振动 50 次的时间 t,求出振动周期 T 以及 T^2(注意把 m、t、T、T^2 列成表格).

(3) 数据处理.

本实验可以用以下方法处理数据:

① 作图法. 以 T_i^2 为纵坐标,m_i 为横坐标作图可得一直线,从图内得出斜率 b,以及截距 a,根据式(1-12-5)、式(1-12-6)分别求出 c 和 k 值.

② 逐差法. 把 n 组(n 为偶数)数据(m_i, T_i^2)前后对半分为两组,根据下式求

出 b_i.

$$b_i=\frac{(T_{i+n/2}^2-T_i^2)}{m_{i+n/2}-m_i} \tag{1-12-7}$$

其中 $i=1,2,\cdots,n/2$,然后求出 b_i 的平均值.

$$b=\frac{2}{n}\sum_{i=1}^{n/2}b_i \tag{1-12-8}$$

再计算

$$a=\overline{T_i^2}-b\overline{m_i} \tag{1-12-9}$$

然后由式(1-12-5)、式(1-12-6)求出 c 和 k 值.

③ 最小二乘法.用最小二乘法可算出拟合直线 $y=a+bx$ 的斜率、截距,相关系数以及截距、斜率的标准差的估计值,由此,再根据式(1-12-5)、式(1-12-6)求出 c 和 k 值,并评定 c 和 k 的不确定度.

四、思考题

测量振动周期时为什么不测一个周期而要测多个周期?取多少个周期决定于什么?如何考虑?

参考文献

[1] 赵鲁卿,王玉文.普通物理实验[M].西安:西北大学出版社,1993.

[2] 李志超.大学物理实验[M].北京:高等教育出版社,2001.

1-13　电学实验基本知识

电学实验是大学物理实验的一个重要组成部分,本次实验旨在使学生了解电学实验基本仪器的性能和使用方法,学习连接电路以及测量直流、交流电压和电流,并了解万用表的结构及工作原理,熟练掌握电学实验操作的基本规程和安全知识.

一、仪器用具

电流表,电压表,万用表,滑线变阻器,电阻箱,电源,开关,导线.

二、常用电学仪表仪器简介

1. 电表

实验电表按其用途可分为直流电表和交流电表;按其结构可分为指针式电表和数字式电表,为讨论方便,我们按结构分类讨论.

(1) 指针式电表

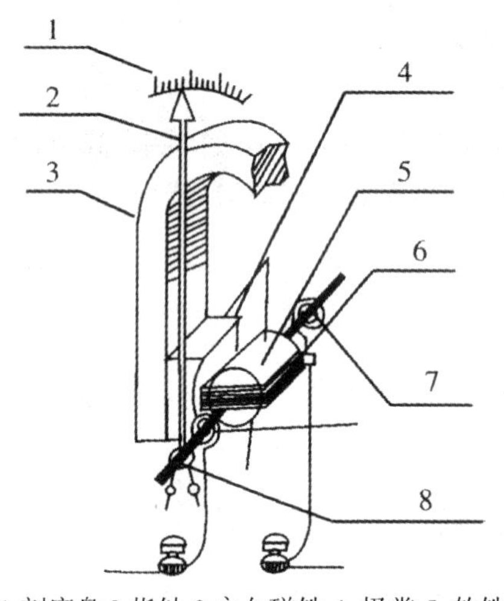

1.刻度盘 2.指针 3.永久磁铁 4. 极掌 5. 软铁芯 6. 线圈 7. 螺旋弹簧 8. 零点调节螺丝

图 1-13-1 直流电表结构图

① 指针式直流电表. 指针式直流电表的大部分是磁电式电表. 它的内部构造可简单地表示如图 1-13-1 所示. 永久磁铁的两个极上连着带圆筒孔腔的极掌. 极掌之间装有圆柱形软铁芯,其作用是使极掌和铁芯间的空隙中磁场较强,且使磁力线是以圆柱的轴为中心呈均匀辐射状. 在圆柱形铁芯上支撑有一个可在铁芯和极掌间的空隙处运动的矩形线圈. 线圈上固定一根指针或光指针,当有电流流通时,线圈受电磁力矩作用而偏转,直到跟游丝的反扭力矩平衡而静止不动. 线圈偏转角的大小与所通过的电流成正比. 电流方向不同,偏转方向也不同,这是磁电式电表的基本特征.

常用的指针式直流电表有以下几种:

(a) 指针式检流计:它的特征是指针零点处在刻度的中央,便于检测出不同方向的直流电. 其主要规格如下.

电流计常数:即偏转一小格代表的电流值. 一般约为 10^{-6} A/小格.

内阻:数十欧姆.

指针式检流计主要用于检测小电流或小电位差. 使用时,常串联一个阻值较大的可变电阻,控制通过它的电流,以免过大的电流损坏电表,这电阻称为保护电阻. 如图 1-13-2 所示的 R_h 指针式检流计将在直流电桥实验中得到应用并将对其指针的运动状态加以讨论.

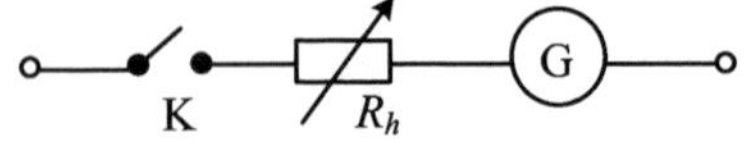

图 1-13-2 指针式检流计支路接线示意图

(b) 直流电压表：它的用途是测量电路中两点间直流电压的大小. 其主要规格如下.

量程：即指针偏转满刻度时的电压值. 例如有一电压表量程为 0-2.5 V-10 V-25 V，表示该表有三个量程. 如第一个量程在加上 2.5 V 电压时偏转满刻度.

内阻：即电表两端的电阻. 同一电压表不同量程其内阻不同，电压表内阻可以用单位电压的电阻大小来计算(俗称每伏欧姆数). 例如一个 0-2.5 V-10 V-25 V 电压表，每伏欧姆数是 10 kΩ/V，可用下式计算某量程的内阻：

内阻＝量程×每伏欧姆数

(c) 直流电流表(毫安计、微安计)：它的用途是测量电路中直流电流的大小. 其主要规格如下：

量程：指针偏转满刻度时的电流值. 常用电流表是多量程的.

内阻：一般电流表内阻都是 1 Ω 以下，毫安计、微安计内阻可达 100～2 000 Ω.

指针式直流电表按准确度分为七级：0.1；0.2；0.5；1.0；1.5；2.5；5.0. 电表的准确度等级是用电表的基本误差的百分数值表示的. 例如一个 0.5 级的电表，其基本误差为±0.5%. 用电表的准确度等级 a 及电表的量程 X_m 可以求出电表的最大允许误差，用极限误差 e 表示为

$$e = a\% \times X_m \tag{1-13-1}$$

电表的标度尺上所有分度线的基本误差都不超过 e.

上述七种级别的电表的基本误差在标度尺工作部分的所有分度线上不应超过表 1-13-1 中的规定值. 电表的准确度等级及其基本误差如表 1-13-1 所示.

表 1-13-1　电表的准确度等级及其基本误差

电表的准确度等级	0.1	0.2	0.5	1.0	1.5	2.0	5.0
基本误差(%)	±0.1	±0.2	±0.5	±1.0	±1.5	±2.0	±5.0

② 指针式交流电表. 指针式交流电表有电动式、整流式、铁动式、电子管式和晶体管式电表等多种类型. 现在随着数字电表的普及，电动式、铁动式、电子管式等因其内阻小、频率响应范围较小、携带不便等诸多缺点而被数字电表所取代. 在此仅提及目前尚在较广泛使用的整流式和电动式电表.

(a) 整流式电表：它的主体是一个磁电式电表(直流电表)，附加半导体二极管或整流电路作为整流元件. 整流元件把交流电整流成单向的脉动电流(图1-13-3). 由于磁电式电表的偏转角与通过它的电流 I 成正比，故平均偏转角

$$\bar{\theta} = k\bar{i} \tag{1-13-2}$$

式中，$\bar{i}$ 为一个周期的平均电流，k 是电表的灵敏度.

交流电表通常按有效值刻度. 虽然整流式电表的偏转取决于电流的平均值，但

电表表面上的刻度仍按简谐交流电的平均值和有效值的换算关系：

半波整流时：有效值（面板刻度的值）＝平均值/0.45，

全波整流时：有效值（面板刻度的值）＝平均值/0.90.

所以，对简谐交流电，电表直接读的是它的有效值.

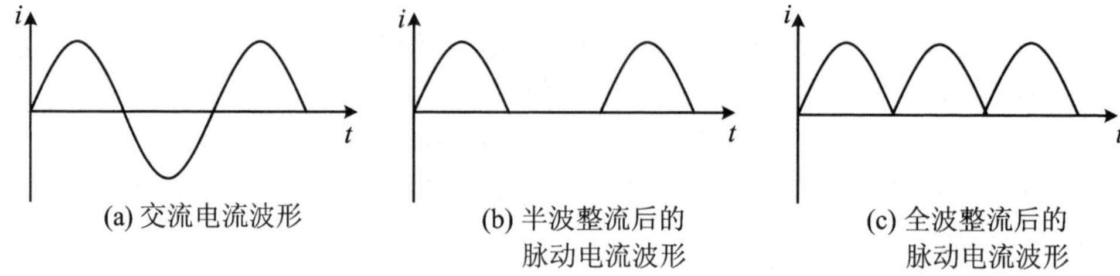

图 1-13-3　正弦波形及其经过半波和全波整流后的波形

整流式电表可以做成不同量程的电流表和电压表（加分流电阻或扩程电阻），单位电压的电阻即每伏欧姆可达 1 000 Ω/V，适用频率范围为 50～2 000 Hz. 如果采取适当措施，频率范围可稍扩大. 整流式电表的误差来源多，因此准确度稍低，通常这种电表的准确度最高只能达到 1.5 级，一般指针式万用表的交流电压挡准确度是 5 级.

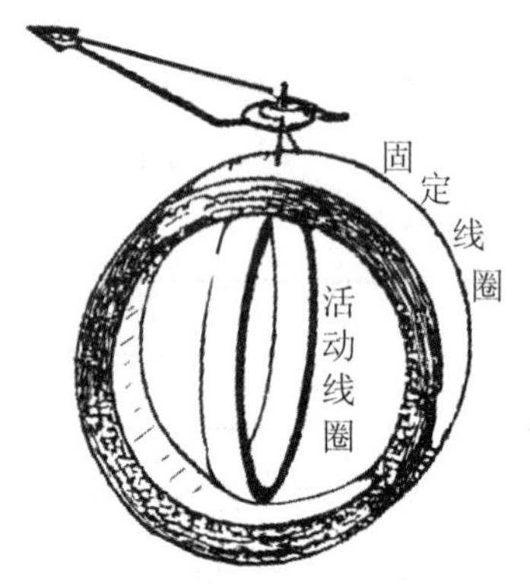

图 1-13-4　电动式电表结构示意图

（b）电动式电表：它和磁电式电表类似，也有一个通电的活动线圈，所不同的是，在电动式电表中，没有固定磁铁，而用另一个通电的固定线圈代替. 由于两个线圈中电流的相互作用导致活动线圈偏转（图 1-13-4），并在游丝恢复力矩作用下达到平衡. 在电动式电压表及电流表中，活动线圈与固定线圈相互串联或并联，线圈的偏转力矩与流过它的电流平方的平均值或加在线圈上的电压平方的平均值成正比，指针的偏转角直接反映待测电流或电压的有效值.

特别要指出的是，如果让固定线圈与负载串联（代替电流表去测电流 I），而流动线圈串联一定的电阻之后再与负载并联（代替电压表去测电压 U），可以证明：线圈的偏转力矩与 $IU\cos\varphi$ 成正比. 这里 U 和 I 分别为负载电压及电流的有效值，φ 为负载电压与电流的相位差. 由于负载消耗的功率 $P=IU\cos\varphi$，因此按照这种方式连接，可以做成直接指示负载功率的仪表. 用于测量功率的仪表称为瓦特计.

电动式仪表可以交直流两用，它是指针式仪表中最准确的一种类型，准确度可达0.1级.通常使用的电动式电流表、电压表为0.5级,可作为校准其他交流电表的标准仪表.由于电动式表中有线圈,当频率改变时感抗要相应改变,增大测量误差,因此电动式仪表适用的频率范围限制在20～100 Hz.电动式仪表的另一缺点是内阻小.此外,周围的磁场对测量也有影响,必须加以屏蔽或采取其他措施.

③ 指针式电表使用注意事项.

(a) 量程的选择.根据待测电流或电压的大小,选择合适的量程.量程太小,或者过大的电压、电流,都会使指针式电表损坏;量程太大,对于指针式电表指针偏转太小,致使读数不确定度过大.使用时应事先估计待测量的大小,选择稍大的量程,试测一下,如不合适,再选用合适的量程.如果不知道待测量的大小,则必须从最大量程开始试测.

在使用电表时可根据电表的准确度等级求出测量值 X 的可能最大相对误差为

$$e/X = a\% \times X_m/X \tag{1-13-3}$$

由上式看出测量值愈接近电表的量程 X_m,测量误差就愈接近电表准确度等级的百分数.当被测量值比选用的电表量程小得多时,测量误差将会很大.这点在使用指针式电表时要特别注意.

(b) 电流方向.对于直流电表,指针偏转方向与所通过的电流方向有关.接线时必须注意电表上接线柱的"＋"、"－"标记."＋"表示电流流入端,"－"表示电流流出端,切不可把极性接错,以免撞坏指针.对于各种交流电表和仪器(如示波器、各种信号源等)的两个接线端中有一端标有接地符号"⊥",称为"接地端".实际上它表示这一端与仪器、仪表的金属外壳相连.在测试工作中,须正确设计电路,使得它们的"接地端"能在屏蔽外来干扰信号后恰当地(如直接或仅通过无感电阻)接在一起.否则,外界交流信号的干扰可能影响测量结果,甚至使测量无法进行.

(c) 电表的连法.电流表是用来测量电流的.使用时必须串联在电路中.对于直流电流表,在将其接入电路中时,须分清电路断开处电流流入和流出的方向,分别接在直流电流表的标有"＋"、"－"的接线柱上.电压表是用来测量电压的,用时应当与被测量电压两端并联.

(d) 视差问题.对于指针式电表,读数时应正确判断指针位置.为了减少视差,必须使视线垂直于刻度表面计数.精密的电表刻度尺下方附有镜面,当指针在镜中的像与指针重合时,所对准的刻度,才是电表的准确读数.

(e) 指针式电表在其外壳上有零点调节螺丝,通电前应检查并调节指针指零.

(f) 指针式电表的表盘左、右下方通常有一些表明电表基本结构、级别、安放方式、使用要求等多种符号(如用于交流或直流测量),在使用前一定要了解清楚.如:∩磁电式电表;—直流电表;～交流电表;$\underline{\sim}$交、直流两用电表;⊥或↑垂直放置;

┌─或→水平放置；∠与水平成 60°方向放置，对高级电表通常可以任意方向放置；☆(2)绝缘强度试验电压为 2 000 V；[Ⅰ]一级防外界磁场，允许产生误差 0.5%；[Ⅱ]二级防外界磁场，允许产生误差 1.0%；[Ⅲ]三级防外界磁场，允许产生误差 2.5%.

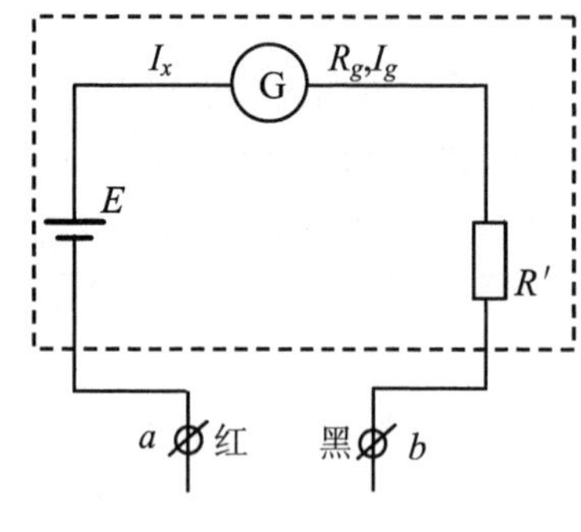

图 1-13-5　欧姆计原理图

(2) 欧姆计. 欧姆计的原理图如图 1-13-5 所示. 其中虚线框内部分为欧姆计，a 和 b 为接线柱(表笔插孔). 测量时将待测电阻 R_x 接在 a 和 b 上，在欧姆计中，E 为电源(干电池)，G 为表头(内阻为 R_g，满度电流为 I_g)，R'为限流电阻，由欧姆定律可知回路中的电流 I_X 由下式决定

$$I_X = \frac{E}{R_g + R' + R_X} \tag{1-13-4}$$

可以看出，对一给定欧姆计，I_X 仅由 R_X 决定，即它们之间是一一对应关系. 这样在表头刻度上标出相应的 R_X 值即成一欧姆计. 由上式可以看出，当 $R_X = 0$ 时，回路中的电流最大，为$\frac{E}{R_g + R'}$，在欧姆计中设法改变表头的电流 I_X 使其等于最大电流，即

$$I_g = \frac{E}{R_g + R'} \tag{1-13-5}$$

习惯上用 $R_中$ 表示 $R_g + R'$，称之为欧姆计的中值电阻，即 $R_中 = R_g + R'$，这时

$$I_X = \frac{E}{R_中 + R_X} \tag{1-13-6}$$

由上式可以看出：欧姆计的刻度是非线性(不均匀)的，正中那个刻度值即 $R_中$，这是因为 $R_x = R_中$ 时指针偏转为满度的一半，通常在测量电阻时只用欧姆计中间一段来测量，指针太靠左或太靠右测量的精确度都很差.

前面已经指出，欧姆计的刻度是对设计的电源电动势 E 计算出的，但实际上电源电动势不可能总是正好等于 E，所以在欧姆计中还装有“欧姆零点”调节旋钮，以保证刻度正确，调节方法是：将表笔短路，调节“欧姆零点”旋钮使偏转满度，即指针指 0，每次改变量程后都应重新调节欧姆零点.

在使用欧姆计时，应注意：

① 每次换挡后都要调节欧姆零点.

② 不得测带电的电阻；不得测额定电流极小的电阻(例如灵敏电流计的内阻).

③ 测试时，不得双手同时接触表笔的笔尖，测高阻时尤须注意，因为人体也相当于一个电阻.

（2）数字电压表（数字万用表）

数字电压表是一种功能齐全、精度高、性能稳定、灵敏度高、结构紧凑的仪表. 它显示直观，能做到小型化、智能化，并且可以与计算机接口组成自动化测试系统.

由于数字电压表配以其他各种适当的转换电路（如交直流转换器、电流电压转换器、欧姆电压转换器、相位电压转换器等）可以进行除测量电压以外的其他电学量的测量，如电流、电阻、电容、频率、温度、二极管正向压降、晶体三极管 hEF 参数及电路通断测试等，所以这种功能齐全的数字表，又称为数字万用表. 它可供实验室测量、工程设计、野外作业和工业生产维修等使用.

数字电压表按显示位数分，可以分为三位半、四位半、五位、六位、八位等；按测量速度分，可以分为高速和低速；按重量、体积分，可分为袖珍式、便携式和台式；按 A/D 变换方式可分为直接转换型和间接转换型.

数字电压表的工作特性：

① 测量范围：用量程和显示倍数反映测量范围.

量程：数字电压表有一个基本量程，是 1∶1 衰减量程. 以它为基础可以扩展量程，并使量程步进分档可调. 下限可至 0.1 μV，上限可达 1 kV.

分辨率：数字电压表的最小量程所能够显示的最小可测量值. 如一个最小量程为 200 mV 的档，满量程显示值为 200.00，其分辨率是 10 μV.

② 位数：指数字电压表能完整地显示数字的最大位数. 能显示出 0～9 这十个数字称为一个整位，不足的称为半位. 例如能显示“999 999”时，称为六位；最大能显示“7 999”或“1 999”的称为三位半. 半位都是出现在最高位.

③ 输入阻抗：以电阻 R_i 和电容 C_i 并联形式表式. 测量直流时，C_i 不予考虑. R_i 的值通常大于 10 MΩ，因此数字电压表的内阻远远大于指针式电压表的内阻. 测量交流电压时 C_i 会造成一些影响. 但是由于现在数字电压表的工作频率一般不超过 10^5 Hz，所以 C_i 一般小于 100 pF.

④ 仪器误差（或称为准确度）：数字电压表的允差可以用极限误差表示为

$$e = (\alpha\% \cdot U_x + \beta\% \cdot U_m) \tag{1-13-7}$$

式中，U_x 是测量值（即读数），U_m 是满度值；$\alpha\% \cdot U_x$ 是读数 U_x 的误差，$\beta\% \cdot U_m$ 相当于指针式电表中的级别误差. α 和 β 的大小由仪器说明书上给出.

⑤ 抗干扰能力：通常使用的数字电压表的抗干扰能力大于 60 dB 以上.

⑥ 输入阻抗：所有量程为 10 MΩ.

⑦ 过载保护：直流或交流峰值 1 000 V（除 200 mV 档直流或交流峰值 250 V 外）.

数字万用表使用注意事项：

① 不同类型的数字万用表有着不同的基本精度，而不同精度的数字表价格相差很大. 因此选择数字表时应根据测量精度的要求，选择合适的数字表，不可一味

追求高精度的数字表的使用.

② 数字表的读数显示率约为 2～4 次/秒,读出准确的测量结果需有一定的延时时间,通常为 1～2 s. 因此用数字表读数时,一定要待读数稳定后读取测量结果,不可以当显示屏上一出现数据立即读数.

③ 对于整数位数字表,例如三位表,其最大显值为 999;对于四位半的数字表其最大显示值为 19 999,即半位总是出现在最高位. 当超量程时最高位显示“1”.

④ 使用数字表之前,必须先看说明书,看一下工作环境是否满足其要求,诸如保证准确度的温湿度、工作温度、储存温度等使用条件.

⑤ 使用前首先检查电源,当把电源按键按下时,如果电池电压不足,则显示“+ −”. 必须注意测试插口旁的符号 ⚠ ,这是警告你要留意测试电压或电流不要超过指示数字. 此外,使用前要先将量程放置在你想测量的档位上. COM 插口为输入接地端.

⑥ 当使用电流输入插口时,要注意区分小量程的电流插口和“10 A”插入插口. “A”输入插口,内装有外型为 $\Phi 5\times 20$ mm 保险丝,过量程将会烧坏保险丝. 应按原装规格更换后再继续使用. “10 A”输入插口内无保险丝保护.

⑦ 一般数字万用表具有自动关机功能,开机后约 15 min 会自动切断电源,以防仪表使用完毕忘记关电源. 想再使用,重复电源开关操作即可继续开机. 使用完毕按电源键到 OFF 则为手动关机.

⑧ 数字万用表是一部精密电子仪器,不要随意更动内部电路以免损坏. 并要注意以下几点:

(a) 不要接到高于 1 000 V 直流或有效值 750 V 交流以上的电压上去.

(b) 切勿误接量程,以免内外电路受损.

(c) 仪表后盖未完全盖好时切勿使用.

(d) 不要在潮湿、水蒸气多及多尘的地方使用数字表.

(e) 使用前应检查表笔,绝缘层应完好,无破损和断线.

(f) 红、黑表笔应插在符合测量要求的插孔内,保证接触良好.

(g) 量程开头应置于正确的测量位置.

(h) 严禁量程开头在电压或电流测量过程中改变档位,以防损坏仪表.

(i) 更换电池及保险丝时,须拔去表笔并关断电源后再进行.

⑨ 数字万用表的电压测量部分内阻很高,可高达 10 MΩ,然而其电流量程各档的内阻很小.

3. 电阻箱

外形如图 1-13-6(a)所示,它的内部有一套由锰铜线绕成的标准电阻,是按图 1-13-6(b)连接的. 旋转电阻箱上的旋钮,可以得到不同的电阻值.

电阻箱的规格如下.

总电阻：即最大电阻值，如图所示电阻箱总电阻为 99 999.9 Ω.

额定功率：指电阻箱上每个电阻挡的功率额定值. 一般电阻箱的额定功率为 0.25 W，可以由它计算各电阻钮的额定电流，例如用×1 000 档的电阻时，允许的电流为

$$I = (P/R)^{1/2} = (0.25/1\,000)^{1/2} = 0.016\ \text{A}$$

可见电阻值愈大的档，允许电流愈小. 过大的电流会使电阻发热，致使电阻值不准确，甚至灼毁.

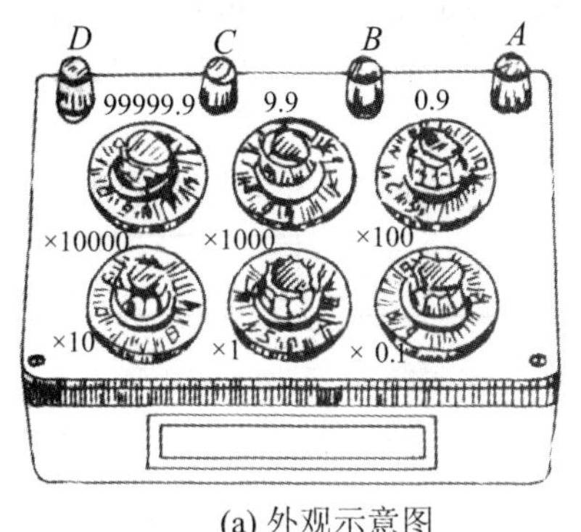

(a) 外观示意图

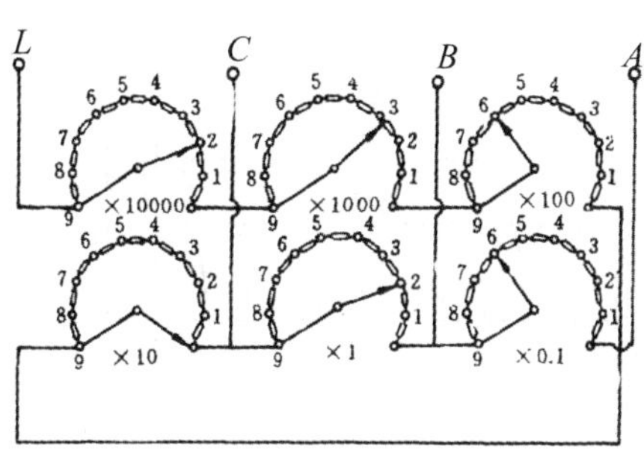

(b) 内部接线示意图

图 1-13-6　四接线柱电阻箱示意图

电阻箱的误差：自从 1989 年我国制定了新的直流电阻箱检测规程后，不再给出电阻箱的整体准确度等级，而是给出各个十进盘电阻的等级和残余电阻（亦称零电阻）$R_0=(20\pm5)\ \text{m}\Omega$，如表 1-13-2 所示.

表 1-13-2　十进盘电阻的等级和残余电阻

电阻盘	×10 000 Ω	×1 000 Ω	×100 Ω	×10 Ω	×1 Ω	×0.1 Ω
相对误差	$1\,000\times10^{-6}$	$1\,000\times10^{-6}$	$1\,000\times10^{-6}$	$2\,000\times10^{-6}$	$5\,000\times10^{-6}$	$50\,000\times10^{-6}$

例如：若一个电阻箱输出的电阻值是 5 234 Ω，其基本误差为

$$\begin{aligned} e &= (5\,000\times1\,000\times10^{-6}+200\times1\,000\times10^{-6}+30\times2\,000\times10^{-6} \\ &\quad +4\times5\,000\times10^{-6}+0.02)\ \Omega \\ &= 5.3\ \Omega \end{aligned}$$

再考虑到有关十进盘钮的接触电阻和附加误差. 通常这种误差可达基本误差的 2～3 倍. 可见按新规定，在使用电阻箱时要尽量少在小电阻值下使用.

4. 变阻器

电阻箱是一种准确度比较高的变阻器. 一般情况下使用的变阻器准确度较低，它们是滑线变阻器和电位器.

(1) 滑线变阻器. 一般用于大电流的电路中，其额定功率在几瓦到几百瓦. 它可以用来控制电路中的电压和电流. 它的构造如图 1-13-7 (a)所示，电阻丝密绕在绝缘瓷管上，两端分别与固定在瓷管上的接线柱 A,B 相接，电阻上涂有绝缘物，使匝与匝之间相互绝缘，瓷管上方装有一根和瓷管平行的金属棒，一端连接接线柱 C,棒上套有滑动接触器 D,它紧压在电阻丝匝圈上，接触器与线圈接触处的绝缘物已被刮掉，所以接触器 D 沿金属棒滑动就可以改变 AC 或 BC 之间的电阻. 了解变阻器的结构很重要，为此应把图 1-13-7(a)和(b)中的 A,B,C 三点相互对照.

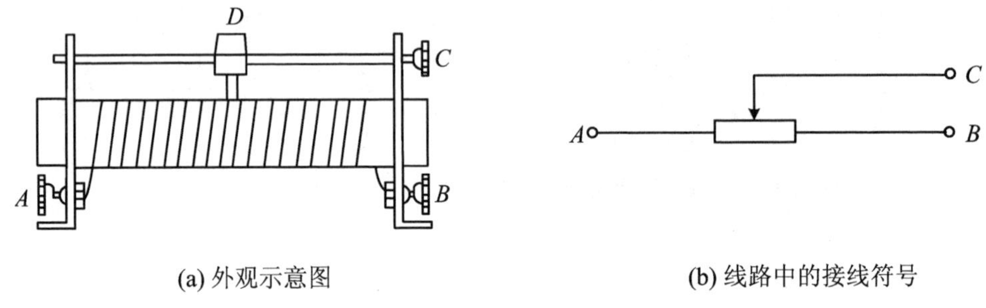

(a) 外观示意图　　(b) 线路中的接线符号

图 1-13-7　滑线变阻器

滑线变阻器的规格如下. 全电阻：AB 间的总电阻值；额定电流：变阻器所允许通过的最大电流. 滑线变阻器有两种接法，称为限流电路和分压电路.

① 限流电路. 如图 1-13-8 所示，A 端和 C 端连在电路中，B 端空着不用，当接触器 D 滑动时，整个回路电阻改变了，因此，电流也改变了，所以叫做限流电路. 当接触器 D 滑动到 B 端时，滑线变阻器全电阻串联入回路，电阻值 $R_{AC}=R_{AB}$，阻值最大，这时回路电流最小；当接触器 D 滑动到 A 端时，回路电阻值 $R_{AC}=0$，回路电流最大.

为了保证安全，在接通电源前，一般应使接触器 D 滑动到 B 端，使 R_{AC} 最大，电流最小，以后逐步减小电阻，使电流增至所需值.

② 分压电路. 如图 1-13-9 所示，滑线变阻器的两个固定端 A 和 B 分别与电源的两电极相连，滑动端 C 和一个固定端 A(或 B)连接到用电部分，接通电源后，AB 两端的电压 U_{AB} 等于电源电压，U_{AB} 又是 AC 间电压和 CB 间电压之和，所以输出电压 U_{AC} 可以看作是 U_{AB} 的一个部分. 随着接触器 D 的位置的改变 U_{AC} 也就改变. 当接触器 D 滑到 B 端，$U_{AC}=U_{AB}$ 输出电压最大；当接触器 D 滑到 A 端，$U_{AC}=0$，所以输出电压 U_{AC} 可以在零到电源电压之间任意调节.

为保证安全，在接通电源前，一般应使 $U_{AC}=0$，以后再滑动 D，使输出电压 U_{AC} 电压增至所需值.

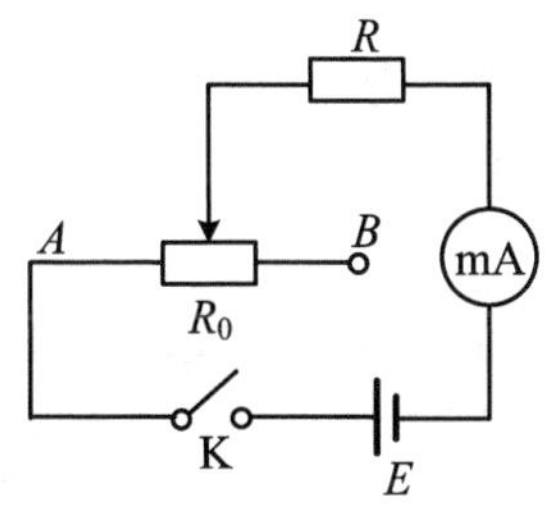

图 1-13-8　限流电路接线图

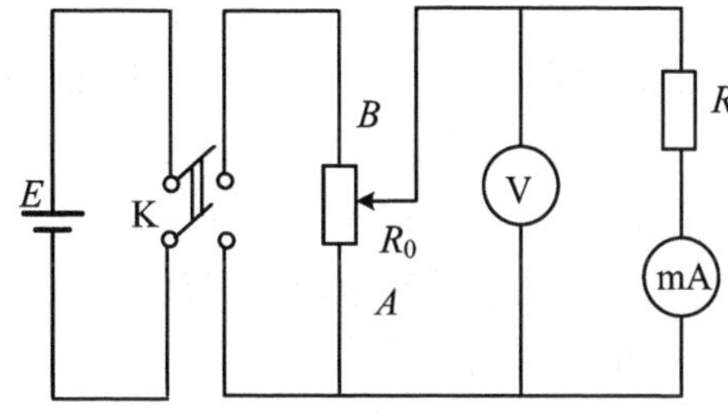

图 1-13-9　分压电路接线图

(2) 电位器. 小型变阻器通常称为电位器，它的额定功率只有零点几瓦到数瓦，视体积大小而定. 电阻值较小的电位器多数用电阻丝绕成，称为线绕电位器，而阻值较大的电位器则用碳质薄膜作为电阻，故称碳膜电位器. 由于电位器的生产已经系列化，规格相当齐全，容易选购到阻值合适的. 图 1-13-10 表示圆形电位器的外观及相应的 A,B,C 三个接线端.

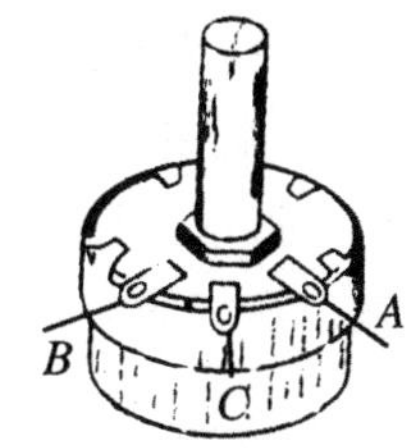

图 1-13-10　圆形电位器外观图

5. 电源

实验室用电源分为直流和交流电源两种.

(1) 直流电源. 目前实验室普遍采用晶体管稳压电源. 这种电源的稳定性高、内阻小、输出连续可调、使用方便.

在小功率、稳定度要求不高的场合，干电池是很方便的直流电源. 干电池每节的电动势为 1.5 V，也有由多节串联成的积层电池. 干电池经使用后，电动势不断下降，内阻不断上升. 最后由于内阻很大，不再能提供电流，电池即告报废.

(2) 交流电源. 交流电的电压或电流随时间作周期性变化. 实际上，它包括各种各样的波形. 要全面了解一个交流电压必须知道它的频率、波形、初相位和电压的峰值，这只有示波器才能做到. 所以，示波器在交流电测量中具有特殊的地位.

对于最常遇到的简谐电压，测量的问题要简单得多，如果频率已知(例如市电是 50 Hz)，那么只要测出它的峰值(或平均值，或有效值)，它的一切性能也就完全清楚了. 也就是说，可以用交流电表来测量，既简单又方便，但如果交流电的波形是非简谐波，用交流电表无法测量复杂非简谐波形，只有用示波器才可以直接研究它.

① 市电，即工业用电，也是实验室主要电源，是 50 Hz 的正弦交流电，输送到实验室来的一般是五线三相制 380 V 的动力电. 这五根输电线中，一根与大地连接，称为“地线”. 地线的作用是把用电器的金属外壳与大地相连，以确保人身安全.

另外四根中有三根是“相线”，俗称“火线”. 最后一根是零线. 每一根相线与零线之间电压称为相电压，大小为 220 V(有效值). 我们常用的 220 V 交流电就是一根相线(火线)与零线之间的电压，实际上就是三个相电压之中的一个，因此称为“单相 220 V”. 平常我们接触的交流电源，要么是单相 220 V 的，要么是三相 380 V 的(注意 380 V 的电压指的是任意两根相线之间的电压)，完全不存在所谓的“两相电”. 所谓“两相电”是一个错误的概念.

交流电路的电压和电流亦可通过加接变阻器实现控制. 变阻器的选择与控制电路的安排和直流电路大体相同. 所不同的只是交流电路应考虑到电路的阻抗和相角，而直流电只考虑电阻. 控制交流电压更方便的方法是采用变压器. 变压器可以使市电变为指定的电压值(升压或降压均可). 实验室常用自耦变压器. 变压器的优点在于它本身几乎不消耗电能. 用原副线圈独立的变压器还可以把市电和用电部分隔开，比较安全. 它的缺点是往往会使电压波形发生畸变.

② 信号源. 市电是 50 Hz 简谐电源，如果需要其他频率或其他波形时，可以用专用的信号源(信号发生器). 实验室备有晶体管和集成电路构成的信号发生器，它们能够输出良好的波形，但一般都只能提供很小的功率，最大也不过数瓦.

三、电学实验操作规程

(1) 准备. 到实验室前通过预习先准备好数据表. 实验时，先要把本组实验仪器的规格搞清楚，然后根据电路图要求摆好元器件位置.

(2) 连线. 要在理解电路的基础上连线，还应注意利用不同颜色的导线，这样可以表现出电路电位高低，也便于检查，一般用红色或浅色线接正极，用黑色或深色线接负极. 最后，应特别指出，在连线过程中，电源要在所有开关打开的情况下最后连入电路中.

(3) 检查. 接好电路后，先复查电路连接正确与否，再检查其他的要求是否都做妥. 例如，开关是否全部打开，电表和电源正负极是否连接正确，量程是否正确，电阻箱数值是否正确设置，变阻器的接触器位置是否正确等. 直到一切都做好，方可接通电源.

(4) 通电. 在通电合闸时，要事先想好通电瞬间各仪表的正常反应是怎样的，并随时准备在出现不正常情况时断开开关，即采用跃接法，以防因电路接错，造成仪表损坏.

(5) 安全. 不管电路中有无高压，要养成避免用手或身体直接接触电路中裸露导体的习惯.

(6) 归整. 实验完毕，应将电路中仪器旋钮拨到安全位置，打开开关，经教师检查实验数据后再拆线. 拆线时应先断开电源. 最后将所有仪器放回原处，再离开实验室.

四、实验内容

1. 测量电阻

如图 1-13-11 所示电路，接通电源前先用万用表的欧姆挡测量电路板上各电阻的阻值，与图 1-13-11 中电阻上的标称值比较，并判明二极管的极性.

2. 测量直流电压、电流

电路接通后，调节电源电压为 20 V，计算每支路的电流及电阻上的电压降，然后用万用表分别测量电压和电流，并与计算值比较. 测量值要求计算误差，请自拟表格.

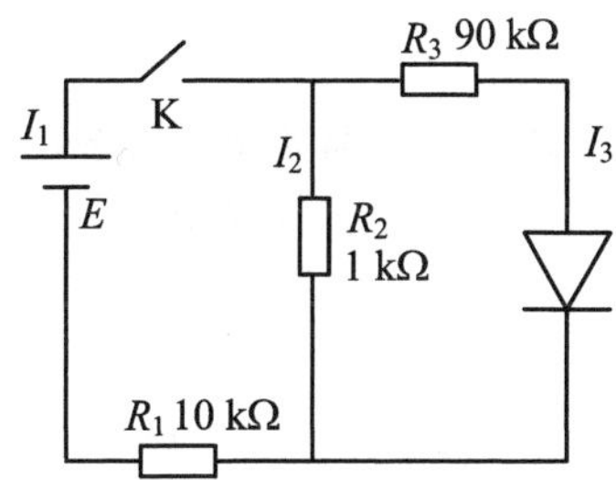

图 1-13-11　测量电阻电路接线图

3. 用万用表检查电路故障

电路中产生故障的原因大致有以下几种.

(1) 导线内部断线.

(2) 开关或接线柱接触不良.

(3) 电表或元件内部损坏.

用万用表检查电路故障常采用如下两种方法：

(1) 伏特法. 接通电源后，若电流表无指示，可用万用表测量各处电压分布，出现反常之处，就是产生故障的地方，然后分析原因予以排除. 用伏特法检查电路故障不必拆开电路，检查方便，可较快地发现故障的部位. 但此法不适于检查电压太小的部位.

(2) 欧姆法. 接通电源，若无指示，可将电源和电流计先断开，然后将电路逐段拆开，再用万用表欧姆档检查无电源部分的电阻分布，判断是否断线或接触不良.

检查电路故障是电学实验的基本训练内容之一，要迅速排除故障，应该将两种方法配合起来使用.

五、思考题

1. 用万用表测量直流 150 V 和 30 V 电压时，用多大的内阻最佳？

2. 为什么不宜用欧姆挡测量表头内阻？能否用欧姆表测量电源内阻？为什么？

3. 500 型万用表的直流电压挡的测量范围是 0～2.5～10～50～250～500 V，电压表的级别为 0.5 级. 求用不同档时最大允许误差是多少？若用各档分别测量 2 V，5 V，150 V，300 V 时最大相对误差是多少？

参考文献

[1] 吕斯骅. 基础物理实验[M]. 北京：北京大学出版社，2001.

[2] 赵凯华,陈熙谋.电磁学[M].北京:高等教育出版社,1984.
[3] 丁慎训,张连芳.物理实验教程[M].北京:清华大学出版社,2002.

1-14 电表的改装和校准

通过本实验要掌握改装电表的基本原理和方法,学会校准电表的方法和如何计算改装表的扩程电阻.

一、实验装置

待改装的电流计,毫安计与伏特计(作标准表用),电阻箱,滑线变阻器,开关,直流电源.

二、实验原理

用于改装的电流计(微安表)习惯上称为"表头",表头灵敏度就是它的满刻度电流,电流数值越小说明表头灵敏度越高.所以表头一般只允许通过很小的电流,如果用它测量较大的电流或电压,必须进行改装,扩大其量程.

1. 将表头改装成安培计

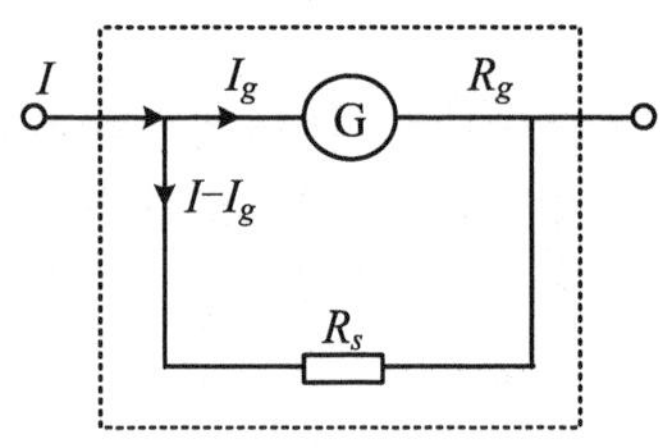

图 1-14-1 改装成电流计的结构图

根据电阻并联规律可知,如果在表头两端并联上一个阻值适当的电阻 R_S,如图 1-14-1 所示,可使表头不能承受的那部分电流从 R_S 上分流通过,由表头和 R_S 组成的整体就是安培计.R_S 称为分流电阻,在表头上并联一个或分别并联多个不同值的 R_S,就可将表头改装为单量程或多量程的安培计.

设表头改装后的量程为 I,根据欧姆定律可知

$$(I-I_g)R_S=I_gR_g$$

$$R_S=\frac{I_gR_g}{I-I_g}=\frac{R_g}{\dfrac{I}{I_g}-1} \tag{1-14-1}$$

若将表头的量程扩大 n 倍即 $I=nI_g$,则

$$R_S=\frac{R_g}{n-1} \tag{1-14-2}$$

可见,该表头量程扩大 n 倍,只需在该表头上并联一个电阻值为$\frac{R_g}{n-1}$的分流电

阻即可. 用安培计测量电流时，应将其串联在被测电路中. 为了不因安培计串入电路而引起电路中的电流改变，一般安培计的内阻都很小.

2. 将表头改装成伏特计

表头的满刻度电压也很小，为了测量较大的电压，在表头上串联一个阻值适当的电阻 R_P（见图 1-14-2），使表头上不能承受的那部分电压降落在电阻 R_P 上. 表头和串联电阻 R_P 组成的整体就是伏特计. R_P 称为分压电阻，在表头上串联一个或分别串联不同数值的分压电阻，就可以改装成单量程或多量程的伏特计.

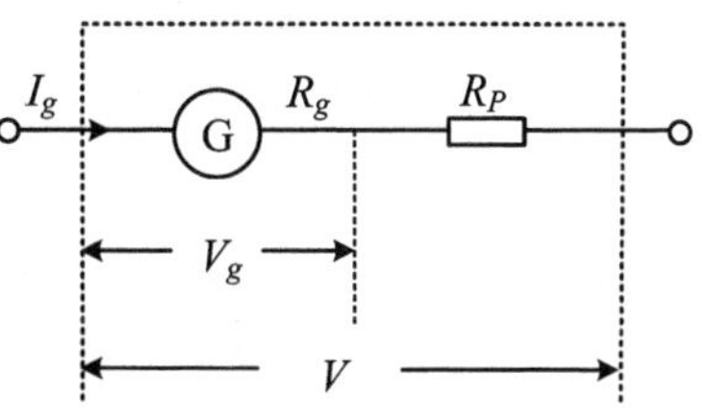

图 1-14-2　改装成伏特计的结构图

设改装后伏特计量程为 V，由欧姆定律可得

$$I_g(R_g + R_P) = V \tag{1-14-3}$$

$$R_P = \frac{V}{I_g} - R_g \tag{1-14-4}$$

可见，要将量程为 I_g 表头改装成量程为 V 的伏特计，只需在表头上串联一个阻值为 $\frac{V}{I_g} - R_g$ 的扩程电阻即可. 用伏特计测电压时，总是将其并联在被测电路上，为了不致因为并联了伏特计而改变电路中的工作状态，要求伏特计有较高的内阻.

3. 电表的基本误差和校准

基本误差指的是电表的读数和准确值的差异，它包括了电表在构造上的各种不完善的因素所引入的误差. 为了确定基本误差，先将电表和一个标准电表同时测量一定的电流（或电压），结果得到电表各个刻度的绝对误差，选最大的绝对误差除以量程即为电表的基本误差.

$$\text{基本误差} = \frac{\text{最大绝对误差}}{\text{量程}} \times 100\% \tag{1-14-5}$$

根据基本误差的大小，电表分为不同的等级，使如 0.5 级电表其基本误差不大于 0.5%，国家规定我国直流电表有 0.1，0.2，0.5，1.0，1.5，2.5，5.0 等级.

安培计、伏特计的校准电路分别如图 1-14-3 和图 1-14-4 所示，本实验是将改装的电表和标准表直接进行比较，而达到校准目的，这种方法称为比较法.

三、实验步骤

(1) 将量程为 100 μA 的表头改装成 10 mA 的毫安计.

① 根据式(1-14-1)或式(1-14-2)算出分流电阻 R_S 的值.

② 按图 1-14-3 接好线路，分流电阻 R_S 用电阻箱充当，R 是滑线变阻器，E 是

电源. 为了保护仪器,先使滑线变阻器的分压值最小(判断这时 c 点应调到哪一端),R_S 等于计算值,然后接通电源.

③ 检查两个电表的零点,如不指零,应调零点旋钮.

④ 调节 R 使标准表为 10 mA,改装表为满标度,若和设计值有差异,可稍调 R_S,并记下 R_S 值.

⑤ 再调节 R 使电流从小到大(上行)均匀地在改装表取五个校准点,然后再使电流从大到小(下行)重复一遍,记下标准表上对应的读数.

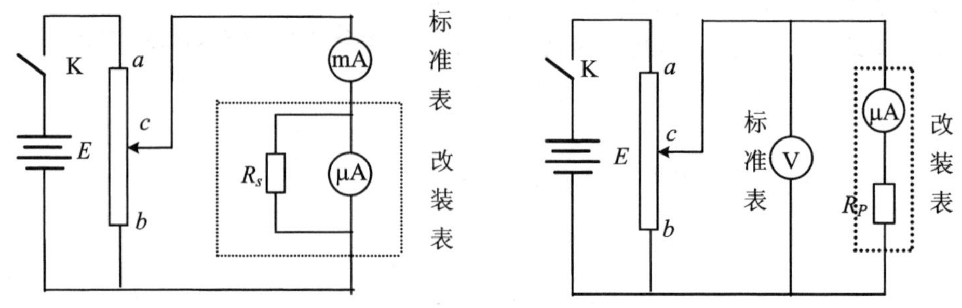

图 1-14-3 安培计校准电路图

图 1-14-4 伏特计校准电路图

(2) 将 100 μA 的表头改装为 0～10 V 的伏特计.

① 由式(1-14-3)算出扩程电阻 R_P.

② 按图(1-14-4)接好线路图,R_P 用电阻箱充当. 跟校准毫安计实验一样,先调准零点,再校准量程和五个刻度值,每次记下标准表相应的读数,填入数据表.

四、数据处理

(1) 将量程为 100 μA 的表头改装成 10 mA 的毫安计.

表头量程: 表头内阻:

标准表量程: 标准表级别:

改装表读数 $I_{改}$(mA)	标准表读数 $I_{标}$(mA)			绝对误差 $\Delta I=I_{标}-I_{改}$(mA)
	上行	下行	平均值	
0.00				
2.00				
4.00				
6.00				
8.00				
10.00				

分流电阻：实验值＝　　　计算值＝
最大绝对误差：
改装表的级别：

(2) 将 100 μA 的表头改装为 10 V 的伏特计.

(3) 以改装表的读数为横坐标，两表的误差值为纵坐标，在坐标纸上做出毫安计与伏特计的校正曲线.

五、思考题

1. 校准电表时，当标准电表满刻度而改装电表未满刻度或超满刻度，这两种情况下 R_S 或 R_P 的阻值大还是小？为什么？

2. 在校准电表时，选择测量点，是使改装表为确定值还是标准表为确定值？为什么？

参考文献

[1] 杜义林. 大学实验物理教程[M]. 合肥：中国科学技术大学出版社，2002.
[2] 陆廷济. 物理实验教程[M]. 上海：同济大学出版社，2000.
[3] 赵凯华，陈熙谋. 电磁学[M]. 北京：高等教育出版社，1984.

1-15　示波器的使用

电子示波器（也称阴极射线示波器，或称示波器）是一种常用的电学仪器. 能够简捷地显示各种电信号的波形，凡一切可以转化为电压的电学量（如电流、电功率、阻抗等）和某些非电学量（如温度、压力、形变、光、声、磁场等）以及它们随时间变化的过程，都可以用示波器进行观察，此外用示波器也可以显示两个电压之间的函数关系，如显示李萨如图形、二极管伏安特性曲线等. 因此示波器是使用最广泛的电子仪器之一，学会使用它是十分有益的.

本实验要求了解示波器的结构与原理，熟悉示波器面板旋钮的功能，进而掌握示波器的调节和使用方法. 学习用示波器观察信号波形，并测量其幅度、周期与频率以及李萨如图形，掌握一种测量频率的方法.

一、实验原理

示波器的结构一般可分成示波管、放大器（包括 X 轴放大和 Y 轴放大）、扫描和触发同步系统、电源四个部分组成，结构框图如图 1-15-1 所示.

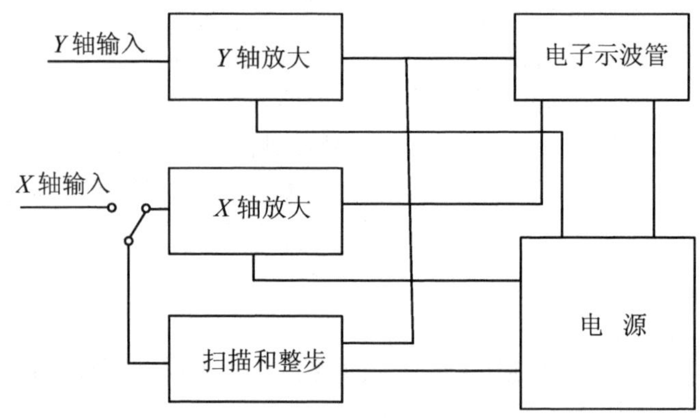

图 1-15-1 示波器原理框图

1. 示波管的构造和工作原理

示波管是示波器中的显示部件，如图 1-15-2 所示，主要包括电子枪、偏转系统和荧光屏三个部分，安装在一个抽成高真空的密封玻璃泡中. 接通电源，灯丝烧热后，套在灯丝外面的阴极受热而发出大量的电子. 在电场作用下，通过控制栅极和阳极的小孔，电子高速地射向荧光屏. 荧光屏上的荧光物质，在电子的轰击下发出荧光，在屏上出现一个光点. 调节栅极电压的高低，可以控制到达荧光屏的电子流强度，使荧光屏光点的亮度（也称辉度）也发生变化，这就是辉度调节. 调节聚集电极电压的大小，可以调节荧光屏上光点的大小，称为聚集调节.

偏转系统由两对互相垂直的偏转板组成，如图 1-15-3 所示，一对竖直偏转板 Y，另一对是水平偏转板 X. 在两块 Y（或 X）偏转板间加上电压时，受电场力的作用，通过两板之间的电子束发生偏转. 可以证明亮点的偏转位移与加在偏转板间的电压成正比，因此把加上的单位电压所引起的偏转定义为示波管的灵敏度.

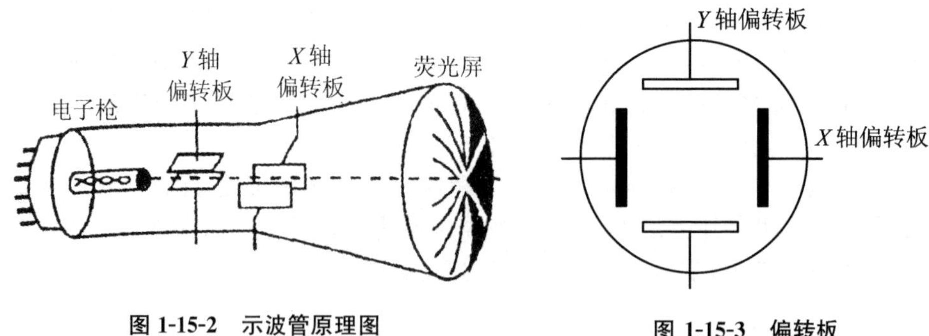

图 1-15-2 示波管原理图

图 1-15-3 偏转板

由于示波管偏转板的灵敏度不高，当加在偏转板上的信号电压过小时，电子束不能发生足够的偏转，以至屏上光点位移太小，不便观察. 这就需要预先把小的信号电压加以放大后再加到偏转板上. 为此,设置 X 轴和 Y 轴电压放大器.

2. 示波器波形显示原理

示波器工作时,需要在 X 轴偏转板(即水平偏转板)上加有一个周期性锯齿波形的电压,称为扫描电压,如图 1-15-4(a)所示. 扫描电压随时间线性增加,这时光点将沿 X 轴方向从左到右作匀速运动;再由于荧光粉有一定的余晖和人眼的视觉暂留作用,所以在屏上留下水平时间基线. 当扫描电压达到最大值时亮点偏转位移最大,然后迅速返回原点. 当锯齿波形重复产生时,亮点就不断地在荧光屏上自左向右往复运动. 若频率较快,则在屏上呈现一条水平亮线,这个过程称为"扫描",如图 1-15-4(b)所示.

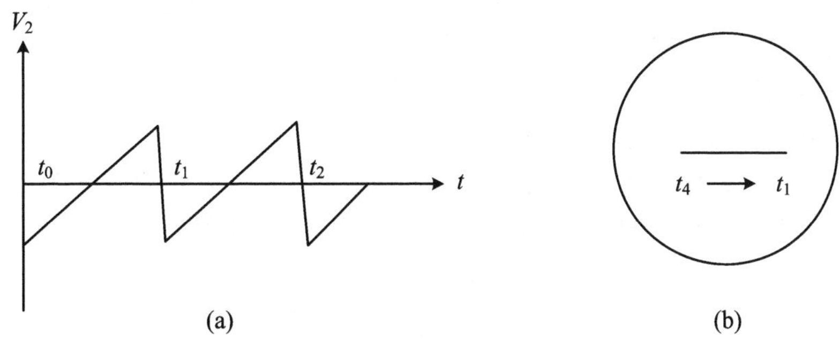

图 1-15-4　扫描信号

在 X 轴上加有扫描电压的同时,如果在 Y 轴上加上待测的正弦变化电压 U,就可以使 U 沿水平轴展开. 此时,屏上显示的图形如图 1-15-5 所示. 当正弦电压的周期与锯齿波电压的周期恰好相等时,则正弦电压上 a,b,c,d,e 各点分别对应扫描信号上的 a',b',c',d',e',若正弦电压变化一周,光点正好扫描一次. 以后各次扫描所得到的图形位置与第一次完全重叠,因此在荧光屏上显示出清晰、稳定的正弦图形,如图 1-15-6 所示. 可以证明,当锯齿波电压与被测信号电压的周期成整数倍关系时,即 $T_x=nT_y$(n 为正整数 1,2,3,…). 波形显示稳定,只不过 $n=1$ 时屏上显示一个完整的波形;而 $n=2$ 时显示两个完整的波形,以此类推.

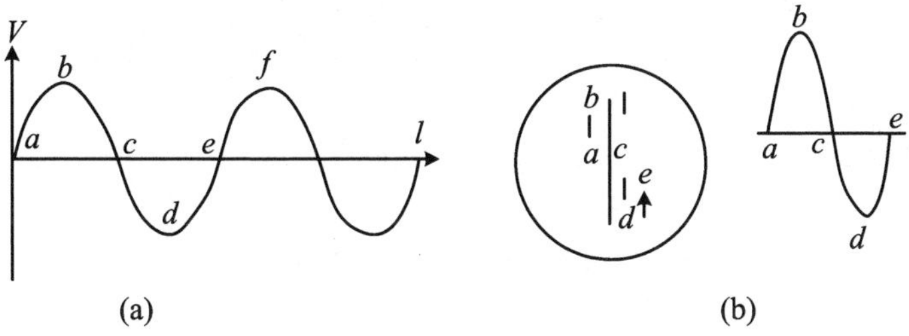

图 1-15-5　交变电压在屏幕上展开图形

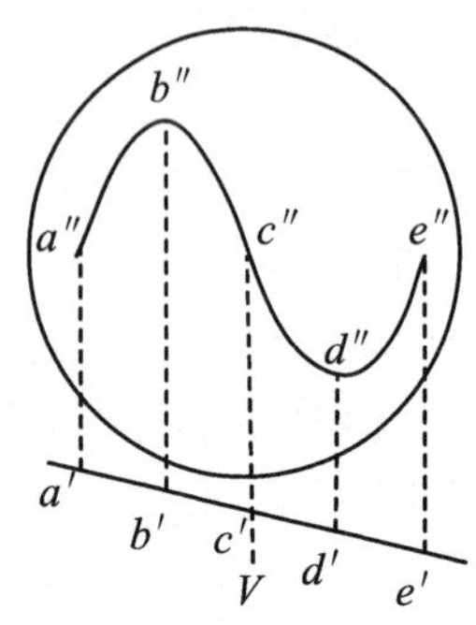

图 1-15-6　屏上对应图形

因为锯齿波电压与被测信号电压来自两个不同的信号源，周期之间的整数倍关系难以长时间维持不变. 当周期之间的整数倍关系相差很小时，我们将看到荧光屏上的波形在水平方向发生左右移动；当整数倍关系相差较大时，显示出杂乱无章的波形，为了使波形稳定，需要细心调节锯齿波电压的频率，使之尽可能满足整数倍关系.

在示波器内部还必须有频率跟踪的自动装置，称之为整步（同步）电路. 它以被测信号电压的周期来控制扫描电压的周期. 在人工调节的基础上再加“整步”作用，扫描电压的周期就能准确地等于被测信号电压周期的整数倍，从而获得稳定的波形.

3. 李萨如图形

如果在示波器的 X 轴和 Y 轴都输入正弦变化的电压信号，电压的频率 f_y 和 f_x 相同或成简单的整数比，则电子束的振动将是两个相互垂直的谐振动的合振动，荧光屏将描绘出合振动的图形，这种合成图形称为李萨如图形. 这时示波器工作于 X-Y 显示状态. 按理论推导李萨如图形满足以下式子：

$$\frac{f_y}{f_x}=\frac{\text{与水平线相交（或相切）的点数 } n_x}{\text{与垂直线相交（或相切）的点数 } n_y}$$

因此当其中一个信号的频率已知时，则可由李萨如图形求出另一个信号的频率，如图 1-15-7 所示.

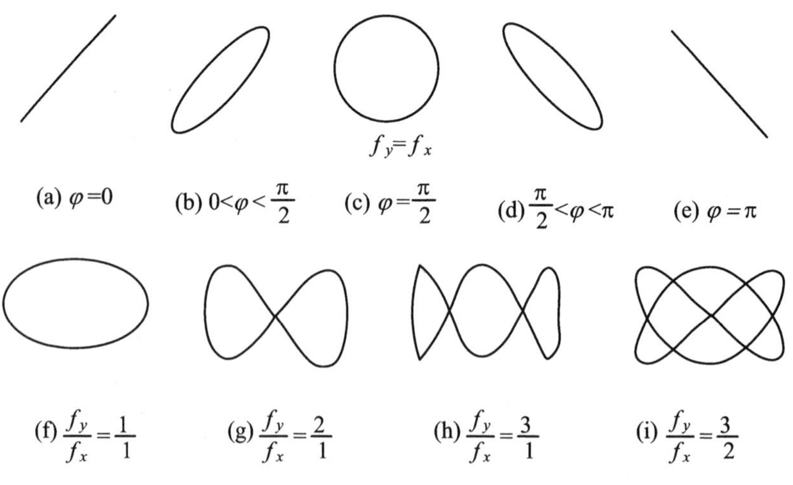

图 1-15-7　李萨如图形

4. 示波器操作要点

示波器有多种型号与规格，但是它们基本的使用步骤是相同的. 其要点为以下几点.

(1) 示波器亮度、聚焦的调节.

(2) 波形上下、左右的移位.

(3) 输入端“AC”，“DC”以及“⊥”代表的含义及使用中的注意事项.

(4) 掌握“CH1”、“CH2”所分别表示的单踪信号通道，进而掌握双踪信号的叠加、交替、断续等使用方法.

5. 示波器测量方法

示波器可以用来测量电压、频率、相位差及其他物理量，在物理实验中主要用于电压和频率(或周期)的测量.

(1) 电压的测量. 示波器测电压的原理，是基于电子束的偏转大小正比于被测电压值. 在测量直流电压值或正负对称的简谐波电压幅度时，在 X 轴偏转板上可以不加扫描电压.

当偏转因数为 K 时，被测直流电压 u_Y 使电子束偏转 Y，则 $u_Y = KY$. 若被测电压为简谐波，则其有效值为

$$u_e = u_{pp}/2\sqrt{2} = KY_{pp}/2\sqrt{2}$$

其中，u_{pp} 为电压峰峰值，Y_{PP} 为峰峰间距.

如果被测交变电压还不能肯定是正负对称的波形，或是随时间变化复杂的脉冲波形时，则必须在 X 轴偏转板上加锯齿波扫描电压予以显示其波形的情况下，才可测定电压幅度或任意时刻的电压瞬时值. 在这一点上，示波器具有一般电测仪表无法比拟的独特优点.

在用示波器测电压时，若想直接用标定的偏转因数值，则在测量操作时，必须把“偏转因数”的“微调”钮顺时针旋到底，关闭至校正位. 若“微调”钮在其他位置时，必须先加标准电压，并根据此标准电压来测量电压才有意义.

示波器测电压的误差：由于该方法是直接从标尺上读取的，由于光迹的宽度、人眼的视差以及衰减器与放大器的误差限制，测量的精确度只能在±5%.

(2) 频率或周期的测量. 示波器常常是测量周期 T_X 然后由公式 $f = 1/T_X$ 求出信号的频率. 其测量公式

$$T_X = Q \cdot x$$

式中，Q 表示时间因数，可以通过面板扫描选择旋钮而定，它的刻度范围表示示波器的频带宽度；x 表示被测波形的周期长度. 在测量时间时，要注意把时间因数微调钮关闭至校正位. 与测量电压一样，测量的误差为±5%左右.

二、实验内容

(1) 利用示波器测量信号频率.

(2) 测量信号的峰峰电压,换算出有效值.

(3) 观察李萨如图形,并利用李萨如图形测量信号频率. 数据记录表如表1-15-1所示.

表 1-15-1 数据记录

$f_y : f_x$	1∶1	2∶1	3∶1	3∶2
显示图形				
垂直切点数				
水平切点数				
$n_y : n_x$				
f_y指示值				

三、思考题

1. 如果示波器是良好的,但接通电源后,在荧光屏上看不到亮点,可能是哪些旋钮位置不合适造成的? 应如何调节才能看到亮点?

2. 如果荧光屏上显示的正弦波形不断向右或向左移,是什么原因造成的? 怎样调节才能使波形稳定下来?

3. 示波器的扫描频率远大于或远小于 Y 轴正弦波信号频率时,屏上出现什么情况?

参考文献

[1] 张训生. 大学物理实验[M]. 杭州:浙江大学出版社,2004.

[2] 张锡纯,高登芳. 银光屏上的示波测量法[M]. 北京:科学出版社,1973.

1-16 集成运算放大器的应用

放大器是能够放大电信号的电路,运算放大器顾名思义就是作运算用的放大器. 给它配以适当的反馈网络,便可对信号进行比例、加法、减法、积分、微分等数学运算. 由于它的高性能而得到了广泛地应用. 本实验要求了解集成运算放大器的基本特性;并掌握其工作原理及测量方法.

一、实验原理

1. 集成运算放大器输入、输出特性

运算放大器的电路符号如图 1-16-1 所示.它有两个输入端,即同相输入端和反相输入端,分别以符号"+"和"−"表示.信号电压从同相端输入时,输出电压信号与输入电压信号相位相同;信号从反相端输入时,输出信号与输入信号相位相反.运放在线性区时,输出电压 U_0 和输入电压(U_+ 及 U_-)成线性关系,可写成等式

$$U_0 = A_0(U_+ - U_-) \tag{1-16-1}$$

式中,A_0 称为运放的开环电压放大倍数,即运放不加反馈时,输出电压与从两输入端输入的电压之比.运放的另一个重要参数是它的输入电阻 r_i,即从输入端向"运放"看进去的等效电阻,也就是从运放两输入端间输入的信号电压与其在输入端所产生的电流之比.A 和 r_i 这两个量一般都很大(如 OP07 运放,$A_0 = 10^5$,$r_i = 10^7\ \Omega$),在分析由运放组成的电路时,可将其理想化,即认为理想的运放 $A_0 \to \infty$,$r_i \to \infty$ 等,由此可推之理想运放工作在线性区时的两个重要特征:

(1) 当 $A_0 \to \infty$,U_0 为有限值的情况下,由式(1-16-1)知 $U_+ = U_-$,即运放的两个输入端电位近似相等.如图 1-16-2 所示,若同相输入端接地,则反相输入端的 Σ 点为"虚地"点.应当指出,"虚地"并非真正的地,不能把 Σ 点看成与地短路,否则信号就不能输入到运放中去了.

(2) 由于 $U_+ = U_-$,$r_i \to \infty$,故流入放大器的输入电流 $I_+ \to 0$,$I_- \to 0$.

运放这两个特点可大大简化运放应用电路的分析,而不必考虑运放内部的电路结构,得到的结果与实际运放相差甚小.使用集成运算放大器,首先需要知道的是它各个管脚的用途以及有关参数,OP07 是一种常用的集成运放,其管脚图如图 1-16-3 所示,其中 1、8 指空脚,2 指反相输入端,3 指同相输入端,4 指电源负输入,5 指地端,6 指输出端,7 指电源正输入.

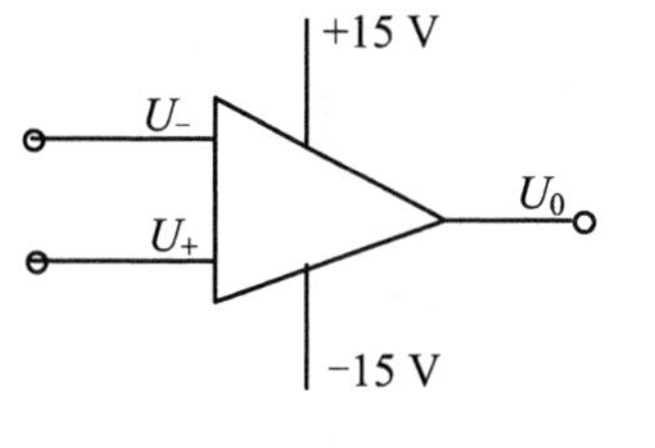

图 1-16-1　运放电路符号

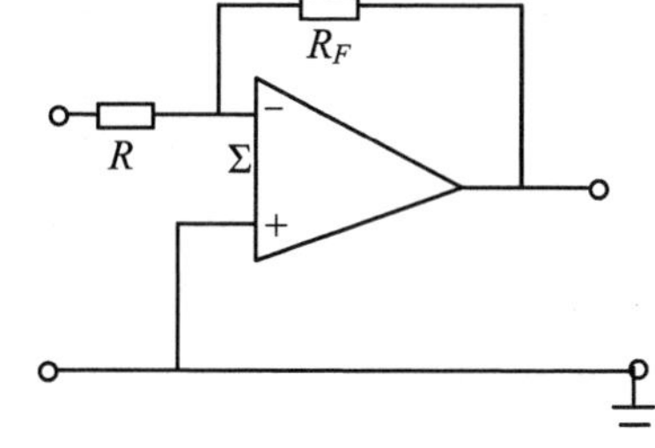

图 1-16-2　输入、输出原理图

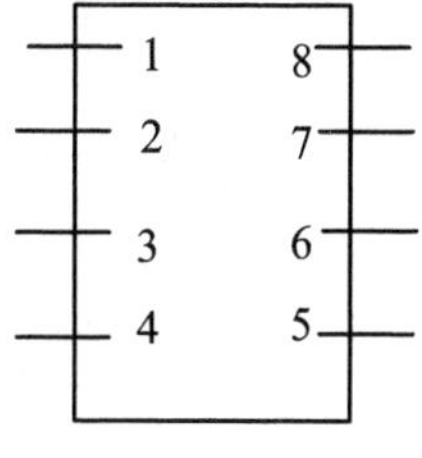

图 1-16-3　运放管脚图

2. 直流电压的测量

由运放构成的直流电压测量电路如图 1-16-4 所示. R_F跨接在运放输出端与反相输入端之间,称为反馈电阻;U_X为待测电压;U_0为指示电压表. 为提高电路的输入电阻,即直流电压表的内阻,运放工作在同相输入状态. 下面根据理想运放的特性来分析该电路的输入电阻以及输出电压与输入电压(待测电压)间的关系.

按输入电阻的定义,该电路的输入电阻应为 $Ri=U_x/I_i$. 由于 $I_i\to 0$,故 $R_i\to\infty$,考虑到 $I_i\to 0$ 有 $U_-=U_+=U_x$,不难推出输出电压 U_0和输入电压 U_x满足下列关系

$$U_X=\frac{R}{R+R_F}U_0 \tag{1-16-2}$$

U_0与U_X的关系仅取决于外接电阻R_F和R,而与运放内部参数无关. 若已知输出电压U_0及电阻R_F和R,便可知待测电压U_X的大小. 改变R_F和R 的大小,便可变换电压表的量程.

对于理想的运放,当输入电压为零时,输出电压也为零. 然而对于实际的运放,即使输入端接地,也会有一个很小的直流输出电压. 这主要是由于运放的输入失调电流、失调电压及输入偏置电流影响所致. 在对输出电压进行精确测量时,应设法消去其影响,因此采取了如图 1-16-4 所示的措施:一是在同相输入端接入一平衡电阻 R',并使 $R'=R//R_F$(忽略输入信号源内阻),以减少偏置电流的影响;二是在运放失调调零管脚连接一调零电位器 W,实验时先使 $U_X=0$,再调节 W 可使输出电压为零,从而抵消了失调参数的影响. 下面所述各电表电路也均采取上述措施,道理相同.

3. 直流电流的测量

由运放构成的直流电流测量电路如图 1-16-5 所示. I_x为待测电流,U_0为指示电流大小的电压表. 为减小该电路的输入电阻,即电流表的内阻,运放工作在反相输入状态. 根据“虚地”的概念分析易知,该电路的输入电阻 $R_i\to 0$,输入电流与输

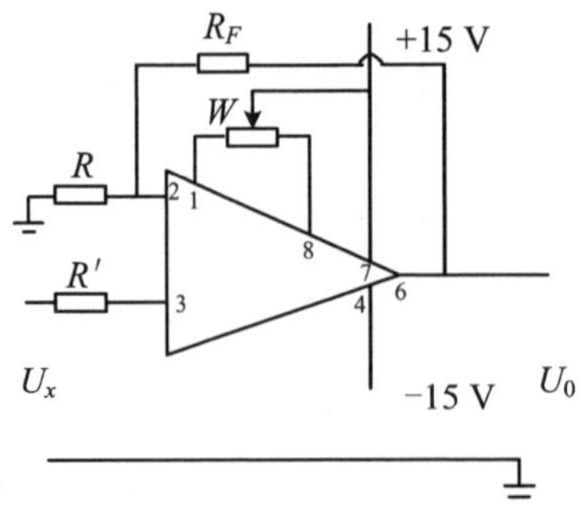

图 1-16-4 电压测量电路

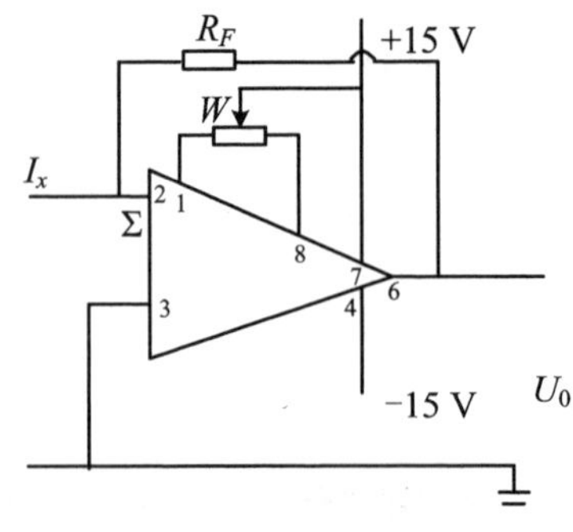

图 1-16-5 电流测量电路

出电压的关系为

$$I_X = -\frac{U_0}{R_F} \tag{1-16-3}$$

若已知输出电压 U_0 及电阻 R_F，便可知待测电流 I_X 的大小. 改变 R_F 的大小即可改变电流表量程.

4. 电阻测量

利用运放构成的电阻测量电路如图 1-16-6 所示. 其中反馈电阻为待测电阻 R_x，E 为直流电源，U_0 为指示电阻大小的电压表. 当 E 固定不变时，根据 Σ 点为"虚地"的概念有 $I_R = E/R$ 且不变；又由于运放输入电阻 $r_i \to \infty$，流入运放的电流为零，故有 $I_R = I_X$. 在 U_0 不超过运放线性范围的前提下，I_R 将不随 R_X 的改变而改变，因此有

$$R_x = -\frac{R}{E}U_0 \tag{1-16-4}$$

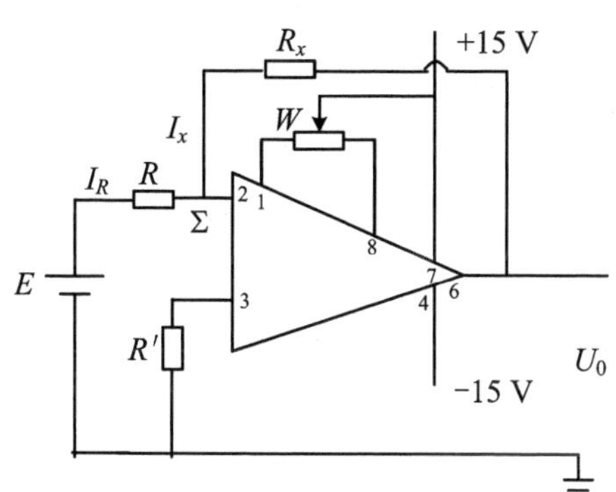

图 1-16-6　电阻测量电路图

可见 $R_X \propto U_0$，R_X 值便可由所接电压表指示出来，且刻度是线性的. 改变 R、E 值，可改变电阻表的量程.

二、实验仪器用具

电路板，±15 V 电源，直流电源，信号发生器，数字万用表，电阻箱.

三、实验内容

(1) 按图 1-16-4 设计并组装量程为 0.2 V 的直流电压表. 指示电压表的量程为 2 V，$R_F = 900\ \Omega$，试计算 R 的值. 调节电表零点和满度后测出输出电压 U_0 与输入电压 U_X 的关系曲线.

(2) 按图 1-16-5 设计并组装量程为 5 mA 的直流电流表. 指示直流大小的电

表为直流电压表，量程为 2 V. 试计算 R_F 的值. 调节电表零点和满度后，测出输出电压 U_0 与输入电流 I_X 的关系曲线.

(3) 按图 1-16-6 设计并组装量程为 1 000 Ω 的电阻表，指示电阻大小的电表为直流电压表，量程为 2 V. E 为 1 V，试计算 R 的值. 调节电表零点和满度后，测出输出电压 U_0 与 R_X 的关系曲线.

四、注意事项

(1) 组装各电表电路时，接线要细心，避免出错.

(2) 在对各电表线路输入端短路、输出端调零时，勿将实验板上的电源短路.

(3) 实验时要仔细、认真，以免损坏仪表和实验电路.

五、思考题

1. 根据理想运放的两个重要特点，分析一下运放测量电压和电流为什么分别采用正相、反相的输入方式.

2. 试分析运放测量电阻的优缺点.

参 考 文 献

[1] 刘少杰. 大学基础物理实验[M]. 天津：南开大学出版社，2001.

[2] 吕斯骅. 基础物理实验[M]. 北京：北京大学出版社，2002.

1-17　RLC 串联电路的稳态特性

电阻、电容及电感是电路中的基本元件，由 RC、RL、RLC 构成的串联电路在不同过程中具有不同的特性，包括暂态特性、稳态特性、谐振特性. 它在实际应用中都起着重要的作用. 本实验主要研究 RLC 串联电路的稳态特性即交流信号在 RLC 电路中的相频和幅频特性；并且掌握用双踪示波器测量相位差.

一、实验原理

把简谐交流电压加到电阻、电感、电容串联电路上，电路中的电流和各元件上的电压随电源频率的改变而被改变，电流、电压的幅值与频率间的关系称为幅频特性；电流和电源电压间、各元件上的电压和电源电压间的相位差也与电源的频率有关，称为相频特性.

1. *RC* 串联电路

电路如图 1-17-1 所示，令 ω 表示电源的圆频率，U,I,U_R,U_C分别表示电源电压、电流、R 上的电压、C 上的电压的有效值，则

$$I = \frac{U}{\sqrt{R^2 + \left(\frac{1}{\omega C}\right)^2}} \tag{1-17-1}$$

$$U_R = IR \tag{1-17-2}$$

$$U_C = -\frac{I}{\omega C} \tag{1-17-3}$$

又令 φ 表示电流和电源电压间的相位差，则

$$\varphi = -\operatorname{arctg}\frac{1}{\omega CR} \tag{1-17-4}$$

从式(1-17-1)、式(1-17-2)及式(1-17-3)可知，当电源的频率增加时，电流 I 的幅值和R 上的电压 U_R幅值均增加，而 C 上的电压 U_C幅值减小. 利用这样的幅值特性可以把不同频率的信号分开，构成各种滤波器.

再分析一下式(1-17-4)表示的相频特性. 当频率很低时，φ 接近$-\pi/2$；当频率很高时，φ 接近零，即电流和电压同相位. 式中负号表示电流的相位超前于电源电压. *RC* 电路的相频特性曲线如图 1-17-2 所示.

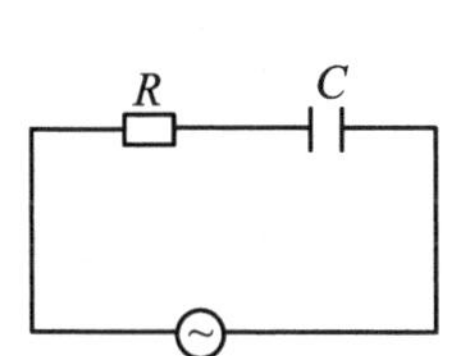

图 1-17-1　*RC* 串联电路

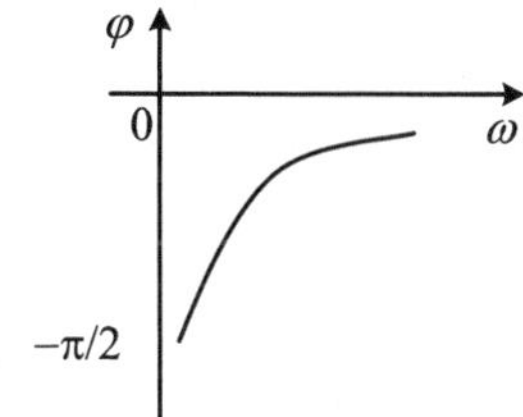

图 1-17-2　*RC* 电路相频特性

2. *RL* 串联电路

$$I = \frac{U}{\sqrt{R^2 + (\omega L)^2}} \tag{1-17-5}$$

$$U_R = IR \tag{1-17-6}$$

$$U_L = I\omega L \tag{1-17-7}$$

$$\varphi = \operatorname{arctg}\frac{\omega L}{R} \tag{1-17-8}$$

电路如图 1-17-3 所示. *RL* 的幅频特性与 *RC* 电路相反. 当 ω 增加时，I 和 U_R 均减小，而 U_L则增大. 利用这样的幅频特性同样可构成各种滤波器.

RL 的相频特性如图 1-17-4 所示，当 ω 低时，φ 接近零；当 ω 很高时，φ 接近于 $\pi/2$.

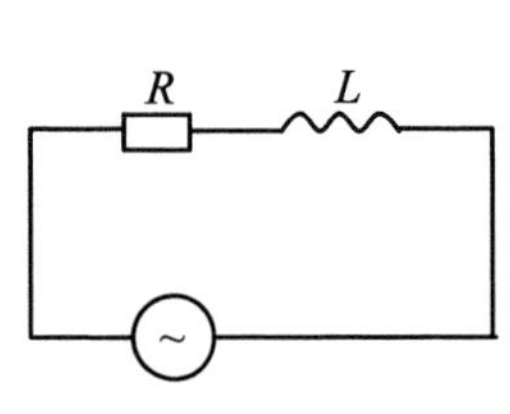

图 1-17-3 *RL* 串联电路

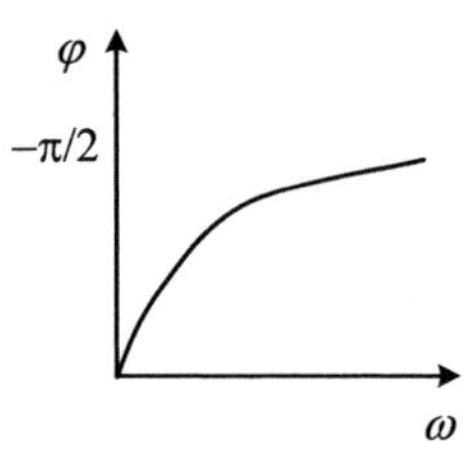

图 1-17-4 *RL* 电路相频特性

3. *RLC* 串联电路

这里只考虑它的相频特性. 电路如图 1-17-5 所示. 电流和电源电压间的相位差 φ 为

$$\varphi = \operatorname{arctg} \frac{\omega L - \dfrac{1}{\omega C}}{R} \tag{1-17-9}$$

当 $\omega L=1/\omega C$ 时，$\varphi=0$. 电流与电源电压的相位一致，电路达到谐振，相应的圆频率 ω_0 为

$$\omega_0 = \frac{1}{\sqrt{LC}} \tag{1-17-10}$$

当 $\omega L>1/\omega C$ 时，$\varphi>0$，电流的相位落后于电源电压，整个电路具电感性. 随着 ω 的增大，φ 趋近 $\pi/2$.

当 $\omega L<1/\omega C$ 时，$\varphi<0$，电流的相位超前于电源电压，整个电路具电容性. 随着 ω 的减小，φ 趋近 $-\pi/2$，如图 1-17-6 所示.

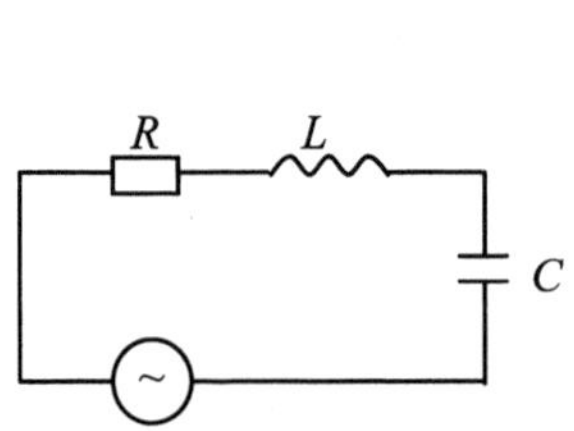

图 1-17-5 *RLC* 串联电路

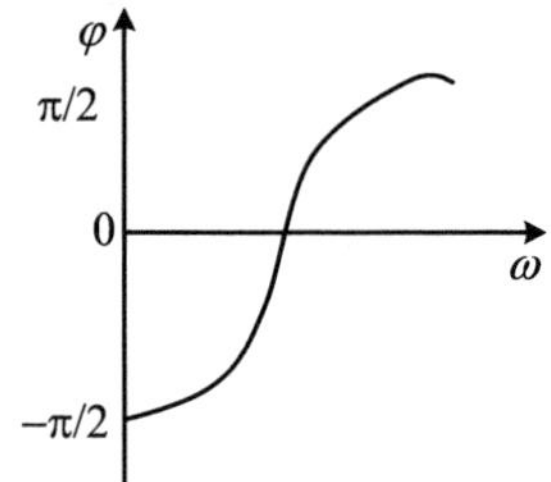

图 1-17-6 *RLC* 电路相频特性

4. 用示波器测量相位差

用示波器测量电源电压 U 和电流 I 之间的相位差 φ，有下列两种测量方法.

(1) 双踪显示法. 因为电流 I 和串联在电路中的电阻 R 上的电压 U_R 同相位，

所以将 U,U_R 分别接到示波器的两个垂直输入端,将看到如图 1-17-7 所示波形.示波器的内扫描自左向右进行,由此可判断电压、电流信号哪个超前、哪个落后.测量相位差方法如下:

先测出任一个信号一个周期所对应的水平距离 l,再测出两信号同相位点的水平距离 Δl,则相位差 φ 为

$$\varphi = \frac{\Delta l}{l} \cdot 360^\circ \tag{1-17-11}$$

(2) 李萨如图形法(X-Y 合成法).将 U 和 U_R 两个正弦信号分别接到示波器的垂直和水平输入端,在示波器上将会看到李萨如图形(见图 1-17-8),一般情况为一椭圆;当 $\varphi=0$ 时,图形为一直线.相位差 φ 可由下式确定:

$$\varphi = \arcsin \frac{x}{x_0} \tag{1-17-12}$$

式中,x 为椭圆与 x 轴交点到原点的距离,x_0 为最大水平偏转距离.

用示波器测量相位差,简单直观,但测量精度受到示波器灵敏度及人眼分辨能力的限制.在正式测量之前,应注意观测示波器相应两输入端之间是否存在固有相位差 φ',如 φ' 数值较大,可在其中一输入端接入可调相移器,将 φ' 调整为 0,再进行测量.

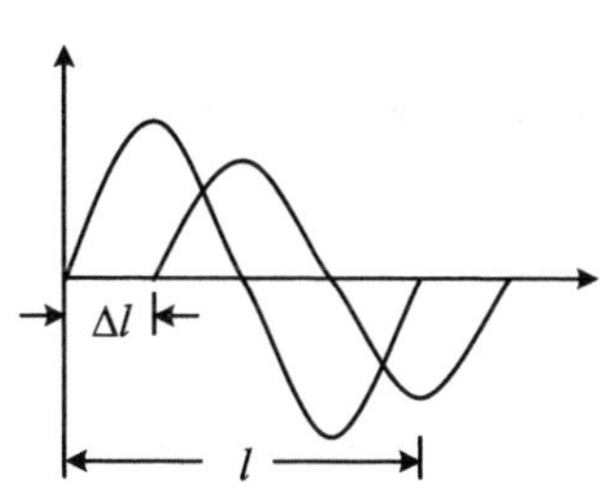

图 1-17-7　双踪显示法波形

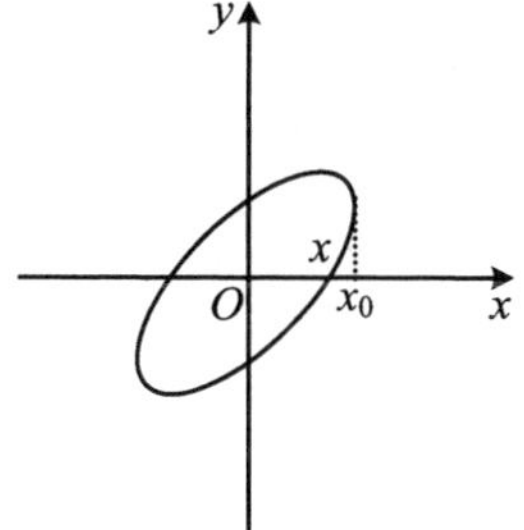

图 1-17-8　X-Y 合成法波形

二、实验仪器及用具

音频信号发生器,双踪示波器,标准电容,标准电感,电阻箱,开关.

三、实验内容

1. *RL* 串联电路

(1) 观测相频特性.电路连接如图 1-17-3 所示.将 U 和 U_R 分别接到双踪示波器的两个输入端 Y_1 和 Y_2.由于 Y_1 和 Y_2 的两个接地端在仪器内部是联通的,因此使用双通道测量时,一定要将待测两信号的公共接点安排为接地点,同时还应兼顾示

波器和信号源的“共地”问题.

L=0.1 H,R=500 Ω.频率可取几个特定数值,如取$\varphi=0°,30°,45°,60°,90°$对应的频率进行测量.其中$\varphi=0°,90°$在实验中难以实现,可选取$f$=50 Hz,$f$=5 000 Hz进行测量.请预先算好频率,测量$\varphi$的方法可从上述两种方法中任选.

(2) 观测幅频特性.固定电源电压$U_{P\text{-}P}$=4 V,元件及频率取值与(1)相同.对每一取定频率都要分别测量U,U_R,U_L,这时应特别注意避免因两通道接地端连在电路不同点引起部分电路短路.请预先想好实验方案及注意事项.

2. *RC* 串联电路

观测RC串联电路的相频、幅频特性.R=500 Ω,C=0.5 μF.参照实验内容1,自己确定电路及操作步骤,注意观察对比RC和RL电路特性有何不同.

3. *RLC* 串联电路

观察RLC串联电路和相频特性.电路自定.改变频率f观察φ的变化,R=500 Ω,L=0.1 H,C=0.5 μF.改变频率f,观察φ的变化,并通过实验确定谐振频率f_0.确定f_0有几种方法?你认为哪一种方法较准确?

四、数据处理

(1) 将RL电路相频特性数据列表,并与计算值进行比较.将幅频特性数据列表,根据$U=U_R+U_L$计算U,与给定U值进行比较;分析各元件上电压幅值随频率变化的规律.

(2) 将RC电路的相频、幅频特性数据列表,并与计算值进行比较.

(3) 将RLC电路测得的谐振频率f_0与计算值进行比较.

五、思考题

用RL电路的实验数据分析电感的直流电阻R_L给测量带的影响.

参考文献

[1] 丁慎训,张连芳.物理实验教程[M].北京:清华大学出版社,2002.

[2] 赵凯华,陈熙谋.电磁学[M].北京:高等教育出版社,1984.

[3] 吕斯骅.基础物理实验[M].北京:北京大学出版社,2002.

[4] 张训生.大学物理实验[M].杭州:浙江大学出版社,2004.

1-18 用模拟法测绘静电场的分布

在一些科学研究和生产实践中,往往需要了解带电体周围静电场的分布情况.

如研究显像管、电子显微镜等电子束元件时，要设计一组电极，在其周围形成一个静电场，以控制带电粒子的运动. 一般说来带电体的形状比较复杂，很难用理论方法对其周围的静电场分布进行计算. 用实验手段直接研究或测绘静电场也是困难的，因为仪表(或其探头)引入静电场，总要使被测场原有的分布状态发生畸变. 所以除静电式仪表之外的一般磁电式仪表不能用于静电场的直接测量，因为静电场中没有电流流过，这些仪表不起作用. 为此，人们常用“模拟法”间接测绘静电场的分布.

本实验的目的就是使学生学习掌握模拟法测绘静电场分布的方法，并加深对电场强度和电势概念的理解.

一、实验原理

模拟法在科学实验中有着极其广泛的应用，其本质是用一种易于实现、便于测量的物理状态或过程的研究去代替另一种不易实现、不便测量的状态或过程的研究. 为了克服直接测量静电场的困难，我们可以仿造一个与待测静电场分布完全一样的电流场，用容易测量的电流场模拟静电场.

1. 模拟的理论依据

由电磁场理论知道，稳恒电流的电场和相应的静电场的空间形式是一致的，只要电极形状一定，电极电势不变，空间介质均匀，在任一考察点，均有 $U_{稳恒}=U_{静电}$ 或 $E_{稳恒}=E_{静电}$. 下面以同轴圆柱形电缆的“静电场”和相应的“稳恒电流场”来讨论这种等效性. 如图 1-18-1 所示，圆柱导体 A 和圆柱壳导体 B 同轴放置，分别带等值异号电荷，A 和 B 之间为真空. 由高斯定理知，其电场线沿径向由 A 向 B 辐射分布，等势面为一簇同轴圆柱面. 因此，只要研究任一垂直轴的横截面 P 上电场分布即可.

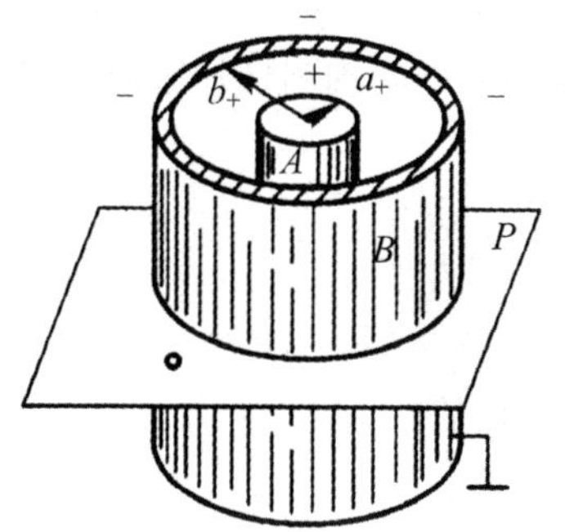

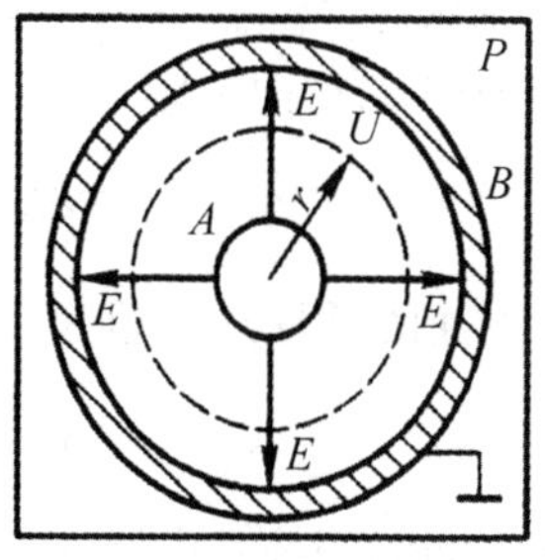

图 1-18-1　同轴圆柱形电缆的电场

半径为 r 处的各点电场强度为

$$E = \frac{\lambda}{2\pi\varepsilon_0 r}$$

式中,λ 为 A(或 B)的电荷线密度.其电势为

$$U_r = U_a - \int_a^r E\,\mathrm{d}r = U_a - \frac{\lambda}{2\pi\varepsilon_0}\ln\frac{r}{a} \tag{1-18-1}$$

令 $r=b$ 时,$U_b=0$,则有

$$\frac{\lambda}{2\pi\varepsilon_0} = \frac{U_a}{\ln\dfrac{b}{a}}$$

代入式(1-18-1),得

$$U_r = U_a\frac{\ln\dfrac{b}{r}}{\ln\dfrac{b}{a}} \tag{1-18-2}$$

距中心 r 处的场强为

$$E_r = -\frac{\mathrm{d}U_r}{\mathrm{d}r} = \frac{U_a}{\ln\dfrac{b}{a}} \times \frac{1}{r} \tag{1-18-3}$$

由式(1-18-2)知,等势线半径 r 为

$$r = \frac{b}{\left(\dfrac{b}{a}\right)^{U_r/U_a}} = a^n \times b^{1-n} \tag{1-18-4}$$

式中,$n=U_r/U_a$.上式的物理意义很明显,电势 U_r 越高(越接近 U_a),其相应的等势线半径 r 越小.而电场强度 E_r 与半径 r 成反比,即越靠近内电极 A,电场越强,电力线越密.

若 A 和 B 之间不是真空,而是充满某种不良导体(其电阻率为 ρ),且 A 和 B 分别与电源的正极和负极相连,如图 1-18-2 所示,A 与 B 之间形成径向电流,建立了一个稳恒电流场.同样的,我们可取厚度为 δ 的同轴圆柱片来研究.半径为 r 到 $r+\mathrm{d}r$ 之间的圆柱片的径向电阻为

$$\mathrm{d}R = \frac{\rho}{2\pi\delta} \times \frac{\mathrm{d}r}{r}$$

半径由 r 到 b 之间的圆柱片电阻为

$$R_{rb} = \frac{\rho}{2\pi\delta}\ln\frac{b}{r} \tag{1-18-5}$$

半径由 a 到 b 之间的圆柱片电阻为

$$R_{ab} = \frac{\rho}{2\pi\delta}\ln\frac{b}{a} \tag{1-18-6}$$

若设 $U_b=0$,则径向电流为

$$I = \frac{U_a}{R_{ab}} = \frac{2\pi\delta U_a}{\rho \ln \frac{b}{a}} \tag{1-18-7}$$

距中心 r 处的电势为

$$U'_r = IR_{rb} = U_a \frac{\ln \frac{b}{r}}{\ln \frac{b}{a}} \tag{1-18-8}$$

可见式(1-18-8)和式(1-18-2)具有相同的形式，说明稳恒电流场与静电场的电势分布是相同的. 显而易见，稳恒电流的电场 E' 与静电场 E 的分布也是相同的. 因为

$$E' = -\frac{\mathrm{d}U'_r}{\mathrm{d}r} = -\frac{\mathrm{d}U_r}{\mathrm{d}r} = E$$

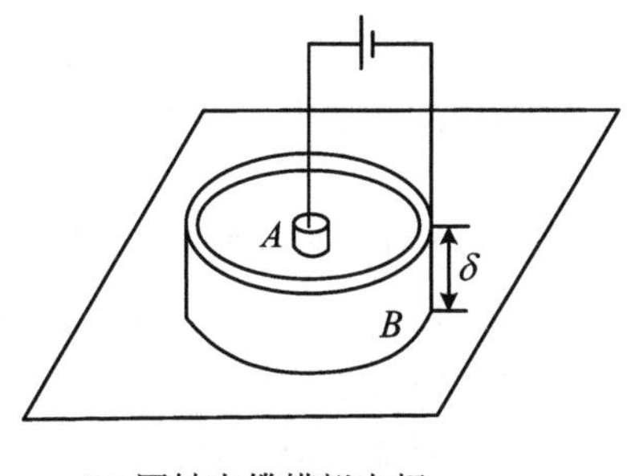

(a) 同轴电缆模拟电极

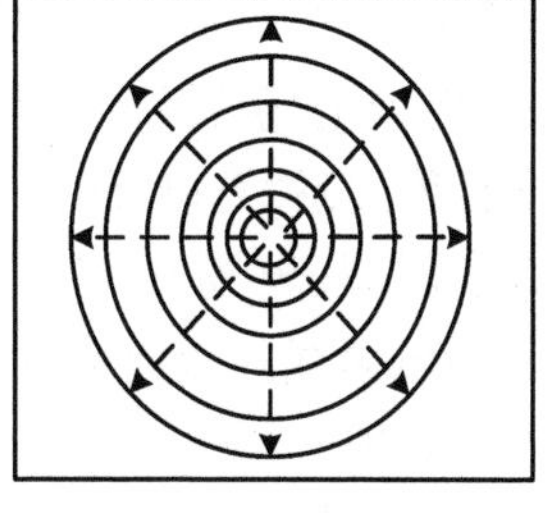

(b) 电场线及等势线分布

图 1-18-2　稳恒电流场

由于稳恒电流的电场和静电场具有这种等效性，因此，欲测绘静电场的分布，只要测绘相应的稳恒电流的电场就行了.

实际模拟时，由于电极周围的电场是空间分布的，等势面是一簇互不相交的曲面，为简单起见，在此仅研究横截面上的平面电场分布，如图 1-18-2(b)所示. 图 1-18-3为平行输电线的模拟电极和横截面上的电场分布.

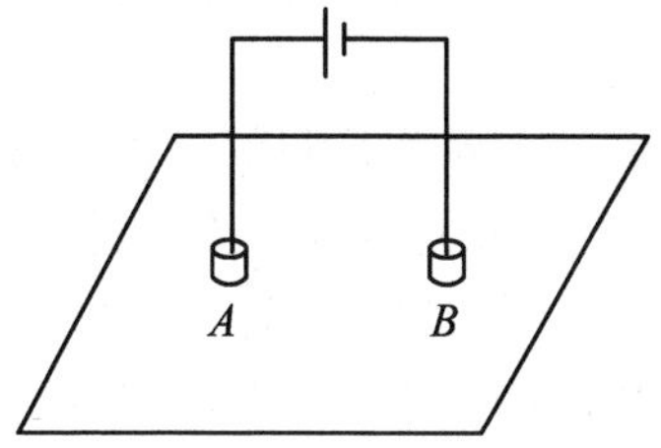

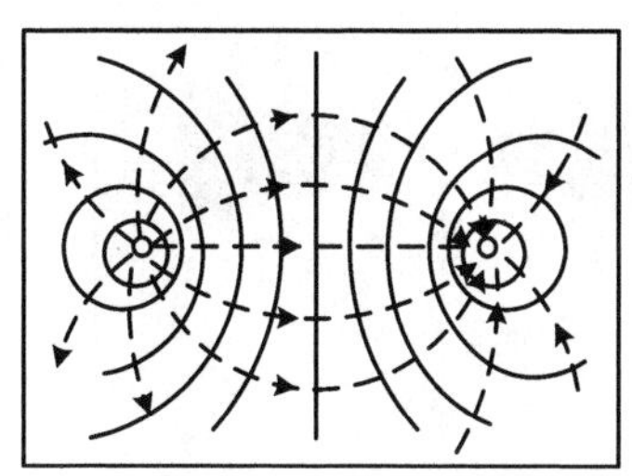

图 1-18-3　平行输电线模拟电极及电场分布

2. 模拟条件

模拟方法的使用有一定的条件和范围,不能随意推广,否则将会得到荒谬的结论.用稳恒电流场模拟静电场的条件可以归纳为下列三点:

(1) 稳恒电流场中的电极形状应与被模拟的静电场中的带电体的几何形状完全相同.

(2) 稳恒电流场中的导电介质应是不良导体且电导率分布均匀,其电导率远比金属电极低,保证电流场中的电极的表面也近似是一个等势面.

(3) 模拟所用的电极系统与被模拟电极系统的边界条件相同.

3. 静电场的测绘方法

根据静电学知识,场强 $\boldsymbol{E}$ 在数值上等于电势梯度,方向指向电势降落的方向.考虑到 $\boldsymbol{E}$ 是矢量,而 U 是标量,从实验测量来说,测定电势比测定场强容易实现.所以可先测绘等势线,然后根据电场线与等势线正交原理,画出电场线.这样就可由等势线的间距及电场线的疏密和指向,将抽象的电场形象地反映出来.

4. 利用互易关系"直接"测绘电力线

用电流场模拟静电场,是否可以直接测绘电力线呢?我们注意到,在电流场中,由于电荷沿电力线的方向流动,即电流线在电力线的方向,而电流线不能穿过导电纸的边缘或切口,因而必须平行于导电纸的边缘或切口,又垂直于电极表面,而等势线与电力线垂直.由于导电纸可以根据需要加工成任意形状,因而我们可以人为地制造边缘或切口,使其在电力线方向.

如果在导电纸边缘(或电力线)的地方用一个电极表面去代替它,而在电极表面(或等势线)的地方用一个边缘去代替它,那么所得到的新的等势线的形状将是原电极时电力线的形状,而新的电力线即为原等势线.这一关系称为互易关系.实际上是通过电极的变换,使电力线和等势线这两个互相正交的曲线族得到互换,使原来不能直接测定的电力线改变成可以直接测量的等势线.

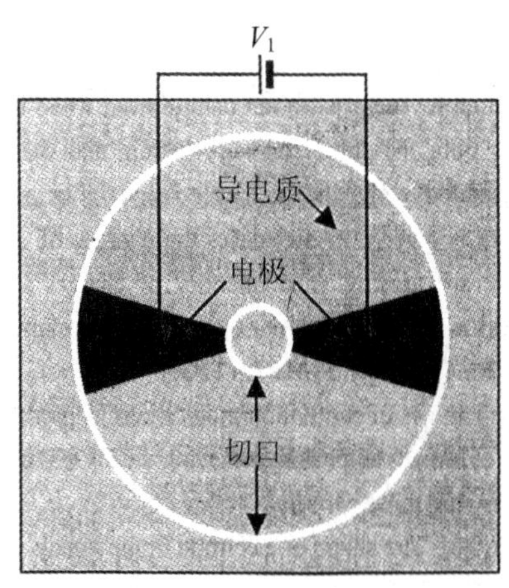

图 1-18-4 同轴电缆模型的互易装置

利用互易关系我们可以直接测绘电力线.在导电纸上切出半径分别为 r_1 和 r_2 的两个同心圆切口,再沿同心圆的任意半径方向制作出两个扇形电极,加上电压 V_1,如图1-18-4 所示,就得到了同轴电缆模拟模型的互易装置.利用此装置描绘出的等势线即为原模拟模型的辐射状电力线.

由于导电纸边缘处电流只能沿边缘流动，因此等势线必然与边缘垂直，使该处的等势线和电力线严重畸变，这就是用有限大的模型去模拟无限大的空间电场时必然会受到的“边缘效应”的影响.

二、实验仪器与用具

静电场描绘仪（包括导电纸、双层固定支架、同步探针），直流稳压电源，电压表，导线，毫米方格纸等.

静电场描绘仪如图 1-18-5 所示，支架采用双层式结构，上层放记录纸（毫米方格纸），下层放导电纸. 电极已直接制作在导电纸上，并将电极引线接到外接线柱上. 接通直流电源（10 V）就可进行实验. 在导电纸和记录纸上方各有一探针，通过金属探针臂把两探针固定在同一手柄座上，两探针始终保持在同一铅垂线上. 移动手柄座时，可保证两探针的运动轨迹是一样的. 由导电纸上方的探针找到待测点后，按一下记录纸上方的探针，在记录纸上留下一个对应的标记. 移动同步探针在导电纸上找出若干电势相同的点，由此即可描绘出等势线.

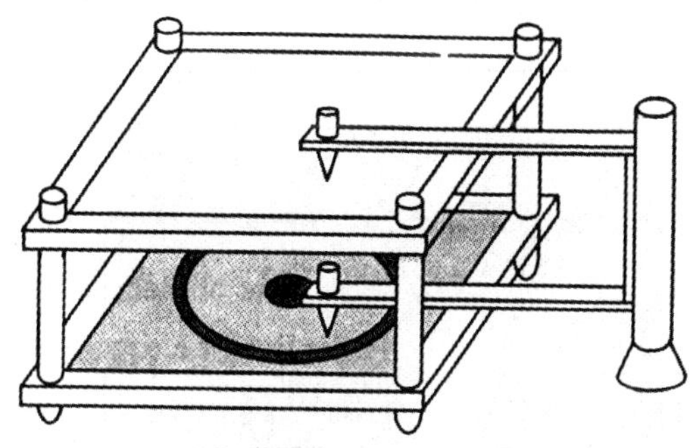

图 1-18-5　静电场描绘仪

三、实验内容

1. 描绘同轴电缆（模拟同轴圆柱带电体）的静电场分布

(1) 利用图 1-18-2 所示模型，将导电纸上内、外两电极分别与直流稳压电源的正负极相连接，电压表正负极分别与同步探针及电源正负极相连接. 移动同步探针测绘同轴电缆的等势线簇，要求相邻两等势线间的电势差为 1 V，共测 8 条等势线，每条等势线测出 8～16 个均匀分布的点.

(2) 以每条等势线上各点到同轴电缆中心的平均距离 $\bar{r}$ 为半径画出等势线的同心圆簇，然后再画出电力线，并指出电场强度方向，得到一张完整的电场分布图.

(3) 由式(1-18-4)计算各等势圆半径的理论值 R_T，其中 $a=3.00\ \text{mm}$，$b=50.00\ \text{mm}$，求出与实验结果的百分误差. 数据填入如表 1-18-1 所示的数据记录表.

表 1-18-1 数据记录表 $U_a=10.0\ \mathrm{V}$

U_r(V)	1	2	3	4	5	6	7	8
U_r/U_a								
$\bar{r}$(mm)								
R_T(mm)								
百分误差								

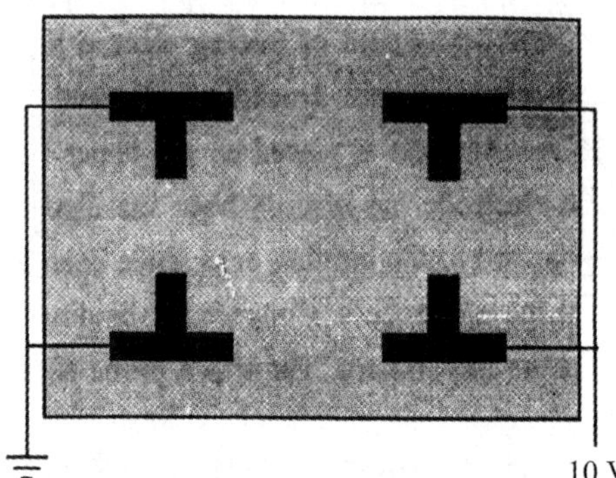

图 1-18-6 静电透镜聚焦场的模型

2. 描绘聚焦电极的电场分布

利用图 1-18-6 模型,测绘阴极射线示波管内聚焦电极间的电场分布.要求测出 7～9 条等势线,相邻等势线间的电势差为 1 V. 该电场为非均匀电场,等势线是一簇不相交的曲线,每条等势线的测量点应取得密一些. 画出电力线,可了解静电透镜的聚焦原理(参阅实验“电子束的偏转与电子比荷的测定”).

3. 直接测绘同轴电缆的电力线分布

利用图 1-18-4 模型,应用互易关系直接测绘同轴电缆的电力线分布(选做).

四、思考题

1. 用电流场模拟静电场的理论依据和条件是什么?

2. 等势线和电力线之间有何关系?

3. 如果把加在两电极之间的电压增大或者减小,等位线的形状是否发生变化?

4. 由导电纸和记录纸的同步测量记录,能否模拟出点电荷激发的电场或同心圆球壳形带电体激发的电场? 为什么?

5. 试从你测绘的等位线和电力线分布图,分析何处的电场强度较强? 何处的电场强度较弱?

参考文献

[1] 丁慎训,张连芳. 物理实验教程[M]. 北京:清华大学出版社,2002.

[2] 赵凯华,陈熙谋. 电磁学[M]. 北京:高等教育出版社,1984.
[3] 吕斯骅. 基础物理实验[M]. 北京:北京大学出版社,2002.

1-19　伏安法测电阻及误差分析

用电压表测电阻 R_x 两端的电压 U,同时用电流表测出通过 R_x 的电流 I,然后根据欧姆定律 $R=\frac{U}{I}$ 算出待测电阻 R_x 的数值,这种方法称为伏安法. 测出一组 U 和对应的 I 值后,以测得的电压为横坐标,以对应的电流值为纵坐标作图,所得曲线为电阻的伏安特性曲线.

一、实验仪器与用具

稳压电源、电流表、电压表、滑线变阻器、待测电阻、开关、导线等.

二、实验原理

1. 伏安法测电阻的两种接法

(1) 内接法. 电流表接在电压表测量端的内侧,如图 1-19-1 所示. 由于电流表内阻 R_A 不为零,虽然所测电流 I 是通过 R_x 的电流,但所测电压 U 却是 R_x 与电流表端电压之和,由此给测量带来误差(称为系统误差),这将使测量值比 R_x 偏大. 即

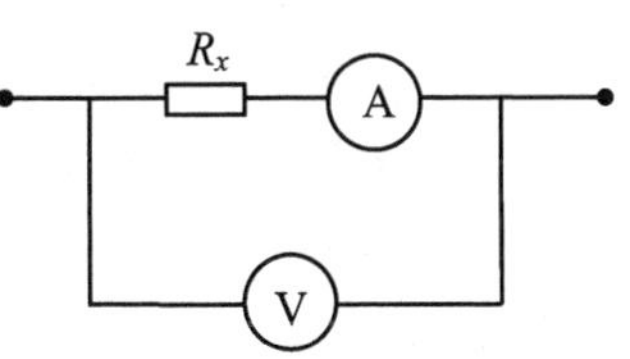

图 1-19-1　内接法电路图

$$R_{测} = \frac{U}{I} = \frac{I(R_x + R_A)}{I} = R_x + R_A \tag{1-19-1}$$

其相对误差为

$$\frac{\Delta R_x}{R_x} = \frac{R_{测} - R_x}{R_x} = \frac{R_A}{R_x} \tag{1-19-2}$$

由此可见,只有当 $R_x \gg R_A$ 时,内接法才有一定的准确度.

如果知道 R_A 的值,则可根据式(1-19-1)修正系统误差,得到 R_x 的准确值

$$R_x = R_{测} - R_A \tag{1-19-3}$$

(2) 外接法. 电流表外接如图 1-19-2 所示. 由于电压表的内阻 R_V 与 R_x 并联,则

$$R_{测} = \frac{U}{I} = \frac{U}{\frac{U}{R_x} + \frac{U}{R_V}} = \frac{R_x R_V}{R_x + R_V} = \frac{R_x}{1 + \frac{R_x}{R_V}} \tag{1-19-4}$$

其相对误差为

$$\frac{\Delta R_x}{R_x} = \frac{R_{测} - R_x}{R_x} = -\frac{R_x}{R_x + R_V} \tag{1-19-5}$$

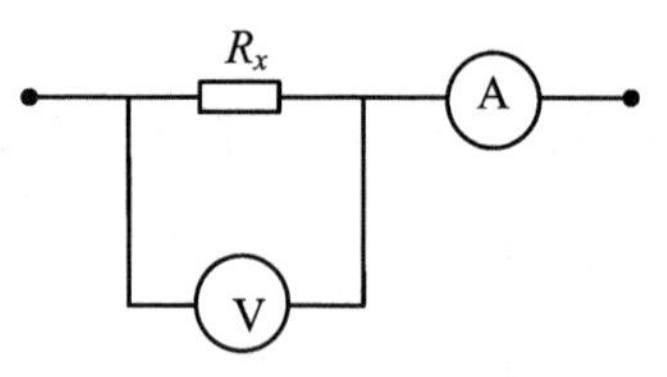

图 1-19-2　外接法电路图

负号表明外接法使测量结果偏小. 只有当 $R_V \gg R_X$ 时,外接法才有一定的准确度.

如果知道 R_V 的值,则可根据式(1-19-4)导出修正系统误差的公式(请同学自己导出).

由上述分析可知,用伏安法测电阻时,由于电表内阻的影响,使测得的电阻值总是偏大或偏小,即存在一定的系统误差. 因此在测量时应根据待测电阻值及电表内阻大小选择合适的接法以减小系统误差,如果要得到电阻的准确值,则由修正式得出. 除此之外,该实验还有那些误差因素,怎样处理? 请自己分析.

2. 变阻器在控制电路中的作用

为了测得实验数据,加在 R_x 上的电压,电流值应能在较宽的范围内选取. 一般说,控制电路中电压和电流变化,都可用滑线变阻器来达到要求. 控制电路有制流和分压两种基本接法. 下面分析两种接法的性能和特点.

(1) 制流电路如图 1-19-3 所示.

调节范围:当 C 移至 A 端时,负载 R 上的电压 U 最大,相应的电流也就最大,即

$$\left.\begin{aligned} U_{max} &= U_0 \\ I_{max} &= \frac{U_0}{R} \end{aligned}\right\} \tag{1-19-6}$$

当 C 移至 B 端时,变阻器 R_0 全部串入电路,负载 R 上的电压电流最小. 即

$$\left.\begin{aligned} U_{min} &= \frac{R}{R + R_C} U_0 \\ I_{min} &= \frac{U_0}{R + R_C} \end{aligned}\right\} \tag{1-19-7}$$

式(1-19-6)与式(1-19-7)表明,制流电路的电压调节范围 $\frac{R}{R+R_C}U_0 \to U_0$,相应地电流调节范围是 $\frac{U_0}{R+R_C} \to \frac{U_0}{R}$. 调节范围与变阻器值 R_C 有关,R_C 大调节范围大.

(2) 分压电路如图 1-19-4 所示.

调节范围:当 C 从 B 移到 A,U 就从零变到 U_0,调节范围和变阻器阻值无关.

$$U_{\min} = 0$$

$$U_{\max} = U_0$$

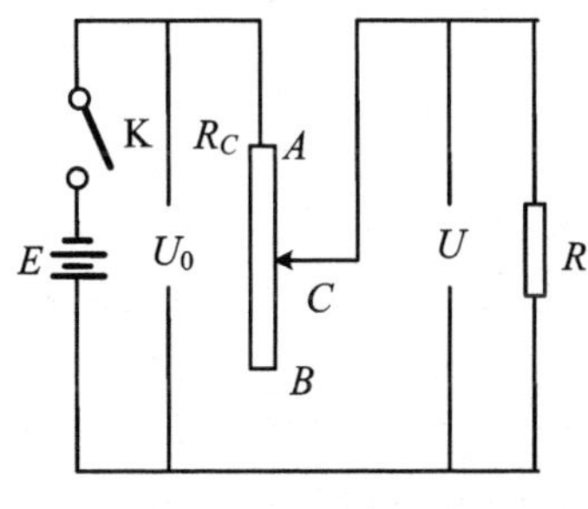

图 1-19-3　制流电路图

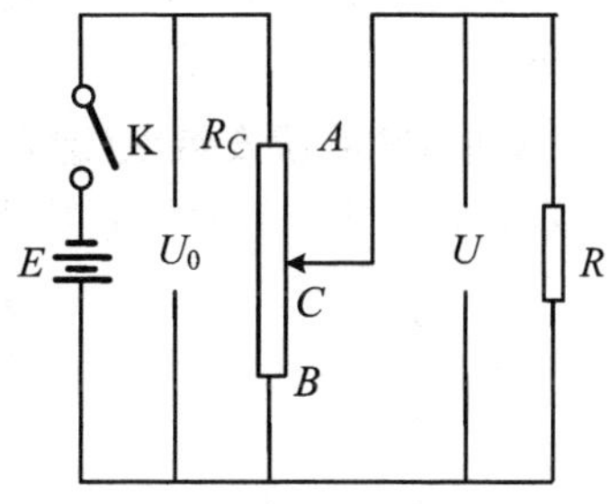

图 1-19-4　分压电路图

3. 安排控制电路的一般方法

一般在安排控制电路时,并不要求设计出一个最佳方案,只要根据现有设备,设计出能满足实际要求,安全而省电的电路就可以了. 设计时一般不必须做复杂的计算,而且可以边实验,边改进. 选根据负载的阻值 R,要求调节的范围,确定电源电压,然后综合比较一下采用分压还是制流确定 R_C. 先连接电路做实验粗测,看看在整个范围内细调程度是否满足要求,如果不能满足要求,可加接变阻器分级逐级细调,如图 1-19-5 和图 1-19-6 所示.

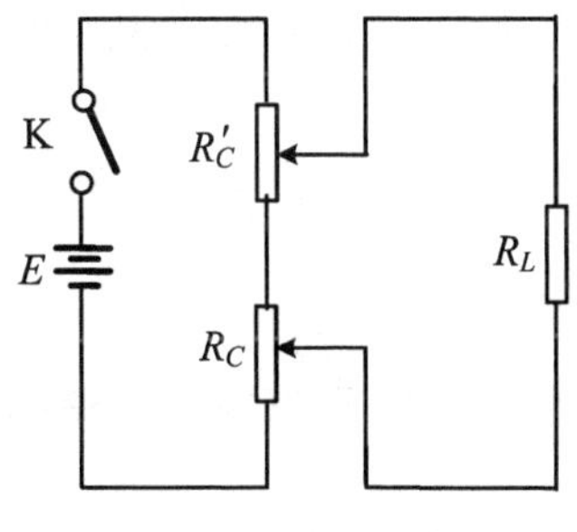

图 1-19-5　分压细调电路

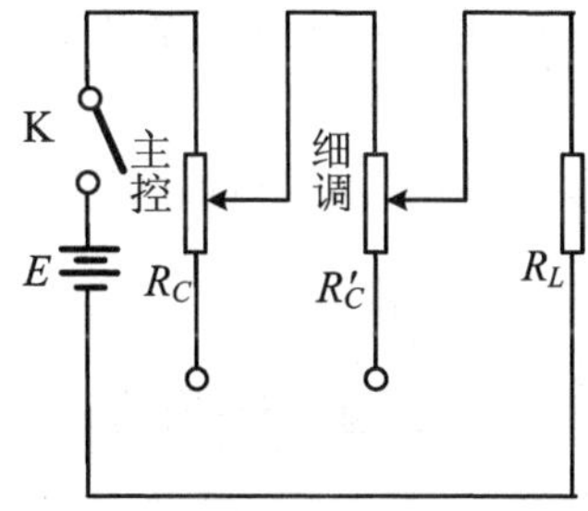

图 1-19-6　制流细调电路

三、实验内容

1. 伏安法测电阻

(1) 将被测电阻 R_x 分别按内接法和外接法连接电路. 在每一种连接法的情况下,调节变阻器的滑动触头 C 点的位置,读取相应的 U 与 I 值,至少测 5 组数据.

(2) 以上记录值代入 $R_{测}=\dfrac{U}{I}$式分别算出 $R_{测}$ 以及平均值 $\overline{R_{测}}$.

(3) 用两种接法的修正式分别对 $R_{测}$ 进行修正,算出修正值.

(4) 由式(1-19-2)和式(1-19-5)算出两种接法的相对误差.

(5) 取上述测量结果中误差最小的一组数据,画出伏安特性曲线,从而说明电阻是线性元件.

2. 测晶体管的伏安特性(选做)

晶体二极管具有单向导电的性能,即正反方向的阻值差异很大,且正向和反向的电阻都不是一个定值,即为非线性电阻,所以伏安特性不是一条直线. 如图 1-19-7 所示.

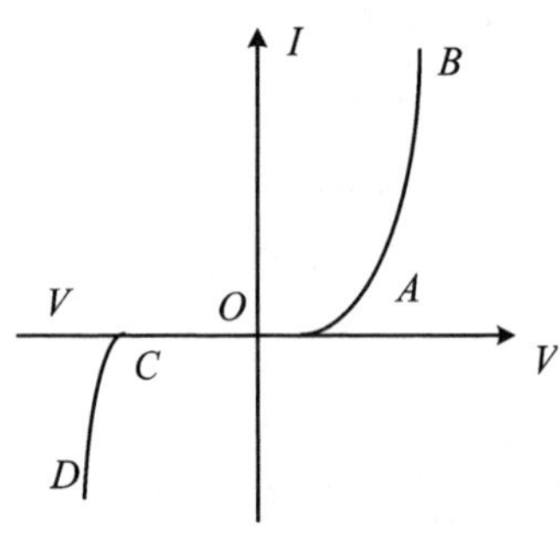

图 1-19-7 二极管伏安特线曲线

(1) 方向特性. 当二极管两端加正向电压时,若所加电压较小时,电流也很小,如图 1-19-7 中的 OA 部分. 当所加电压较大电阻变得很小,如图 1-19-7 中的 AB 部分.

(2) 反向特性. 在二极管两端加反向电压时,产生反向电流但其值很小. 当反向电压在一定范围内变化时,反向电流基本不变,称为反向饱和电流. 这时二极管的电阻很大,如图 1-19-7 中的 OC 部分.

(3) 反向击穿电压. 当外加反向电压增大到一定的值时,反向电流突然增大. 这时的外加电压称为反向击穿电压,在击穿情况下,二极管的内阻变得很小,如图 1-19-7 中的 CD 部分.

根据二极管以上特性,请同学们设计电路,测量二极管的伏安特性.

四、实验要求

(1) 所设计的电路应具有合理、安全、简便、准确,易于操作. 经教师认可后方可进行操作.

(2) 正向测量时,取自变量 U_D 由 0 V 开始每隔 0.05 V 测量一次对应的 I_0 值,直到 I_0 达到 5 mA 左右为止.

(3) 反向测量时,使电压从零逐渐增加,当二极管反向导通后,每隔 2～3 V 测量一次电流值,直到电压达 15 V 左右为止.

(4) 将测量的二极管正、反向特性数据在坐标纸上作图. 由于正反向电压、电流值相差较大,作图时可选取不同单位.

五、思考题

1. 用伏安法测电阻时，将电流表接入电路中测出电阻上电流之后，再将电压表并联在电阻两端，测出电压值. 这样是否可以完全避免由于电流表和电压表同时接入电路时的误差？如果还有误差，说明其来源.

2. 某同学设计出测二极管伏安特性电路图如图1-19-8所示，请你对该电路作出评价.

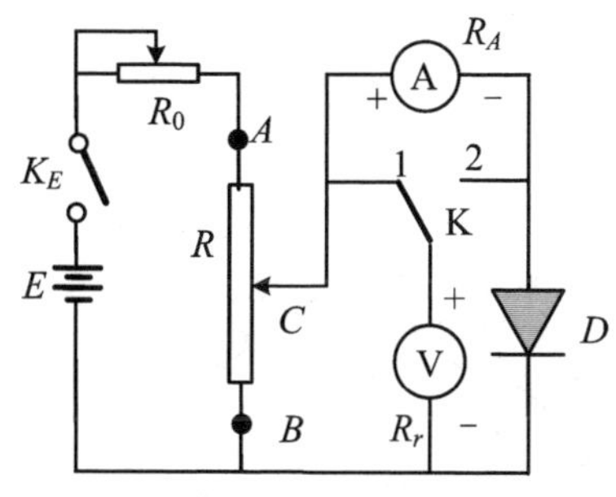

图1-19-8　测量二极管伏安特性电路

参考文献

[1]　吕斯骅. 基础物理实验[M]. 北京：北京大学出版社，2002.
[2]　赵凯华，陈熙谋. 电磁学[M]. 北京：高等教育出版社，1984.

1-20　电桥法测量电阻

电桥在电磁测量技术中应用极其广泛，它是一种比较法进行测量的仪器，可以测量电阻、电容、电感、温度、压力等许多物理量，也广泛地应用于近代工业生产的自动化控制中. 根据用途不同，电桥分为直流电桥和交流电桥两大类. 直流电桥又分为单臂电桥和双臂电桥，本实验所使用的单臂电桥（也称为惠斯登桥）测量电阻时，是用被测电阻和标准电阻相比较，由于标准电阻的精度可以做的很高，故电桥测电阻可达很高的精度. 惠斯登电桥测量范围为$10\sim10^6$ Ω. 本实验要求掌握惠斯登电桥测中值电阻的原理，学会正确使用电桥测电阻，了解电桥灵敏度的概念及提高灵敏度的途径.

一、实验原理

1. 单臂电桥工作原理

单臂电桥工作原理如图1-20-1所示，四个电阻R_1、R_2、R_0、R_x连成一个封闭四边形，每条边称作电桥的一个臂. 对角线AC上接电源E，对角线BD上接检流计G. 所谓“桥”就是指BD这条对角线而言，检流计的作用是将“桥”两端的电位U_B和U_D进行比较. 在一般情况下，检流计上有电流通过，其指针发生偏转. 若适当调

节 R_1、R_2 和 R_0 的阻值，使两点的电位相等(即 $U_B=U_D$)，检流计中无电流通过，即 $I_G=0$，这时称电桥平衡. 电桥平衡时

$$I_1=I_2,\quad I_x=I_0 \tag{1-20-1}$$

同时有

$$U_{AB}=U_{AD},\quad U_{BC}=U_{DC}$$

或

$$I_xR_x=I_1R_1,\quad I_0R_0=I_2R_2 \tag{1-20-2}$$

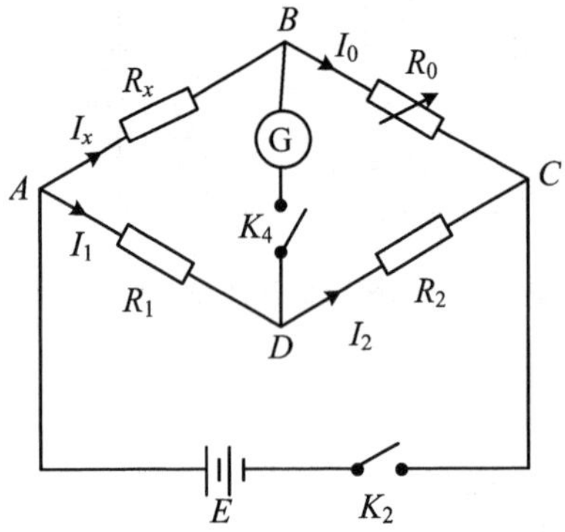

图 1-20-1　电桥测量电路

所以由式(1-20-1)、式(1-20-2)得

$$R_x=\frac{R_1}{R_2}R_0 \tag{1-20-3}$$

可见，待测电阻 R_x 由 R_1 与 R_2 的比率 $\left(\frac{R_1}{R_2}\right)$ 与 R_0 的乘积决定. 因此，通常把 R_1、R_2 所在的桥臂称为"比率臂"，R_0 所在的桥臂称为"比较臂".

要调节电桥达到平衡有两种办法：一是取比率臂 R_1/R_2 为某一比值(或称倍率)，调节比较臂 R_0；另一种是保持比较臂 R_0 不变，改变比率臂 R_1/R_2 的比值. 目前广泛采用前一种调节方法. 因此，用电桥测电阻时，只需确定比率臂，调节比较臂，使检流计指零.

电桥法测量电阻的误差，来源于两个方面，一是 R_1、R_2 及 R_0 本身的误差，另一是检流计的灵敏度.

2. 交换法减小测量的误差

假设检流计的灵敏度足够高，主要考虑 R_1、R_2 和 R_0 引起的误差.

将图 1-20-1 中的桥臂电阻 R_1 与 R_2 交换，调节 R_0 为 R_0' 时的电桥平衡，则有

$$R_x=\frac{R_2}{R_1}R_0' \tag{1-20-4}$$

将式(1-20-3)与式(1-20-4)相乘，得

$$R_x^2=R_0\cdot R_0'$$

$$R_x=\sqrt{R_0\cdot R_0'} \tag{1-20-5}$$

由此可见，R_x 的误差只与 R_0 仪器误差有关.

$$\frac{\Delta R_x}{R_x}=\frac{\Delta R_0}{R_0} \tag{1-20-6}$$

一般 R_0 为精度较高的电阻箱(如实验常用的电阻箱的精度为 0.1 级)，因此 R_x 得到可较准确的测量值.

3. 电桥的灵敏度

检流计在“桥”上的作用是作为一种示零器，并不用来读数. 当调节电桥平衡时，若有微小电流 I_G 经检流计，但因其灵敏度低以至观察不出指针的偏转，由此给测量带来了误差，为了定量地描述由于检流计的限制给电桥测量带来的误差，引入“电桥灵敏度”这一概念，其定义为：

$$S = \frac{\Delta n}{\Delta R / R} \tag{1-20-7}$$

式中，ΔR 为电桥平衡后 R 改变量，Δn 为电桥失去平衡后检流计偏转的格数. 可见，电桥的灵敏度越高，对电桥平衡的判断越准确，给测量带来的误差也越小，例如，当 R 的相对改变量为 1%，检流计偏转 1 格，则 $S=100$ 格；R 的相对改变量为 0.1%，检流计偏转 10 格，则 $S=1\ 000$ 格，后者比前者高 10 倍. 在实际测量时注意观察电桥灵敏度对测量的影响. 另外，电桥的灵敏度除了与检流计的灵敏度有关还与电源电压及各桥臂电阻的搭配有关.

因为 R 是电桥四臂中任意的一臂，所以改变任一桥臂电阻得到的电桥灵敏度是相同的. 在实际测量中，为了方便，通常改变 R_0 的阻值 ΔR_0，从而求出电桥灵敏度

$$S = \frac{\Delta n}{\Delta R_0 / R_0} \tag{1-20-8}$$

当检流计的指针偏转小于 1/10（偏转格的最小分辨率），就不能被察觉，由此所引起的测量的相对误差为

$$\frac{\Delta R_x}{R_x} = \frac{\Delta n_0}{S} \tag{1-20-9}$$

式中，$\Delta n_0=0.1$ 格为检流计的最小分辨率，S 为电桥的灵敏度.

二、实验仪器与用具

电源、检流计、电阻、待测电阻、$QJ24$ 型箱式电桥、开关和导线等.

三 、实验内容

1. 自组电桥测量电阻

(1) 按图 1-20-1 连接测量线路.

(2) 选取比率臂，即定好 R_1/R_2（如取 $R_1=R_2=100\ \Omega$）.

(3) 电源电压取 6 V（可由小逐渐调到大）. 调节 R_0 的值，使检流计指针指“0”. 记下 R_0 的值.

(4) 在电桥测量线路上，将 R_1 与 R_2 位置交换，调节 R_0 使电桥平衡，记下此时的值 R_0'.

(5) 用式(1-20-5)算出交换法所测结果. 用式(1-20-6)算出 R_0 引起的测量误差.

2. 测量电桥的灵敏度

(1) 在上述电桥平衡的基础上,将 R_0 改变 ΔR_0,使检流计偏转 Δn 格,由式(1-20-8)算出电桥灵敏度 S. 对于不同被测电阻 R_x,其灵敏度 S 不同,由此可得出什么结论?

(2) 将灵敏度 S 代入式(1-20-9)可求出被测电阻 R_x 的相对误差和绝对误差.

(3) 将两项误差合成.

(4) 将所记录的数据及计算结果填入自行设计的表格中,测量结果用标准形式:

$$R_x = R_x \pm \Delta R_x$$

3. 用不同比率臂测电阻(选做)

对某一被测电阻 R_x 用不同比率臂(如 $R_1 = 100\ \Omega, R_2 = 1\ 000\ \Omega$ 或 $R_1 = R_2 = 1\ 000\ \Omega$ 等)分别测量其阻值及电桥灵敏度,比较一下,可得出什么结论?

4. 用 *QJ*24 型直流单电桥测量待测电阻

对被测电阻用合适的比率臂测出其阻值.

四、思考题

1. 在本实验中,影响电桥测量的精度有哪些? 如何提高?
2. 试举例说明电桥电路在实际中的运用.

参考文献

[1] 吕斯骅. 基础物理实验[M]. 北京:北京大学出版社,2002.
[2] 陆廷济. 物理实验教程[M]. 上海:同济大学出版社,2000.
[3] 李志超. 大学物理实验[M]. 北京:高等教育出版社,2001.

1-21 学生式电位差计

电位差计是通过与标准电池电压进行比较来测定未知电压或未知电源电动势的一种仪器,由于电路中采用了补偿法,使被测电路在测量时无电流通过,因此,可以达到相当高的准确度. 电位差计被广泛地应用在计量工作和其他精密测量中. 通过学生式电位差计实验,可以了解电位差计的基本原理结构和使用方法.

一、实验仪器与用具

学生式电位差计，检流计，标准电池，稳压电源，待测电池，电阻箱，待测电阻.

二、实验原理

1. 电位补偿原理

电压表可以测量电路各部分的电压，但不能测量电源的电动势. 因为电压表并联在电源的两端时（图 1-21-1），根据闭和欧姆定律可知，电压表的指示是此时电源的端电压，而不是它的电动势.

图 1-21-1 中 $V=E_x-Ir$. E_x 为电源电动势；r 为电源内阻；I 为回路中的电流；V 为电压表示数.

电压表的指示数 V，表示电源的端电压；Ir 为电源内阻上的电压降. 由于电源内阻是未知的，因此由上式不能根据 V 的值准确确定电源的电动势.

图 1-21-2 是将被测电动势的电源 E_x 与一已知电动势的电源 E_0"＋"端对"＋"端，"－"端对"－"端地连成一回路，在电路中串联检流计"G"，若两电源电动势不相等，即 $E_x\neq E_0$，回路中必有电流，检流计指针偏转：如果电动势 E_0 可调并已知，那么改变 E_0 的大小，使电路满足 $E_x=E_0$，则回路中没有电流，检流计指示为零，这时待测电动势 E_x 得到已知电动势 E_0 的补偿，可以根据已知电动势 E_0 定出 E_x，这种方法叫补偿法，如果要测任一电路中两点之间的电压，只需将待测电压两端点接入上述补偿回路代替 E_x，根据补偿原理就可以测出其大小. 我们知道，用电压表测量电压时，总要从被测电路上分出一部分电流，从而改变了被测电路的状态，用补偿法测电压时，补偿电路中没有电流，所以不影响被测电路的状态，这是补偿测量法最大的优点.

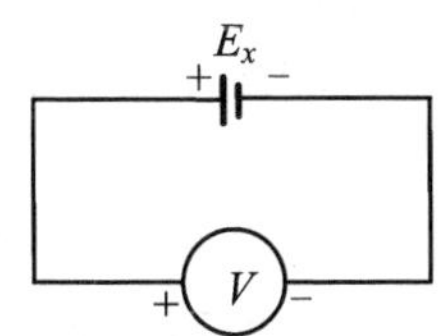

图 1-21-1　电压表测电源电压图

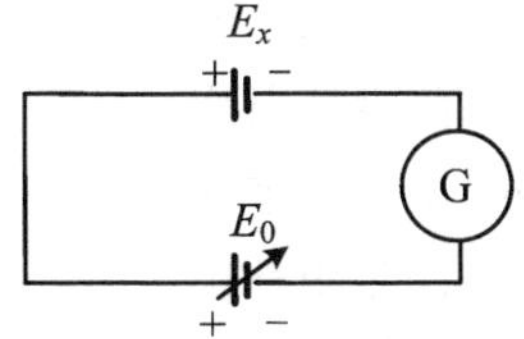

图 1-21-2　补偿法测电源电压

2. 电位差计

按电压补偿原理构成的测量电动势的仪器称为电位差计. 由上述补偿原理可知，采用补偿法测量电动势 E_0 应有两点要求：① 可调. 能使 E_0 和 E_x 补偿. ② 精确. 能方便而准确地读出其电动势的大小，数值稳定.

图 1-21-3 是实现补偿法测电动势的原理线路，即电位差计的原理图. 采用精

密电阻 R_{ab} 组成分压器，再用电压稳定的电源 E 和限流电阻 R 串联后向它供电. 使分压 I_0R_{cd} 改变. 只要 R_{cd} 和 I_0 数值精确，则图中虚线内 cd 之间的电压即为精确的可调补偿电压 E_0，E_0 和 E_x 组成的回路 $cdGEx$ 称为补偿回路.

3. 电位差计的标准

要想使辅助回路的工作电流等于设计时规定的标准值 I_0，必须对电位差计进行校准. 方法如图 1-21-4 所示. Es 是已知的标准电动势，根据它的大小，取 cd 间的电阻为 R_{cd} 使 $R_{cd}=E_s/I_0$，使开关 K 倒向 E_s，调节 R 使检流计指针无偏转，电路达到补偿，这时 $I_0=E_s/R_{cd}$，由于已知值 E_s、R_{cd} 都相当准确，所以 I_0 就被精确地校准到标准值，要注意测量时 R 不可再调，否则工作电流不再等于 I_0.

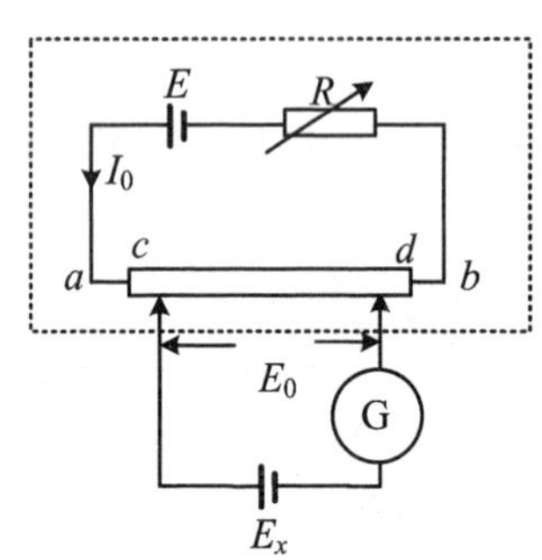

图 1-21-3 补偿法测电动势原理图

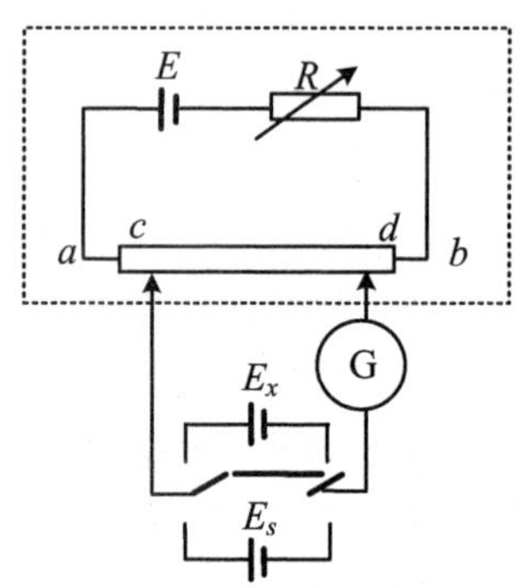

图-21-4 校准电位差计电路图

4. 测量未知电动势 E_x

在图 1-21-4 中，将开关 K 倒向 E_x，保持 R 不变，即 I_0 不变，只要 $E_x\leqslant I_0R_{ab}$，调节 c、d 就一定能找到一个位置，使检流计再次无偏转，这时 c、d 间的电阻为 R_x，电压为 $E_x=I_0R_x$，因为实际的电位差计上都是电阻的数值转换成电压数值标在电位差计上，所以可由表面刻度上直接读出 $E_x=I_0R_x$ 的数值.

如果要测量任意电路中两点之间的电位差，只需将待测两点接入电路取代 E_x 即可，此时需注意，这两点中高电位的一点应替换 E_x 的正极，低的替换负极.

电位差计是用补偿法测电动势的仪器，除了具有一般比较法的优点外，在通过补偿电路将未知电动势 E_x 与补偿电压 E_0 比较时，不从 E_x 取用电流，不向 E_x 输入电流，因而待测电源可不受测量干扰而保持原态. 这称为原位测量，电位差计的优点可以这样来表述：

(1) “内阻”高，不影响待测电阻，用电压表测量电位差时总要从被测电路上分出一部分电流，这就改变被测电路的工作状态，电压表内阻越小，这种影响越显著，用电位差计测量时，补偿回路中电流为零，方可测出电源真正电动势.

(2) 准确度高. 由于电阻 R_{ab} 可以做得很精密，标准电池的电动势精确且稳定，检流计很灵敏，所以在补偿的条件下能提供相当准确的补偿电压，在计量工作中常用电位差计来校准电表.

在测量中应注意的是，在电位差计测量的过程中，其工作条件会发生变化（如辅助回路电源 E 不稳定，限流电阻 R 不稳定等），为保证电流保持规定的数值，每次测量都必须经过校准和测量两个基本步骤，两个基本步骤间隔过程不能过长. 而且每次要达到补偿都有细致的调节，因此操作繁杂费时是它的缺点.

5. 学生式电位差计

学生式电位差计内部电路如图 1-21-5 虚线内所示，两个排成园环形的电阻 R_A、R_B 相当于图 1-21-4 中的电阻 R_{ab}，可见 B_A^+ 和 R^- 两个接头相应于图 1-14-4 中 ba 两点，E^-、E^+ 两个接头则相应于 c、d 两点. R_A 全电阻是 160 Ω，分 16 段，每段 10 Ω. R_B 全电阻是 11 Ω，仪器规定的工作电流为 10 mA，所以 R_A 上每段电阻电压降为0. 1 V，而 R_B 上的电压降是 0. 11 V. 学生式电位差计面板如图 1-21-6 所示.

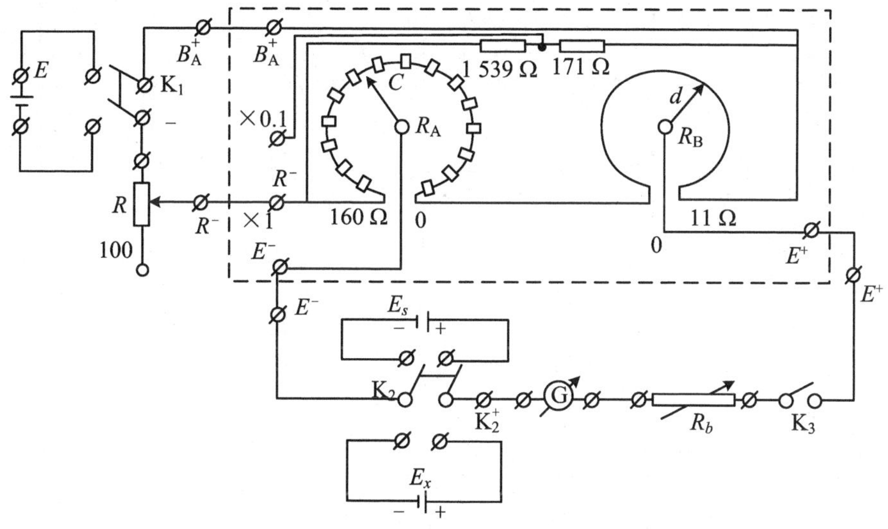

图 1-21-5　学生式电位差计内部电路图

左边旋钮每次变动刻度 0. 1 V 作粗调，右边旋钮转动一周时指标的刻度为 110 格，每格代表 0. 001 V，即可估计到 10^{-4} V，用作细调. 如 R_A（C 点）的读数为 1. 4，R_B（d 点）的读数为 0. 016 8，则 cd 两点电位差是 1. 416 8 V.

使用学生电位差计时，必须加接外电路，如图 1-21-5 所示. 而 R_A、R_B（由 c 到 d）和外电路的检流计 G，保护电阻 R_b 等组成补偿回路. K_1 为电源开关，K_2 可保持 E_S 和 E_x 相互迅速替换，K_3 做检流计的开关，R_b 是可变电阻箱，用以保护检流计和标准电池.

学生式电位差计的外电路所需配套件，除了电源 E、标准电池、R_b 可变电阻箱要外配外，其他均已安装在同一木箱内.

(1) 校准学生式电位差计(称校准). 使用电位差计之前，先要进行校准，使电流达到规定值，先放好 R_A、R_B，使其电压刻度等于标准电池电动势，取掉检流计上短线路，用所附导线将 K_1、K_2、K_3、G、R、R_b 和电位差计等各相应端钮间按原理线路图进行连接，经反复检查无误后，接入工作电源 E，标准电池 E_s 和待测电动势 E_x，R_b 先取电阻箱的最大值，(使用时如果检流计不稳定，可将其值调小，直到检流计稳定为止)，合上 K_1、K_3，将 K_2 推向 E_s(间歇使用)，并同时调节 R 和 R_b 使检流计无偏转(指零)为止，反复开合 K_2，以判断 G 是否有电流通过，如 G 无偏转，则 I_0 已达到规定值.

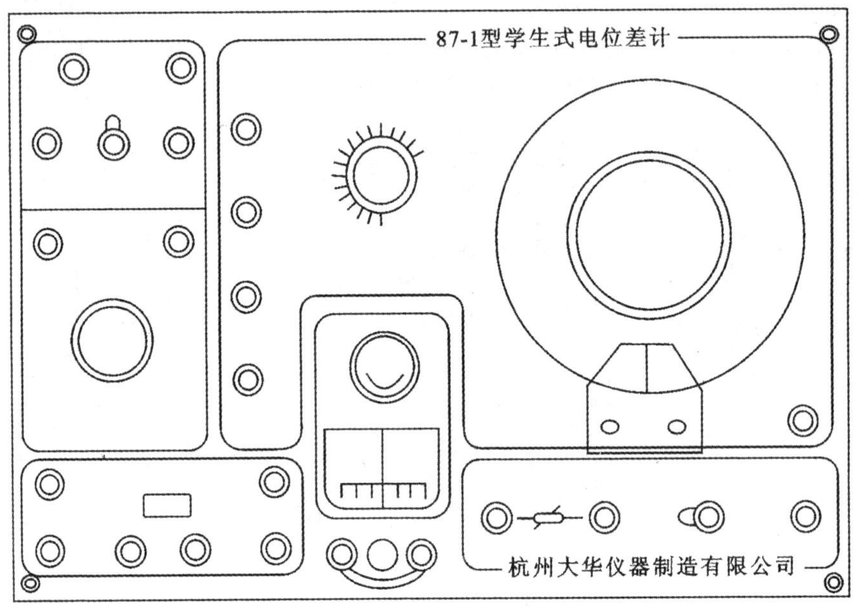

图 1-21-6　学生式电位差计面板图

(2) 测量电池电动势(称测量). 按待测电动势的近似值放好 R_A、R_B，R_b 先取最大值，K_2 推向 E_x 并同时调节电位差计 R_A、R_B 和 R_b 使检流计无偏转(在测 E_x 的步骤中 R 不能变动)此时 R_A、R_B 显示的读数值即为 E_x 值，测量结束应打开 K_1、K_2、K_3.

重复“校准”与“测量”两个步骤，共对 E_x 测量三次，取 E_x 的平均值作为测量结果. 每次测量之前都要校准电位差计的工作电流.

(3) 观察电位差计灵敏度. 电位差计得到补偿时，察觉不到检流计的偏转，并不说明补偿回路电流一定为零. 和电桥类似，电位差计也有灵敏度问题. 电位差计达到补偿后，转动 R_B 使补偿电压变化 ΔE，这时检流计偏转格数为 Δn，则电位计的

灵敏度 S 为

$$S=\Delta n/\Delta E$$

则

$$\Delta E_x=\frac{0.1}{S}$$

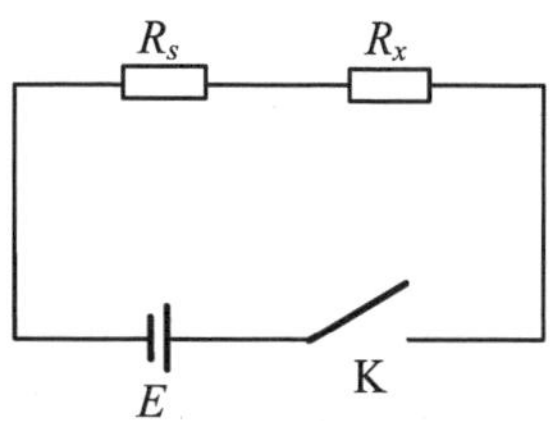

图 1-21-7　测量电阻电路图

(4) 测量未知电阻电路如图 1-21-7 所示. 图中 R_s 为已知电阻，R_x 为待测电阻，E 为干电池，用电位差计测出 R_x 和 R_s 上的电压，即可由 R_s 求出 R_x.

实验步骤自己考虑，用电位差计测 R_x 和 R_s 上的电压时，注意电位的高低.

三、注意事项

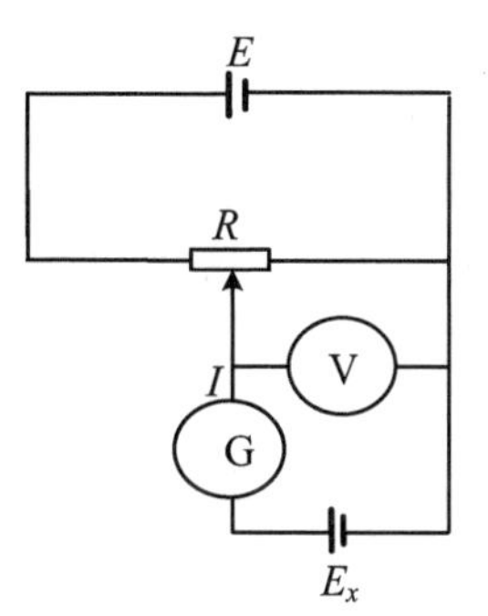

图 1-21-8　测量未知电池电路

(1) 随产品的七跟连线为图 1-21-5 中的粗线部分，当进行“校准”时取掉检流计的短路线，不使用本仪器时，检流计一定要短路，否则检流计处于开路状态.

(2) 使用电位差计必须先接通辅助回路，然后再接补偿回路，断电时需先断开补偿回路，再断开辅助回路，使用 K_2 必须用跃接法.

(3) 标准电池只能短时间通过 1 μA 左右的电流，否则将影响标准电池的精度直到造成永久性电动势衰落，所以，校准中要注意选用 R_b 和“跃接”的方法，以保护标准电池，不能用伏特计测它的电动势，要防止标准电池震动.

四、思考题

1. 实验中如发现检流计总往一边偏，无法调到平衡，可能有哪些原因？

2. 有一测未知电池 E_x 的电路如图 1-21-8 所示，其变阻器 R，检流计 G，电压表 V 和电源 E 都是一般元件. 试分析其测量原理，并指出所测得的 E_x 值是否电动势？从结果的准确度、操作难易等方面与用电位差计测量 E_x 对比其优缺点.

参 考 文 献

[1]　丁慎训，张连芳. 物理实验教程[M]. 北京：清华大学出版社，2002.

[2]　吕斯骅. 基础物理实验[M]. 北京：北京大学出版社，2002.

[3]　赵凯华，陈熙谋. 电磁学[M]. 北京：高等教育出版社，1984.

1-22 交流电桥

电桥在电磁测量技术中应用极其广泛,它是一种用比较法进行测量的仪器,可以测量电阻、电容、电感、温度以及压力等许多物理量,也广泛地应用于近代工业生产的自动化控制中.本实验的目的是利用交流电桥测量电容和电感,从而熟练掌握交流电桥的特点和调节平衡的方法.

一、实验原理

1. 交流电桥及其平衡原理

交流电桥的原理电路如图 1-22-1 所示,它采用交流电源供电,Z_1,Z_2,Z_3,Z_4 分别为四个桥臂的复阻抗,它们可以是电感 L、电容 C 或者电阻 R. 调节各臂阻抗,使电桥达到平衡,即和两点间的电位差为零.此时有

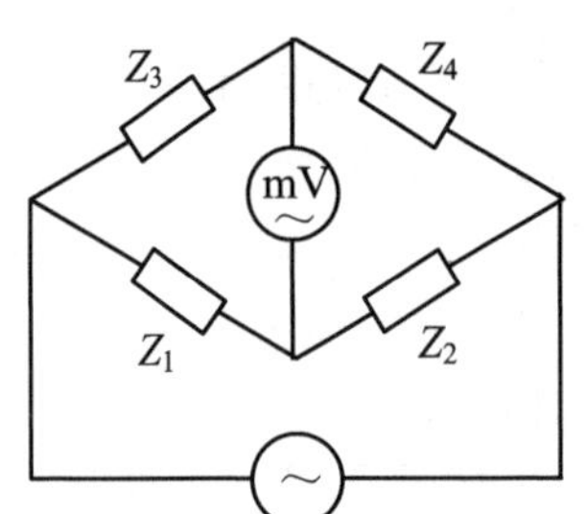

图 1-22-1 交流电桥原理图

$$\frac{Z_1}{Z_2}=\frac{Z_3}{Z_4} \tag{1-22-1}$$

这就是交流电桥的平衡条件,将式(1-22-1)用复指数形式表示,有

$$\frac{|Z_1|\mathrm{e}^{\mathrm{j}\varphi_1}}{|Z_2|\mathrm{e}^{\mathrm{j}\varphi_2}}=\frac{|Z_3|\mathrm{e}^{\mathrm{j}\varphi_3}}{|Z_4|\mathrm{e}^{\mathrm{j}\varphi_4}} \tag{1-22-2}$$

这相当于下列两条件同时成立:

$$\frac{|Z_1|}{|Z_2|}=\frac{|Z_3|}{|Z_4|} \tag{1-22-3}$$

$$\varphi_1-\varphi_2=\varphi_3-\varphi_4 \tag{1-22-4}$$

由此可见,交流电桥平衡时,除了阻抗大小满足比例关系式(1-22-3)外,阻抗的相角还要满足式(1-22-4).这就是它和直流电桥的主要差别.

如果把条件式(1-22-1)的阻抗用虚数与实数表示,且令其虚不与实部分别相等,则同样可以得到两个平衡条件,它们与式(1-22-3)和式(1-22-4)是等效的.

为了配置简单,很多交流电桥常用纯电阻作为其中的两个臂.由式(1-22-4)可见,如果纯电阻作为相邻的两个臂,则其他两个臂必须都是电感性的或都是电容性的阻抗,例如第 2,3 两个臂是纯电阻的,即 $\varphi_2=\varphi_3=0$,则 φ_1、φ_4 必须反号.

2. 测量实际电容的电桥

实际电容的介质不是理想的介质,在电路中要损耗一部分能量,故其等效电路可看作是一个纯电容 C_x 和损耗电阻 r_c 串联或并联.实验中是看成二者串联.

测量电路如图1-22-2所示，R_1 和 R_2 为纯电阻，C_0 为标准电容，它的损耗电阻 rC_0 在低频时接近为零，为了与 r_c 相平衡，又串联了电阻.此时将

$$Z_1 = R_1, Z_2 = R_2,$$

$$Z_3 = r_c - \mathrm{j}\frac{1}{\omega C_x}, Z_4 = R_0 - \mathrm{j}\frac{1}{\omega C_0},$$

代入式(1-22-1)得

$$R_1(rR_0 - \mathrm{j}\frac{1}{\omega C_0}) = R_2(r_c - \mathrm{j}\frac{1}{\omega C_x})$$

此式两端实部、虚部分别相等，可得平衡条件

$$C_x = (R_2/R_1)C_0 \qquad (1\text{-}22\text{-}5)$$

$$r_c = (R_1/R_2)R_0 \qquad (1\text{-}22\text{-}6)$$

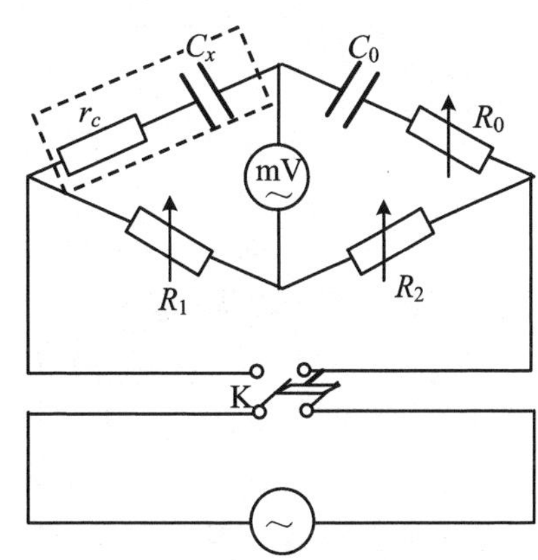

图1-22-2 测电容原理图

图1-22-2所示的电容桥，适合用来测量损耗小的电容.

3. 测量实际电感的电桥

实际电感也可看作是纯电感 L_x 和损耗电阻 r_L 串联，测量电路如图1-22-3所示，其中 r_{L_0} 是标准电感 L_0 的损耗电阻，这时

$$Z_1 = R_1, Z_2 = R_2$$

$$Z_3 = r_L + \mathrm{j}\omega L_x, Z_4 = (R_0 + r_{L_0}) + \mathrm{j}\omega L_0$$

利用式(1-22-1)得到

$$L_x = L_0(R_1/R_2) \qquad (1\text{-}22\text{-}7)$$

$$r_L = (R_0 + r_{L_0})\frac{R_1}{R_2} \qquad (1\text{-}22\text{-}8)$$

式中，r_{L_0} 在低频时可以认为是标准电感的直流电阻.

此外，测电感的电桥常采用与标准电容做比较，称作麦克斯韦电桥.其电路见图1-22-4所示.麦克斯韦电桥平衡的条件是

$$r_L = R_1(R_2/R_0) \qquad (1\text{-}22\text{-}9)$$

$$L_x = R_1R_2C_0 \qquad (1\text{-}22\text{-}10)$$

4. 交流电桥调节平衡的方法和参量选择

要使交流电桥达到平衡，必须同时满足两个平衡条件，因此至少要在可调参量中选择两个，经反复调节，逐步逼近，最后达到平衡.选择哪两个参量能使电桥很快达到平衡？是不是任选两个参量都能使电桥达到平衡？下面不做一般回答，仅以本实验测量电感的电桥为例，就能清楚地看出应当如何选择调节参量，以及应当如何调节.

参看图1-22-3，交流电桥四个臂分别为

$$Z_1 = R_1, Z_2 = R_2, Z_3 = r_L + j\omega L_x, Z_4 = (R_0 + r_{L_0}) + j\omega L_0$$

电桥平衡时

$$Z_2 Z_3 = Z_4 Z_1 \text{或} Z_2 Z_3 - Z_4 Z_1 = 0$$

即

$$R_2(r_L + j\omega L_x) - R_1(R_0 + r_{L_0} + j\omega L_0) = 0$$

如果在复数平面上以横坐标轴代表实部，纵坐标轴代表虚部，令

$$\boldsymbol{A} = R_2(r_L + j\omega L_x)$$

$$\boldsymbol{B} = R_1(R_0 + r_{L0} + j\omega L_0)$$

$$\boldsymbol{N} = \boldsymbol{A} - \boldsymbol{B}$$

在复数平面上作 **A** 和 **B** 图，当所选的调节参量使 **A** 和 **B** 两个矢量之差 **N** 为零时，示零器指零，电桥达到平衡.

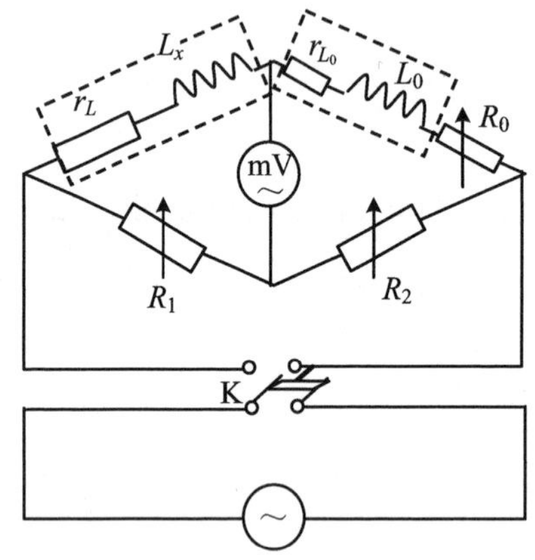

图 1-22-3 测电感原理图

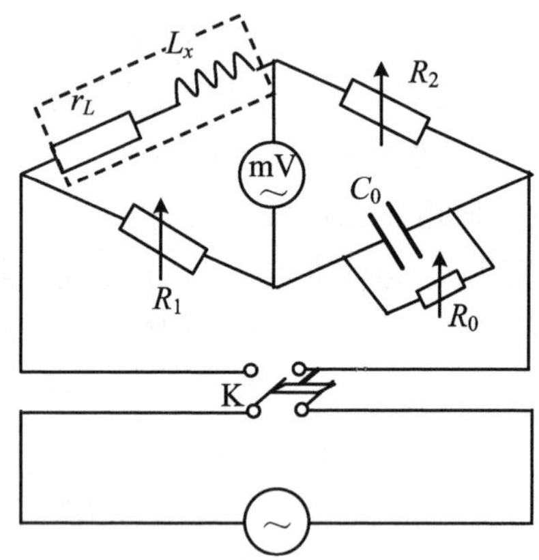

图 1-22-4 麦克斯韦电桥

下面分析调节各个参量，**A** 或 **B** 矢端变化的轨迹.

(1) 调节 R_1. 调 R_1 使矢量 **B** 的斜率不变，只是长度改变，**B** 的矢端轨迹为图 1-22-5(a)中 Ob 线.

(2) 调节 R_2. 调 R_2 使矢量 **A** 的斜率不变，只是长度改变，**A** 的矢端轨迹为 Oa 线(见图 1-22-5(a)).

由图 1-22-5(a)可以看出，如过选择调节参量是 R_1 和 R_2 它们的矢端轨迹 Oa 和 Ob 不可能相交，$N \neq 0$，电桥不可能调节平衡. 由此可见，虽然从理论上该电路满足平衡条件，但由于选择的调节参量不合适也不可能调节平衡.

(3) 调节 L_0. 调 L_0 使 **B** 的实数部分不改变，只是虚数部分改变，**B** 的矢端轨迹为 cd 线(见图 1-22-5(a)).

(4)调节 R_0. 调 R_0 使 **B** 的虚数部分不改变，只是实数部分改变，**B** 的矢端轨迹

为 ef 线(见图 1-22-5(a)).

由图 1-22-5(b)可见,如果选择 L_0 和 R_0 为调节参量,只需调节 L_0 使 $\boldsymbol{B}$ 到 g_1 点,再调节 R_0,B 与 A 重合,电桥达到平衡.或先调节 R_0 使 B 到 g_2 点,再调节 L_0,同样只需经过两次调节,电桥就达到平衡.

本实验中 R_0 用六钮电阻箱,可认为数值是连续变化的,而 L_0 用一钮十进式电感箱,不是连续可调,所以测电感时只能将 L_0 放在与 L_x 接近的数值后,调节 R_0 使 $\boldsymbol{B}$ 沿 ef 线移至"1"(见图 1-22-5(c)),再选择调节 R_2 使 A 沿 Of 线移至"2",每调节一次只能使 N 在该情况下达到最小,如此反复调节 R_0 和 R_2,最后使 $\boldsymbol{A}$ 和 $\boldsymbol{B}$ 的矢端均达到 f 点,此时 $\boldsymbol{N}=0$,电桥调节达到平衡.从平衡条件式(1-22-7)和式(1-22-8)也能看出,两个平衡条件中都含有 R_2,因此 R_2 的每一次改变对两个平衡条件都有影响,互相牵制,因此必须反复调节.

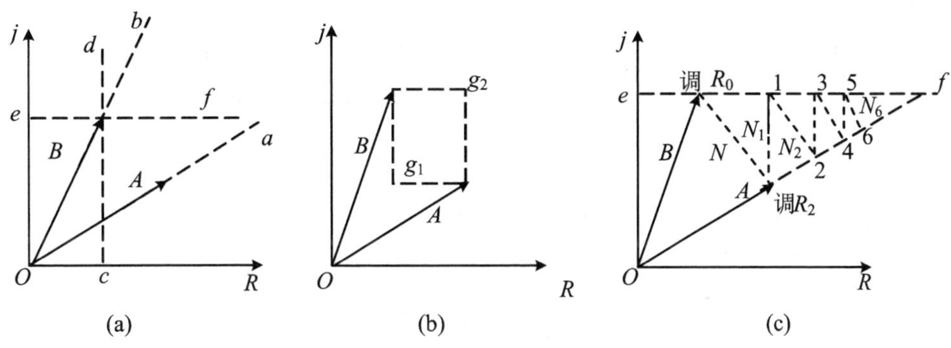

图 1-22-5　A、B 矢量的变化轨迹

二、实验仪器与用具

XD1 低频信号发生器,电阻箱三个,标准电容箱,标准电感箱,待测电容两个,待测电感一个,MF-20 晶体管万用表,开关,导线.

三、实验内容

本实验用一台 XD1 低频信号发生器作为公共交流电源,它给出频率为 1 000 Hz,电压为 4 V 的正弦交变电压.用 MF-20 晶体管万用表的交流毫伏挡作示零器.

1. 测电容

测量一个纸质电容和一个电解电容的电容量及损耗电阻.电路如图 1-22-2 所示,其中 R_1,R_2,R_0 均为电阻箱,R_1 和 R_2 选用几百欧姆为宜.标准电容 C_0用十进式电容箱,它的损耗电阻 r_{c_0} 在低频时很小.

为了减少杂散电压的影响,标准电容带屏蔽的一端,应与万用表的机壳端连接.

2. 测电感

测量一个无铁芯电感的电感量 L_x 及其损耗电阻 r_L，电路如图 1-22-3 所示，其中 R_1，R_2，R_0 均为电阻箱，R_1 和 R_2 选用几百欧姆. L_0 为一标准电感箱，其值 L_0 和 r_{L_0} 均刻在铭牌上.

3. 用麦克斯韦电桥测同一电感的 L_x 和 r_L

电路如图 1-22-4 所示，请根据实验内容 2 中测出的 L_x 值估算各元件起始取值. 在测量中注意体会用此电桥测电感的优点.

四、注意事项

(1) 调节电阻 R_1 和 R_2 时，应经常注意阻值不能过小，以免烧毁电阻箱或电源.

(2) 用毫伏挡做示零器时，开始放在量程较大处，随着电流趋向平衡，逐步减小量程，以免仪表过载. 本实验在最终平衡电压要求小于 1 mV.

五、思考题

1. 图 1-22-3 和图 1-22-4 中，为什么要在 C_0 或 L_0 的臂上串一电阻箱 R_0？
2. 试把惠斯登电桥与交流电桥的原理、操作要点作比较，有何异同？

参 考 文 献

[1] 丁慎训，张连芳. 物理实验教程[M]. 北京：清华大学出版社，2002.
[2] 吕斯骅. 基础物理实验[M]. 北京：北京大学出版社，2002.

1-23 薄透镜成像及其焦距的测量

透镜是构成光学系统基本的光学元件，焦距是透镜的重要参数. 薄透镜成像及其焦距的测量实验是最基本的光学实验之一，通过该实验掌握透镜成像规律，学习测量透镜焦距的几种方法和共轴调节技术.

光学平台是开设光学实验或开展光学研究的基本设施. 利用平台可以开设的实验涵盖几何光学、波动光学、信息光学和量子光学等比较重要的基础课题，还可以根据自行设计的实验方案，选择合适的平台附件开展实验.

一、实验原理

1. 薄透镜成像原理及其成像公式

将玻璃等一些透明的物质磨成薄片，其表面都是球面或有一面为平面的就成了透镜，有中央厚、边缘薄的凸透镜和边缘厚、中央薄的凹透镜两大类. 我们把连接透镜两球面曲率中心的直线叫做透镜的主轴，透镜两表面在其主轴上的间距叫透镜厚度，厚度与球面的曲率半径相比可以忽略不计的透镜，称做薄透镜. 薄透镜两球面的曲率中心几乎重合为一点，这个点叫做透镜的光心.

实验中凸透镜两边媒质为空气，称为汇聚透镜，凹透镜称为发散透镜.

如图 1-23-1 所示，平行于透镜主轴的一束光入射凸透镜，折射后会聚于主光轴上，汇聚的光线与主光轴的交点即为凸透镜的焦点 F，焦点 F 到光心的距离为焦距 f. 如图 1-23-2 所示，平行于透镜主轴的一束光入射凹透镜折射后成为发散光，发散光线的反向延长线与主光轴的交点，即为凹透镜的焦点 F，F 与凹透镜光心的距离为焦距 f.

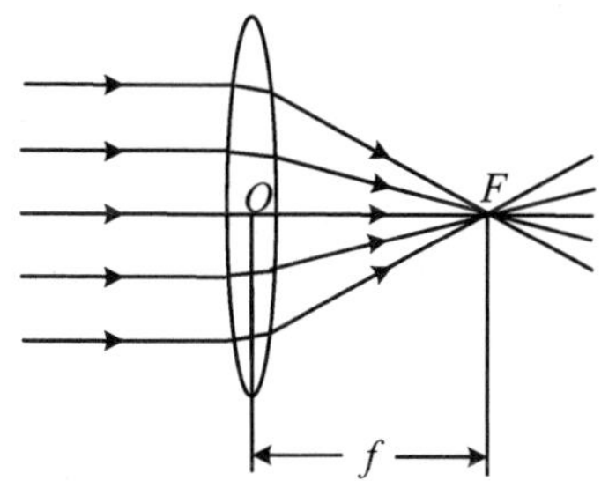

图 1-23-1　凸透镜成像原理

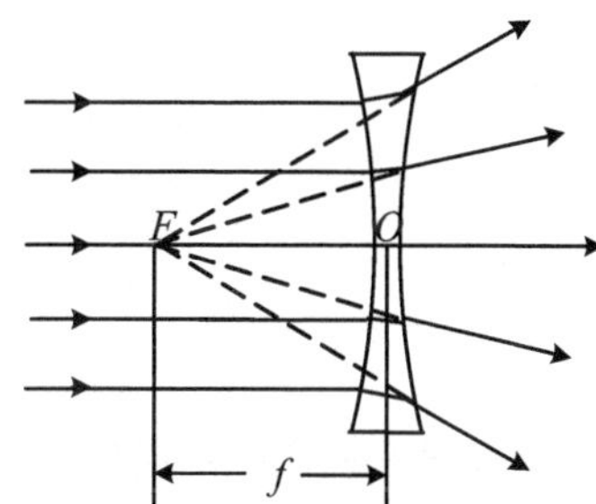

图 1-23-2　凹透镜成像原理

在近轴光线条件下，薄透镜的成像公式

$$\frac{1}{u}+\frac{1}{v}=\frac{1}{f}\text{ 或 }f=\frac{uv}{u+v} \tag{1-23-1}$$

式中，u 为物距，v 为像距，f 为焦距，对于凸透镜、凹透镜来说，u 恒为正值，像为实像时 v 为正，像为虚像时 v 为负，对于凸透镜 f 恒为正，凹透镜 f 恒为负.

2. 测量凸透镜焦距的原理

(1) 自准法. 来自位于凸透镜 L 的焦平面上的物体 AB(实验中用一个圆中三个圆心角为 60°的扇形)各点的光线，经透镜折射后为平行光束，包括不同方向的平行光，由平面镜 M 反射回去仍为平行光束，经透镜汇聚必成一个倒立等大的像于原焦平面上，这时像的中心与透镜光心的距离就是焦距 f(见图 1-23-3).

(2) 共轭法(位移法). 由图 1-23-4 可见，物屏和像屏距离为 $a(a>4f)$，凸透镜在 O_1、O_2 两个位置处物体在像屏上分别成放大和缩小的像，由凸透镜成像公式可得，成放大的像时，有式(1-23-1).

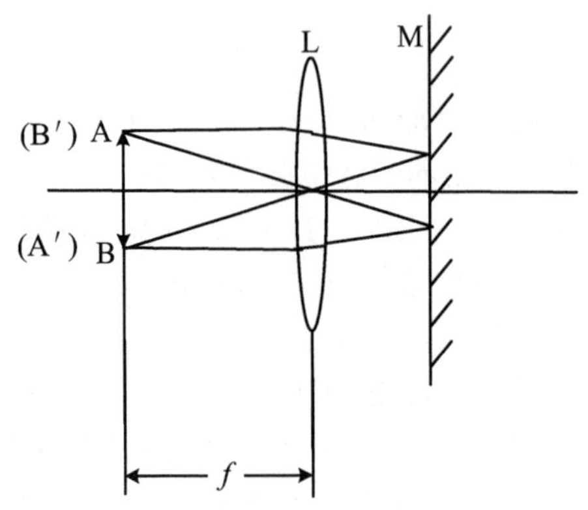

图 1-23-3　自准法测凸透镜焦距原理图

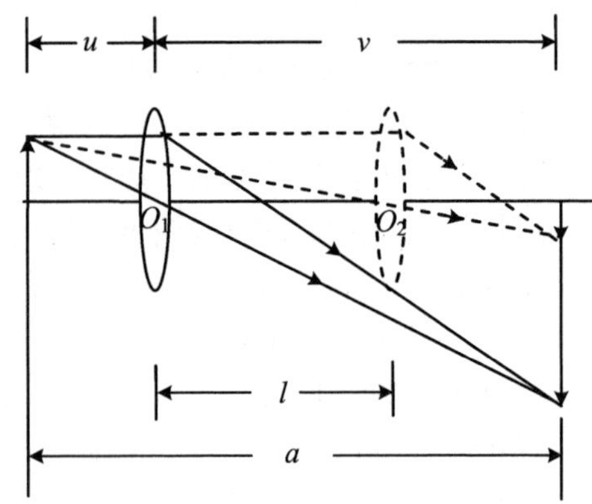

图 1-23-4　共轭法测凸透镜焦距原理图

成缩小的像时，有

$$\frac{1}{u+l}+\frac{1}{v-l}=\frac{1}{f} \tag{1-23-2}$$

又由于

$$u+v=a$$

可得

$$f=\frac{a^2-l^2}{4a} \tag{1-23-3}$$

3. 测量凹透镜焦距的原理

(1) 自准法测凹透镜. 凹透镜所成的是像屏接收不到的虚像，只有它与凸透镜组合起来才可能成实像. 凹透镜的发散作用同凸透镜的汇聚特性结合得好时，屏上才会出现清晰的像. 如图 1-23-5 所示. 测凹透镜焦距的自准法就成为测凸、凹透镜组的特定位置时的自准法了.

来自物点 S 的光线经凸透镜，而成像于 P 点，在 L_1 和点 P 间置凹透镜 L_2 和平面镜 M，仅移动 L_2 使得由平面镜 M 反射回去的光线再经 L_2、L_1 后成像 S' 于物点 S 处. 对于这时的 L_1 和 L_2 透镜组来说，S 点则为焦点，在 L_2 与 M 间的光线也一定为平行光，对于 L_2 来说，从 M 反射回去的平行光线入射 L_2 成虚象于 P 点，即凹透镜的焦点 P，它与光心 O_2 的距离就为该凹透镜的焦距 f.

(2) 物距-像距法. 将凹透镜与凸透镜组成透镜组，这就可以用成像法测凹透镜的焦距. 如图 1-23-6 所示，来自物点 S 的光线经过凸透镜 L_1 成像于 S' 点，在 L_1 与 S' 点放入待测凹透镜 L_2，移动 L_2 可在像屏上找到经透镜组所成的像 S''，此时由于 L_2 的发散作用，所成的像将从 S' 处移至 S'' 处. 对于 L_2 说，如果将物放在 S'' 处，则物发出的光线入射 L_2，会成像于 S' 点，这里 $S''O_2$ 与 $S'O_2$ 就分别是凹透镜的

物距 u 和像距 v,利用透镜成像公式即可求出凹透镜的焦距 f. 此类方法由于光学系统和人为观察的因素引入误差较大.

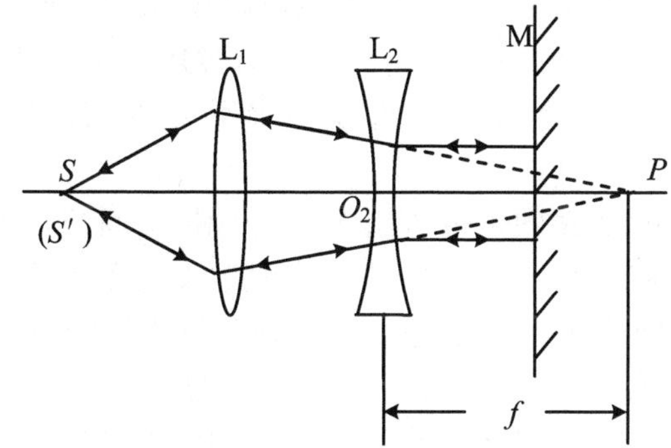

图 1-23-5　自准法测凹透镜焦距原理图

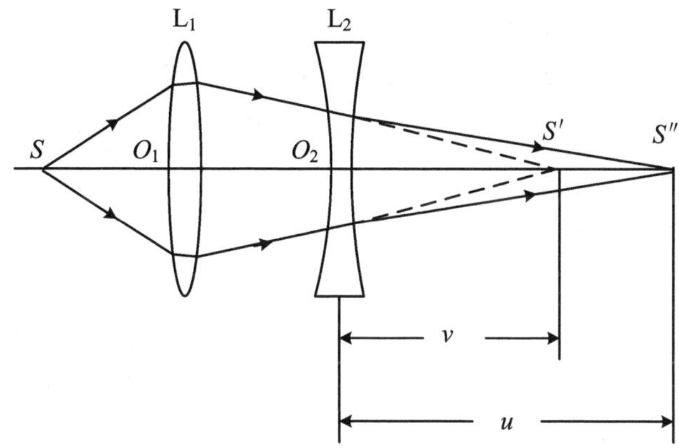

图 1-23-6　物距-像距法测凹透镜焦距原理图

二、实验仪器与用具

光学平台(GSZ-ⅡB型),溴钨灯,凸透镜,凹透镜,平面镜,物屏,白屏,二维架,三维调节架,二维平移底座,三维平移底座,通用底座,升降调节座.

三、实验内容

(1) 在光学平台上,调节实验中的透镜,物体的中心,像的中心在同一直线上,让它们有共同的光轴,并使光轴与光学平台平行,这些统称为共轴调节.

① 粗调. 通过眼睛的观察和判断,将透镜、物的中心,像屏等所用仪器的几何中心处于等高位置上,让其平面垂直于平台平面,且彼此平行. 这就达到彼此中心

等高.

② 细调.依靠仪器和光学成像规律来鉴别和调节,分别利用自准法测凸透镜和凹透镜焦距的原理,调节透镜高低使得所成像与物互补,即中心重合.

(2) 用自准法测凸透镜的焦距.自准法测透镜焦距就要找到一个清晰的与物等大的像,让像与物互补,若找不到像时,应该调整物与透镜的距离.重复测量3次.

(3) 用共轭法测凸透镜的焦距.固定物屏与像屏之间的距离 A,由自准法已知透镜焦距 f 的数值,使 A 处于 $4f$ 之外,但 A 值过大成像成像不清,应该稍微大一些.在物屏与像屏之间移动透镜,记下成放大像与缩小像的两个位置,算出两位置之差 L 的值.由共轭成像关系可得出计算焦距 F 的公式,即式(1-23-2).在共轭法测焦距时要求 A 略大于 $4f$,成像一定清晰,且大像与小像的中心要与透镜光心、物体的中心共轴.由 A 和 L 可算出 f,就不必测物距和像距,这样就避免了因凸透镜光心位置难定而造成 u 和 v 的误差.取3个不同的 L,分别各测1次.

(4) 用自准法测凹透镜的焦距,重复测量3次.

(5) 用物距-像距法测凹透镜的焦距,重复测量3次.

自行设计表格记录原始数据,透镜焦距(最终实验结果)要用平均值加减绝对误差来表示.

四、思考题

1. 除自准法调节共轴外,还有什么方法可以调节光学系统共轴?
2. 共轭法测焦距中,物屏、像屏间的距离 A 为什么要略大于4倍焦距?
3. 光源和物屏之间为什么要加毛玻璃? 可以用光源(灯泡)代替发光物体吗?
4. 测量凹透镜焦距时误差较大,分析原因.

参考文献

[1] 赵凯华,钟锡华.光学[M].北京:北京大学出版社,1984.
[2] 杜义林.大学实验物理教程[M].合肥:中国科学技术大学出版社,2002.
[3] 任隆良,谷晋骥.物理实验[M].天津:天津大学出版社,2003.

1-24 用分光计测三棱镜顶角

分光计是一种测量角度的精密仪器.在光学实验中,利用光的反射、折射、干涉、衍射和偏振等原理,可以测量光线的方向及偏转角度.本实验中利用的分光计

的测量精度为 $1'$，其调节方法和原理具有较大的启发性和实用性.

本实验的主要目的就是在了解分光计的结构、工作原理和作用的基础上，掌握分光计的操作步骤和调节方法，并利用分光计测量三棱镜的顶角.

一、实验原理

图 1-24-1 为测量三棱镜顶角的原理图. ABC 表示三棱镜，AB 和 AC 面是两个反射面，BC 面为毛面而不是反射面. a 和 b 分别表示经过望远镜光轴并垂直 AB 面和 AC 面的光线的位置，其夹角为 φ. 我们知道，处在同一平面内的四边形的内角和为 360°，则在三棱镜的某个截面上必然构成了一个平面四边形 $AEDF$，其内角和为 360°. 于是得三棱镜的顶角 A 为

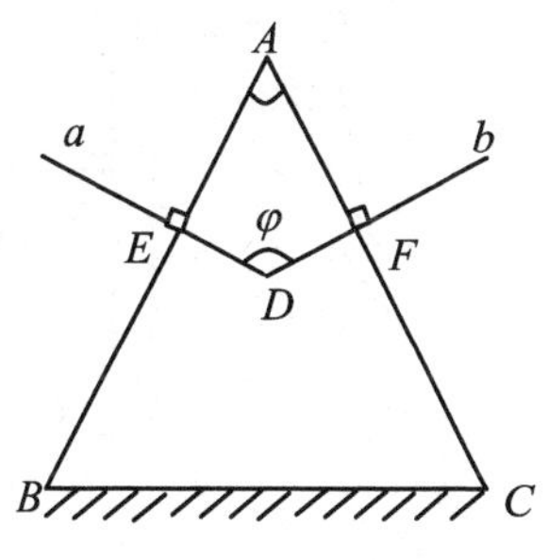

图 1-24-1　测三棱镜顶角

$$A = (360° - 2 \times 90°) - \varphi$$

即

$$A = 180° - \varphi \tag{1-24-1}$$

只要找到同一平面内的四边形 $AEDF$ 并测得光线 a 和 b 的夹角 φ，便可求出三棱镜顶角 A.

二、仪器描述

在正式测量之前，我们先对分光计有个大致的了解.

1. 分光计的结构

分光计主要由六部分组成：三角底座、望远镜、平行光管、圆刻度盘、载物平台和微调机构等，其大致结构如图 1-24-2 所示.

(1) 三角底座. 它支撑着整个分光计. 在底座中心固定一中心轴，度盘和游标盘套在中心轴上，它们和载物台以及望远镜可以绕中心轴转动.

(2) 望远镜. 望远镜主要有目镜和物镜组成，其结构如图 1-24-3 所示.

在 A 筒的前端固定一物镜，它是消色差复合正透镜. 为了便于调节，物镜和目镜之间装有分划板，分划板上刻有双十字叉丝. 分划板固定在 B 筒内，当目镜锁紧螺钉松开时，B 筒可以沿 A 筒滑动，目的是改变分划板与物镜的距离，使叉丝能调到物镜的后焦平面上，目镜 C 装在 B 筒内并可沿着 B 滑动，目的是改变叉丝与目镜的距离，使叉丝能调到实验者看得最清楚为原则.

目镜由场镜和接目镜组成. 在目镜与叉丝之间装有一全反射小三棱镜，其将灯源的光垂直反射在分划板的小十字缝上，于是十字缝就可以看作一发光物体. 当分划板处在物镜后焦平面上时，从十字缝发出的光经物镜后成为平行光. 如图1-24-2

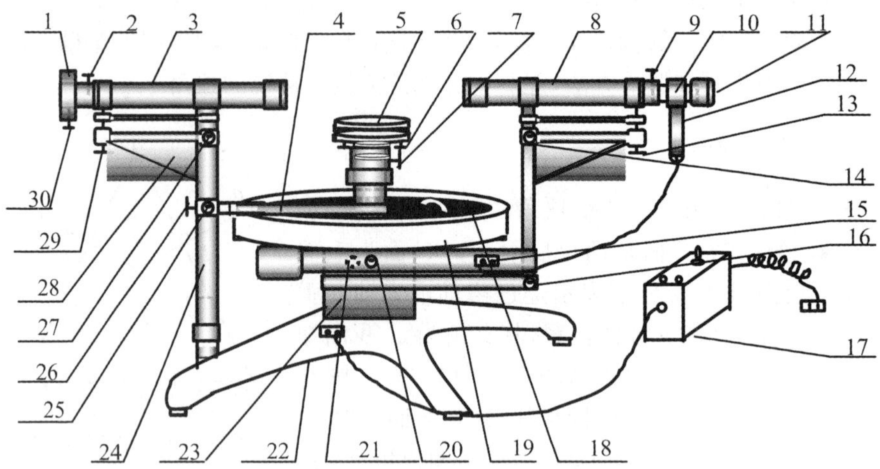

1. 狭缝装置 2. 狭缝装置锁紧螺钉 3. 平行光管部件 4. 制动架 5. 载物台 6. 载物台调平螺钉(3 只) 7. 载物台锁紧螺钉 8. 望远镜部件 9. 目镜锁紧螺钉 10. 阿贝式自准直目镜 11. 目镜视度调节手轮 12. 灯源筒(内装 6.3 V 小灯泡) 13. 望远镜光轴高低调节螺钉 14. 望远镜光轴水平调节螺钉 15. 电源插孔 16. 望远镜微调螺钉 17. 电源 18. 游标盘 19. 度盘 20. 望远镜止动螺钉 21. 转座与度盘止动螺钉(背面) 22. 三角底座 23. 中心轴 24. 立柱 25. 游标盘微调螺钉 26. 游标盘止动螺钉 27. 平行光管光轴水平调节螺钉 28. 支臂 29. 平行光管光轴高低调节螺钉 30. 狭缝宽度调节螺钉

图 1-24-2 分光计全貌

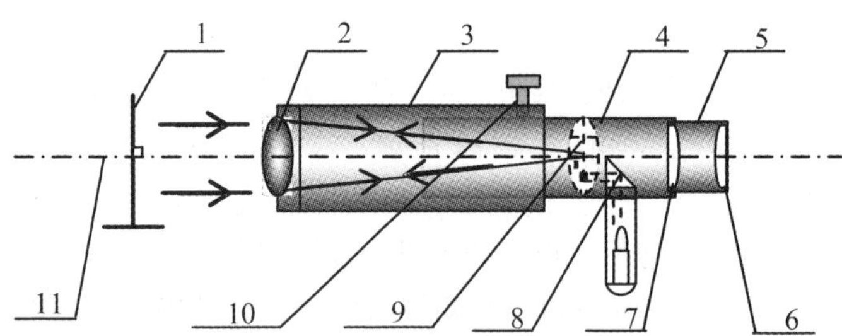

1. 平面反射镜 2. 物镜 3. 镜筒 A 4. 镜筒 B 5. 阿贝目镜 C 6. 接目镜 7. 场镜 8. 全反射小棱镜 9. 分划板 10. 目镜锁紧螺钉 11. 望远镜光轴

图 1-24-3 望远镜结构图

所示,通过调节螺钉 13,可以改变望远镜光轴的仰俯情况,把螺钉 20 拧紧时,望远镜被固定,松开时,望远镜可以自由转动.

(3) 平行光管. 它的主要作用就是产生平行光. 在平行光管的一端装有一消色

差复合正透镜,即物镜,另一端装有狭缝调节套管(见图 1-24-2),调节螺钉 30,就可改变狭缝的宽度.若用光源把狭缝照亮,调节螺钉 2,改变狭缝到物镜的距离,使其处在物镜的前焦平面上,就可以产生平行光.调节螺钉 29 可以改变平行光的仰俯情况.

(4) 圆刻度盘.它主要有度盘和游标盘两部分组成,二者都与分光计转轴垂直.度盘边缘刻有角度数值,是分光计测量的主尺,其满刻度为 360°,均匀划分了 720 小格,所以每一格为 30′.在游标盘的某一直径的两端,贴有两片角游标,其共有 30 小格,平分主尺上的一小格,所以游标上的最小刻度为 1′.度盘一般是和望远镜固连在一起的,而和游标盘是分离的.当把螺钉 21 拧紧时(见图 1-24-2),度盘与望远镜一起转动,松开时,度盘可以自由转动.当把螺钉 26 松开时,游标盘可以自由转动,拧紧时,则游标盘固定不动.

(5) 载物台.载物平台主要有固定平台和活动平台两层组成.一般情况下载物台和游标盘固连在一起.上层为活动平台,靠三个螺钉支撑,通过三个螺钉可以调节活动平台的高度和倾斜度.载物台和游标盘靠螺钉 7 连在一起(见图 1-24-2),随着游标盘一起转动.当把螺钉 7 松开时,可以使载物台独立转动,同时可以改变载物台的高低位置.

(6) 微调机构.如图 1-24-2 所示,当度盘随望远镜一起转动而游标盘固定时,调节螺钉 16 可以对望远镜进行微调.螺钉 14 可以改变望远镜光轴的水平位置.当游标盘转动时,调节螺钉 25,可以对游标盘进行微调.调节螺钉 27 可以改变平行光的水平位置.

2. 分光计的调节

要精确测量,必须正确调节分光计.用分光计测量光线偏转角度,主要是通过望远镜转动和刻度盘游标盘的示数完成的.只有望远镜光轴与分光计转轴垂直,才能保证望远镜在平行刻度盘的平面内转动,这样游标盘示数的改变才能真正反映望远镜转动的角度.再以调好的望远镜为参考,来调节平行光管与分光计转轴垂直,同样三棱镜的调节也是靠望远镜来实现的.可见,正确调节望远镜是分光计实验的重要环节.

(1) 调节望远镜.调节望远镜与转轴垂直,主要分粗调和细调两步.

① 粗调.粗调的好坏,意味着能否快速地调好望远镜,所以必须熟练掌握粗调的方法.粗调主要靠目测来完成.首先调节载物台上的三个螺钉,使活动平台与固定平台基本平行(因为固定平台与刻度盘已经和分光计转轴垂直),并且使其之间的间隔保持在 3～5 mm.然后调节望远镜下的高低调节螺钉,使望远镜尽量与刻度盘平行.

完成上述操作后,在活动平台上放置一平面镜,拧紧载物台锁紧螺钉,使其与游标盘固连在一起.转动游标盘,使平面镜平面大致与望远镜光轴垂直.打开光源,使光线通过全反射小三棱镜,照亮十字缝,于是十字缝可近似看作一发光物体.当分划板处在物镜的后焦平面上时,十字缝发出的光经物镜呈平行光,即聚焦与无穷远,通过平面镜反射后仍为平行光,并且经过物镜又会聚于物镜的后焦平面上,呈一与原发光物体倒立等大的实象.通过望远镜目镜观察视场,调节目镜视度调节手轮,直到看得双十字叉丝最清晰为止,然后,微微摆动游标盘,当发现有亮光在视场中摆动时,松开目镜调焦螺钉,调节目镜筒 B,找到最清晰的亮场(或亮斑),其就是十字缝通过平面镜反射回的像.这时,目镜的分划板与物镜的后焦平面完全重合,于是在视场中出现一个倒立清晰的十字像.然后转动游标盘 180°,使平面镜的另一个反射面与望远镜垂直,观察视场,看是否有一个清晰的十字像,如果有,粗调完毕,反之,则继续粗调.

快速地调好望远镜,使之垂直于分光计轴,利用两个反射面的平面镜是比较方便的.由于分光计转轴是位于平台正中的竖直轴,要使其处在平面镜所在的面内,必须将平面镜放置在平台的中央,一旦调好望远镜,使之垂直平面镜,平面镜就为竖直平面,分光计轴就在平面镜所在的平面内,望远镜轴必定垂直分光计转轴.

平面镜过平台中央的方法是很多的,大体有三种:(Ⅰ)镜面在任意两个平台螺钉 2 和 3 的中垂线上,螺钉 1 通过其平面;(Ⅱ)镜面平行于任意两个螺钉 2 和 3 的连线;(Ⅲ)镜面只过平台中央而不受螺钉约束的随意放置,具体放法如图 1-24-4 所示.

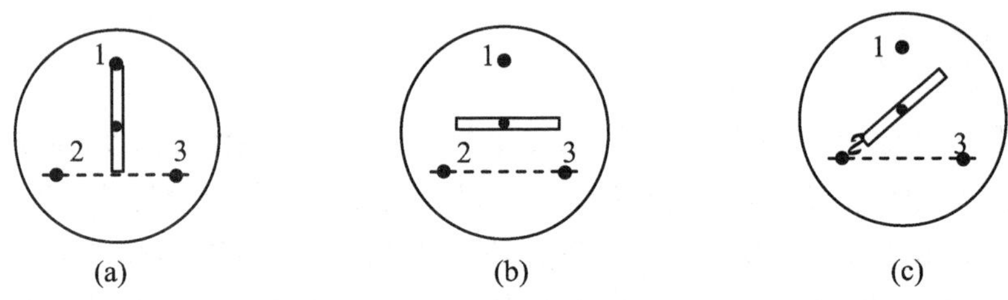

图 1-24-4 平面镜的三种放法

(a) 种放法最好.因为螺钉 1 过镜面,对镜面的仰俯不起作用,螺钉 2 和 3 垂直抬着镜面,只要调节其中一个螺钉,就可改变亮斑的位置,所以使用这种放法能较快调好望远镜.

(b) 种放法最好是由螺钉 2 和 3 同时调节,这种放法也能较快地调好望远镜,但比(Ⅰ)要稍费时间.

(c) 种放法难度较大,不易操作;因为三个螺钉都可改变平面镜的仰俯情况,太费时间.

② 细调.当望远镜光轴与平面镜垂直时,发光物体所呈的像应处在以光轴对

称的位置上，我们称此位置为标准位置，如图 1-24-5 所示. 在细调时，我们采用渐进的方法，或称作路程各半法. 具体的调节步骤是：当在视场中看到平面 1 反射的十字像时，调节望远镜光轴高低调节螺钉，使十字像向标准位置垂直移动一半的距离，然后按照就近原则，调节平面 1 所对应的载物台调平螺钉，改变平面的仰俯情况，使十字像再走一半的距离，到达标准位置. 然后转动游标盘 180°，将另一个面反射的像利用同样的方法移动到标准位置，反复校准 3～4 次，直到两个面反射的像都在标准位置了，这时，望远镜光轴与分光计转轴垂直. 坚持望远镜和平面镜的配合调节，各走一半距离的调节方法，可以很快地使两个反射面的十字像调在标准位置，这就是渐进法. 调好以后，固定目镜锁紧螺钉，并保证像和叉丝面完全重合，无视差.

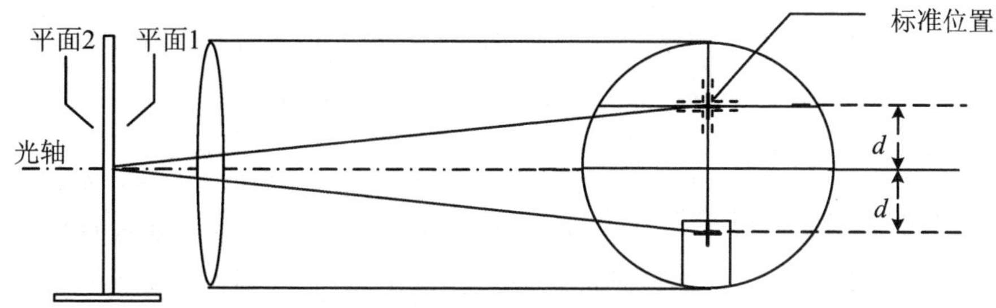

图 1-24-5　望远镜光轴与平面镜垂直示意图

（2）调节平行光管.

① 调节平行光管产生平行光. 用已经聚焦无穷远的望远镜为标准，先关掉目镜照明器上的光源，打开平行光管上的狭缝，用漫射光照明狭缝；在平行光管物镜前放一张白纸，调节光源位置，使得在白纸上的光斑亮度均匀；除去白纸，调节望远镜位置，使其正对平行光管，从望远镜目镜中观察，调节望远镜微调机构和平行光管上下位置调节螺钉，使狭缝位于视场中心；前后移动狭缝机构，使狭缝清晰地成像在望远镜的分划板平面上 .

② 调节平行光管的光轴垂直于分光计转轴. 调节狭缝至适当宽度，将狭缝转到与分划板的水平刻线平行方向上，调节狭缝的高低位置，使分划板中间的水平刻线平分狭缝；然后将狭缝转到与分划板的垂直刻线平行，并调节左右位置，使得刻线平分狭缝，如图 1-24-6 所示. 注意调节过程中不要破坏平行光管的焦距，调节完毕，将狭缝装置的锁紧螺钉旋紧.

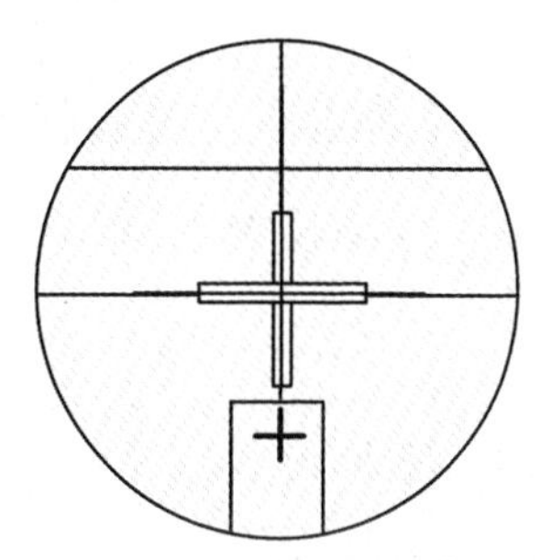

图 1-24-6　平行光管光轴与分光计转轴垂直示意图

3. 分光计的读数

圆刻度盘分为 360°，最小分格值为 30′. 游标盘被等分为 30 格，所以最小分值为 1′. 角度的读法与游标卡尺的读法相同，以角游标的零线为准，从刻度盘上找到与游标零线对应的地方，读出“度”数，再找到游标上与刻度盘刻线重合的刻线，读出“分”数.

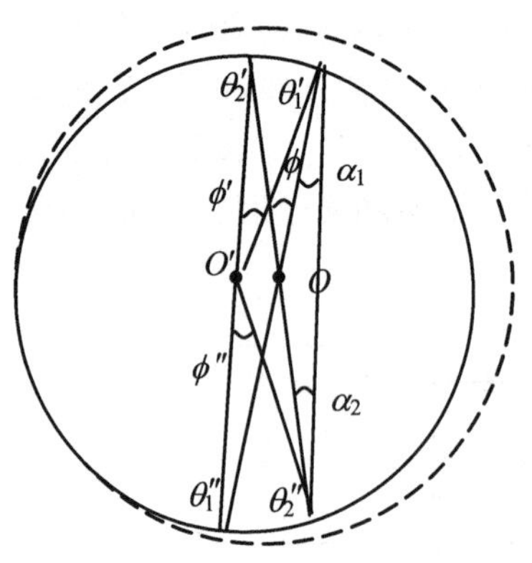

图 1-24-7 消除偏心差示意图

在测量角度过程中，当望远镜沿角度增加方向转动某角 ϕ，且 ϕ 角过刻度盘的 360°，则转过的 ϕ 角为 $\phi=(\theta_{终}-\theta_{始})=(360°+\theta_{终}-\theta_{始})$；反之，当望远镜沿角度减小方向转动某角 ϕ，且 ϕ 角过刻度盘的 360°，则转过的 ϕ 角为：$\phi=(\theta_{终}-\theta_{始})=(\theta_{终}-360°-\theta_{始})$.

为了提高读数精度，游标盘上设计了双游标，因此我们每次读数都需要从刻度盘的两边读数，目的是为了消除偏心差，因为游标盘和刻度盘的圆心并不可能完全重合，如图 1-24-7 所示. 设望远镜(连带刻度盘)或载物台(连带游标盘)绕仪器转轴中心 O 实际转过 ϕ 角，但从刻度盘上读出的是 ϕ' 和 ϕ''，根据几何原理可知

$$\alpha_1=\frac{\phi'}{2},\quad \alpha_2=\frac{\phi''}{2},\quad \phi=\alpha_1+\alpha_2$$

所以

$$\phi=\frac{1}{2}(\phi'+\phi'')$$

即

$$\phi=\frac{1}{2}[(\theta_2'-\theta_1')+(\theta_2''-\theta_1'')] \tag{1-24-2}$$

在实验中，为了便于读数处理，我们取名两个游标分别为左游标和右游标，θ_1'、θ_2' 为第一次左、右游标的读数值，θ_1''、θ_2'' 为转动望远镜后左、右游标的读数值.

注意：θ_1'、θ_1'' 为左游标读数，θ_2'、θ_2'' 为右游标读数，两个游标的读数不能弄混，第一次定义为左游标，不论游标盘(或刻度盘)转到什么位置，始终为左游标.

三、实验仪器与用具

JJY 型 1′分光计，6.3 V 电源，等边三棱镜，平面镜.

四、实验内容

1. 调节分光计

(1) 调节望远镜聚焦于无穷远(具体方法详见仪器描述).

(2) 使望远镜光轴与分光计转轴垂直.

2. 调节三棱镜

调节三棱镜主要是调节三棱镜的主截面与分光计转轴垂直,即与望远镜的光轴平行.因为调节过程是以望远镜为标准的,所以调节三棱镜的过程中,望远镜的仰俯螺钉不能再动,否则就失去了标准.调节三棱镜的具体方法是:

(1) 调节载物台的活动平台大致与固定平台平行.

(2) 正确放置三棱镜.将三棱镜放在活动平台的中央.为了便于调节,在放置三棱镜时,让三棱镜的任意一个光学面垂直平台上任意两个螺钉的连线,如图 1-24-8 所示.通过这样的放置,可以大大减轻调节的难度.

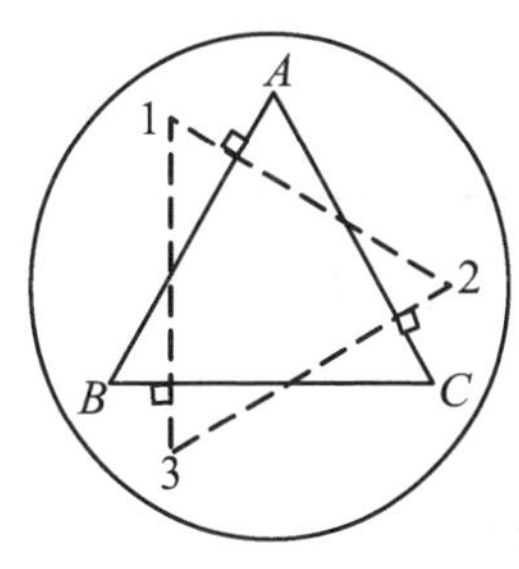

图 1-24-8　三棱镜的正确放法

(3) 将三棱镜的两个反射面 AB 面和 AC 面分别正对望远镜,观察双游标的位置,调节载物台与游标盘的相对位置,使得反射面都正对望远镜时,双游标都处在便于读数的地方.

(4) 调节三棱镜的主截面与望远镜光轴垂直.判断垂直的标准就是三棱镜两个反射面反射的像都呈在望远镜分划板的标准位置上(见图 1-24-4).假设先让 AC 面正对望远镜,通过望远镜观察,左右微微转动游标盘(或望远镜),在视场中找到十字像,并将其调在竖直叉丝上,调节螺钉 2 或 3,使像移到标准位置,这说明 AC 面已经和望远镜光轴垂直.然后使 AB 面正对望远镜,这时只能调节螺钉 1,使 AB 面与望远镜光轴垂直.这种调节方法就是设法把一个二维(或多维)调节的问题简化为二个(或多个)一维调节问题.反复调节几次,直到两个面反射的像都在标准位置了,那么,三棱镜的主截面也就和望远镜光轴垂直.

3. 测量三棱镜顶角

根据实验原理,在测量三棱镜顶角时,除了要保证同一平面的四边形这个条件外,反射面还必须和望远镜垂直,所以在反射面反射的像处在标准位置时读数,并且保证十字像和叉丝之间无视差.当反射面 AC 垂直望远镜,即十字像在标准位置时,左、右游标读数分别为 $\phi_{左1}$、$\phi_{右1}$,转动游标盘(或刻度盘),使 AB 面垂直望远镜,这时左、右游标读数分别为 $\phi_{左2}$、$\phi_{右2}$,注意 $\phi_{左1}$ 和 $\phi_{左2}$ 是同一个游标的读数,同理,$\phi_{右1}$ 和 $\phi_{右2}$ 是另外一个游标的读数.根据公式(1-24-2),可得三棱镜顶角 A 的补角的读数为

$$\phi=\frac{1}{2}(|\phi_{左1}-\phi_{左2}|+|\phi_{右1}-\phi_{右2}|) \tag{1-24-3}$$

实验要求:为了提高测量精度,要求三棱镜在同一角度测量 5 次,或改变三棱镜(载物台)与游标盘的相对位置,测量 3 次,将数据记录于表(见表 1-24-1),求平均值,最后算出三棱镜顶角 A.

表 1-24-1 数据表格

n \ ϕ	$\phi_{左1}$	$\phi_{右1}$	$\phi_{左2}$	$\phi_{右2}$	ϕ
1					
2					
3					
平均值					

平均值

$$\bar{\phi}=\frac{\phi_1+\phi_2+\phi_3}{3} \tag{1-24-4}$$

误差

$$\Delta\phi=\frac{1}{3}[|\bar{\phi}-\phi_1|+|\bar{\phi}-\phi_2|+|\bar{\phi}-\phi_3|] \tag{1-24-5}$$

所以

$$\phi=\bar{\phi}\pm\Delta\phi \tag{1-24-6}$$

所以三棱镜顶角

$$A=(180^\circ-\bar{\phi})\pm\Delta A \tag{1-24-7}$$

这里根据误差传递原理,$\Delta A=\Delta\phi$.

五、注意事项

(1) 不得用手触摸平面镜和三棱镜的反射面.

(2) 调节望远镜过程中,如果经过多次调节,平面镜的两个反射面反射的像始终不能同时出现在视场时,一定要重新粗调.

(3) 望远镜一旦调好,不得转动其仰俯螺钉.

(4) 读数时,左、右游标不要弄混.

(5) 本分光计的最小精度是 $1'$,所以读数只能精确到分,另外计算时,其结果和误差都保留在"分"级,不得出现"秒".

(6) 在游标读数时,注意望远镜转动过程中是否过了刻度的零点.

六、思考与讨论

1. 如何判断物和像是否在同一平面内?如果发现十字像在叉丝前方,即离观察者更远,应怎样调节叉丝,使其与像重合?

2. 分光计为什么要设置双游标?

3. 调节望远镜时，平面镜可以不放在平台的中央吗？

4. 能否用三棱镜来调节望远镜与分光计转轴垂直？

5. 调节分光计使用平面镜的目的是什么？

6. 如果待测棱镜是直角棱镜，应把它如何放在活动平台上（画图说明），为什么？

参 考 文 献

[1] 赵凯华，钟锡华. 光学[M]. 北京：北京大学出版社，1992.

[2] 张毓英，邵义全，陈怀琳，等. 光学实验[M]. 北京：电子工业出版社，1989.

1-25　用阿贝折射仪测定物质的折射率

阿贝折射仪是一种能快速而精确地测出透明或半透明液体或固体的折射率和色散的专用仪器（也能测量溶液中溶质的含量等，其中以测量透明液体的折射率为主）. 它还可以与恒温装置（10～50 ℃）连用精确地测量折射率随温度的变化关系，测量精度较高（±0.000 3），但测量折射率的范围有限（1.300～1.700）.

要了解阿贝折射仪的结构和测量原理，熟悉使用方法. 用阿贝折射仪测量液体（不同温度下）的折射率和固体折射率.

一、实验原理

阿贝折射仪是根据全反射原理设计的，有透射光（掠入射）与反射（全反射）两种使用方法.

1. 测定液体的折射率

若待测物为透明液体，一般用透射光即掠入射方法来测量其折射率 n_x，阿贝折射仪中的阿贝棱镜组由两个直角棱镜（折射率为 n）组成，一个是进光棱镜，它的弦面是磨砂的，其作用是形成均匀的扩展面光源；另一个是折射棱镜. 待测液体（$n_x<n$）夹在两棱镜的弦面之间，形成薄膜. 如图 1-25-1 所示，光先射入进光棱镜，由其磨砂弦面 $A'B'$ 产生漫射光穿过液层进入折射棱镜（图 1-25-1 中$\triangle ABC$）. 因此，到达液体和折射棱镜的接触面（AB 面）上任意一点 E 的诸光线（如 1、2、3 等）具有各种不同的入射角，最大的入射角是 90°，这种方向的入射称为掠入射. 对不同方向入射光中的某条光线，设它以入射角 i 射向 AB 面，经过棱镜两次折射后，从 AC 面以 φ 角出射，若 $n_x<n$ 则由折射定律得

$$n_x \sin i = n \sin \alpha$$

$$n\sin\beta = \sin\varphi'$$

其中 α 为 AB 面的折射角，β 为 AC 面上的入射角. 由图 1-25-1 得棱镜顶角 A 与 α 角及 β 角的关系为：$A=\alpha+\beta$. 从以上三式消去 α 和 β 得

$$n_x \sin i = \sin A \sqrt{n^2 - \sin^2\varphi'} \mp \cos A \sin\varphi'$$

从图 1-25-1 可以看出，对光线"1"，有 $i \to 90°$，$\sin i \to 1$，$\varphi' \to$ 极限角 φ，$\sin\varphi' \to \sin\varphi$，则上式变为

$$n_x = \sin A \sqrt{n^2 - \sin^2\varphi} - \cos A \sin\varphi \tag{1-25-1}$$

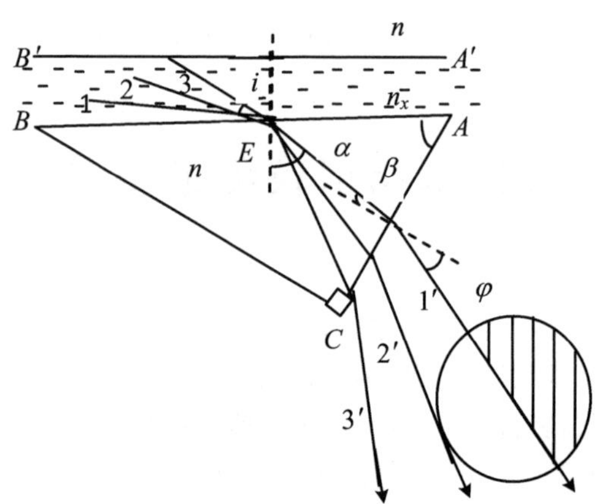

图 1-25-1 测液体折射率

因此，若折射棱镜的折射率 n、折射顶角 A 已知，图 1-25-1 只要测出出射角 φ 即可求出待测液体的折射率. n_x 若 $A=\alpha-\beta$，这时出射光线与顶角 A 在 AC 面法线的同侧，式(1-25-1)变为

$$n_x = \sin A \sqrt{n^2 - \sin^2\varphi} + \cos A \sin\varphi \tag{1-25-2}$$

阿贝折射仪是如何测量与光线"1"相对应的出射角呢？由图 1-25-1 可知，除光线"1"外，其他光线"2"、"3"等在 AB 面上的入射角皆小于 90°. 因此当扩展光源的光线从各个方向射向 AB 面时，凡入射角小于 90°的光线，经棱镜折后的出射角必大于 φ 角，而偏折于"1"的左侧形成亮视场，偏折于"1"的另一侧因无光线形成暗场. 显然，明暗视场的分界线就是掠入射光束"1"的出射方向.

阿贝折射仪直接标示出了与 φ 角对应的折射率的值，测量时只要使明暗分界线与望远镜叉丝交点对准，就可以从读数装置上直接读出 n_x 的值.

2. 测定固体的折射率

若待测物体有两个互成 90°角的面抛成光学平面，则可用透射光测定折率，在待测固体和折射棱镜 AB 面之间滴一滴接触液(其折射率为 n_2，要求 $n_2>n_x$)，扩展光源发出的光直接进入待测固体(不用进光棱镜)，经过接触液进入折射棱镜，其中

一部分光线在通过待测固体时，传播方向平行于固体与接触液的交界面. 当 $n_x < n_2$ 及 $n_x < n$ 时，同理，由折射定律和几何关系可得待测固体折射率为

$$n_x = \sin A\sqrt{n^2 - \sin^2\varphi} \mp \cos A\sin\varphi \tag{1-25-3}$$

当出射光线与顶角 A 分别居于 AC 面法线的两侧时式(1-25-3)取“－”号，如图 1-25-2 所示. 反之，若在同侧时，式(1-25-3)取“＋”号.

由于折射棱镜的 n 和 A 均已知，只要测出光线掠射经过待测固体时，由棱镜 AC 面上的出射极限角，由上式即可算出待测固体的折射率. 用阿贝折射仪测量时，只要使明暗分界线与望远镜叉丝交点对准，就可直接读出 n_x 的值. 接触液可使待测样品面和折射棱镜面形成良好的光学接触，没有空隙且有黏附性.

此外，用反射光测定折射率的原理如图 1-25-3 所示，光由折射棱镜的磨砂面 BC 面进入，此时 BC 面就成为一个扩展光源，到达 AB(与待测物质的接触面)上任意一点的诸光线具有不同的入射角，凡入射角大于临界角($i_c = \sin^{-1}\frac{n_x}{n}$)者，皆全反射，再经 AC 面射出，用望远镜对准 φ 角方向，同样会观察到明暗视场，但明暗差别不如透射光. 用反射光测量固体的折射率时，只需一个抛光面. 任何物质的折射率都与测量时使用光波的波长有关. 阿贝折射仪因有光补偿装置(阿米西棱镜组)，所以，测量时可用白光光源，且测量结果相当于钠黄光(λ=589.3 nm)的折射率，另外，液体的折射率还与温度有关.

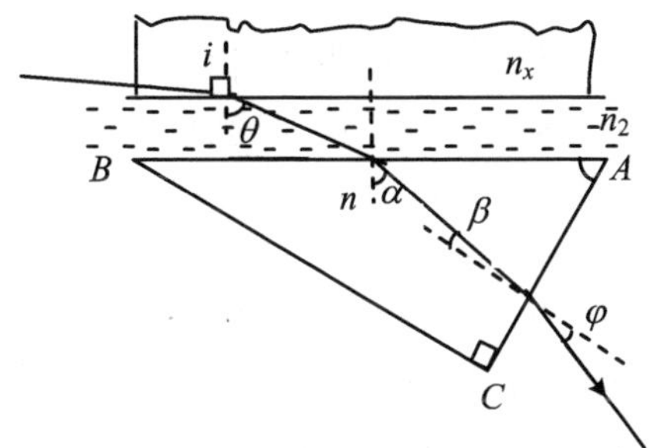

图 1-25-2　测固体折射率

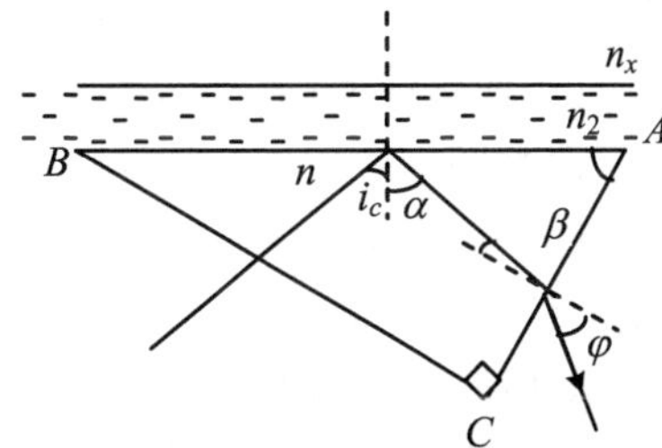

1-25-3　反射光测折射率

二、实验装置

阿贝折射仪的光学系统由望远系统和读数系统组成.

望远系统. 如图 1-25-4 所示，光线经反射镜 1 反射进入进光棱镜 2 及折射棱镜 3，待测液体放在 2 与 3 之间，经阿米西色散棱镜组 4 以抵消由于折射棱镜与待测物质所产生色散，通过物镜 5 将明暗分界线(明暗分界线的形成见实验原理)成像于分划板 6 上，再经目镜 7，8 放大后为观察者所观察.

读数系统.图 1-25-5 所示,光线由小反射镜 14 经毛玻璃 13 照明刻度盘 12,经转向棱镜 11 及物镜 10 将刻度(有两行刻度,一行是折射率,一行是百分浓度,是测量糖浓度专用的)成像于分化板 9 上,经目镜 7′、8′放大成像于观察者眼中.

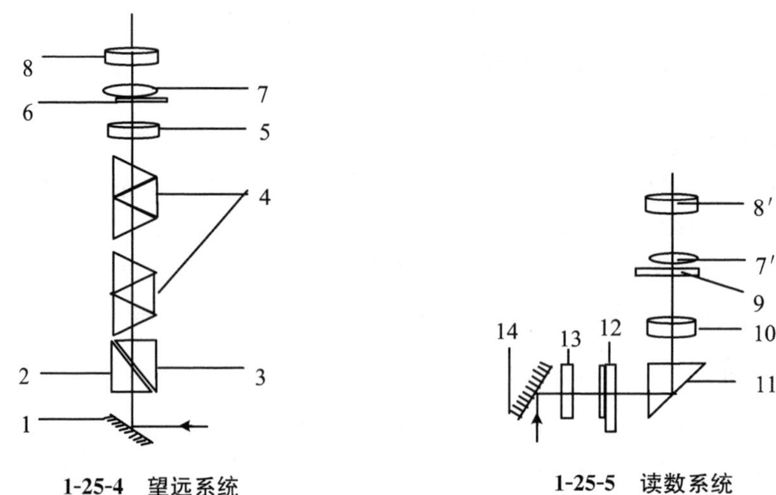

1-25-4 望远系统

1-25-5 读数系统

阿贝折射仪的外型结构如图 1-25-6 所示 .

三、实验内容

阿贝折射仪待测液体为酒精、甘油、石蜡等,待测固体为透明玻璃块.

阿贝折射仪在使用之前,需用标准玻璃块或标准液体校正仪器读数.校正方法如下:根据测固体折射率的方法(见图 1-25-2),将一已知折射率 n_D 的标准玻璃块(仪器附件,n_D 的数值标在玻璃块上)的抛光面上加一滴接触液(溴代萘),贴在折射棱镜的弦面 AB 上,让标准玻璃块的另一抛光面接收入射光线,当读数镜筒内的读数与标准玻璃块的值 n_D 相等时,观察望远镜内明暗分界线是否在十字叉丝中间,若有偏差则用附件方孔调节扳手转动示值调节螺钉,使明暗分界线调整至中央(见图 1-25-7),这时仪器读数就校正好了.

1. 测定液体的折射率

(1) 测量前,转动棱镜锁紧扳手,打开棱镜组,用脱纸棉花沾一些无水乙醇将进光棱镜及折射棱镜弦面轻轻擦洗干净.以免留有其他物质影响测量精度.

(2) 开动恒温水箱,使棱镜组达到测量时需要的温度.(一般情况下不用,但需记下测量时室温.)

(3) 用滴管把待测液体加一滴在进光棱镜磨砂面上.合拢棱镜组后,转动棱镜锁紧扳手使棱镜组锁紧.要求液膜均匀,无气泡并充满视场.待液体热平衡即可测量.

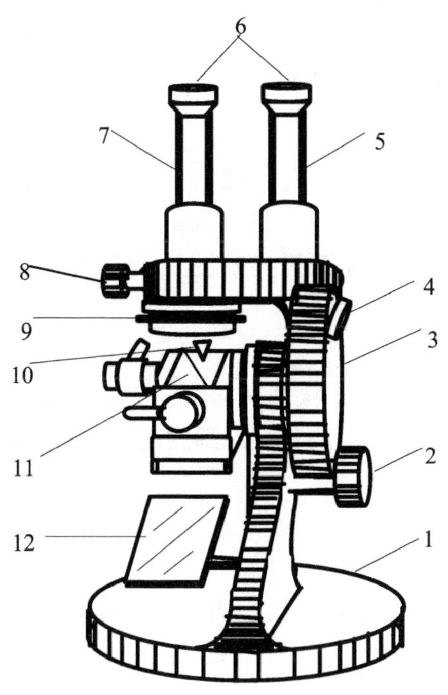

1. 底架
2. 棱镜转动手轮
3. 圆盘组（内有刻度板）
4. 小反光镜
5. 读数镜筒
6. 目镜
7. 望远镜筒
8. 阿西米棱镜手轮
9. 色散值刻度圈
10. 棱镜锁紧扳手
11. 棱镜组
12. 反光镜

1-25-6　阿贝折射仪

(4) 用白炽灯照明，调节两反光镜，使望远镜与读数目镜视场明亮.

(5) 旋转棱镜及刻度盘转动手轮，使棱镜组转动，这时在望远镜视场中可观察到明暗分界线随着上下移动，旋转阿西米棱镜手轮，使视场中除黑白二色外无其他颜色. 将分界线对准十字叉丝交点，读出目镜视场右边所示的刻度值，即为待测液体在该温度下的折射率 n_x，如图 1-25-8 所示.

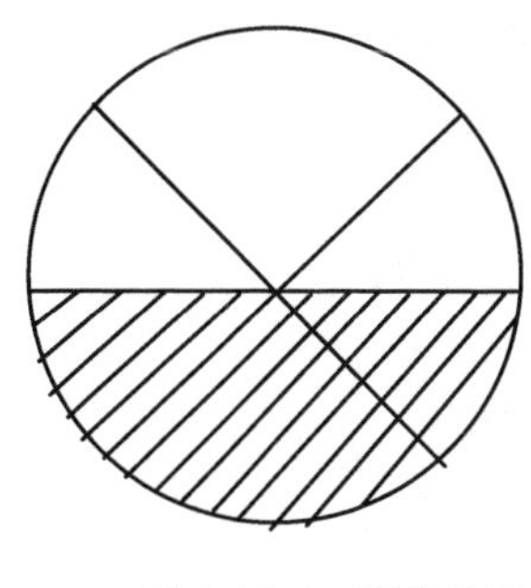

图 1-25-7　明暗分界

1.44
1.4383
1.43

图 1-25-8　读数目镜视场

(6) 测出三种不同液体(如酒精、甘油、石蜡等)在不同温度下的折射率(本实验仪器可测范围 10～50 ℃).

(7) 测定固体的折射率,自行设计实验步骤.

2. 实验注意事项

(1) 测量工作开始前,要做好棱镜的清洁工作,以免在工作面上残留其他物质而影响测量精度.

(2) 必须对阿贝折射仪进行读数校正.通常最简便的方法是用蒸馏水来校正,因为蒸馏水在一定温度(20 ℃)和一定光源(钠光 589.3 nm),它的折射率为定值,$n=1.3330$.因此,只要在棱镜上滴几滴蒸馏水到进光棱镜上,调节并读取其折射率的值,如不相符,可微动仪器上的校正螺旋,使完全相同.这样,阿贝折射仪的读数就校正好了.

(3) 任何物质的折射率都与温度有关,本仪器在消除色散的情况下测得的折射率,其对应光波波长 $\lambda=589.3$ nm,如不需测量不同温度时的折射率,可在室温下进行.

四、思考题

1. 阿贝折射仪测定折射率的理论依据是什么?如待测物质的折射率大于折射棱镜的折射率,能否用阿贝折射仪测定?为什么?试讨论本实验所能测定的折射率的范围.

2. 分析望远镜中观察到的明暗视场分界线是如何形成的.

3. 掠入射法求 n_x 的公式是否同样适用于反射法?

4. 阿贝折射仪中的进光棱镜起什么作用?

5. 若仪器未校准,它将主要影响测量的准确度还是精密度?

参考文献

[1] 张毓英,邵义全,陈怀琳,等.光学实验[M].北京:电子工业出版社,1989.

[2] 赵鲁卿,王玉文.普通物理实验[M].西安:西北大学出版社,1993.

[3] 赵凯华,钟锡华.光学[M].北京:北京大学出版社,1992.

1-26 显微镜实验

显微镜是一种常用的工具,本实验要熟悉显微镜的构造及原理,掌握显微镜的正确使用方法和放大率的测定,学会用生物显微镜测量微小长度,验证显微镜的分辨本领和物镜数值孔径的关系,进一步理解分辨本领和数值孔径的含义.

一、实验原理

图 1-26-1 是显微镜的原理光路图，它由两个透镜组，即物镜、目镜组成. 被观察的物体 AB 放在物镜 L_0 物方焦点外侧附近，它经物镜成倒立实像 A_1B_1 于目镜 F_E 物方焦点的内侧，再经目镜成放大虚像 A_2B_2 于人眼的明视距离 S_0 之内. 实际使用的显微镜，它的物镜和目镜都是经过精确校正的复合透镜组，为了突出其基本原理，在图 1-26-1 中仅以薄透镜表示.

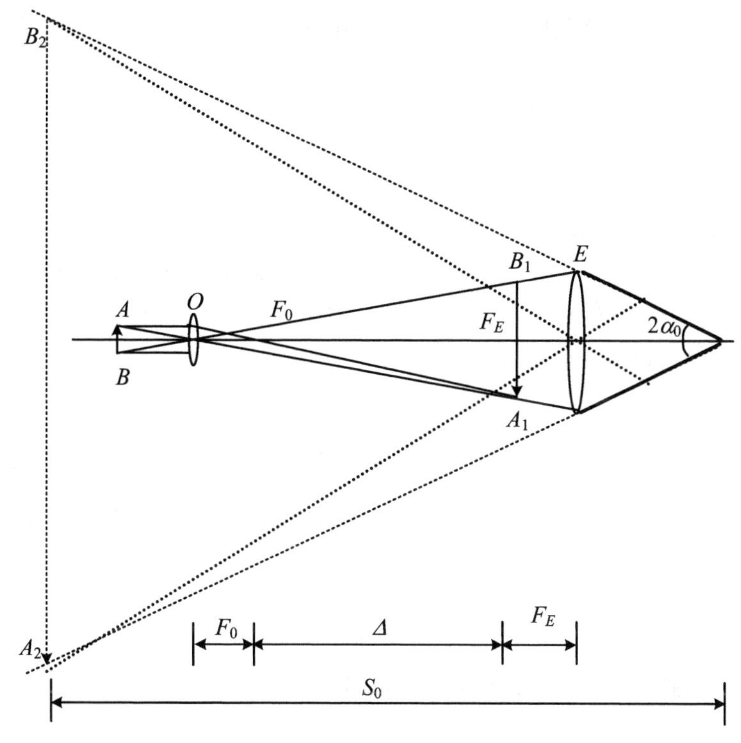

图 1-26-1　显微镜结构示意图

1. 显微镜的视角放大率 M

理论计算可得显微镜的放大率为

$$M = M_0 \cdot M_E = \frac{\Delta}{f_0} \cdot \frac{s_0}{f_E} \tag{1-26-1}$$

式中，M_0 是物镜的横向放大率，M_E 是目镜的视角放大率，f_0 和 f_E 分别是物镜和目镜的第二焦距，Δ 称为显微镜的光学筒长（Δ 为 F_0 和 F_E之间的距离），$s=25$ cm，为正常人的明视距离，式中负号表示像是倒立的. 上式表明，物镜、目镜的焦距愈短，光学筒长愈长，显微镜的放大率愈高. 通常将物镜、目镜的放大率和光学筒长的值标在镜头上以供选用.

测定放大率的方法如下.

(1) 测定显微镜的放大率 M. 在垂直于显微镜光轴方向距离目镜 25 cm 处放置一毫米尺(1 mm 分格),在物镜前置一微尺(0.01 mm 分格),使显微镜对微尺成像,经多次观测,当微尺的放大像正好落在毫米尺上,又无视差时,若微尺的 n 个分格恰好等于毫米尺上的 N 个分格,则显微镜的放大率为

$$M = -\frac{N}{n} \times 100 \tag{1-26-2}$$

(2) 测定显微镜物镜的放大率 M. 用测微目镜代替显微镜原配套的目镜,在物镜前放一微尺(0.01 mm 分格),使显微镜对微尺调焦. 设微尺上的 L 长度经物镜放大后的像长为 L',用测微目镜测出 L',则物镜的放大率为

$$M_0 = -\frac{L'}{L} \tag{1-26-3}$$

2. 显微镜的分辨本领

显微镜的分辨本领是利用最小分辨距离 Δy(即能分辨两点之间的距离)来表示. 它是指显微镜物镜区分微小细节的能力,对于像差校正完善的物镜,由衍射理论和瑞利判断可以导出

$$\Delta y = \frac{0.61\lambda}{n\sin\theta} \tag{1-26-4}$$

式中,λ 为光的波长,n 为物方的折射率,θ 为轴上物点对物镜入射孔径的半张角. 通常把 $n\sin\theta$ 称为数值孔径,用符号 N. A. 表示,其具体数值常标在物镜镜头上.

二、实验仪器和用具

生物显微镜,标准石英尺,测微目镜,待测样品(如光刻板、光栅玻片等).

常用的生物显微镜的构造和外形如图 1-26-2 所示,由光学和机械两大部分组成.

光学部分的成像系统由目镜(1)和物镜(7)组成. 目镜由两块透镜装置在目镜筒中构成,筒上标有放大率,常用的有 5×、10×、15×(或 12.5×),物镜由多块透镜复合构成,装置在物镜转换器(6)上,转动转换器可调换使用. 通常配有物镜三个,放大率分别 10×、40×、100×(或 8×、45×、100×),由物镜和目镜的相互组合,可得 9 种不同的放大率.

光学部分的照明系统由聚光镜(10),可变光阑(11)和反射镜(12)组成. 反射镜将外来光线导入聚光镜,并由聚光镜聚焦,以照亮被观察物. 可变光阑可改变孔径,以调节照明亮度,以便使用不同数值孔径的物镜观察时获得清晰的像.

机械部分由镜筒(2)、镜架(3)、镜座(13)等组成. 物镜转换器(6)装有三个物

镜,可借助转动而调换.调节器分粗调手轮(4)和微调手轮(5)两种.转动粗调手轮镜筒升降明显,使视场里看到模糊的物像;转动微调手轮镜筒则升降甚微,使物像达到最清晰.载物台(8)在物镜下方,为搁置载物玻片和标本之用.载物台移动手轮(9)装在载物台上,用以前后左右移动载物玻片和标本.移动距离可由游标尺(14)读出.

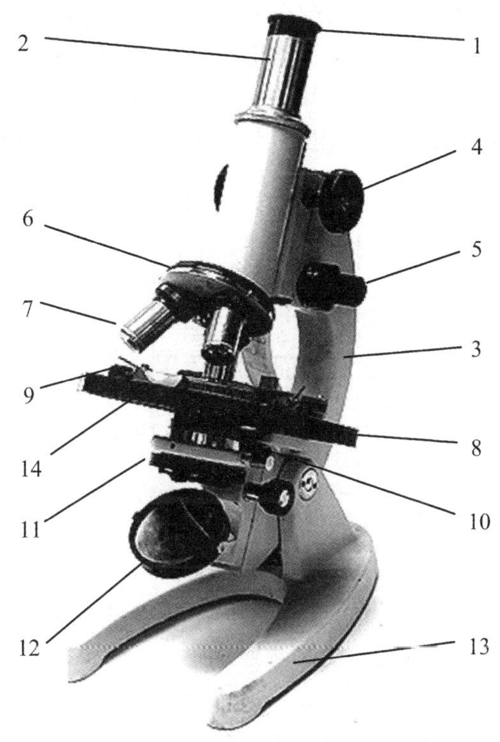

1. 目镜 2. 镜筒 3. 镜架 4. 粗调手轮 5. 微条手轮 6. 物镜转换器 7. 物镜 8. 载物台 9. 载物台移动手轮 10. 聚光器 11. 可变光阑旋柄 12. 反光镜 13. 镜座 14.游标尺

图 1-26-2 显微镜

显微镜是一种精密光学仪器,要注意保养维护,使用时应严格遵守操作规程和使用方法(参阅仪器使用说明书).特别是使用高倍物镜时,由于物镜视场小而暗,工作距离短,调节较为困难,必须细心操作.例如 100×物镜,工作距离只有 2 mm 左右,调焦稍不小心,物镜就可能与被观察物接触而受到挤压,造成损坏.为此,规定调焦的操作规程如下:① 需要使用高倍物镜时,先用低倍物镜进行观察调节;② 用粗调手轮把镜筒往下调,并从旁边严密监视,使物镜镜头慢慢靠近被观察物而又不接触;③ 然后,从目镜中观察,并慢慢转动粗调手轮使镜筒上升(不许下降!),使镜头与物间距离逐渐增大,直到观察到物的像.④ 这时转动转换器,换用高倍物镜观察(转换时物镜不会碰到被观察物),稍加调节微调手轮,即可获得最清晰的像,至此调焦完毕.

三、实验步骤和要求

(1) 将标准石英尺放在显微镜载物台上夹住.

(2) 将显微镜上目镜卸下,换上测微目镜,调焦至物的像最清晰.

(3) 转动测微目镜(或转动载物台移动手轮)使分划板上叉丝的取向与标准石英尺刻线平行.然后将叉丝移至和显微镜视场中标准石英尺某一刻度重合,记下测微目镜的读数(括测微尺刻度和鼓轮刻度读数)m,如图 1-26-3 所示.

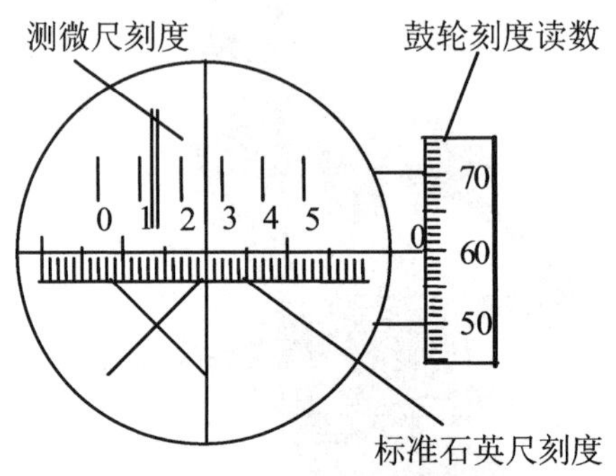

图 1-26-3 测微目镜

(4) 转动测微目镜鼓轮,使叉丝在标准石英尺上移动 N 格,这时叉丝与标准石英尺上另一刻度线重合,记下测微目镜的读数 n.

(5) 重复测量 5 次,求出 $|m-n|$ 的平均值,计算出测微目镜鼓轮每小格所对应的叉丝实际移动的长度,这样测微目镜刻度便得到校正.

(6) 取下标准石英尺,换上所需测量的标本玻片(图样、刻度等),对每一长度重复测量 3 次,取平均值.

四、思考题

1. 显微镜由哪些主要部件构成?怎样简单地判别显微镜和望远镜?物镜和目镜?

2. 试说明显微镜的放大原理及实测显微镜放大率的方法?

3. 放大率的正负号有些什么意义?

参 考 文 献

[1] 陆廷济等.物理实验教程[M].上海:同济大学出版社,2000.

[2] 张毓英,邵义全. 光学实验[M]. 北京:电子工业出版社,1989.
[3] 丁慎训,张连芳. 物理实验教程[M]. 北京:清华大学出版社,2002.

1-27　调节分光计并测定三棱镜的折射率

光线在传播过程中,入射到不同介质的分界面上时,会发生反射和折射现象,光线将改变传播的方向,于是在入射光与反射光或折射光之间就存在一定的夹角.通过对这些角度的测量,可以测定介质折射率、光栅常数、光波波长等许多物理量.所以精确测量这些角度,在光学实验中显得十分重要.

分光计是一种精密测量角度的光学仪器,可以满足上述要求.本实验的目的就是通过对分光计的调节并测量三棱镜玻璃的折射率,加深对分光计结构、作用及工作原理的了解,熟练掌握分光计的调节方法,掌握测量棱镜玻璃折射率的方法,并用最小偏向角法测定三棱镜的折射率.

一、实验仪器

JJY 型 1′分光计,玻璃三棱镜,水银灯,平面反射镜.

二、实验原理

关于分光计的结构、调节方法及工作原理,我们已在实验 1-24 中作了详细介绍,这里就不再赘述.下面重点介绍最小偏向角法测棱镜玻璃的折射率.

将待测的光学玻璃制成三棱镜,测量原理如图 1-27-1 所示.一束单色平行光 a 以入射角 i_1 投射到棱镜面 AB 上,经棱镜两次折射后以 i_4 角从 AC 面射出,成为光线 b,则入射光 a 与出射光 b 的夹角 δ 称为偏向角.其大小为

$$\delta = (i_1 - i_2) + (i_4 - i_3)$$

即

$$\delta = i_1 + i_4 - A$$

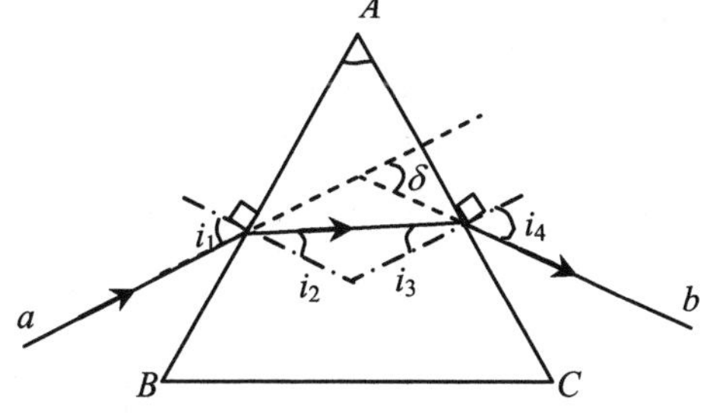

图 1-27-1　测量三棱镜折射率原理

因为棱镜已经给定,所以顶角 A 和折射率 n 已确定不变,所以偏向角 δ 是 i_1 的函数,随入射角 i_1 而变.转动三棱镜,改变入射光对光学面 AB 的入射角 i_1,出射光线的方向也随之改变,即偏向角 δ 发生变化.沿偏向角减小的方向继续缓慢转动三棱镜,使偏向角逐渐减小;当转到某个

位置时，若再继续沿此方向转动，偏向角又将逐渐增大，偏向角在此位置达到最小值，称为最小偏向角，用 $\delta_{\min}$ 表示. 用微商计算可以证明(见附录)，当 $i_1=i_4$(或 $i_2=i_3$)时，偏向角有最小值，此时有 $i_1=\frac{(A+\delta_{\min})}{2}$，$i_2=\frac{A}{2}$，所以根据折射定律，三棱镜的折射率为

$$n=\sin\left(\frac{A+\delta_{\min}}{2}\right)\Big/\sin\frac{A}{2} \tag{1-27-1}$$

实验中，利用分光计测出三棱镜的顶角 A 及最小偏向角 $\delta_{\min}$，即可由上式算出棱镜材料的折射率 n.

三、实验内容

1. 调节分光计

(1) 调节望远镜聚焦于无穷远.(具体方法详见实验 1-24 之仪器描述，下同.).

(2) 调节望远镜光轴与分光计转轴垂直.

(3) 调节平行光管产生平行光.

(4) 调节平行光管光轴与分光计转轴垂直.

2. 调节三棱镜并测量三棱镜顶角 A

(1) 调节三棱镜的主截面与望远镜光轴平行，注意三棱镜在活动平台上的放置方法.

(2) 测量三棱镜的顶角 A.

3. 测定最小偏向角 $\delta_{\min}$

本实验中，我们采用水银灯作为光源，在上述调好望远镜和三棱镜的基础上，测定棱镜对水银绿谱线($\lambda=546.1$ nm)的最小偏向角 $\delta_{\min}$.

(1) 用水银灯照亮平行光管的狭缝，转动游标盘(连同载物台)，使待测棱镜处在如图 1-27-2 所示的位置上. 转动望远镜至棱镜出射光的方向，观察折射后的狭缝像，此时在望远镜中就能看到水银光谱线(狭缝单色像). 将望远镜对准绿谱线.

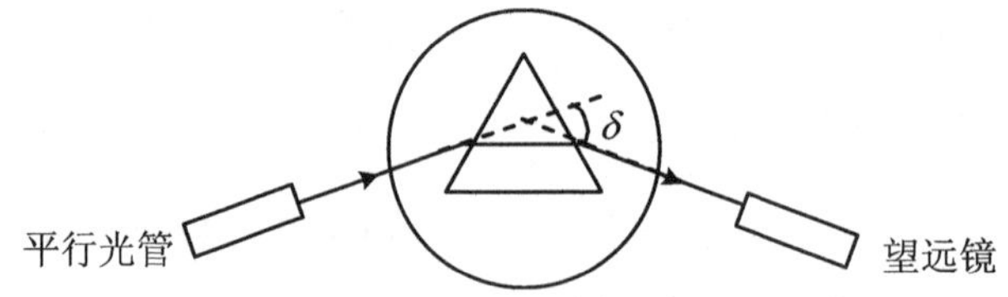

图 1-27-2 三棱镜位置示意图

(2) 慢慢转动游标盘，改变入射角 i_1，使谱线往偏向角减小的方向移动，同时

转动望远镜跟踪绿谱线. 当游标盘转到某一位置,绿谱线不再向前移动而是开始向相反方向移动时,也就是偏向角变大,那么这个位置就是谱线反向移动的极限位置,也就是棱镜对该谱线的最小偏向角的位置.

(3) 将望远镜的竖直叉丝对准绿谱线,微调游标盘,使棱镜作微小转动,准确找到谱线开始反向的位置,然后固定游标盘,同时调节望远镜微调螺钉,使竖直叉丝对准绿谱线的中心,记录望远镜在此位置时的左、右游标的读数 θ_1'、θ_1''.

(4) 取下三棱镜,游标盘固定不动,将望远镜(连同刻度盘)转到入射光线的方向,让竖直叉丝对准白色狭缝像,记下相应的左、右游标的读数 θ_2'、θ_2''. 由此可以确定出最小偏向角,即

$$\delta_{\min}=\frac{1}{2}(|\theta_1'-\theta_2'|+|\theta_1''-\theta_2''|) \tag{1-27-2}$$

(5) 重复测几次,测得的数据填于如表 1-27-1 所示数据记录中,求 $\delta_{\min}$ 的平均值.

表 1-27-1　数据记录表

记录次数	绿谱线位置		白色光位置		最小偏向角
	$\theta_{1(左1)}'$	$\theta_{1(右1)}''$	$\theta_{2(左2)}'$	$\theta_{2(右2)}''$	$\delta_{min}=\frac{1}{2}(\|\theta_1'-\theta_2'\|+\|\theta_1''-\theta_2''\|)$
1					
2					
3					
平均值	$\bar{\delta}_{\min}=\frac{(\delta_{\min1}+\delta_{\min2}+\delta_{\min3})}{3}$				

4. 计算三棱镜玻璃的折射率 *n*

利用测得的顶角 A 及最小偏向角 $\delta_{\min}$,根据公式(1-27-1)计算棱镜玻璃的折射率 n 及其标准偏差.

四、注意事项

(1) 望远镜、平行光管上的镜头、三棱镜和平面镜的镜面不能用手触摸. 如发现有尘埃时,应该用镜头纸轻轻揩擦. 三棱镜、平面镜应妥善放置,以免损坏.

(2) 分光计是较精密的光学仪器,不允许在制动螺钉锁紧时强行转动望远镜或游标盘等,也不要随意拧动狭缝.

(3) 在读数前务必检查分光计的几个制动螺钉是否锁紧,以防读数过程中望远镜或游标盘转动,这样测得的数据不可靠.

(4) 测量中应正确使用望远镜转动的微调螺丝,以便提高工作效率和测量准

确度.使用微调螺钉时,应保证相应的制动螺钉在松弛状态.

(5) 在游标读数过程中,由于望远镜可能位于任何方位,故处理数据时,应注意望远镜转动过程中是否过了刻度零点.

(6) 读数时,左、右游标不要弄混.

五、思考讨论

1. 何谓最小偏向角?在实验中如何确定最小偏向角的位置?

2. 分光计为什么要调整为望远镜光轴与分光计转轴相垂直?如果两者不垂直对测量结果有何影响?

3. 在已调好望远镜光轴与仪器转轴垂直后,拧活动平台下的螺钉,会不会破坏这种垂直性?

4. 设计一种不测最小偏向角而能测棱镜玻璃折射率的方案(使用分光计去测).

参考文献

[1] 赵凯华,钟锡华.光学[M].北京:北京大学出版社,1982.
[2] 张毓英,邵义全.光学实验[M].北京:电子工业出版社,1989.

附　　录

最小偏向角条件的证明.

取式 $\delta=i_1+i_4-A$ 对 i_1 的导数,得

$$\frac{\mathrm{d}\delta}{\mathrm{d}i_1}=1+\frac{\mathrm{d}i_4}{\mathrm{d}i_1}$$

产生最小偏向角的必要条件是

$$\frac{\mathrm{d}\delta}{\mathrm{d}i_1}=0$$

即

$$\frac{\mathrm{d}i_4}{\mathrm{d}i_1}=-1$$

根据折射定律

$$\begin{cases}\sin i_1=n\sin i_2\\ \sin i_4=n\sin i_3\end{cases}$$

取微分后得

$$\begin{cases}\cos i_1\mathrm{d}i_1=n\cos i_2\mathrm{d}i_2\\ \cos i_4\mathrm{d}i_4=n\cos i_3\mathrm{d}i_3\end{cases}$$

两式相比得

$$\frac{\mathrm{d}i_4}{\mathrm{d}i_1}=\frac{\cos i_1\cos i_3}{\cos i_2\cos i_4}\frac{\mathrm{d}i_3}{\mathrm{d}i_2}$$

而 $\mathrm{d}i_2=\mathrm{d}i_3$（因为 $A=i_2+i_3$），所以上式又可写为

$$\frac{\mathrm{d}i_4}{\mathrm{d}i_1}=-\frac{\cos i_1\cos i_3}{\cos i_2\cos i_4}$$

因此，产生最小偏向角的条件为

$$\frac{\cos i_1\cos i_3}{\cos i_2\cos i_4}=1\quad 或\quad \frac{\cos i_1}{\cos i_2}=\frac{\cos i_4}{\cos i_3}$$

方程两边分别平方，并利用前面的条件，可得

$$\frac{1-\sin^2 i_1}{n^2-\sin^2 i_1}=\frac{1-\sin^2 i_4}{n^2-\sin^2 i_4}$$

上式只有在 $i_1=i_4$ 时成立. 这就是说，光线 a 和 b 对棱镜对称，所以得

$$i_1=i_4=\frac{A+\delta_{\min}}{2},\quad i_2=i_3=\frac{A}{2}$$

可以证明，$\frac{\mathrm{d}^2\delta}{\mathrm{d}i_1^2}=\frac{\mathrm{d}^2 i_4}{\mathrm{d}i_1^2}>0$，所以上述必要条件同时也是产生最小偏向角的充分条件.

1-28　等厚干涉——牛顿环

牛顿环实验是用分振幅的方法获得相干光产生干涉的实验. 通过此实验学会用牛顿环法测定透镜的曲率半径，学会使用读数显微镜，加深对光的波动性的认识.

一、实验仪器

牛顿环，钠光灯，读数显微镜.

二、实验原理

振动频率相同，位相差恒定，存在互相平行的振动分量的两束光（相干光）相遇时，在它们相遇的区域内产生明暗相间的干涉条纹，称为光的干涉现象. 为了获得满足相干条件的两束相干光，可以把某一光源发出的光经过一定的实验装置，分成沿两条不同路径传播的光，然后再使它们相遇，实现光的干涉，这是一种通过分振幅的方法获得相干光. 牛顿环就是这样一种装置，而且在牛顿环上产生的干涉条纹，是与其发生干涉处介质的厚度有关，介质厚度相同的地方，其干涉结果产生同

一级次条纹，属于典型的等厚干涉.

牛顿环的结构如图 1-28-1 所示，上部为一曲率半径为 R 的平凸透镜，下部为一平板玻璃，中间形成一空气层. 当用单色平行光垂直照射时，空气层上表面反射的光与空气层下表面反射的光满足相干条件，将产生光的干涉. 由于各处空气层厚度 e 不同，将产生不同的光程差. 凡厚度相同的地方将形成同一级次的条纹，因此干涉图样将是以平凸透镜与平板玻璃的接触点为圆心的明暗相间的同心圆，称为牛顿环，如图 1-28-2 所示.

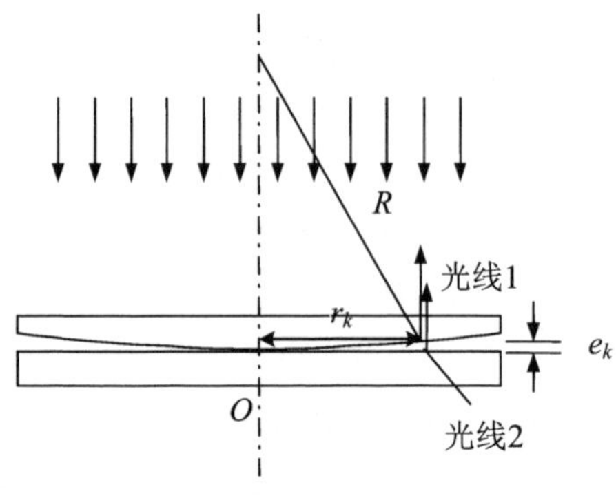

图 1-28-1　牛顿环的结构

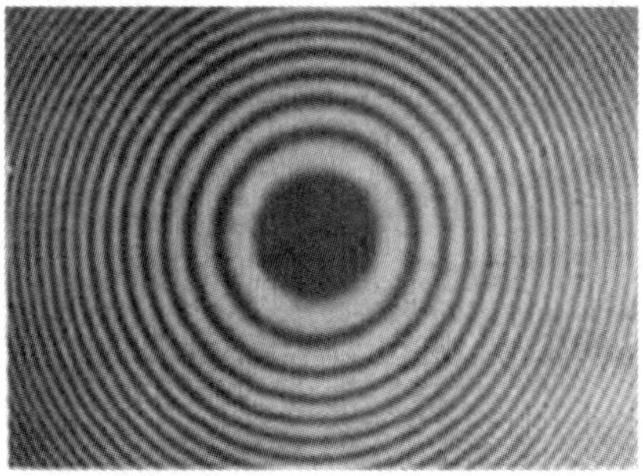

图 1-28-2　牛顿环

由图 1-28-1 进行光路分析. 在距接触点 O 产生的第 k 级牛顿环半径为 r_k，此处空气层的厚度为 e_k，空气层上表面反射的光束 1 与下表面反射的光束 2 的光程差为

$$\Delta = 2e_k + \frac{\lambda}{2} \tag{1-28-1}$$

式中，$\lambda/2$ 为光在下表面反射时产生的半波损失.

由图 1-28-1 的几何关系可知

$$r_k^2 + (R - e_k)^2 = R^2$$

即

$$r_k^2 = 2e_kR - e_k^2$$

由于 $R \gg e_k$，可略去高阶微量 e_k^2，则有

$$r_k^2 = 2e_kR \tag{1-28-2}$$

由式(1-28-1)和式(1-28-2)可知光程差为

$$\Delta = \frac{r_k^2}{R} + \frac{\lambda}{2}$$

产生明暗条纹的条件为

$$\Delta=\begin{cases}k\lambda & \text{明纹} \quad k=1,2,\cdots \\ (2k+1)\dfrac{\lambda}{2} & \text{暗纹} \quad k=0,1,2,\cdots\end{cases} \tag{1-28-3}$$

在实验中，暗纹比较容易观察，则由暗纹产生条件及式(1-28-3)得

$$R=\frac{r_k^2}{k\lambda} \tag{1-28-4}$$

式中，$k=0,1,2,\cdots$为暗纹的级次，r_k 为这一级次暗环的半径，λ 为入射光波长，R 为平凸透镜的曲率半径.

由式(1-28-4)可以看出，若用波长 $\lambda=589.3\ \text{nm}$ 的单色光产生牛顿环，则测出各级暗环的半径 r_k，即可计算出平凸透镜的曲率半径 R. 但是，由于平板玻璃与平凸透镜凸面之间不可能是理想的点接触，牛顿环的中心只能是一个暗斑而不是暗点，r_k 就很难确定，因此用式(1-28-4)计算 R 就会引起较大的不确定度. 为了消除这个不确定度，我们采用两环直径之平方差的公式进行测量. 对于第 m 级暗环有

$$m\lambda R=r_m^2 \tag{1-28-5}$$

对第 n 级暗环有

$$n\lambda R=r_n^2 \tag{1-28-6}$$

式(1-28-5)与式(1-28-6)相减，并设 $m>n$，得

$$(m-n)\lambda R=r_m^2-r_n^2$$

设牛顿环直径 $D_m=2r_m$，$D_n=2r_n$则有

$$R=\frac{D_m^2-D_n^2}{4(m-n)\lambda} \tag{1-28-7}$$

这是测定透镜曲率半径 R 的计算公式.

三、实验内容与步骤

1. 实验装置的调节

(1) 如图1-28-3所示，将牛顿环装置放在显微镜工作台上，牛顿环处在镜筒正下方，让显微镜45°透光半反射镜接近牛顿环. 单色光源(钠光灯，其波长为589.3 nm)放在45°透光半反射镜前方且与其等高，旋转45°透光半反射镜使视场被钠黄光均匀照亮.

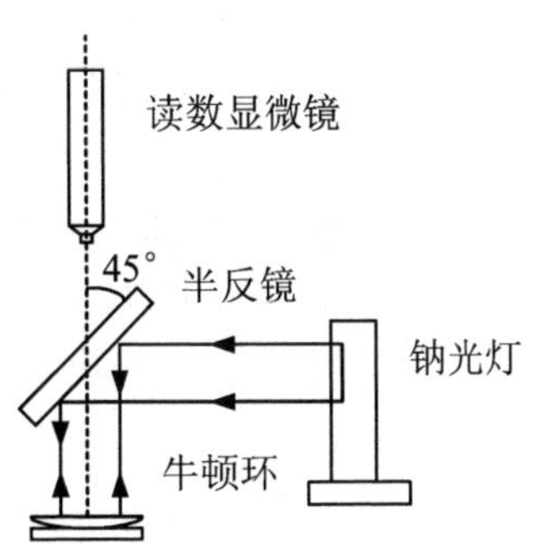

图1-28-3 牛顿环及钠光灯的调整

(2) 调节目镜，使十字叉丝线清晰. 转动目镜使水平叉丝与镜筒移动方向平行.

(3) 调节显微镜调焦旋钮(调焦必须是自下而上)，使牛顿环成像清晰. 适当移动牛顿环装置，使牛顿环圆心(暗斑)处在十字

叉丝正中央.

2. 测量

转动显微镜的读数轮,可使显微镜镜筒左右移动.在测量过程中,读数轮只能单方向转动,若来回转动,因螺丝与螺母在反向啮向过程中,经过一段空隙,从而导致读数与实际移动距离不符而引起的误差(称为螺距误差),这在精密测量中不允许.在实验中暗环容易分辨,建议测暗环.靠近圆心的几环较粗,不易测准,可以不测.测量过程中,应使垂直叉丝始终与环的同一侧相切,即如果左边与暗环外切,则右边与暗环内切,以免环较粗时,不易测准,难以定准环线的位置.

转动读数轮移动十字叉丝并从目镜中观察,自中心向左侧数暗环到第 32 环之外,然后反向缓慢移动,使十字叉丝的竖直叉丝与 30 级暗环相切,记下读数 x_{30},一直沿此方向转动读数轮,依次记下 29→28→27…22→21 环的位置读数,过环的中心位置后,再依次记下右边 21→22→23…29→30 环的位置读数.将读数记入下表格中,同一环的 $x_{左}$ 和 $x_{右}$ 相减,即可求出该环的直径 D_x.注意在测量过程中要避免螺距差.

四、数据记录及处理

测得的数据填于如表 1-28-1 所示的数据记录表中.

表 1-28-1 数据记录表

环 序	30	29	28	27	26	25	24	23	22	21
$x_{左}$(mm)										
$x_{右}$(mm)										
D(mm)										
D^2(mm^2)										

按上表测量的结果逐差法处理数据,即 $D_{30}^2-D_{25}^2$,$D_{29}^2-D_{24}^2$,$D_{28}^2-D_{23}^2$,$D_{27}^2-D_{22}^2$,$D_{26}^2-D_{21}^2$,求出各值,如果发现某组数据偏离其他数据较大,则可以抛弃这一组数据,不要勉强把它加进去求平均值,因为这样会带来较大的误差.取平均值之后,代入式(1-28-7),可以计算出透镜的曲率半径 $\bar{R}$.(本实验中,D 的脚码相差 5,即 $m=5$)最后计算 $D_{n+5}^2-D_n^2$ 的算术平均绝对误差

$$\Delta(D_{n+5}^2-D_n^2)=\frac{\sum_{i=21}^{25}\left|(D_{i+5}^2-D_i^2)-(\overline{D_{n+5}^2-D_n^2})\right|}{5} \tag{1-28-8}$$

R 的绝对误差 ΔR 为

$$\Delta R=\frac{\Delta(D_{n+5}^2-D_n^2)}{4m\lambda} \tag{1-28-9}$$

相对误差

$$E_R = \frac{\bar{R}}{\Delta R}\% \tag{1-28-10}$$

最后将结果表示为

$$R = \bar{R} \pm \Delta R \tag{1-28-11}$$

五、思考题

1. 环纹间距如何变化？为什么？
2. 为什么用 $R=\frac{D_m^2-D_n^2}{4(m-n)\lambda}$ 而不用 $R=\frac{r_k^2}{k\lambda}$ 测量透镜的曲率半径 R？
3. 测量过程中需要注意哪些事项？
4. 利用牛顿环是否可测量液体的折射率？是否可测量单色光的波长？

参 考 文 献

[1]　赵凯华，钟锡华. 光学[M]. 北京：北京大学出版社，1982.

[2]　张毓英，邵义全. 光学实验[M]. 北京：电子工业出版社，1989.

[3]　丁慎训，张连芳. 物理实验教程[M]. 北京：清华大学出版社，2002.

1-29　迈克耳逊干涉实验

迈克耳逊干涉仪是 1883 年美国物理学家迈克耳逊(A. A. Michelson)和莫雷(E. W. Morley)合作，为研究“以太”漂移实验而设计的精密仪器. 它是一种分振幅干涉装置，证实了以太不存在. 利用迈克耳逊干涉仪还有人做过光谱线精细结构研究实验和光谱线的波长与标准米长度比较等实验. 以迈克耳逊干涉仪为基础，人们设计了一系列精密的测量仪器，至今已应用于各个研究领域.

一、实验仪器

迈克耳逊干涉仪，氦氖激光器(波长：632.8 nm)，钠光灯(波长：589.3 nm)，扩束器.

二、实验原理

1. 仪器的光学原理

迈克耳逊干涉仪的原理和结构的下视图如图 1-29-1 所示. M_1 和 M_2 为两块镀

银的平面反射镜，二者互相垂直（等倾干涉）. P_1 和 P_2 为两块严格平行、同材料、同厚度的平行平面玻璃板. P_1 称为分束板，它的后表面镀有半反射的银膜. 光束在半反射膜处分为强度几乎相等的反射光(1)和透射光(2). 光束(1)和(2)分别垂直于 M_1 和 M_2. 光束(1)经 P_1 垂直射到 M_1，再经 M_1 反射后原路返回，穿过 P_1 到达屏 E，自分束之后光束(1)两次通过 P_1. 透过 P_1 的光束(2)，垂直射到 M_2，经 M_2 反射后通过 P_2 到达 P_1，由 P_1 的半反射膜反射到达屏 E. 自分束之后，光束(2)来回两次通过 P_2，补偿了光束(1)两次通过 P_1 的光程，故 P_2 称为补偿板. 由于 P_1、P_2 厚度相等、折射率相等，互相平行，光束(1)和(2)在玻璃里的光程相等，两束光在玻璃里光程差等于零.

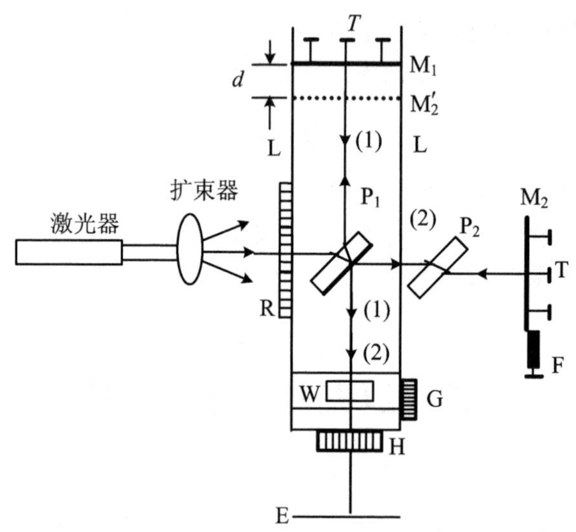

图 1-29-1　迈克耳逊干涉仪下视图

再讨论两束光在空气里的光程，M_2'是 M_2 被 P_1 半反射膜产生的虚像，M_2'和 M_2 到 P_1 半反射膜的距离严格相等. 虽然两相干光束(1)和(2)是分别从 M_1 和 M_2 反射的，但可以等效认为两束光是从 M_1 和 M_2'反射回来的. 因此，可认为干涉花纹是由 M_1 和 M_2'间的空气隙产生的.

2. 仪器装置及使用方法

如图 1-29-1 所示，P_1、P_2 和 M_2 镜固定在同一座板上. M_1 固定在滑块上，滑块可借助螺杆沿滑轨 L 前后移动. M_1 和 M_2 背后各有三个螺丝 T，用它们可调节镜的倾斜度. M_2 镜的下端及其垂直方向装有微调弹簧 F，用它们可微调 M_2 的倾斜度. 仪器左侧沿滑轨装有毫米分度尺 R，用它可读出 M_1 位置的毫米读数. 粗调手轮 H 转一周 100 格，毫米尺走 1 mm，手轮 H 上每格为 0.01 mm. 微调手轮 G 转一周

100格，手轮H走一格，微调手轮G上每小格为0.0001 mm. 测量时通常要从毫米分度尺R、窗口W和微动手轮G联合读数. 以毫米为单位，毫米尺上读小数点前二位，粗调手轮读小数点后第一、二位，微调轮上读出小数点后第三、四、五位，共读7位有效数字. 测量过程中，避免螺距差.

3. 注意事项

(1) 严防激光直接或由镜面反射进入眼睛，但可观察射在屏上的激光.

(2) 不能用手接触光学表面，更不能用手帕去擦它们.

(3) 调节 M_1 和 M_2 镜背面螺丝时要慢而轻.

(4) M_1 镜的位置不能小于24 mm，以免损坏螺杆.

(5) 防止震动影响测量.

(6) 校正刻度.

(7) 避免螺距差，只能单向转动手轮.

4. 等倾干涉环的产生

当 M_1 与 M_2' 平行时，即 M_1 与 M_2 严格垂直时，若光源给出不同倾角的入射光，就可得到等倾干涉环. 如图1-29-2所示，若 M_1 和 M_2' 的间距为 d，倾角为 θ 的入射光线在 M_2' 的 A 点反射后，成为光线(1)；而在 M_1 的 C 点反射后，成为光线(2)，光线的(1)和(2)互相平行可发生干涉，(1)和(2)的光程差可如下计算

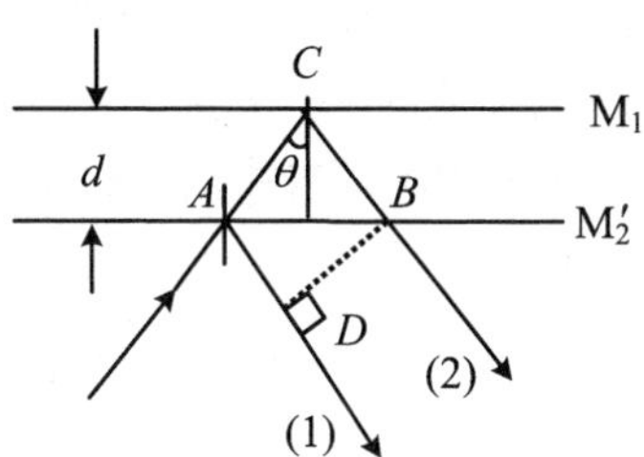

图1-29-2　等倾干涉光路图

$$\Delta = AC + CB - AD = \frac{d}{\cos\theta} + \frac{d}{\cos\theta} - 2d\,\mathrm{tg}\theta\sin\theta$$

$$= 2d\left(\frac{1}{\cos\theta} - \frac{\sin^2\theta}{\cos\theta}\right) = 2d\cos\theta \tag{1-29-1}$$

式(1-29-1)说明光程由 d 和 θ 决定. 当 d 一定时，光程差只取决于 θ. 这样，以中心线为对称轴的同一 θ 角入射的光线，反射后形成一个圆形干涉环；以各种不同倾角 θ 入射的光线，反射后形成一组同心的明暗相间的等倾干涉环. 形成明和暗的条件是

$$\Delta = 2d\cos\theta = \begin{bmatrix} 2k\dfrac{\lambda}{2}\cdots\cdots\cdots\cdots(\text{明}) & (k=0,1,2,\cdots) \\ (2k+1)\dfrac{\lambda}{2}\cdots\cdots(\text{暗}) & (k=0,1,2,\cdots) \end{bmatrix} \tag{1-29-2}$$

式中，λ 为光波长，k 为干涉级次. 由式(1-29-1)可知，在干涉圆环中心处，$\theta=0$，光程差 $\Delta_0=2d$，它是在 d 距离时的最大光程差. 由式(1-29-2)可知，光程差愈大，干涉级次愈大，故在干涉圆环中心处的干涉级次最高. 若 $\Delta_0=(2k+1)\dfrac{\lambda}{2}$ 时，中心为

暗;若 $\Delta_0=k\lambda$ 时,中心为亮点.

当 M_1 和 M_2 之间的距离由 d_1 改变到 d_2 时,圆心处的光程差分别为

$$\left.\begin{aligned}\Delta_0' = 2d_1 = k_1\lambda\\ \Delta_0'' = 2d_2 = k_2\lambda\end{aligned}\right\} \tag{1-29-3}$$

上两式相减得

$$\Delta_0' - \Delta_0'' = 2|d_1 - d_2| = |k_1 - k_2|\lambda$$

即

$$2\Delta d = \Delta k\lambda$$

$$\lambda = \frac{2\Delta d}{\Delta k} \tag{1-29-4}$$

式(1-29-4)中,Δd 为 M_1 和 M_2'间的距离变量,Δk 为干涉级次的改变量. 从式(1-29-2)中可看出;当 d 增加 $\lambda/2$,κ 增大一级,相应的光程差 Δ 增加一个波长. 对于任一级干涉环来说,例如第 k 级亮环,d 的增大必以减少 $\cos\theta$ 来保持满足 $2d\cos\theta=k\lambda$ 的关系. $\cos\theta$ 减小意味着 θ 角增大,即该级圆环要向外扩张,观察者可看到一个接一个的圆环自中心“冒出”. 反之,当距离 d 逐渐减小时,条纹将一个接一个的向中心“陷入”.

若 $\Delta_0=2d=(2k+1)\dfrac{\lambda}{2}$,干涉环中心为一暗斑,当移动 M_1 镜,使 d 变大或缩小,若中心处“冒出”或“陷入”一个圆环,并产生一个新的暗斑时,中心级次相应的改变量 $\Delta k=1$. 改变距离 d,数出接连产生的暗斑次数 m,就是中心级次的改变量 $\delta k=m$. 从读数装置上可读出 M_1 镜移动前后的位置 d_1 和 d_2,算出距离改变量 $\Delta d=|d_1-d_2|$,根据式(1-29-4),可求出波长. 反之,已知波长和 $\Delta k=m$,可以算出距离的改量,这就是精密测长原理. 迈克耳逊曾用此原理在自己的干涉仪上测量,用波长表示出标准尺的长度.

5. 等厚干涉纹的产生

若平面镜 M_1 和 M_2 不完全垂直,M_1 和 M_2'之间的间隔 d 很小,并有一微小的夹角 α,它们之间的介质是空气,这样 M_1 和 M_2'之间构成一个空气劈尖. 可以把迈克耳逊干涉仪产生等厚干涉的实际光路图,等效为图 1-29-3 的劈尖干涉光路图. 光源 S 点发出的(1)光在 M_1 的 C 点反射,S 点发出的(2)点在 M_2'的 B 点反射. 这两条反射光相遇而干涉. 干涉处的空层厚度为 d,可以证明(1)和(2)两条光线的光程差仍可近似地用 $\Delta=2d\cos\theta$ 表示. 在 M_1 和 M_2'交线处($d=0$ 处),可得到直线暗条纹,称为零级条纹. 由于(1)光在 P_1(见图 1-29-1)的金属半反射膜上情况比较复杂,若有半波损失,则有附加光程差 $\lambda/2$,零级条纹为暗纹. 否则零级条纹可能为亮纹. 在交线附近,光程差的变化主要取决于厚度 d 的变化,$\cos\theta$ 的影响可忽略不计,在同厚度处光程光差相同,于是产生平行于交线的等厚干涉直条纹. 在离交线稍远

处，空气层厚度 d 增大，干涉纹变为弧形并凸向交线. 这是因为此时干涉纹的形成不仅与 d 有关，而且入射角 θ 的影响不可忽略. 当 θ 角增大，$\cos\theta$ 值减小，要保持相同的光程差，d 必须增大，所以条纹两端是弯向厚度增加方向，而中部是凸向厚度减小方向(即交线). 用扩展的白灯光源，可找到交线处的零级条纹(见图1-29-4)，并且可用此现象测透明薄片的厚度或折射率.

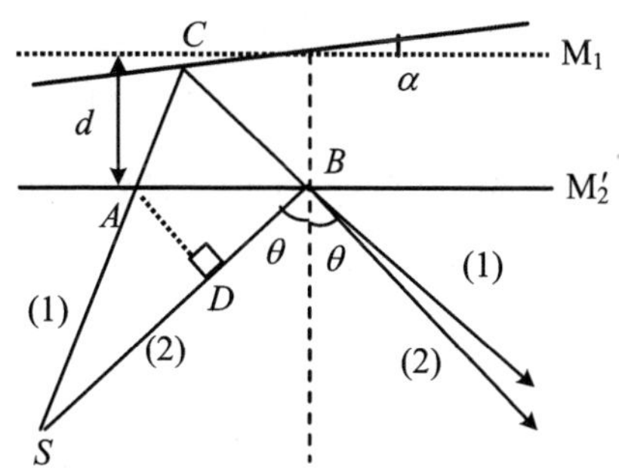

图 1-29-3　等厚干涉光路图

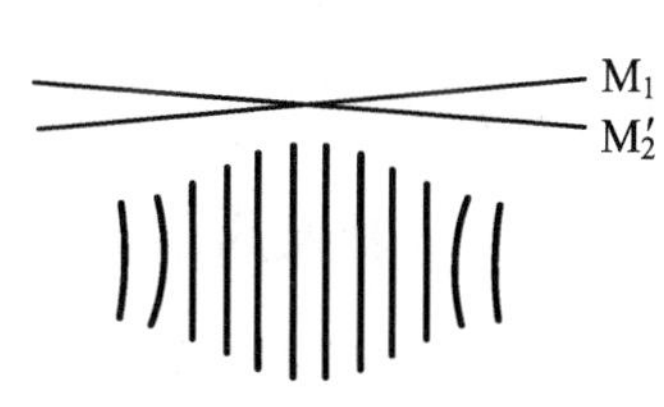

图 1-29-4　等厚干涉图

6. 时间相干性和相干长度

时间相干性是光源相干程度的一种描述，为了简单起见，以入射角 $i=0$ 作为例子，经过半透膜分离的两光线的光程差为 $\Delta=2d$，当 d 增加到某一数值时，原有的一条条清晰条纹将会消失，相邻两次出现清晰或者相邻两次出现条纹消失，平面镜 M_1 移动的距离都是一样的，这个长度称为该光源的相干长度，用 L_m 表示，相干长度除以光速 c，得到光经过这段长度所需要的时间，称为该光源的相干时间，用 t_m 表示. 不难看出，不同的光源具有不同的相干时间和相干长度.

我们知道实际的光源发出的单色光并不是绝对单色的，假定光源的波长处在 $\left(\lambda_0-\dfrac{\Delta\lambda}{2},\lambda_0+\dfrac{\Delta\lambda}{2}\right)$之间，干涉时每个波长都对应于一套干涉花纹，随着 d 的增加，$\lambda_0-\dfrac{\Delta\lambda}{2}$和 $\lambda_0+\dfrac{\Delta\lambda}{2}$两套干涉条纹彼此错开，直到它们相差一级条纹时，干涉条纹完成一个清晰—模糊—清晰或者模糊—清晰—模糊周期. 即

$$L_m=k\left(\lambda_0+\frac{\Delta\lambda}{2}\right)=(k+1)\left(\lambda_0-\frac{\Delta\lambda}{2}\right)\tag{1-29-5}$$

得到 $k\approx\dfrac{\lambda_0}{\Delta\lambda}$，即相干长度

$$L_m=\frac{\lambda_0^2}{\Delta\lambda}\tag{1-29-6}$$

相干时间

$$t_m = \frac{\lambda_0^2}{C\Delta\lambda} \tag{1-29-7}$$

由此可见，一般来说光源的单色性好，就看 $\Delta\lambda$ 是否小，$\Delta\lambda$ 越小，相干长度越长，相干时间也越长. 下面考虑钠光双黄线 λ_1 和 λ_2，可认为 $\lambda_1 = \lambda_0 - \frac{\Delta\lambda}{2}$，$\lambda_2 = \lambda_0 + \frac{\Delta\lambda}{2}$，则

$$\Delta\lambda = \frac{\lambda_0^2}{2(d_2 - d_1)} \tag{1-29-8}$$

式中，d_1、d_2 为干涉条纹相邻两次视见度最低（最模糊）时所对应的平面镜 M_1 位置的读数，此时 $L_m = 2(d_2 - d_1)$.

三、实验步骤及内容

本实验的光源是氦氖激光器，其发出的激光经扩束器后形成球面波，用它得到的干涉纹在干涉交叠区处可用屏接收观察，故称为不定域干涉.

1. 按图 1-29-1 组装仪器

使 M_1 到 P_1 半反镜膜的距离与 M_2 到它的距离基本相等. 这样(1)和(2)两光束的光程差较小，干涉花纹少而粗，便于调节和观察.

2. 调节出等倾干涉环

操作激光源上的触发按钮，使激光器出光.

调节激光器的高低及方位（不加扩束器），使激光束垂直于 M_2 镜的中部. 因 P_1 的分束作用，激光束被分为(1)和(2)两光束，它们分别射在 M_1 和 M_2 上并被它们反射；又因 M_1 和 M_2 不垂直及 P_1 两个表面多次反射透射，故在屏上有两排光点. 调节 M_2 背面的三个螺丝（必要时可调 M_1 背面的螺丝），使一排光点中的最亮点与另一排光点中的最亮点完全重合并有闪烁时，在激光输出窗附近加放扩束器（短焦距的透镜，如 40× 的显微镜物镜）. 调节扩束器的高低及取向，使发散的激光束照在 P_1 上，则在屏上有弧形干涉纹呈现，若没有干涉纹，则应重调.

在有弧形干涉纹的基础上，微微调动 M_2 背后的螺丝，使弧形干涉纹向圆形变化，直到圆形干涉环出现为止. 当观察者的头部上下、左右摆动时，看干涉环有无"冒出"或"陷入"，而只有随头的运动而平移，则调节成功. 转动手轮，使屏上只有 6～10 个左右的同心圆环，以便测量. 用微动轮移动 M_1，观察干涉环"冒出"或"陷入"现象.

3. 测氦氖激光的波长

转动微动轮，使干涉环的中心为暗斑，记下微动轮的转动方向和 M_1 的位置读数，沿原方向继续转动微调轮，每"冒出"或"陷入"100 个暗斑，记一次 M_1 的位置读

数.为准确起见,共数600个暗斑,记6次读数(不包括开始的读数).用每相邻两次的读数相减,求出6个Δd,而$\Delta k=100$,用式(1-29-4)分别求出λ值,算出波长的平均值,计算其总确定度U_λ,将结果表示成$\lambda=\bar{\lambda}\pm U_\lambda$.

4. 测量钠光精细结构

调节平面镜M_1,观察干涉条纹相邻两次视见度最低时所对应的M_1位置的读数d_1和d_2,代入式(1-29-8)计算钠光二谱线波长差.

5. 调出等厚干涉纹

转动手轮使屏上的干涉环剩下不多的几条,此时M_1和M_2到P_1的半透膜的距离已相当接近.转动微调轮,使干涉环只有1～2个粗环,此时M_1和M_2'接近重合.用M_2镜下端及与其垂直的微调弹簧F,改变M_2镜的方向,使M_1和M_2'相交,屏上呈现铅直的等厚干涉纹,其条纹间距约1 mm左右.

用微调轮使M_1先后两个方向移动,观察并记录条纹的变化情况,判断M_1在M_2'的内侧还是外侧,解释其成因.

四、思考题

1. 区分等倾干涉和等厚干涉的基本条件是什么?

2. 迈克耳逊干涉仪上的干涉环与用读数显微镜观察的牛顿环在形状上、干涉类型上及干涉级次上有何异同处?

3. 如图1-29-5所示,光源S为单色光源.设平面镜M_1和M_2严格垂直,平面镜M_2相对于半透半反膜ab所成的像M_2'与M_1的相对位置如图中所示.在E处将看到等________干涉条纹,干涉条纹的形状是______________.当观察者的眼睛在E处附近垂直于光线的平面内稍微移动时,看到干涉条纹的变化是______________.当平面镜M_1沿图中"⇑"所示方向平动少许时,在E处将观察到干涉条纹的粗细变化为________,干涉条纹的疏密变化为________,干涉条纹产生和消失的规律是________.

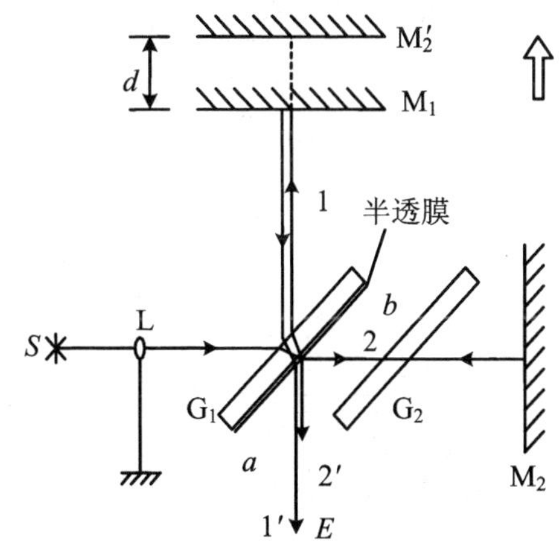

图1-29-5　迈克耳逊干涉光路

参 考 文 献

[1] 赵凯华,钟锡华.光学[M].北京:北京大学出版社,1982.

［2］ 张毓英，邵义全. 光学实验［M］. 北京：电子工业出版社，1989.
［3］ 陆廷济. 物理实验教程［M］. 上海：同济大学出版社，2000.

1-30 单缝衍射实验

光在传播过程中遇到障碍物时，能够绕过障碍物的边缘前进，光的这种偏离直线传播的现象称为光的衍射现象. 它是波固有的特性，为光的波动说提供了有力的证据. 单缝衍射仪是根据夫琅禾费衍射原理设计的，通过对单缝衍射图像的观察和测量，巩固衍射概念，加深对光波波动性的理解，测定单色光的波长.

一、实验原理

单缝衍射仪是根据夫琅禾费衍射原理设计的，入射光和衍射光都是平行光的，如图 1-30-1 所示. 根据单缝衍射理论，当平行光垂直于单缝平面入射时，单缝衍射就形成平行的明暗条纹（见图 1-30-2），其衍射角 θ 由下式决定.

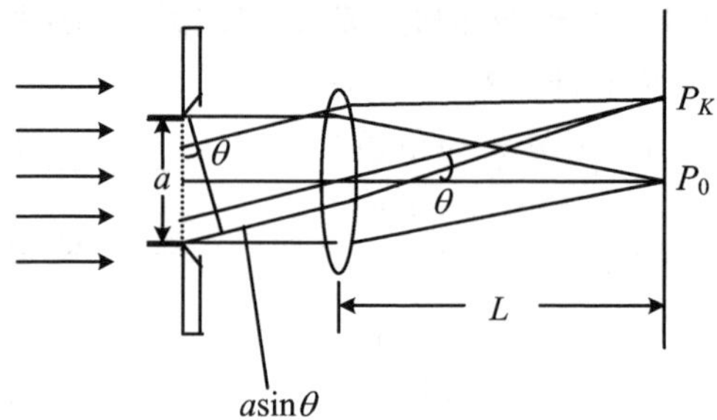

图 1-30-1 单缝衍射光路图

暗条纹中心

$$a\sin\theta = k\lambda \quad (k = \pm 1, 2, 3, \cdots) \tag{1-30-1}$$

明条纹中心

$$a\sin\theta = (2k+1)\frac{\lambda}{2} \quad (k = \pm 1, 2, 3, \cdots) \tag{1-30-2}$$

中央条纹中心

$$\theta = 0 \tag{1-30-3}$$

本实验一般采用暗条纹进行测量，考虑到一般情况下 θ 角较小，于是有

$$\theta \approx \sin\theta \approx \tan\theta \tag{1-30-4}$$

故由式（1-30-1）得暗条纹的衍射角可由下式决定

$$a\theta = k\lambda \quad (k = \pm 1, 2, 3, \cdots) \tag{1-30-5}$$

对于图 1-30-2 左边(图 1-30-1P_0 的上边)第 m 条($k=m$)和图 1-30-2 右边(图 1-30-1P_0 的为下边)第 n 条($k=n$)暗纹，根据式(1-30-5)则有

$$a\theta_1 = m\lambda \tag{1-30-6}$$

$$a\theta_2 = n\lambda \tag{1-30-7}$$

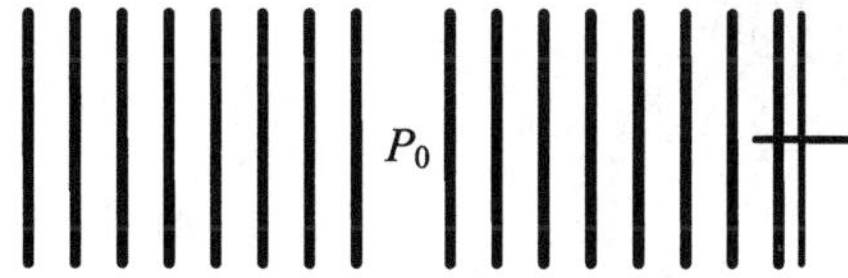

图 1-30-2　单缝衍射条纹

θ_1 和 θ_2 是与之相对应的衍射角. 由式(1-30-6)和式(1-30-7)相加可得

$$a(\theta_1 + \theta_2) = (m+n)\lambda \tag{1-30-8}$$

又因为

$$\theta_1 + \theta_2 \approx \frac{(x_m + x_n)}{L} \tag{1-30-9}$$

所以

$$a\,\frac{(x_m + x_n)}{L} = (m+n)\lambda \tag{1-30-10}$$

令

$$l = x_m + x_n \tag{1-30-11}$$

式中，x_m，x_n 分别表示第 m 和第 n 级暗条纹到接收屏中心 P_0 的距离，于是就有

$$\lambda = \frac{al}{(m+n)L} \tag{1-30-12}$$

实验测出了 a，l，L 值之后，就可根据上式计算出单色光的波长.

从式(1-30-5)可以看出：对一定的单缝宽度 a，任意两条相邻暗条纹之间衍射角差值都为：$\Delta\theta = \frac{\lambda}{a}$，则相邻暗条纹的间距 $\Delta l = \frac{\lambda L}{a}$，这说明在衍射屏上相邻暗条纹之间的距离是相等的.

从式(1-30-5)和式(1-30-12)可以看出：衍射角 θ 和单缝宽度 a 成反比；但对于一定的波长 λ 以及确定的 m，n 级次值时，$al=(m+n)\lambda L$ 值保持不变.

二、实验仪器结构

仪器用具：WDY-1 型单缝衍射仪(单缝衍射仪包括单缝帽套、望远镜和单色光源三部分).

实验时单缝帽套在望远镜的物镜前，望远镜装在底座上(见图 1-30-3). 单色

光源是钠光源，其波长是589.3 nm，钠光灯的灯罩是八面柱体，每面开有一条狭缝，每个狭缝，即为一个缝光源. 光源装在一个底座上，高低可以调节(见图1-30-4).

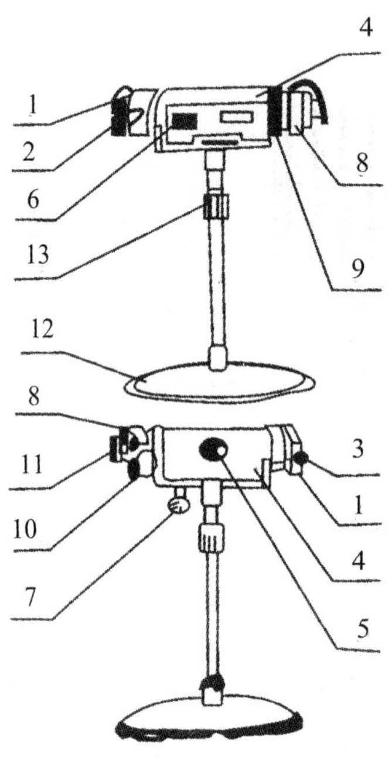

1. 单缝帽套 2. 帽套固定手轮 3. 缝宽调节手轮 4. 望远镜镜筒 5. 望远镜调焦手轮 6. L值读数窗 7. 望远镜倾斜角微调螺栓 8. 测微目镜头 9. 测微目镜固定螺栓 10. 测微目镜读数鼓轮 11. 测微目镜调焦镜 12. 底座 13. 高低固定手轮

图1-30-3 单缝衍射仪

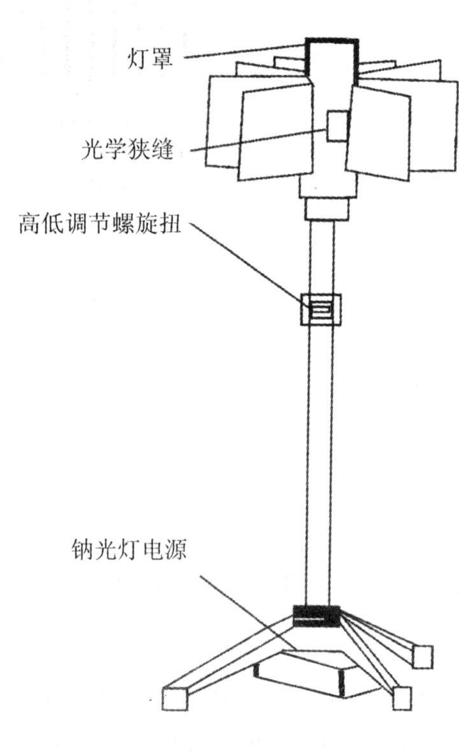

图1-30-4 光源

三、实验内容

(1) 测定单色光的波长.

(2) 验证相邻暗条纹之间的距离相等.

(3) 在一定的条件下，验证 a 和 l 的乘积是否保持不变.

四、实验步骤

(1) 单缝衍射仪离光源1.5～2 m，这样光源发出的光可以看作平行光，以满足夫琅禾费衍射条件.

（2）调节单缝衍射仪使其与光源狭缝等高.

（3）把单缝帽套取下，调节仪器使望远镜正对光源狭缝，并能在测微目镜中看到狭缝的像，调节望远镜的仰俯角螺栓使像落在测微目镜的中间. 再调节目镜使十字叉丝清晰，然后调节单缝衍射仪的调焦手轮，使狭缝的像清晰. 从读数窗口读出 L 值.

（4）将单缝帽套套在测微望远镜物镜上，使单缝成垂直状，旋紧帽套固定手轮，调节单缝缝宽手轮，使狭缝有合适的宽度（0.6～1 mm），这时在测微目镜中看到清晰的衍射图像.

（5）调节测微目镜读数鼓轮，使十字叉丝与左边第 m 条暗纹重合，从测微目镜读数鼓轮读出读数 l_m，再使十字叉丝与右边第 n 条暗纹重合，读出读数 l_n，二者读数之差即为两条暗条纹之间的距离 l.

（6）取下单缝帽套，注意切勿使缝宽 a 发生变化，用台式读数显微镜测出缝宽 a.

（7）根据 $\lambda=\dfrac{al}{(m+n)L}$ 计算出单色光的波长 λ 值.

（8）验证相邻暗条纹中心是等距离的，即 $\Delta l=\dfrac{\lambda L}{a}$.

（9）改变缝宽 a 重做对比实验，验证 $al=(m+n)L\lambda$ 是一常数.

五、数据记录及处理

（1）测量单色光的波长. 改变狭缝宽度 a 三次，测量相关数据，填写数据表格（见表 1-30-1）. L=（固定值 125.0 mm+修正值 2.5 mm+读数）

表 1-30-1　数据表(一)

测量次数	$m+n$	$l_{左}$ (mm)	$l_{右}$ (mm)	l (mm)	$a_{左}$ (mm)	$a_{右}$ (mm)	a (mm)	λ(nm)
1	2+2							
	4+4							
2	2+2							
	4+4							
3	2+2							
	4+4							

(2) 验证在一定单缝宽度 a 时,任意两条相邻条纹之间的距离是否相等,即 $\Delta l=\frac{\lambda L}{a}$. 根据上述测量数据填写表格(见表 1-30-2)并处理数据.

表 1-30-2　数据表(二)

	第一组数据		第二组数据		第三组数据	
$\Delta l=\lambda L/a$(mm)						
$m+n$	2+2	4+4	2+2	4+4	2+2	4+4
l(mm)						
$\Delta l_1=l_{(m+n)}/(m+n)$(mm)						

(3) 一定的条件下,验证 a 和 l 的乘积是否保持不变. 根据上述数据填写表格(见表 1-30-2)并处理数据.

表 1-30-3　数据表(三)

	第一组数据			第二组数据			第三组数据		
$m+n$	a (mm)	l (mm)	al (mm^2)	a (mm)	l (mm)	al (mm^2)	a (mm)	l (mm)	al (mm^2)
2+2									
4+4									

六、注意事项

(1) 缝衍射仪离光源 1.5～2 m,这样光源可以看作平行光源,以满足夫琅禾费衍射条件.

(2) 光源狭缝、单缝、测微目镜竖直叉丝要相互平行.

(3) 在测量过程中,读数鼓轮要单方向转动避免螺距差.

七、思考题

1. 何为夫琅禾费衍射? 为什么单缝要离光源远些?
2. 如果入射光是复合光,将会看到什么现象?

参考文献

[1]　陆果. 基础物理学教程[M]. 北京:高等教育出版社,2002.

[2]　赵凯华,钟锡华. 光学[M]. 北京:北京大学出版社,1982.

[3]　WDY-1 型单缝衍射仪使用说明书. 长春市第五光学仪器厂.

1-31　光栅衍射

光的衍射是波动光学的基本现象之一，研究光的衍射不仅有助于加深对光的波动性的理解，还有助于进一步学习近代光学实验技术，如光谱分析、晶体结构分析、全息照相、光学信息处理等.

光栅是由一组数目很多、排列紧密、均匀的平行狭缝(或刻痕)组成，是根据多缝衍射原理制成的一种分光元件，它能产生谱线间距较宽的匀排光谱. 所得光谱线的亮度比用棱镜分光时小些，但光栅的分辨本领比棱镜大. 光栅不仅适用于可见光，还能用于红外和紫外光波. 它不仅用于光谱学，还广泛用于计量、光通信、信息处理等方面. 光栅在结构上可分为平面光栅、阶梯光栅和凹面光栅等几种；从光的传播过程方面又可分为透射式和反射式两类. 我们在实验中所用的是平面透射光栅.

本实验是在进一步熟悉分光计的调节和使用的基础上，通过分光计观察光栅的衍射光谱，理解光栅衍射的基本规律，并测定光栅常数和测量光波波长等.

一、实验原理

根据夫琅禾费衍射理论，当一束波长为 λ 的平行光垂直投射到光栅平面时，光波将在每个狭缝处发生衍射，经过所有狭缝衍射的光波又彼此发生干涉，这种由衍射光形成的干涉条纹是定域于无穷远处的. 若在光栅后面放置一个汇聚透镜，则在各个方向上的衍射光经过汇聚透镜后都汇聚在它的焦平面上，得到的衍射光的干涉条纹根据光栅衍射理论，衍射光谱中明条纹的位置由下式决定：

$$d\sin\varphi_k = \pm k\lambda \quad (k = 1,2,3,\cdots) \tag{1-31-1}$$

或

$$(a+b)\sin\varphi_k = \pm k\lambda$$

上式称为光栅方程，式中 $d=(a+b)$ 是相邻两狭缝之间的距离，称为光栅常数，λ 为入射光的波长，k 为明条纹的级数，φ_k 是 k 级明条纹的衍射角，在衍射角方向上的光干涉加强，其他方向上的光干涉相消.

当入射平行光不与光栅平面垂直时，光栅方程应写为

$$d(\sin\varphi_k - \sin i) = k\lambda \quad (k = 1,2,3,\cdots) \tag{1-31-2}$$

式中，i 是入射光与光栅平面法线的夹角. 所以实验中一定要保证入射光垂直入射.

如果入射光不是单色光，而是包含几种不同波长的光，则由式(1-31-1)可以看

出，在中央明条纹处（$k=0$、$\varphi_k=0$），各单色光的中央明条纹重叠在一起. 除零级条纹外，对于其他的同级谱线，因各单色光的波长 λ 不同，其衍射角 φ_k 也各不相同，于是复色入射光将被分解为单色光，如图 1-31-1 所示. 因此，在透镜焦平面上将出现按波长次序排列的单色谱线，称为光栅的衍射光谱. 相同 k 值谱线组成的光谱就称为 k 级光谱.

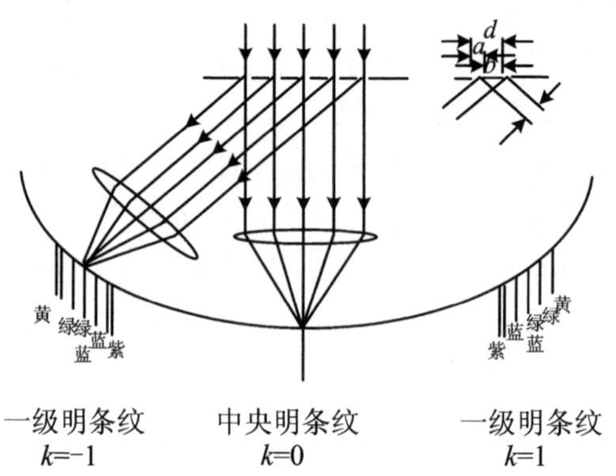

图 1-31-1　光栅衍射光谱示意图

由此可以看出，光栅光谱与棱镜光谱的重要区别，就在于光栅光谱一般有许多级，而棱镜光谱只有一级.

如果已知光栅常数 d，用分光计测出 k 级光谱中某一条纹的衍射角 ϕ_k，按式（1-31-1）即可算出该条纹所对应的单色光的波长 λ；若已知某单色光的波长为 λ，用分光计测出 k 级光谱中该色条纹的衍射角 ϕ_k，即可算出光栅常数 d.

光栅的基本特性可以用它的"角色散率"和"分辨本领"来表示.

光栅角色散率 D 定义为同一级两条谱线的衍射角之差 $\Delta\phi_k$ 与波长差 $\Delta\lambda$ 之比

$$D \equiv \frac{\Delta\phi_k}{\Delta\lambda} \tag{1-31-3}$$

将式（1-31-1）两边微分，于是得

$$D \equiv \frac{\Delta\phi_k}{\Delta\lambda} = \frac{k}{d\cos\phi_k} \tag{1-31-4}$$

它只反映两条谱线中心的分开程度，并不能说明两条谱线是否重叠.

由式（1-31-4）可知：光栅常数 d 越小，（即每毫米所含的光栅狭缝越多）角色散率越大；高级数光谱线比低级数光谱线有较大的角色散；在衍射角 ϕ 很小时，$\cos\phi\approx1$，角色散率 D 可看作常数，此时 $\Delta\phi_k$ 与 $\Delta\lambda$ 成正比，所以光栅光谱又称匀排光谱.

光栅分辨本领 R 定义为两条刚可被光栅分辨开的谱线的平均波长 λ 与它们的波长差 $\Delta\lambda=\lambda_2-\lambda_1$ 之比

$$R \equiv \frac{\lambda}{\Delta\lambda} \tag{1-31-5}$$

按照瑞利判据,规定两条刚可被分开的谱线的极限为:一条谱线的极强刚好落在另一条谱线的极弱上.那么两条谱线的衍射角之差为半角宽度 $\Delta\phi=\dfrac{\lambda}{Nd\cos\phi_k}$,于是得

$$R \equiv \frac{\lambda}{\Delta\lambda} = \lambda\frac{D}{\Delta\phi} = \lambda\frac{k}{d\cos\phi_k}\frac{Nd\cos\phi_k}{\lambda} = kN \tag{1-31-6}$$

式中,N 是光栅有效使用面积内的狭缝总数目.

由式(1-31-6)可见,光栅在使用面积一定的情况下,狭缝数越多,分辨率越高;对于光栅常数一定的光栅,有效使用面积越大,分辨率越高.

二、实验仪器

JJY 型 1′分光计,水银灯,平面透射光栅,平面镜.

三、实验内容

1. 调整分光计

为满足平行光入射的条件及衍射角的准确测量,分光计的调整必须满足下述要求:平行光管发出平行光,望远镜聚焦于无穷远,即适合于观察平行光,并且二者的光轴都垂直于分光计的转轴(详细的调整方法参见实验 1-24).

2. 调整光栅

(1) 调节光栅平面与平行光管的光轴垂直.调节方法:将水银灯把平行光管上的狭缝照亮,使望远镜中的叉丝对准狭缝像,如图 1-31-2 所示,然后固定望远镜.把光栅放在载物台上,放置方法和平面镜的放置方法一样,如图 1-31-3 所示,用自准直法严格调节光栅平面垂直望远镜光轴,此时只能调节载物台上的螺钉 1 或螺钉 2,不能再动望远镜的仰俯调节螺钉,直到光栅平面反射回来的像被调到标准位置,这时光栅平面与望远镜光轴垂直,即与分光计转轴平行,固定游标盘.调节时,只需对光栅的一面进行调节即可,不需要调节另一个面.

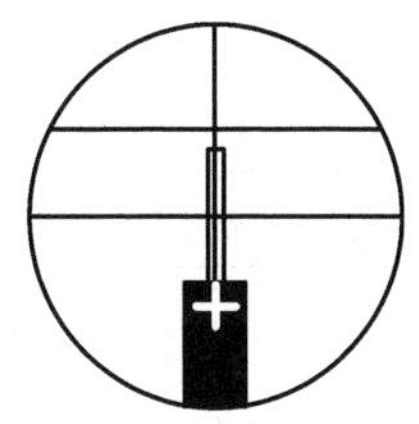

图1-31-2　狭缝对准叉丝

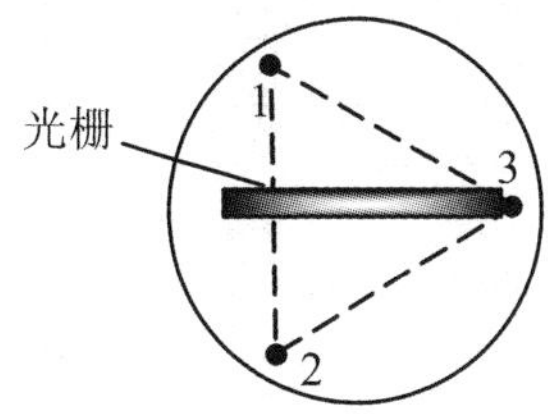

图 1-31-3　光栅的放置方法

(2) 调节光栅刻线与分光计转轴平行. 调节方法：松开望远镜锁紧螺钉，转动望远镜，就可以观察到一级和二级谱线，正负极对称地位于零级的两侧，注意观察分划板的叉丝的中心是否处在谱线的中央，如果不在中央，应调节载物台上的螺钉3(见图 1-31-3)，不能再动其他螺钉，使各级谱线中央都过分划板的中心，即正负极谱线等高. 调好后，要重新检查光栅平面是否仍保持与望远镜光轴垂直，若有改变，反复调节，直到上述两个条件同时满足为止. 这样做的目的是使各条衍射谱线的等高面垂直分光计转轴，以便从圆刻度盘上正确读出各条谱线的衍射角.

3. 测定光栅常数 d

以水银灯为光源，照亮平行光管的狭缝，以波长为 546.07 nm 的绿光谱为标准，测出其在 $k=\pm 1$ 级时的衍射角 $\bar{\phi}_{1绿}$，代入式(1-31-1)，计算出光栅常数 d.

4. 测定未知光波波长及角色散率

利用上述方法，测量水银灯的两条黄光谱线在 $k=\pm 1$ 级时的衍射角 $\bar{\phi}_{1黄1}$、$\bar{\phi}_{1黄2}$，代入式(1-31-1)，计算出两条黄谱线的波长 $\lambda_{黄1}$、$\lambda_{黄2}$. 然后用式(1-31-3)和式(1-31-4)分别计算出角色散率 D，进行比较.

5. 数据表格

本实验在读数中，同样采用双游标读数，所以注意左、右游标不要弄混. 表1-31-1列出了测量一次所要的数据.

表 1-31-1　数据记录表

k	谱线	左游标读数		右游标读数		左右平均值
		θ'	$\phi'=\theta'-\theta'_0$	θ''	$\phi''=\theta'-\theta''_0$	$\phi=\frac{1}{2}(\phi'+\phi'')$
+1 级	黄$_2$					
	黄$_1$					
	绿					
0 级	θ_0					
−1 级	绿					
	黄$_1$					
	黄$_2$					
$\bar{\phi}_1=\frac{\phi_{+1}+\phi_{-1}}{2}$	$\bar{\phi}_{1绿}$					$\bar{\phi}_{1绿}=$
	$\bar{\phi}_{1黄1}$					$\bar{\phi}_{1黄1}=$
	$\bar{\phi}_{1黄2}$					$\bar{\phi}_{1黄2}=$

四、注意事项

(1) 零级谱线很强,长时间观察会伤害眼睛,观察时必须在狭缝前加 1～2 层白纸以减弱光强.

(2) 水银灯的紫外线很强,不可直视.

(3) 水银灯在使用时不要频繁启闭,否则会降低其寿命.

五、问题讨论

1. 对于同一光源,分别利用光栅分光和棱镜分光,所产生的光谱有何区别?
2. 用式(1-31-1)测量时应保证什么条件? 如何保证?
3. 实验中如果两边光谱线不等高,对实验结果有何影响?
4. 如果光栅平面与转轴平行,但刻痕与转轴不平行,则整个光谱有什么异常?

参 考 文 献

[1] 赵凯华,钟锡华. 光学[M]. 北京:北京大学出版社,1982.

[2] 张毓英,邵义全. 光学实验[M]. 北京:电子工业出版社,1989.

1-32　偏振光实验

干涉和衍射现象揭示了光的波动性,但还不能确定光是横波还是纵波. 偏振现象乃是横波最有力的证据. 光有不同的偏振状态,然而自然界的大多数光源发出的光是自然光. 本实验目的就是通过产生和观察光的偏振状态,掌握产生与检验偏振光的原理和方法,验证布儒斯特定律,了解产生与检验偏振光所需的元件及仪器.

一、实验原理

光是一种电磁波,而电磁波是横波,它有电矢量 $\boldsymbol{E}$ 和磁矢量 $\boldsymbol{H}$,习惯上我们总是用电矢量 $\boldsymbol{E}$ 来代表光波. 光波中的电矢量与波的传播方向垂直,光的偏振现象清楚得显示了光的横波性.

光大体上有 5 种偏振状态,即线偏振光、圆偏振光、椭圆偏振光、自然光和部分偏振光. 其中线偏振光和圆偏振光由可看作椭圆偏振光的特例.

椭圆偏振光可视为两个沿同一方向 z 传播的振动方向相互垂直的线偏振光如图 1-32-1 所示,电矢量为 E_x 和 E_y 的合成

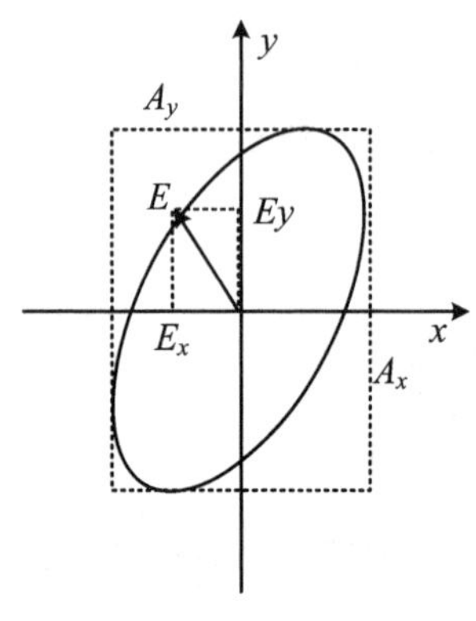

图 1-32-1　椭圆偏振光

$$\begin{cases} E_x = A_x\cos(\omega t - kz) \\ E_y = A_y\cos(\omega t - kz + \varepsilon) \end{cases} \tag{1-32-1}$$

式中，A 表示振幅，ω 为两束光波的圆频率，t 表示时间，k 为波矢的数值，ε 是两波的相对相位差. 合成矢量 E 的端点在波面内描绘的轨迹为一椭圆. 椭圆的形状、取向和旋转方向，由 A_x，A_y 和 ε 决定（这里我们按习惯定义旋转方向，迎着光的传播方向看，若电矢量按逆时针方向旋转，定义为左旋，反之是右旋）. 当 $A_x=A_y$ 和 $\varepsilon=\pm\frac{\pi}{2}$ 时，椭圆偏振光变为圆偏振光；当 $\varepsilon=0,\pm\frac{\pi}{2}$ 或者 A_x（或 A_y）$=0$ 时，椭圆偏振光变为线偏振光（见图 1-30-2）.

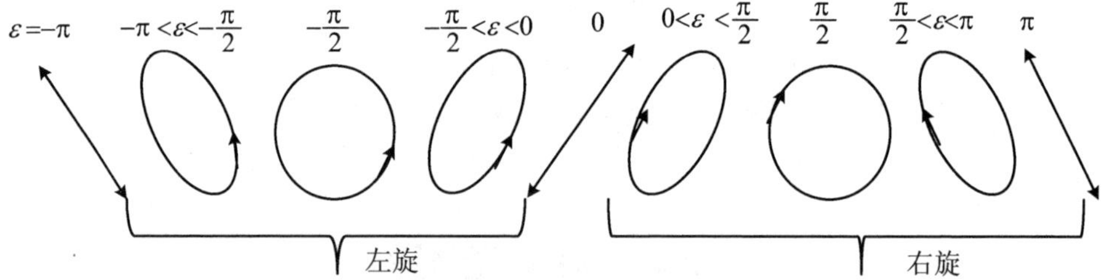

图 1-32-2　椭圆偏振光随相位的变化过程

本实验着重观察的是光的各种偏振态的改变.

1. 光的偏振态

凡是电振动矢量方向只限于某一确定方向和该方向的负方向的光称为线偏振光（亦称平面偏振光）. 在垂直于光传播方向的任一确定平面内，光波电矢量端点随时间作椭圆运动的光称作椭圆偏振光；作圆运动的称作圆偏振光. 以上三种统称完全偏振光，若在垂直于光传播方向的平面（简称迎光平面）内，电矢量的取向与大小都随时间作无规则变化，且各方向的取向几率相同，彼此之间没有固定的位相关系，则称为自然光. 自然光和线偏振光、圆偏振光、椭圆偏振光三者的任意的一个组合，就成为部分偏振光.

2. 线偏振光的获得

(1) 反射起偏及透射起偏. 一束单色自然光从不同角度入射到介质表面，其反射光和折射光一般是部分偏振光. 当以特定角度即布儒斯特(Brewster)角 θ_B 入射时，不管入射光的偏振状态如何，反射光将成为线偏振光，其电矢量垂直于入射面. 空气中相对于玻璃界面的偏化角约为 $\arctan1.5=56.3°$. 若使自然光以偏化角入射并通过一叠表面平行的玻璃片堆，由于自然光可以被等效为两个振动方向互相垂直、振幅相等且没有固定位相关系的线偏光，又因为光通过玻璃片堆中的每一个界面，都要反射掉一些振动垂直于入射面的线偏光，经多次反射，最后从玻璃片堆透射出来的光一般是部分偏振光，如果玻璃片数目较大，则透过玻璃片堆的就成为振动平行于入射面的线偏光了，这就是透射起偏法. 所有这些结论都可以从菲涅耳公式得到论证.

(2) 二向色性起偏. 实验发现，某些有机化合物晶体对不同偏振状态的光具有选择吸收的性质，这种性质叫做晶体的二向色性，即当自然光通过它时，只能有某一确定振动方向(称为透振方向)的光能够通过，而振动方向与此透振方向垂直的光却被吸收掉. 利用它可以制成偏振片，一般的偏振片就是利用某种晶体粉末的二向色性制成的. 这种起偏器可获得光束截面很大的线偏振光，且售价低廉，缺点是光能损失较多，且对波长有选择性. 它还可以作为光的检偏器.

线偏振光的获得，有很多方法，除上面介绍的两种方法外，还有晶体双折射起偏等. 我们在下面的波晶片中具体介绍.

3. 马吕斯(Malus)定律

振幅为 A、光强为 $I_o = A^2$ 的线偏光垂直入射到一块理想偏振片(检偏镜)上. 若入射光电振动和偏振片的透振方向之间夹 θ 角，则自偏振片出射光强为 $I = (A\cos\theta)^2 = I_o\cos^2\theta$ 角. 就是振幅投影的马吕斯定律.

4. 波晶片

一束光在晶体内传播时被分成两束折射程度不同的光束，这种现象叫做光的双折射现象，能产生双折射的晶体常叫做双折射晶体. 实验发现，晶体内一束折射光线符合折射定律，叫做寻常光(o 光)，而另一束折射光线不符合折射定律，所以叫做非寻常光(e 光). 实验中还发现一个特殊的方向，当光沿着这个特殊的方向传播时，不会分成 o 光和 e 光，我们称这个方向为晶体的光轴. 它表示晶体的一个特定方向. 只有一个光轴的晶体叫做单轴晶体，例如冰、石英、红宝石和方解石等. 同理，双轴晶体具有两个光轴方向.

利用单轴晶体的双折射，所产生的寻常光(o 光)和非寻常光(e 光)都是线偏振光. 前者的电矢量 $\boldsymbol{E}$ 垂直于 o 光的主平面(晶体内部某条光线与光轴构成的平面)，后者的 $\boldsymbol{E}$ 平行于 e 光的主平面.

波晶片就是从单轴晶体中切割下来的平面平行板，其表面平行于光轴. 它也叫做相位延迟片.

当一束单色平行自然光正入射到波晶片上，光在晶体内部便分解为 o 光和 e 光. o 光电矢量垂直于光轴，e 光电矢量平行于光轴. 而 o 光、e 光的传播方向不变，仍都与界面垂直. 但 o 光在晶体内的波速为 v_o，e 光在晶体内的波速为 v_e，即相应的

折射率 n_o 和 n_e 不同. 它们通过厚度一定的波晶片时的光程也不同.

设波晶片的厚度为 l,则两束光通过晶片后就有相位差

$$\delta=\frac{2\pi}{\lambda}(n_o-n_e)l \tag{1-32-2}$$

式中,λ 为光波在真空中的波长. $\delta=2k\pi$ 的晶片,称为全波片;$\delta=2k\pi+\pi$ 者为半波片;$\delta=2k\pi\pm\frac{\pi}{2}$ 者为$\frac{\lambda}{4}$波片,k 为任意整数. 不论全波片、半波片$\left(\frac{\lambda}{2}\right)$还是$\frac{\lambda}{4}$片都是对一定波长 λ 而言. 波晶片也常用云母按其天然解理面撕成薄片作成,云母是双轴晶体,但两个光轴都与解理面平行.

图 1-32-3 和图 1-32-4 的直角坐标系的选择,是以 e 振动方向为横轴,称为 e 轴,o 振动方向为纵轴,称为 o 轴,反之亦可. 沿任意方向振动的光,正入射到波晶片的表面,其振动便按坐标系分解为 e 分量和 o 分量.

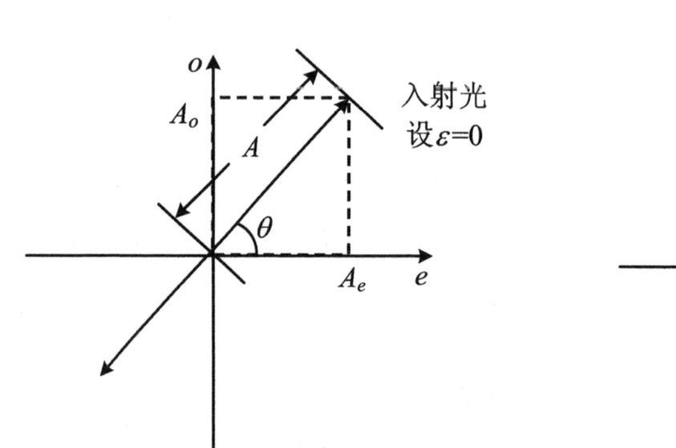

图 1-32-3　入射光在 e 轴、o 轴上分解

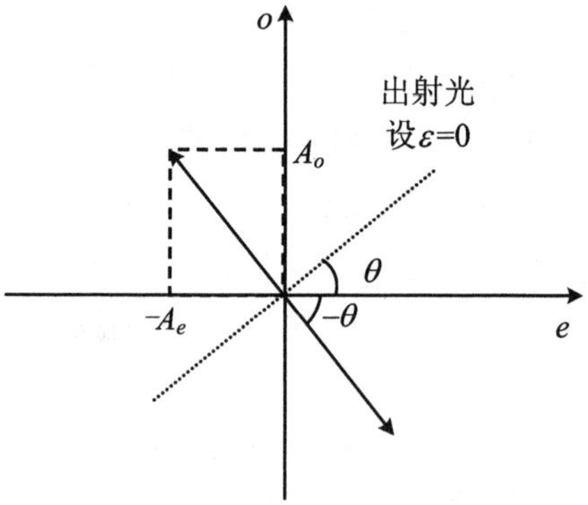

图 1-32-4　出射光在 e 轴、o 轴上分解

5. 通过波晶片的光的偏振态的变化

平行光垂直入射到波晶片内,分解为 e 分量和 o 分量,透过波晶片,两者间产生一附加相位差 δ,离开波晶片时两者又合二为一,合成光的偏振性质决定于 δ 及入射光的性质.

自然光通过波晶片,仍为自然光. 因为自然光的两个正交分量之间的相位差是无规的,通过波晶片,引如一恒定的相位差 δ,其结果还是无规则的.

若入射光为线偏振光,而且其电矢量 $\boldsymbol{E}$ 平行于 e 轴(或 o 轴),则任何波晶片对它都不起作用,出射光仍为原来的线偏振光. 因为这时只有一个分量,谈不上振动的合成与偏振态的改变.

除上述两情形外,偏振光通过波晶片,一般其偏振态都要变化. 我们可以将线偏光垂直通过波片后的偏振态归结在表 1-32-1 中.

表 1-32-1　线偏光通过波晶片后的偏振态

入射线偏光振动方向与波片光轴夹角 θ	波片厚度	出射光偏振态
0°、90°	任意	与入射偏振态相同
任　意	λ 片	与入射偏振态相同
45°	$\lambda/2$ 片	转过 90°的线偏光
	$\lambda/4$ 片	圆偏光
	其他值	内切于正方形的椭圆偏光
$\theta\neq0°$、45°、90°	$\lambda/2$ 片	转过 2θ 的线偏光
	$\lambda/4$ 片	椭圆偏光，长短轴之比为 $\tan\theta$、$\cot\theta$
	其他值	内切于边长比为 $\tan\theta$ 的矩形的椭圆偏光

6. $\lambda/2$ 片与偏振片

若入射光为线偏振光，正入射于 $\lambda/2$ 片，在 $\lambda/2$ 片的表面（入射处）上分解为（图 1-32-3）

$$\begin{cases} E_e = A_e\cos\omega t \\ E_o = A_o\cos(\omega t + \varepsilon) \quad (\varepsilon = 0, \pi) \end{cases}$$

出射光表示为

$$\begin{cases} E_e = A_e\cos\left(\omega t - \dfrac{2\pi}{\lambda}n_e l\right) \\ E_o = A_o\cos\left(\omega t + \varepsilon - \dfrac{2\pi}{\lambda}n_o l\right) \end{cases}$$

我们关心的是两光波的相对相位差，上式可写为

$$\begin{cases} E_e = A_e\cos\omega t \\ E_o = A_o\cos\left(\omega t + \varepsilon - \dfrac{2\pi}{\lambda}n_o l + \dfrac{2\pi}{\lambda}n_e l\right) \\ \qquad = A_o\cos(\omega t + \varepsilon - \delta) \quad (\delta = \pi) \end{cases} \tag{1-32-3}$$

出射光两个正交分量的相对相位差由（$\varepsilon-\delta$）决定. 现在

$$\varepsilon - \delta = \begin{cases} 0 - \pi = -\pi \\ \pi - \pi = 0 \end{cases} \tag{1-32-4}$$

这说明出射光也是线偏振光，但其振动方向与入射光的振动方向不同，如 $E_{入}$ 与波晶片光轴成 θ 角，则 $E_{出}$ 与光轴成 $-\theta$ 角. 即线偏振光经 $\lambda/2$ 片电矢量振动方向转过了 2θ 角（图 1-32-4）.

若入射光为椭圆偏振光，类似的分析可知，半波片也改变椭圆偏振光长（短）轴的取向. 此外，半波片还改变椭圆偏振光（或圆偏振光）的旋转方向.

7. λ/4 片与偏振片

当偏振光正入射于 λ/4 片，仿照上述的分析，可得出射光为

$$\begin{cases} E_e = A_e\cos\omega t \\ E_o = A_o\cos(\omega t + \varepsilon - \delta) \quad (\delta = \pm \dfrac{\pi}{2}) \end{cases} \tag{1-32-5}$$

（1）入射光为线偏振光：ε=0，π，式(1-32-5)代表一正椭圆偏振光. $\varepsilon-\delta=+\pi/2$，对应于右旋. $\varepsilon-\delta=-\pi/2$，对应于左旋. 当 $A_e=A_o$，出射光为圆偏振光.

（2）入射光为圆偏振光：$\varepsilon=\pm\pi/2$，此时 $A_e=A_o$，式(1-32-5)代表线偏振光. $\varepsilon-\delta=0$，出射光电矢量 $E_出$ 沿一、三象限；$\varepsilon-\delta=\pi$，$E_出$ 沿二、四象限.

（3）入射光为椭圆偏振光：ε 在 $-\pi\sim+\pi$ 间任意取值，出射光一般为椭圆偏振光. 特殊情况下，$\varepsilon=\pm\pi/2$，即入射光为正椭圆偏振光（相对于波晶片的 e，o 轴而言），也就是 λ/4 片的光轴与椭圆的长轴或短轴相重合时，$\varepsilon-\delta=0$ 或 π，出射光为线偏振光.

8. 各种偏振态的检验和鉴别

一共有 7 种偏振态，现一一检验如下.

（1）线偏光. 用在偏振平面内旋转一圈的偏振片（即检偏镜）迎着光进行检验，则由马吕斯定律可知，将出现两个明亮方位和两个暗方位，且暗光强应是零（简称两明两零）.

（2）圆偏光. 光用旋转的检偏镜检查时，光强将无变化. 若让圆偏光先通过一 λ/4 片，我们将圆偏光等效成两个振动互相垂直、振幅相等、位相差为 π/2 片的线偏光. 其中一个沿 λ/4 片光轴振动，另一个垂直于光轴而振动. 当通过 λ/4 片后，它俩之间将有 $\pi/2\pm(2k+1)\pi/2$ 的位相差，即相当于有 0°或 π 的位相差，合成的结果将是一个振动方向与正方形对角线方向的线偏光. 再用旋转的检偏镜对它检验，将获得两明两零.

（3）自然光. 自然光通过旋转的检偏镜，光强将无变化. 先让自然光通过 λ/4 片，则将仍然是自然光，若用旋转的检偏镜再检查，仍然是光强没有变化.

（4）自然光加圆偏光. 用旋转的检偏镜检查，同样得到光强不变的结果. 若让这种光先通过 λ/4 片，再旋转检偏镜，则将得到两明两暗，而不是两明两零. 暗光强不为零的原因在于待检光中有自然光的成分.

（5）椭圆偏光. 椭圆偏光通过旋转的检偏镜将得到两明两暗. 暗时检偏镜透振振方向就是椭圆的短轴方向. 让椭圆偏光先通过 λ/4 片，并使 λ/4 片光轴处于椭圆短轴方位，则如(2)所述，从 λ/4 片出射的将是线偏光，并且其振动一定处于由椭圆长短轴组成的矩形的对角线方向上. 然后再用旋转检偏镜对它检验，就会得到两明两零的结果.

（6）自然光加线偏光. 先用旋转检偏镜检查，得到两明两暗，暗方位和线偏光

振动方向垂直.用λ/4片放置在待检光路里,使其光轴处于暗时的检偏镜透振方向上,则待检光通过λ/4片后状态不变.旋转检偏镜再对出射光检查,将还是两明两暗,且暗方位和以前相同.

(7) 自然光加椭圆偏光.先用旋转检偏镜找出暗方位,再将λ/4片光轴平行于暗方位插入光路,旋转检偏镜会得到两明两暗,但暗方位必定与未插入λ/4片的暗方位不同.

以上介绍了如何用一块已知透振方向的偏振片和一块已知光轴方向的λ/4片去鉴别各种不同偏振态的方法.表1-32-2中给出了鉴别方法的一个总结.

表1-32-2　鉴别各种偏振态的方法和步骤

<table>
<tr><th>第一步
旋转检偏镜</th><th>第二步
在检偏镜前插入λ/4片</th><th>第三步
再旋转检偏镜</th><th>结　论</th></tr>
<tr><td rowspan="3">光强无变化</td><td>光轴方位任意</td><td>两明两零</td><td>圆偏光</td></tr>
<tr><td>光轴方位任意</td><td>光强无变化</td><td>自然光</td></tr>
<tr><td>光轴方位任意</td><td>两明两暗</td><td>自然光加圆偏光</td></tr>
<tr><td>两明两暗</td><td>—</td><td>—</td><td>线偏光</td></tr>
<tr><td rowspan="3">两明两暗(使检偏镜处于暗方位)</td><td rowspan="3">旋转λ/4片,使光强最暗,即使其光轴与检偏镜透振方向平行或垂直</td><td>两明两零</td><td>椭圆偏光</td></tr>
<tr><td>两明两暗
暗方位同前</td><td>自然光加
线偏光</td></tr>
<tr><td>两明两暗
暗方位与前不同</td><td>自然光加
椭圆偏光</td></tr>
</table>

二、实验装置

如图1-32-5所示,本实验是基于GSZ-ⅡB型光学平台来进行实验的.

在实验中还会用到钠光灯,功率计.

三、实验内容及步骤

1. 定偏振片的透振光轴

使小功率He-Ne激光束以布儒斯特角(约57°)入射平面镜、用白屏接受反射光在平面镜与白屏之间加入偏振片(与光束垂直)并使其转动到消光位置,此时偏振片与入射面垂直的方向就是偏振片的透振光轴.

2. 观察双折射现象

实验装置如图1-32-6所示.

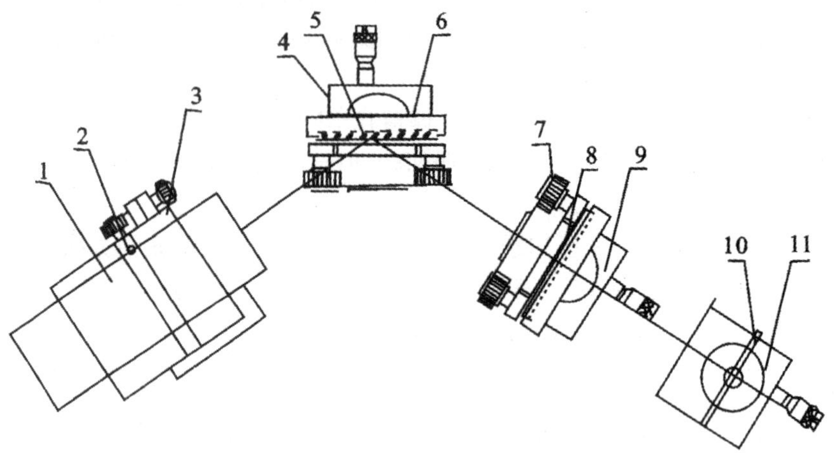

1. He-Ne 激光器 2. 升降调整座 3. 光栅转台 4. 升降调整座 5. 平面镜 6. X 轴旋转二维架 7. X 轴旋转二维架 8. 偏振片(三片) 9. 升降调整座 10. 白屏 11. 升降调整座

图 1-32-5 实验装置

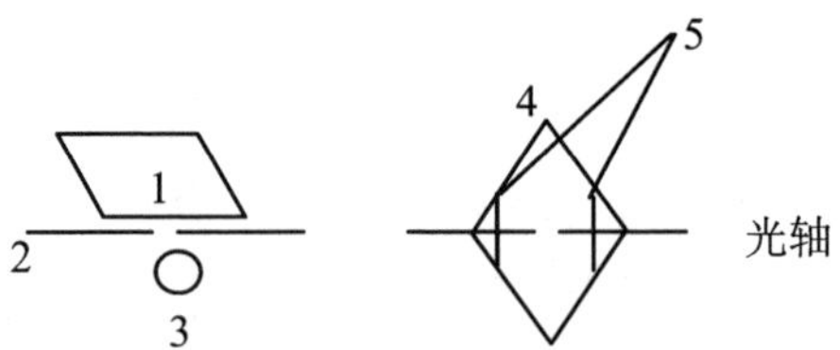

1. 方解石块Ⅰ 2. 带圆孔的铝板 3. 小灯

4. 方解石块Ⅱ 5. 垂直于光轴的二磨面

图 1-32-6 双折射实验装置

(1) 小灯照明铝板上的小孔,孔上放方解石块Ⅰ(负单轴晶体),通过它观看小孔,转动方解石,记录所见现象并加以思考.

(2) 将方解石块Ⅱ放在小孔上(磨面压小孔),作同样的观察.

(3) 利用一透光方向已知的偏振片,判断寻常光与非寻常光电矢量的振动方向,记录并解释之.

3. 观察线偏振光通过 $\lambda/2$ 片后的现象

实验装置如图 1-32-7 所示. P、A 为偏振片,C 为 $\lambda/2$ 片或为 $\lambda/4$ 片.

(1) 了解偏振片 P、A 的作用. 在观察者与光源 S 之间,放入偏振片 P,看透射光的强度有无变化,再放入检偏器 A,转 A,观察光透过 A 的强度怎样变化.

(2) 使 P 的透光方向竖直(是否必须竖直?),转 A 达到消光. 在 P、A 间插入

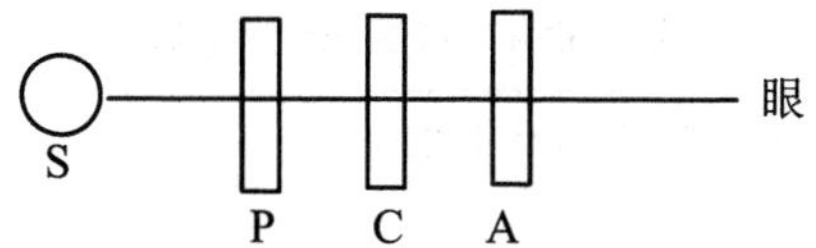

图 1-32-7　线偏振光实验装置

$\lambda/2$片转动 360°，能看到几次消光，试加以解释.

(3) 把 $\lambda/2$ 片任意转动一角度，破坏消光现象. 再将 A 转动 360°，又能看到几次消光?

(4) 仍使 P 的透光方向竖直，P、A 正交，插入 $\lambda/2$ 片，转之使消光(此时 $\lambda/2$ 片的 e 轴或 o 轴以及 P 的透光方向都沿着竖直方向). 以此时 P 和 $\lambda/2$ 片不动，将 P 转 $\theta=15°$，破坏消光. 再沿与转 P 相反的方向转 A 至消光位置，记录 A 所转过的角度 θ'.

(5) 继续(4)的实验，依次使 $\theta=30°,45°,60°,75°,90°$($\theta$ 值是相对 P 的起始位置而言)，转 A 到消光位置，记录相应的角度 θ'(见表 1-32-3).

表 1-32-3　数据记录表(一)

θ	θ'	线偏振光经 $\lambda/2$ 片后振动方向转过的角度
0°		
15°		
30°		
45°		
60°		
75°		
90°		

4. 用 $\lambda/4$ 片产生椭圆偏振光

实验装置如图 1-32-7 所示.

(1) 取下 $\lambda/2$ 片，仍使 P 的透光方向竖直，P⊥A 正交. 插入 $\lambda/4$ 片，转之使消光.

(2) 保持 $\lambda/4$ 片不动，将 P 转过 $\theta=15°$，然后将 A 转动 360°，观察光强变化.

(3) 继续(2)，依次使 $\theta=30°,45°,60°,75°,90°$，每次将 A 转动 360°，观察光强的变化，根据观察结果画图或用文字说明透过 $\lambda/4$ 片的出射光的偏振状态(见表 1-32-4).

表 1-32-4　数据记录表(二)

起偏器转动角度 θ	A 转 360°观察到的现象	光的偏振状态
0°		
15°		
30°		
45°		
60°		
75°		
90°		

5. 线偏振光分析

使钠光通过偏振片起偏,转动装在 X 轴旋转二维架上(对准指标线)的偏振片,分析透过的偏振光的光强变化与角度的关系.

应用实验原理和实验仪器产生各种偏振光及检测未知光的偏振态.

四、思考题

1. 有三块外形相同的偏振器件,已知它们是偏振片,$\lambda/2$ 片和 $\lambda/4$ 片(对钠光灯而言),你可用什么方法借助于一盏钠光灯将它们鉴别出来?

2. 自然光垂直照射在一个 $\lambda/4$ 片上,再用一个偏振片观察该波片的透射光,转动偏振片 360°,能看到什么现象?固定偏振片转动波片 360°,又看到什么现象?为什么?

参考文献

[1] 姚启钧.光学教程[M].北京:高等教育出版社,1988.

[2] 张三慧,史田兰.光学近代物理[M].北京:清华大学出版社,1991.

[3] 赵凯华,钟锡华.光学[M].北京:北京大学出版社,1984.

第 2 单元　综合性物理实验

2-1　密立根油滴实验

密立根(R. A. Millikan)教授是美国著名的物理学家,电子电荷的最先测定者.为了证明电荷的颗粒性,从 1906 年起就致力于细小油滴带电的测量.起初他是对油滴群体进行观测,后来才转向对单个油滴观测.他用了 11 年的时间,经过多次重大改进,终于以上千个油滴的确凿实验数据,不可置疑地证明了电荷的颗粒性,即任何油滴所带电量都是某一基本电荷 e 的整数倍,这个基本电荷就是电子所带的电荷值为 $e=1.6\times10^{-19}$ C.密立根因测出电子电荷及其他方面的贡献,荣获 1923 年度诺贝尔物理奖.

密立根油滴实验设计巧妙、原理清楚、设备简单、结果准确,所以被认为是一个著名而有启发性的物理实验,尤其是它的设计思想更值得借鉴.

以往,在油滴实验中,用显微镜观测油滴,时间一长,眼睛感到疲劳、酸痛、容易丢失油滴.现在我们采用的 MOD-5 型密立根油滴仪,配备了 CCD 摄像头和监视器,改善了实验条件,从监视器上观察油滴,视野宽阔,图像鲜明,观测省力,提高了测量精度.

本实验的目的,通过对带电油滴在重力场和静电场中运动的测量,验证电荷的不连续性,并测定电子的电荷值 e;了解 CCD 图像传感器的原理与应用;通过实验对仪器的调整、油滴的选择,耐心地跟踪和测量以及数据的处理等,培养学生严肃认真和一丝不苟的科学实验方法和态度.

一、实验原理

一个质量为 m、带电量为 q 的油滴处在两块平行极板之间,在平行极板未加电压时,油滴受重力作用而加速下降.由于空气阻力的作用,下降一段距离后,油滴将作匀速运动,其速度为 v_g,这时重力与阻力平衡(空气浮力忽略不计),如图 2-1-1 所示.根据斯托克斯定律,黏滞阻力为

$$f_r = 6\pi a\eta v_g \tag{2-1-1}$$

式中，η 是空气的黏滞系数，a 是油滴的半径. 这时有

$$6\pi a\eta v_g = mg \tag{2-1-2}$$

当在平行极板上加电压 U 时，油滴处在场强为 E 的静电场中，设电场力 qE 与重力相反，如图 2-1-2 所示. 使油滴受电场力加速上升，由于空气阻力作用，上升一段距离后，油滴所受的空气阻力、重力与电场力达到平衡(空气浮力忽略不计)，油滴将以匀速上升，此时速度为 v_e 则有

$$6\pi a\eta v_e + mg = qE \tag{2-1-3}$$

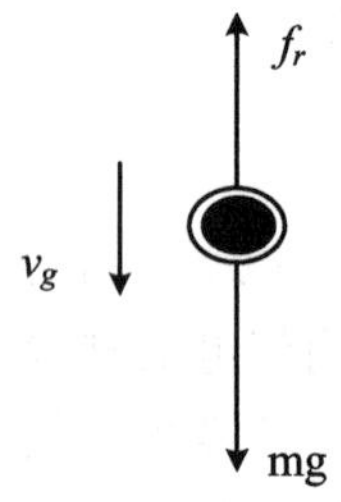

图 2-1-1　未加电压时油滴的运动

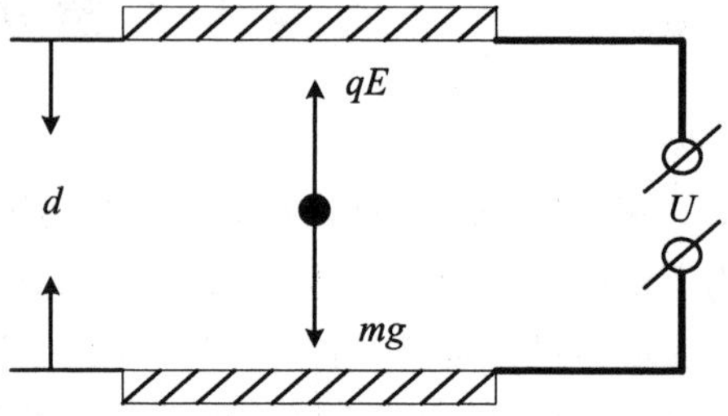

图 2-1-2　油滴在电场中的运动

又因为平行板间的电场为匀强电场，即

$$E = \frac{U}{d}$$

所以带电油滴的电量为

$$q = mg\,\frac{d}{U}\left(\frac{v_g + v_e}{v_g}\right) \tag{2-1-4}$$

为测定油滴所带电荷 q，除应测出 U、d 和速度 v_g、v_e 外，还需知油滴质量 m. 由于空气的悬浮和表面张力作用，可将油滴看作均匀的圆球，其质量为

$$m = \frac{4}{3}\pi a^3 \rho \tag{2-1-5}$$

式中，ρ 为油滴密度.

由式(2-1-2)和式(2-1-3)可得油滴的半径为

$$a = \left(\frac{9\eta v_g}{2\rho g}\right)^{\frac{1}{2}} \tag{2-1-6}$$

考虑到油滴非常小，其半径在 10^{-6} m 左右，油滴的大小接近了空气分子的平均自由程，即与空气的间隙只相差几个数量级，空气已不能看成连续媒质，所以黏滞系数 η 应作如下修正

$$\eta' = \frac{\eta}{1 + \dfrac{b}{pa}} \tag{2-1-7}$$

式中，b 为修正常数，p 为空气压强，a 为油滴半径.

实验时取油滴匀速下降和匀速上升的距离相等，设都为 l，测出油滴匀速下降的时间 t_g，匀速上升的时间为 t_e，则

$$v_g = \frac{l}{t_g},\quad v_e = \frac{l}{t_e} \tag{2-1-8}$$

将式(2-1-5)、(2-1-6)、(2-1-7)、(2-1-8)代入式(2-1-4)，可得

$$q = \frac{18\pi}{\sqrt{2\rho g}}\left[\frac{\eta l}{1+\frac{b}{pa}}\right]^{\frac{3}{2}} \times \frac{d}{U}\left(\frac{1}{t_e}+\frac{1}{t_g}\right)\left(\frac{1}{t_g}\right)^{\frac{1}{2}}$$

令

$$K = \frac{18\pi}{\sqrt{2\rho g}}\left[\frac{\eta l}{1+\frac{b}{pa}}\right]^{\frac{3}{2}} \times d$$

则

$$q = K\left(\frac{1}{t_e}+\frac{1}{t_g}\right)\left(\frac{1}{t_g}\right)^{\frac{1}{2}} \times \frac{1}{U} \tag{2-1-9}$$

此式便是动态(非平衡)法测油滴电荷的公式.

下面导出静态(平衡)法测油滴的电荷的公式.

调节平行板间的电压，使油滴不动，$v_e=0$，即 $t_e\to\infty$，由式(2-1-9)可求得

$$q = K\left(\frac{1}{t_g}\right)^{\frac{3}{2}} \times \frac{1}{U}$$

或

$$q = \frac{18\pi}{\sqrt{2\rho g}}\left[\frac{\eta l}{t_g\left(1+\frac{b}{pa}\right)}\right]^{\frac{3}{2}} \times \frac{d}{U} \tag{2-1-10}$$

上式即为静态法测油滴电荷的公式，电压 U 是恰好能够使带电油滴静止在电场中所需电压，我们称它为平衡电压.

为了求电子电荷 e，在实验中，要对多个不同的油滴进行测量，然后求这些油滴电量 q_i 的最大公约数，此数就是基本电荷 e 的电量值. 另外，也可以测量同一油滴所带电荷的改变量 Δq_i(可以用紫外线或放射源照射油滴，使它所带电荷改变)，这时带电油滴的电荷变化量 Δq 应近似为某一最小单位的整数倍，此最小单位即为基本电荷 e.

二、实验装置

实验仪器用 MOD-5 型密立根油滴仪，它改变了从显微镜中观察油滴的传统方式，而用 CCD 摄像头成像，将油滴在监视器屏幕上显示. 视眼宽广，观测省力，免除

眼睛疲劳，这是油滴仪的重大改进. 电视显微油滴仪构成如图 2-1-3 所示.

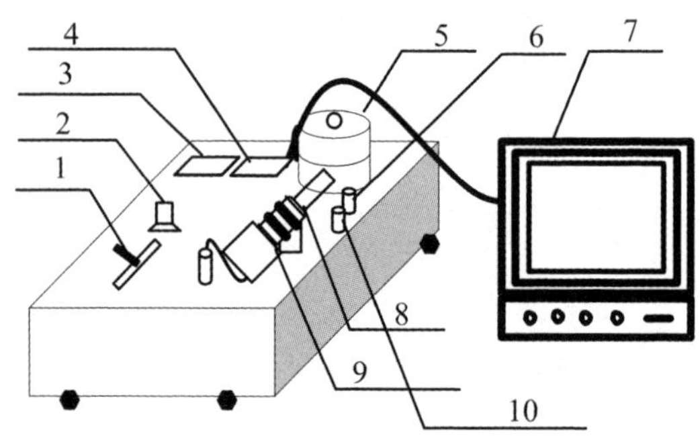

1. 电压换向开关 2. 电压调节旋钮 3. 数字电压表 4. 数字计时器 5. 油滴盒 6. 计时按钮 7. 监视器 8. 显微镜 9. CCD 摄像头 10. 计时复位按钮

图 2-1-4 油滴盒剖面图

1. 油滴仪主要包括油滴盒和电源两部分

(1) 油滴盒. 如图 2-1-4 所示. 中间是两个圆形平行板，间距为 d，放在有机玻璃防风罩中. 上极板中心有一个直径 0.4 mm 的小孔，油滴经雾孔落入小孔，进入上下电极板之间，由聚光电珠照明. 防风罩前装有测量显微镜. 目镜中有分划板，视场为 3 mm 高，可以测量油滴匀速运动的距离 2 mm，以求出均匀速度 v_g 或 v_e.

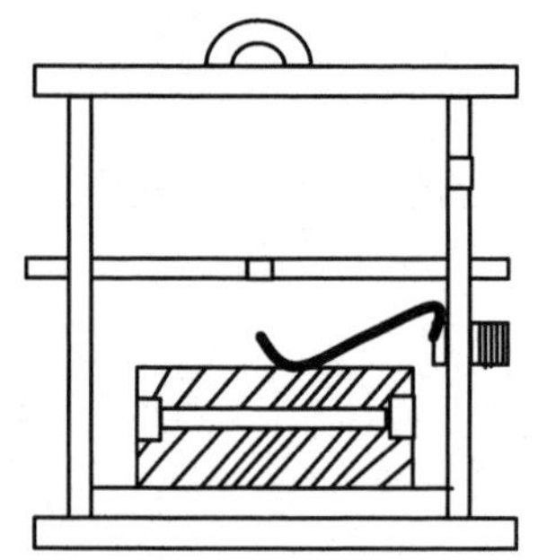

图 2-1-4 油滴盒剖面图

(2) 电源部分. 提供下列几种电源.

① 2.2 V 油滴照明灯电源.

② 500 V 直流平衡电压. 大小可连续调节，并且从电压表(指针式或数字式)上直接读出.

③ 200 V 直流提升电压. 该电压为固定值，并可通过拨动开关叠加在平衡电压上，以控制油滴在平行极板间的上下位置.

④ 12 V 直流稳压电源，作为 CCD 摄像机的电源.

2. CCD 成像系统

CCD 是电荷耦合器件的英文缩写(即 Charge Coubled Device)，它是固体图像传感器件的核心器件. 由它制成的摄像头，可把光学图像变为视频电信号，由视频电缆接到监视器上显示. 本实验使用灵敏度和分辨率甚高的黑白 CCD 摄像头，用高分辨率的黑白监视器，观察油滴运动图像，图像清晰逼真地显示在屏幕上，以便观察和测量.

三、实验内容

1. 仪器调整

将仪器放平稳，调整左右两只调平螺栓，使水准泡指示水平，这时平行极板处于水平状态. 预热 10 min，利用预热时间从测量显微镜中观察，如果分划板位置不正，则转动目镜头，将分化板放正，目镜头要插到底. 调节接目镜，使分划板刻线清晰.

用喷雾器将油从油雾室旁的喷雾口喷入（喷一次即可），推上油雾孔挡板，以免空气流动而使油滴乱漂移，微调测量显微镜的调焦手轮，这时视场中即出现大量清晰的油滴，如夜空繁星.

对 MOD-5C 型与 CCD 一体化的屏显油滴仪，则从监视器荧光屏上观察油滴的运动. 如油滴斜向运动，则可转动显微镜上的圆形 CCD，使油滴垂直方向运动.

注意：调整仪器时，如要打开有机玻璃油雾室，应先将工作电压选择开关放在“下落”位置.

2. 练习测量

练习控制油滴. 如果用平衡法实验喷入油滴后，在平行极板上加工作（平衡）电压 250 V 左右，工作电压选择开关置“平衡”档，驱走不需要的油滴，直到剩下几颗缓慢运动的油滴为止. 注视其中的某一颗，仔细调节平衡电压，使这颗油滴静止不动. 然后去掉平衡电压，让它自由下降，下降一段距离后再加上“提升”电压，使油滴上升. 如此反复多次地进行练习，以掌握控制油滴的方法.

练习测量油滴运动的时间. 任意选择几颗运动速度快慢不同的油滴，用计时器测出它们下降一段距离所用的时间. 如此反复多练几次，以掌握测量油滴运动时间的方法.

练习选择油滴. 要做好本实验，很重要的一点是选择合适的油滴. 选的油滴体积不能太大，太大的油滴虽然比较亮，但一般带的电量比较多，下降速度也比较快，时间不容易测准. 油滴也不能选的太小，太小则布朗运动明显. 通常可以选择平衡电压在 200 V 以上，其大小和带电量都比较合适.

3. 正式测量

(1) 静态（平衡）测量法. 从式(2-1-10)可见，用平衡测量法实验时要测量的有两个量. 一是平衡电压 U，另一个是油滴匀速下降一段距离 l 所需要的时间 t_g. 平衡电压必须经过仔细的调节，并将油滴置于分化板上某条横线附近，以便准确判断出这颗油滴是否平衡了.

测量油滴匀速下降一段距离 l 所需要的时间 t_g 时，为了在按动计时器时有所思想准备，应先让它下降一段距离后再测量时间. 选定测量的一段距离 l，应该在平衡极板之间的中央部分，即视场中分划的中央部分. 若太靠近上极板，电场不均匀，会影响测量结果. 太靠近下电极板，测量完时间后，油滴容易丢失，影响测量. 一般取 $l=0.200$ cm 比较合适.

对同一颗油滴进行 6～10 次测量，而且每次测量都要重新调整平衡电压. 如果油滴逐渐变得模糊，要微调测量显微镜跟踪油滴，勿使其丢失.

测完一颗油滴后，将平衡电压调为零，并打在“下落”档，重新喷油，选择油滴测量. 本实验中要对多个油滴进行测量.

(2) (选做项目)用动态法测量油滴的电荷，求出电子电荷 e.

(3) (选做项目)用改变油滴所带电荷的方法，测量油滴电荷的改变量，求电子电荷 e.

四、数据处理

静态法测量时，带电油滴电量的表达式为

$$q=\frac{18\pi}{\sqrt{2\rho g}}\left[\frac{\eta l}{t_g\left(1+\dfrac{b}{pa}\right)}\right]^{\frac{3}{2}}\times\frac{d}{U}$$

式中

$$a=\sqrt{\frac{9\eta l}{2\rho g t_g}}$$

已知参数值：油密度 $\rho_1=981\ \mathrm{kg/m^3}$ (20 ℃)；$\rho_2=986\ \mathrm{kg/m^3}$ (10 ℃)；空气黏滞系数 $\eta=1.83\times10^{-5}\ \mathrm{kg\cdot m^{-1}\cdot s^{-1}}$；重力加速度 $g=9.79\ \mathrm{m/s^2}$；修正常数 $b=6.17\times10^{-6}\ \mathrm{m\cdot cmHg}$；大气压强 $p=76.0$ cmHg；平行极板间距 $d=5.00\times10^{-3}$ m；油滴运动的距离 $l=2\times10^{-3}$ m. 将以上数据代入公式得

$$q=\frac{1.43\times10^{-14}}{\left[t_g\left(1+0.02\sqrt{t_g}\right)\right]^{\frac{3}{2}}}\frac{1}{V} \tag{2-1-11}$$

式中的时间 t_g 应为测量数次时间的平均值.

数据处理方法主要有两种：最大公约数法和作图法. 前者需要大量的油滴数据，计算出各油滴的电荷后，求它们的最大公约数，即为基本电荷 e 值. 这种方法对于学生实验比较困难. 在实验中，我们一般采用作图法求 e 值. 设实验得到 m 个油滴的带电量分别为 $q_1, q_2, \cdots, q_m$，由于电荷的量子化特性，应有 $q_i=n_i e$，此为一直线方程，n 为自变量，q 为因变量，e 为斜率. 因此 m 个油滴对应的数据在 n-q 坐标系中将在同一条过原点的直线上，若找到满足这一关系的曲线，就可用斜率求得 e 值. 将 e 值的实验值与公认值比较，求相对误差. 测得的数据填入如表 2-1-1 所示的数据记录表中.

表 2-1-1　数据记录表格

电荷序号	平衡电压	下降时间						q	n
		t_1	t_2	t_3	t_4	t_5	$\bar{t}_g$	平均值	
1									
2									
3									
4									
5									

实验值

$$e=\frac{q_1-q_2}{n_1-n_2}$$

相对误差

$$E=\frac{|e-e_0|}{e_0}\times 100\%$$

式中，$e_0=1.602\times 10^{-19}$ C，为标准基本电荷电量.

五、注意事项

（1）在喷油后，若视场中没有发现油滴，可能有以下几个原因：传感线接触不良；油滴孔被堵.处理方法：检查线路；打开有机玻璃油雾室，利用脱脂棉擦拭小孔，或利用细丝（直径小于 0.4 mm）捅一捅小孔.

（2）调整仪器时，如要打开有机玻璃油雾室，应先将工作电压选择开关放在“下落”位置，最好关掉电源.

（3）喷油时，切忌频繁喷油，要充分利用资源.

六、思考与讨论

1. 如何判断油滴盒内两平行极板是否水平？如果不水平对实验有何影响？

2. 为什么向油雾室喷油时，一定要使电容器的两平行极板短路？这时平行电压的换向开关置于何处？

3. 应选什么样的油滴进行测量？选太小的油滴对测量有什么影响？选太大或带电太多的油滴存在什么问题？

4. 你对本实验的数据处理有没有更好的意见？谈谈你的想法？

参考文献

[1] 王正行.近代物理学[M].北京：北京大学出版社，1996.

［2］ 刘海涛. Delphi 程序设计基础[M]. 北京：清华大学出版社，2001.
［3］ 赵凯华，陈熙谋. 电磁学[M]. 北京：高等教育出版社，1985.

2-2 夫兰克-赫兹实验

1911 年，卢瑟福根据 α 粒子散射实验，提出了原子核模型. 1913 年，丹麦物理学家玻尔将普朗克量子假说运用到原子核模型，建立了与经典理论相违背的两个重要概念：原子定态能级和能级跃迁概念. 电子在能级之间跃迁时伴随电磁波的吸收和发射，电磁波频率的大小取决于原子所处两定态能级间的能量差，并满足普朗克频率定则. 随着英国物理学家埃万斯（E. J. Evans）对光谱的研究，玻尔理论被确立. 但是任何重要的物理规律都必须得到至少两种独立的实验方法的验证. 随后，在 1914 年，德国科学家夫兰克和他的助手赫兹采用慢电子与稀薄气体中原子碰撞的方法（与光谱研究相独立），简单而巧妙地直接证实了原子能级的存在，并且实现了对原子的可控激发，从而为玻尔原子理论提供了有力的证据. 1925 年，由于他二人的卓越贡献，他们获得了当年的诺贝尔物理学奖（1926 年于德国洛丁根补发）.

夫兰克-赫兹实验至今仍是探索原子内部结构的主要手段之一. 所以，在近代物理实验中，仍把它作为传统的经典实验. 本实验通过对氩原子第一激发电位的测量，了解夫兰克和赫兹在研究原子内部能量问题时所采用的基本实验方法；了解电子与氩原子碰撞和能量交换过程的微观图像和影响这个过程的主要物理因素，进一步理解玻尔理论；学习用计算机采集和处理数据.

一、实验原理

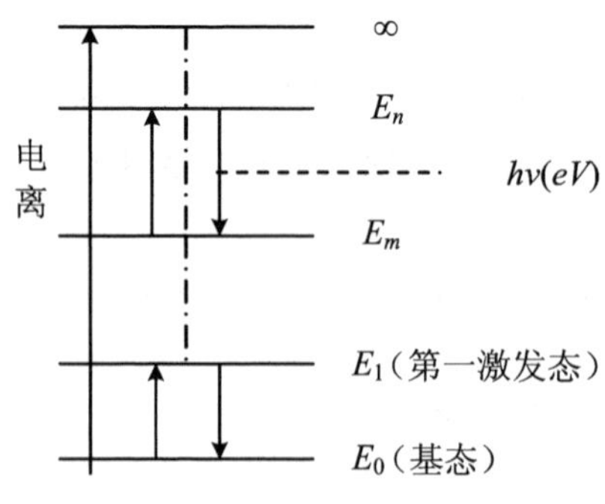

图 2-2-1 原子能级路迁原理图

根据玻尔的原子理论，原子只能处于一系列不连续的稳定状态之中，其中每一种状态相应于一定的能量值 $E_i(i=1,2,3,\cdots)$，这些能量值称为能级. 最低能级所对应的状态称为基态，其他高能级所对应的态称为激发态，如图 2-2-1 所示.

当原子从一个稳定状态过渡到另一个稳定状态时就会吸收或辐射一定频率的电磁波，频率大小决定于原子所处两定态能级间的能量差，并满足普朗克频率选择定则

$$h\nu = E_n - E_m (h \text{ 为普朗克常数})$$

为使原子从低能级向高能级跃迁,可以通过吸收光子来实现,也可通过让具有一定能量的电子与原子碰撞交换能量而实现,并满足能量选择定则.夫兰克-赫兹实验是通过具有一定能量的电子与原子碰撞,进行能量交换而实现原子从基态到高能态的跃迁.

$$eV = E_n - E_m$$

本实验采用充氩的夫兰克-赫兹管,基本结构如图 2-2-2 所示.电子由阴极 K 发出,阴极 K 和第一栅极 G_1 之间的加速电压 V_{G1K} 及与第二栅极 G_2 之间的加速电压 V_{G2K} 使电子加速.在板极 A 和第二栅极 G_2 之间可设置减速电压 V_{G2A},管内的空间电位分布如图 2-2-3 所示.注意:第一栅极 G_1 和阴极 K 之间的加速电压 V_{G1K} 约 1.5 V 的电压,用于消除阴极电子散射的影响.

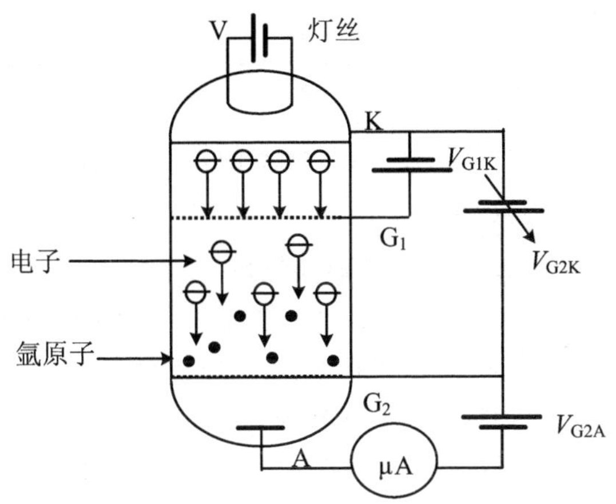

图 2-2-2　夫兰克-赫兹管结构图

设氩原子的基态能量为 E_0,第一激发态的能量为 E_1,初速为零的电子在电位差为 V 的加速电场作用下,获得能量为 eV,具有这种能量的电子与氩原子发生碰撞,当电子能量 $eV < E_1 - E_0$ 时,电子与氩原子只能发生弹性碰撞,由于电子质量比氩原子质量小得多,电子能量损失很少.如果 $eV \geqslant E_1 - E_0 = \Delta E$,则电子与氩原子会产生非弹性碰撞,氩原子从电子中取得能量 ΔE,由基态跃迁到第一激发态,$\Delta E = eV_C$.相应的电位差 V_C 为氩原子的第一激发电位.

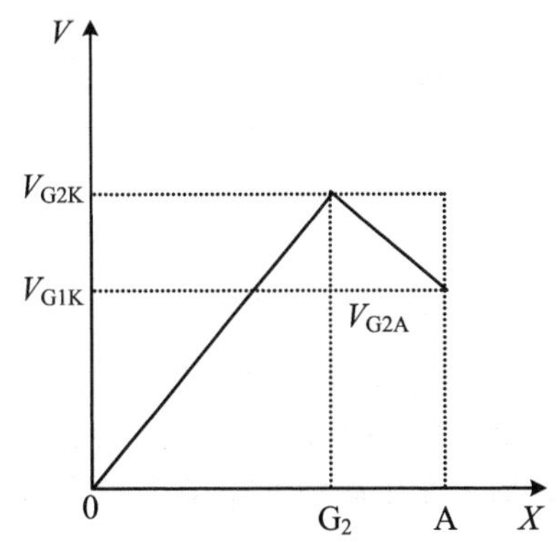

图 2-2-3　夫兰克-赫兹管管内空间电位分布

在实验中,逐渐增加 V_{G2K},由电流计读出板极电流 I_A,得到如图 2-2-4 所示的变化曲线.

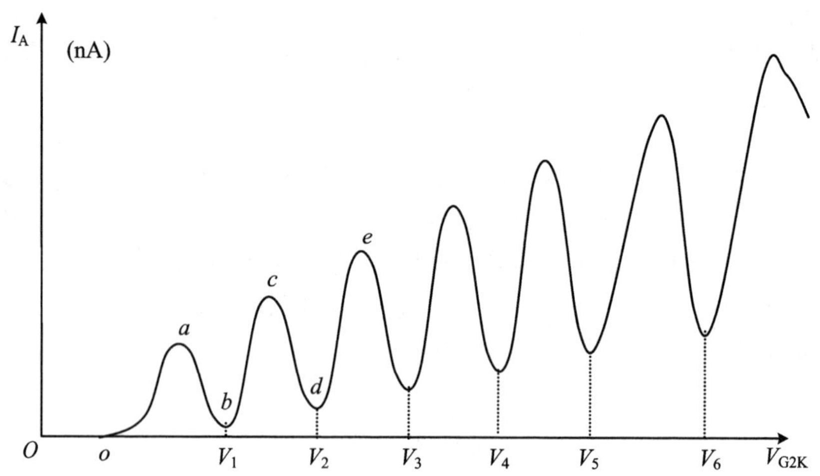

图 2-2-4　夫兰克-赫兹管的 I_A-V_{G2K} 曲线

下面我们讨论几个有关的问题:

1. 夫兰克-赫兹实验中 I_A-V_{G2K} 曲线的解释

如果我们先不考虑阴极 K 发射的热电子具有一定的初始能量分布,则:

当加速电压 $V_{G2K}<V_{G2A}$时,电子在 K、G_2 空间被加速而获得的能量很低,穿过栅极 G_2 的电子不能克服拒斥电压到达板极,因而 $I_A=0$(如图 2-2-4 的 0*o* 段).

当 $V_{G2A}<V_{G2K}<V_C$ 时,电子在 K、G_2 空间与氩原子将发生弹性碰撞,碰撞后电子只改变运动方向而无能量损失.因而能够穿过栅极到达板极,且板极电流 I_A 随着 V_{G2K}的增大而增大(如图 2-2-4 所示 *oa* 段).

当 $V_{G2K}=V_C$ 时,电子在栅极附近与氩原子将发生非弹性碰撞,碰撞后电子能量损失耗尽,全部交给氩原子,使氩原子最外层电子跃迁到第一激发态.这些电子因损失能量不能克服拒斥电压,故板极电流 I_A 将开始减小(如图 2-2-4 所示 *a* 处).

当 $V_C<V_{G2K}<V_{G2A}+V_C$ 时,在接近栅极但未到栅极 G_2 处,电子已经获得了 eV_C 的能量,若跟氩原子碰撞将发生非弹性碰撞,电子交出能量使氩原子发生第一激发态的跃迁.碰撞后电子在到达栅极前还要加速一段,获得$(eV_{G2K}-eV_C)<eV_{G2A}$的动能.此时电子能量不能克服 eV_{G2A},不会到达极板 A,且由于 V_{G2K}的增加,与氩原子发生碰撞的电子会越来越多,故电流 I_A 将会继续减小(如图 2-2-4 所示 *ab* 段).

当 $V_{G2A}+V_C<V_{G2K}<2V_C$ 时,电子再次加速获得的能量$(eV_{G2K}-eV_C)>$

eV_{G2A}，此时电子有足够的动能可以克服拒斥电压到达阳极，随着 V_{G2K} 的增加，与氩原子发生碰撞后，到达阳极板的电子会越来越多，故电流 I_A 将会随着 V_{G2K} 再次增加(如图 2-2-4 所示 bc 段).

当 $V_{G2K}=2V_C$ 时，在 K、G_2 空间的中部电子已经获得了 eV_C 的能量，此时若跟氩原子碰撞，电子将交出能量使氩原子跃迁. 碰撞后，电子加速到栅极时再次获得了 eV_C 的能量，这时若跟另外一个氩原子碰撞，电子将再次交出能量使这一个氩原子从基态跃迁到第一激发态. 经过两次碰撞后电子损失能量不能克服拒斥电压，板极电流 I_A 开始减小(如图 2-2-4 所示 c 处).

再往后重复以上过程. 由此可见：

(1) 凡当 $V_{G2K}=nV_C(n=1,2,3,\cdots)$，即加速电压等于氩原子第一激发电位 V_C 的整数倍时，板流 I_A 都会相应下跌，形成规则起伏的伏安曲线.

(2) 任何两个相近峰间的加速电位差都应是氩原子的第一激发态电位. 所以，只要测出夫兰克-赫兹 I_A-V_{G2K} 曲线，即可求出氩原子的第一激发电位，并由此证实原子确实有不连续的能级存在.

夫兰克-赫兹实验设计的巧妙之处在于板极 A 与栅极 G_2 之间加了一个小而稳定的拒斥电压 V_{G2A}，用它筛去能量小于 eV_{G2A} 的电子，从而能检测出电子因非弹性碰撞而损失能量的情况.

2. 实验中的一些其他现象

(1) 接触电位差的影响. 实际的 F-H 管，其阴极 K 与 G_2 采用不同的金属材料制成，它们的逸出功不同，因此会产生接触电位差. 接触电位差的存在，使真正加在电子上的加速电压不等于 V_{G2K}，而是 V_{G2K} 与接触电位差的代数和. 使得整个 I_A-V_{G2K} 曲线平移.

(2) 由于阴极 K 发射电子后，在阴极表面积聚了许多的电子. 这些空间电荷的存在改变了 K、G_2 间的空间电位分布. 当 V_{G2K} 较小时，阴极附近会出现负电位，称为虚阴极. 负电位的绝对值随 V_{G2K} 的增大而减小. V_{G2K} 值较大时，虚阴极消失. 虚阴极的存在使得 I_A-V_{G2K} 曲线的前几个峰(2～3 个)的峰间距减小，而对后面的峰无影响. 灯丝电压越高，阴极 K 发射的电子流越大，空间电荷的影响越严重.

(3) 因为 K 极发出的热电子能量服从麦克斯韦统计分布规律，因此 I_A-V_{G2K} 图中的板极电流下降不是陡然的. 在 I_A 极大值附近出现的峰有一定宽度.

(4) 当 V_{G2K} 较大时，由于部分电子自由程大，可积累较多的能量. 使氩原子跃迁到更高的激发态，甚至使氩原子电离.

(5) 电离的发生引起电子繁流，产生电流放大作用. 随着 V_{G2K} 的增大，电子繁流迅速增长，使得 I_A-V_{G2K} 曲线各峰高度迅速增加. 但 V_{G2K} 超过一定值时，将导致管内气体击穿，应避免发生这种情况，否则将使管损坏.

通过这个实验，说明了夫兰克-赫兹管内的电子缓慢地与氩原子碰撞，能使原子从低能级被激发到高能级，通过测量氩的第一激发电位值(11.5 V 是一个定值，即吸收和发射的能量是完全确定的，不连续的)说明了原子能级的存在.

二、实验装置

ZHY-FH-2 智能夫兰克-赫兹实验仪的实验装置原理图如图 2-2-5 所示.

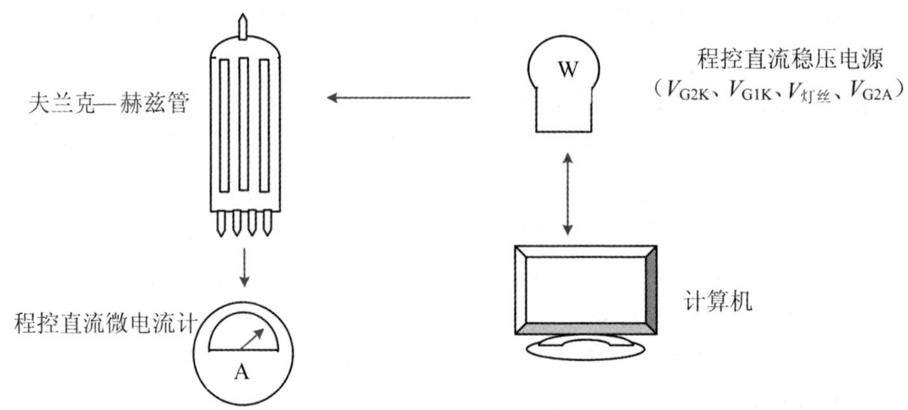

图 2-2-5 实验装置原理图

一般的夫兰克-赫兹管是在圆柱状玻璃管壳中，管脚如图 2-2-6 所示.

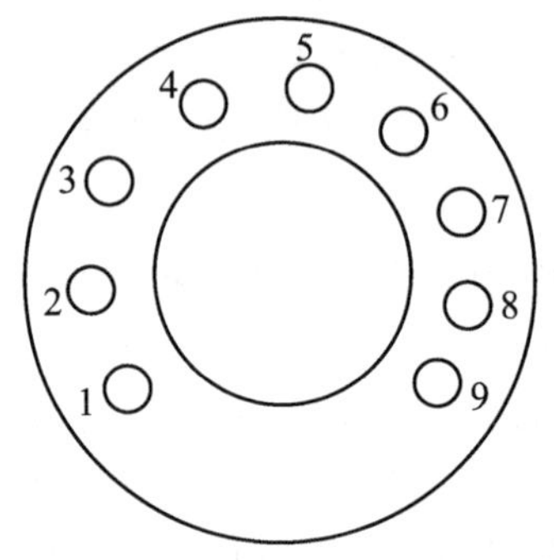

管脚 1:K 管脚 2:G1; 管脚 3:G2;管脚 4、5:灯丝电压;管脚 7:A;管脚 6、8、9:空

图 2-2-6 F-H 管脚接线图

夫兰克-赫兹管所要加的电压均由智能夫兰克-赫兹实验仪提供，既可手动设定，也可由计算机控制.

智能夫兰克-赫兹实验仪可直接测量板极电流，测量范围是 1 uA～1 mA，共四档，测量数据可直接由面板读出，同时可传给计算机.

实验过程由《计算机辅助实验系统软件》进行监控.《计算机辅助实验系统软件》工作于 WIN98 及 WINNT4.0+IE4.0 以上的操作环境，采用多媒体实验资料查询、实验装置自动控制、实验过程实时监控、实验数据自动采集、实验数据处理与检索、实验数据保存及打印等功能. 通过连接示波器，同样可以看到伏安曲线. 此外，当实验数据出现异常时，计算机辅助实验系统软件会自动关闭所有的电压，并显示警告信息，提醒实验人员检查实验装置和实验参数是否合适，避免损坏仪器.

三、实验内容

(1) 熟悉实验装置结构和使用方法.

(2) 按照实验要求连接实验电路，检查无误后开机.

(3) 缓慢将灯丝电压调至 2.5 V，第一阳极电压调至 1.5 V，拒斥电压调至 7.0 V，预热 1 min.（注意：不同仪器，各个参数值不一样，请对照设值.）

(4) 智能夫兰克-赫兹实验仪有三种可选的工作方式：A 手动，B 自动，C 联机测试. 其中，A、B 方式可不由《计算机辅助实验系统软件》控制，智能夫兰克-赫兹实验仪可单独运行. C 方式必须与计算机相连接，由计算机控制智能夫兰克-赫兹实验仪运行. 所以，与之相对应，《计算机辅助实验系统软件》也有两种可选的工作方式：

① 联机显示. 在这种方式中，计算机只允许作为一个显示器使用，不能干预智能夫兰克-赫兹实验仪的运行，此时的软件工作方式适用于智能夫兰克-赫兹实验仪的 A、B 方式.

② 联机测试. 在这种方式中，由计算机只控制智能夫兰克-赫兹实验仪的运行，此时的软件工作方式适用于智能夫兰克-赫兹实验仪的 C 方式.

(5) 输入实验参数，进行实验. 实验分手动测试和联机测试两步：

① 手动测试. 预热完毕，启动实验. 手动调节 V_{G2K}，由零按固定步长逐渐增大，同时记录电流注意 I_A 的变化，注意：V_{G2K}的最大调节值为 80 V.

② 联机测试. 将夫兰克-赫兹实验仪复位，使用《计算机辅助实验系统》，通过计算机为实验仪设置参数并进行数据采集和分析.

(6) 改变灯丝电压、第一阳极电压或拒斥电压，重新进行实验，观察实验曲线的变化，分析原因 .

(7) 实验结束，将实验装置恢复为原始状态.

四、注意事项

(1) 不许拔下仪器前面板上的导线，进行违规连接，以免发生短路，损坏仪器.

(2) 在设定各电压值时，必须在给定的量程或范围之内设值，如果超出范围，可能会导致烧坏仪器.

五、数据处理

根据手调“栅压调节”做出的 I_A-V_{G2K} 曲线和计算机显示所显示的曲线，求出各峰所对应的电压值，用逐差法求出氩原子第一激发电位，并与公认值 $V_{C0}=11.5$ V 比较，求出测量误差.

计算 V_C 的公式为

$$\bar{V}_C=\left[(V_2-V_1)+(V_3-V_1)/2+\cdots+\frac{V_{n+1}-V_1}{n}\right]\Big/n$$

相对误差

$$E=\frac{|\bar{V}_C-V_{C0}|}{V_{C0}}\times 100\%$$

逐差法求解如图 2-2-7 所示.

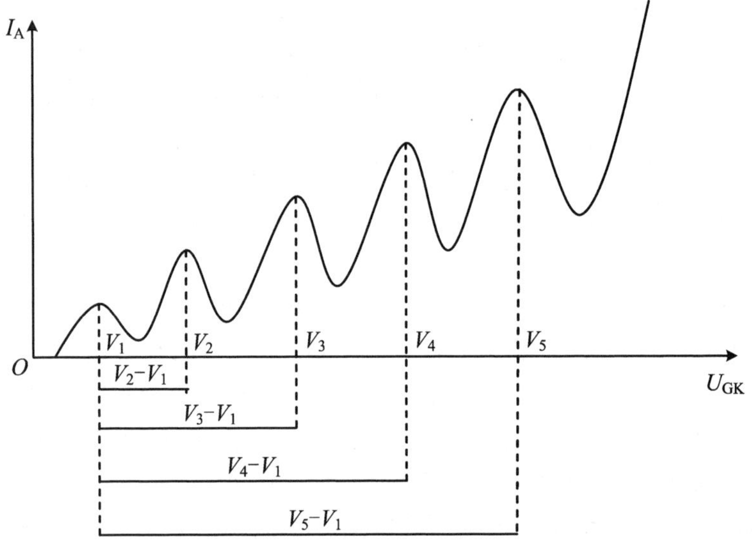

图 2-2-7 数据处理示意图

六、思考题

1. 能否用氢气代替氩气？为什么？
2. 为什么 I-U 曲线不是从原点开始？
3. 为什么 I 不会降到零？
4. 为什么 I 的下降不是陡然的？

5. 在 F-H 实验中,得到的 I-U 曲线为什么呈周期性变化?

6. 在 F-H 管内为什么要在板极和栅极之间加反向拒斥电压?

7. 在 F-H 管的 I-U 曲线上第一个峰的位置是否对应于氩原子的第一激发电位?

参考文献

[1] 胡镜寰,刘玉华. 原子物理学[M]. 北京:北京大学出版社,1999.
[2] 褚圣麟. 原子物理学[M]. 北京:人民教育出版社,1979.
[3] 钱临照,许志英. 世界著名科学家传记[M]. 北京:科学出版社,1990.
[4] 杨福家. 原子物理学[M]. 北京:高等教育出版社,1999.

2-3　光速的测量

光波是电磁波,光速是最重要的物理常数之一,许多物理概念和物理量都与它有密切的关系,光速值的精确测量将关系到许多物理量值精确度的提高,所以长期以来对光速的测量一直是物理学家十分重视的课题. 尤其近几十年来天文测量、地球物理、空间技术的发展以及计量工作的需要,使得光速的精确测量已变得越来越重要.

测量光速的方法很多,有经典的,有现代的. 早在 1676 年,天文学家罗默(Romer)第一个测出了光的速度. 1923 年美国人安德森(H. L. Anderson)用克尔盒调制光弹法,测得光速值为 $2.997\,76\times10^{8}$ m/s,此值的前四位与现在的公认值一致. 本实验安排两种方法测量光速.

2-3-1　光拍频法测量光的速度

我们知道,光速 $c=S/\Delta t$,S 是光传播的距离. Δt 是光传播距离 S 所需的时间. 根据波动基本公式,$c=f\lambda$,λ 相当于上式的 S,可以方便地测得,但光频 f 大约为 10^{14} Hz,我们没有那样高的频率计,同样传播 λ 距离所需的时间 $\Delta t=1/f$ 也没有比较方便的测量方法. 如果使 f 变得很低,例如 30 MHz,那么波长约为 10 m. 这种测量对我们来说是十分方便的. 这种使光频"变低"的方法就是所谓"光拍频法". 频率相近的两束光同方向共线传播,叠加成拍频光波,其强度包络的频率(光拍频)即为两束光的频差,适当控制它们的频差可达到降低光拍频波的目的. 当高稳定的激光出现以后,人们渴望更精确地测量光速. 1970 年美国国立物理实验室最先用激光作了光速测定. 1975 年第十五届国际计量大会提出了真空中光速为 $c=299\ 792\ 458$ m/s.

本实验是用声光频移法获得光拍，通过测量光拍的波长和频率来确定光速. 实验的目的是理解光拍频的概念及其获得；掌握光拍频法测量光速的技术.

一、实验原理

1. 光拍的产生及其特征

根据振动叠加原理，两列速度相同、振幅相同、频差较小而同向传播的简谐波的叠加即形成拍.

设有两列振幅 E 相同（为讨论问题的方便）、频率分别为 f_1 和 f_2（频差 $\Delta f=f_1-f_2\ll f_1, f_2$）的二列光波

$$E_1 = E\cos(\omega_1 t - k_1 x + \varphi_1)$$

$$E_2 = E\cos(\omega_2 t - k_2 x + \varphi_2)$$

式中，$k_1=2\pi/\lambda_1$ 和 $k_2=2\pi/\lambda_2$ 为波数，φ_1 和 φ_2 为初位相. 这两列波叠加后得

$$\begin{aligned} E_S &= E_1 + E_2 \\ &= 2E\cos\left[\frac{\omega_1-\omega_2}{2}\left(t-\frac{x}{c}\right)+\frac{\varphi_1-\varphi_2}{2}\right] \\ &\quad \times\cos\left[\frac{\omega_1+\omega_2}{2}\left(t-\frac{x}{c}\right)+\frac{\varphi_1+\varphi_2}{2}\right] \end{aligned} \tag{2-3-1}$$

式(2-3-1)是沿 X 轴方向的前进波，其角频率为 $\frac{\omega_1+\omega_2}{2}$，振幅为 $2E_0\cos\left[\frac{\omega_1-\omega_2}{2}\left(t-\frac{x}{c}\right)+\frac{\varphi_1-\varphi_2}{2}\right]$的带有低频调制的高频波. 显然，$E$ 的振幅是时间和空间的函数，振幅以频率 $\Delta f=\frac{\omega_1-\omega_2}{2\pi}$周期性地变化，称这种低频的行波为光拍频波，$\Delta f$ 就是拍频，如图 2-3-1 所示.

2. 光拍信号的检测

用光电检测器（如光电倍增管等）接收光拍频波，可把光拍信号变为电信号. 因光检测器光敏面上光照反应所产生的光电流与光强（即电场强度的平方）成正比，即

$$i_0 = gE_s^2 \tag{2-3-2}$$

式中，g 为接收器的光电转换常数.

由于光波的频率甚高（$f_0>10^{14}$ Hz），而光敏面的频率响应一般$\leqslant 10^8$ Hz，来不及反映如此快的光强变化，因此检测器所产生的光电流都只能是在响应时间 τ 内的平均值

$$\bar{i_0} = \frac{1}{\tau}\int_{\tau} i_0 \mathrm{d}t \tag{2-3-3}$$

将式(2-3-1)和式(2-3-2)代入上式，结果 i_0 积分中高频项为零，只留下常数项和缓变项，即

$$\bar{i_0} = \frac{1}{\tau}\int_{\tau} i_0 \mathrm{d}t = gE^2\left\{1+\cos\left[\Delta\omega\left(t-\frac{x}{c}\right)+\Delta\varphi\right]\right\} \tag{2-3-4}$$

式中，缓变项即是光拍频波信号，$\Delta\omega$ 是与拍频 Δf 相应的角频率，$\Delta\varphi=\varphi_1-\varphi_2$ 为初位相. 可见光检测器输出的光电流包含有直流和光拍信号两种成分. 滤去直流成分 gE^2，检测器输出频率为拍频 Δf、初相位 $\Delta\varphi$ 的光拍信号. 而光拍信号的位相又与空间位置 x 有关，即处在不同位置的探测器所输出的光拍信号具有不同的位相. 图 2-3-2 就是光拍信号 i_0 在某一时刻的空间分布，图中 $\Delta\lambda$ 为光拍的波长.

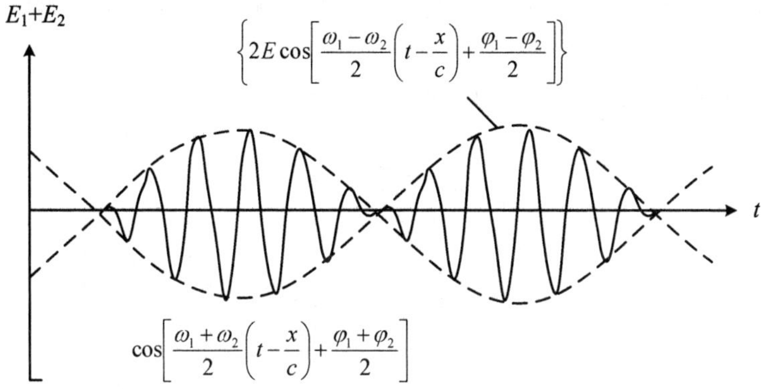

图 2-3-1　光拍频波

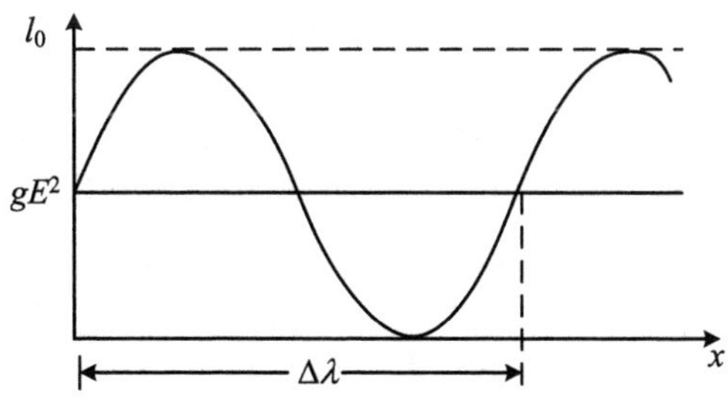

图 2-3-2　光拍的空间分布

设空间某两点之间的光程差为 ΔL，该两点的光拍信号的位相差为 $\Delta\varphi$，根据式(2-3-4)应有

$$\Delta\varphi = \frac{\Delta\omega\cdot\Delta L}{c} = \frac{2\pi\Delta f\Delta L}{c} \tag{2-3-5}$$

如果将光频波分为两路，使其通过不同的光程后入射同一光电探测器，则该探测器所输出的两个光拍信号的位相差 $\Delta\varphi$ 与两路光的光程差 ΔL 之间的关系仍由上式确定. 当 $\Delta\varphi=2\pi$ 时，$\Delta L=\Delta\lambda$，恰为光拍波长，此时上式简化为

$$c=\Delta f\cdot\Delta\lambda \tag{2-3-6}$$

可见，只要测定了 $\Delta\lambda$ 和 Δf，即可确定光速 c.

3. 相拍二光波的获得

为产生光拍频波，要求相叠加的两光波具有一定的频差，这可通过超声与光波的相互作用来实现. 具体方法有两种. 一种是行波法，如图 2-3-3 所示，在声光介质内与声源(压电换能器)相对的端面敷以吸声材料，防止声反射，以保证只有声行波通过介质. 超声在介质中传播，引起折射率的周期变化，使介质成为一个位相光栅，激光束通过介质时要发生衍射. 衍射光的角频率与超声波的角频率有关，第 L 级衍射光的角频率 $\omega_L=\omega_0+L\Omega$，其中 ω_0 为入射光的角频率，Ω 为超声波的角频率，$L(L=0,\pm1,\pm2,\cdots)$为衍射级，利用适当的光路使零级与 $+1$ 级衍射光汇合起来，沿同一条路径传播，即可产生频差为 Ω 的光拍频波.

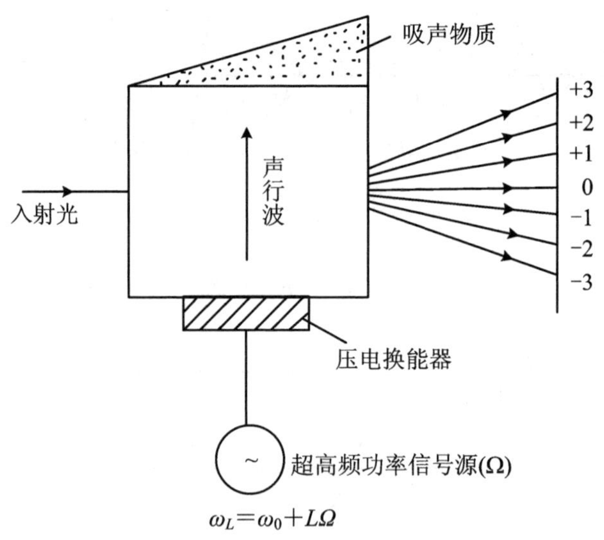

图 2-3-3 行波法

另一种是驻波法，如图 2-3-4 所示，前进波与反射波在介质中形成驻波超声场，此时沿超声传播方向，介质的厚度恰为超声半波长的整数倍，这样的介质也是一个超声位相光栅，激光束通过时也要发生衍射，且衍射效率比行波法要高. 第 L 级衍射光的角频率为

$$\omega_{L,m}=\omega_0+(L+2m)\Omega$$

式中，L，$m=0,\pm1,\pm2,\cdots$可见除不同衍射级的光波产生频移外，同一级衍射光束内就含有许多不同频率的光波；因此，用同一级衍射光即可获得拍频波. 例如，选取第一级衍射光，$L=1$，由 $m=0,-1$ 的两种频率成分叠加，可得到拍频为 $2\,\Omega$的拍频波. 比较两种方法，驻波法明显优于行波法，本实验即采用驻波法.

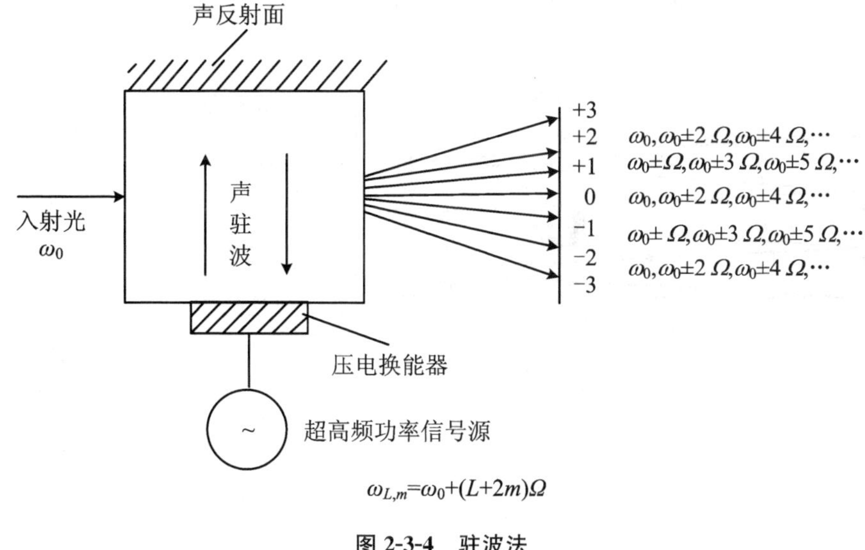

图 2-3-4　驻波法

二、实验装置

用光拍频法测光速的实验装置如图 2-3-5 所示. 超高频功率信号源产生的频率为 F 的信号输入到声光频移器，在声光介质中产生驻波超声场. 632.8 nm 的 He-Ne 激光通过介质后发生衍射，第一级（或零级）衍射光中含有拍频为 $\Delta f=2F$ 的成分. 衍射光通过小孔光阑选择衍射级次（例如第一级）后，第一半反镜将衍射光分成两路，近程光束②经过第二个半反镜反射后，入射到光电接收器；因为实验中拍频波长约 10 m 左右，为了使实验装置紧凑，远程光路①采用折叠式，依次经过全反镜多次反射后，透过第二半反镜，也入射到光电接收器. 光电接收器的输出电流经滤波放大电路后，滤掉了频率为 $2F$ 以外的其他所有信号，只将频率为 $\Delta f=2F$ 的拍频信号输入到示波器的 Y 轴；频率为 F 的功率信号作为示波器的外触发信号，输入到示波器的 X 轴. 用斩光器依次切断光束①和②，则在示波器屏幕上同时出现光束①和②的正弦波形，调节两路光的光程差，当光程差恰等于一个拍频波长 $\Delta\lambda$ 时，两正弦波的位相差恰为 2π，波形完全重合，根据式(2-3-6)得

$$c=\Delta f\cdot\Delta\lambda=2F\cdot\Delta\lambda \tag{2-3-7}$$

从导轨上测得光程差 $\Delta\lambda$，用数字频率计测得功率信号源的输出频率 F，根据上式

就可得出空气中的光速 C.

新型光速测定仪，为了降低成本，将高频示波器变为用普通示波器观察拍频波，增加了信号处理电路，经过混频、分频等电路，将光电接收器输出的 30 MHz 左右的高频信号，变为 300 KHz 左右的信号输入到示波器的 Y 轴，将功率信号源输出的 15 MHz 左右的信号变为 15 KHz 左右作为外触发信号输入到示波器的 X 轴.

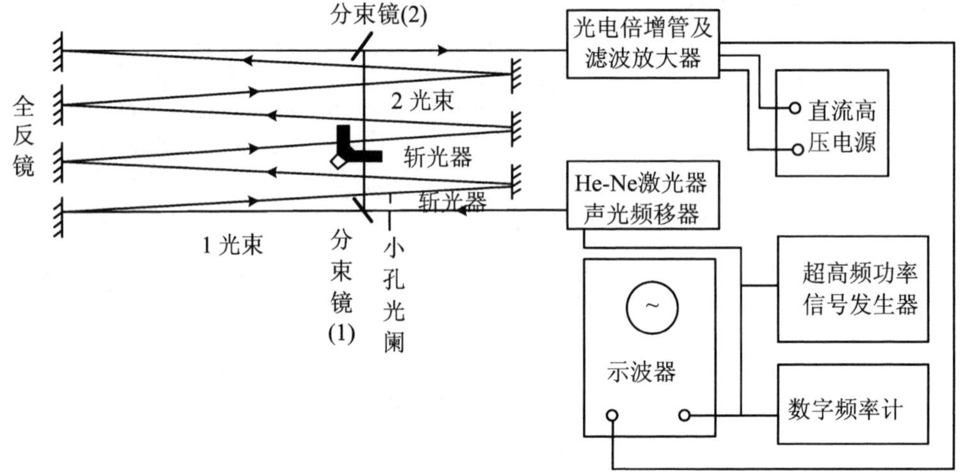

图 2-3-5　光拍频法测光速的实验装置

三、实验内容

(1) 按图 2-3-5 连接线路. 接通激光电源，调节电流至 4.5 mA 左右. 接通 12 V 直流稳压电源，调节功率信号源的输出频率，使衍射光最强.

(2) 光路调节. 调节圆孔光栏，使 1 级或零级衍射光通过，依次调节各全反镜和半反镜的调整架，使远程和近程两光束在同一水平面内反射、传播，最后垂直入射接收头. 调节斩光器的位置和高低，使两光束均能从斩光器的开槽中心通过.

(3) 斩光器与示波器调节. 遮断远程光而使近程光进入接收头，示波器上将有近程光的光拍信号波形出现，微调功率信号源的频率，使波形幅度最大. 再将斩光器转至远程光通过的位置，观察远程光的光拍信号幅度是否与近程光的幅度相等，如不相等，可调节最后一个反射镜的俯仰，改变远程光进入接收头的光通量，使两波形的幅度相等(必要时还可在接收头外的光路上加一个汇聚透镜，将远程光汇聚起来入射到接收头).

(4) 打开斩光器电源开关，斩光器电机开始旋转，调节微调旋钮使斩波频率约 30 Hz 左右，示波器出现两个幅度相等的正弦波形，手摇移动导轨上的装有正交反射镜的滑块，改变远近两路光的程差，使示波器上两波形完全重合. 此时，两路光的程差即为拍频波的波长 $\Delta\lambda$.

（5）测量拍频波长 $\Delta\lambda$，并用数字频率计精确测定功率信号源的输出频率 F. 反复进行多次，并记录测量数据.

计算 He-Ne 激光在空气中的传播速度及其标准误差.

四、思考与讨论

1. 根据实验中各个量的测量精度，分析本实验的误差.
2. 光拍是怎样形成的？它有什么特点？
3. 本实验中，测量出两个什么量就能计算出光速？为什么？

2-3-2　光-电振荡法测量光的速度

本实验目的是让学生掌握一种新颖的光速测量方法和一种间接测时的方法.

一、实验原理

1. 光-电振荡的形成

在 LM2000B 光速测量仪内有一只“光开关”和一个“光电接收开关”，如图 2-3-6 所示，“光开关”决定激光发射与否，而“光开关”又受“光电接收开关”控制，相互之间是“反相”关系，即“光电接收开关”一旦收到激光，立即关闭“光开关”，停止激光发射；经过一段时间，“光电接收开关”收不到激光，又重新打开“光开光”，再次发射激光，周而复始，形成“光-电振荡”.

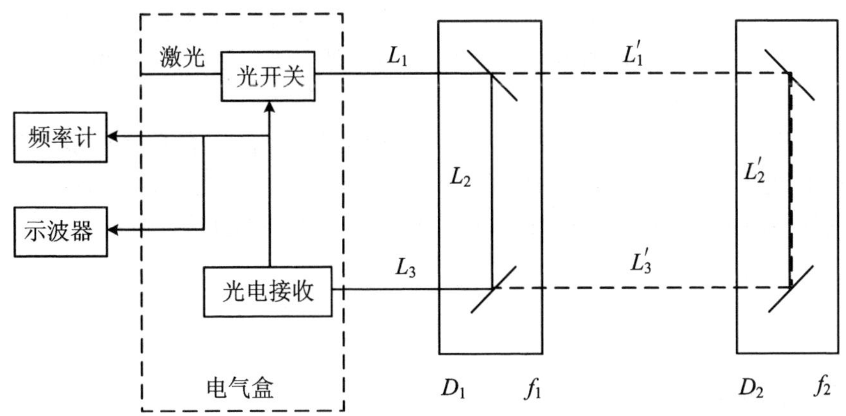

图 2-3-6　光电振荡原理图

“光-电振荡”工作时序图如图 2-3-7 所示，在 t_0 时刻，由于“光电接收开关”无信号，“光开关”打开，开始发射激光，t_1 时刻光束走完 L_1 光程，t_2 时刻走完了 L_1+L_2 光程，t_3 时刻走完了 $L_1+L_2+L_3$ 光程，到达“光电接收开光”，并立即控制“光开光”，停止发射激光，特别注意，此时 $L_1+L_2+L_3$ 光程内仍充满着激光束. 在 t_4 时刻，激光束离开 L_1 光程，t_5 时刻，光束离开 L_2 光程，t_6 时刻，光束离开 L_3 光程，此时，“光电接收开关”已不受激光束控制，重新启动“光开关”，再次发射激光，进入下一个循环周期.

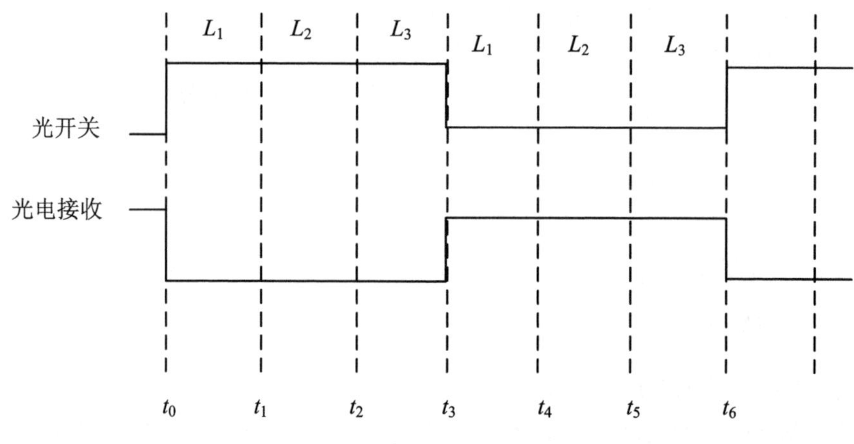

图 2-3-7　光电工作时序图

2. 光程的测量

用一只频率计可以很方便地测量出“光-电振荡”的频率. 其频率与电路时延及光程有关. 从图 2-3-7 可以看出，在一个振荡周期内，激光束 2 次经过 L_1，L_2，L_3. 由于 $L_1=L_3$，即相当于 4 次经过 L_1 或 L_3，2 次经过棱镜. 在导轨上有刻度尺，棱镜小车上有 1/10 游标，光程即可直接读出. 电路时延无法直接测出，但可以用二次测量方法将电路时延消去.

先将棱镜置于 D_1 位置(见图 2-3-6)，此时的频率为 f_1；然后将棱镜小车移至 D_2 处，此时的频率为 f_2. 频率的倒数为时间，本实验的巧妙之处就是通过很容易测量得到的频率量来间接测得很难测量得到的非常短的时间间隔. 则光速

$$C=\frac{4(D_2-D_1)}{\dfrac{1}{f_2}-\dfrac{1}{f_1}} \tag{2-3-8}$$

二、实验装置

LM2000B 光速测量仪全长 0.8 m，由电器盒、收发透镜组、棱镜小车、带标尺导轨等组成.

在电器盒上有 4 只 Q_9 插座,供接频率计和示波器用.电源进线一边的 2 只 Q_9 插座输出方波幅度较高,约 3.5 V 左右,适合连接带有低通滤波器或有“衰减”档的频率计使用,电源开关另一边的 2 只 Q_9 插座输出信号较低,且不完全是方波,一般不用.

棱镜小车上有供调节棱镜左右转动和俯仰的两只调节把手.由直角棱镜的入射光与出射光的相互关系可以知道,其实左右调节对光线的出射方向不起什么作用,在仪器上加此左右调节装置,只是为了加深对直角棱镜转向特性的理解.

在棱镜小车上有一只游标,使用方法与游标卡尺相同,通过游标可以读至 0.1 mm.

在棱镜小车尾部有一个“尾车”,“尾车”的一边有一个“制动”旋钮,顺时针方向转动“制动”旋钮,“尾车”与导轨锁死,再调节中部的一个把手,可以使棱镜小车作前后微小移动,便于对准刻度.

三、实验内容及步骤

打开 LM2000B 光速仪和频率计的电源开关,预热 30 min 后再进行测量,以消除温漂.

经过预热后的仪器温漂放缓,只要测量的时间足够短,就可以把电路时延漂移作线性近似.我们可以按 D_1-D_2-D_1 的顺序读取频率值(见图 2-3-6),以 2 次 D_1 的平均值作起点频率,这种方法可以减少由于电路不稳定给测量带来的误差.类似的专业仪器采用电子开关来完成 D_1-D_2-D_1 的顺序测量,一次测量在很短的时间内就可完成,较好地克服了电路漂移.LM2000B 光速测量仪没有选择电子开关的方式,而要求学生在较短的时间里完成 D_1-D_2-D_1 的测量,在移动棱镜小车时要求稳、轻、快、准.读频率值时舍去第一次读数,取第二次读数或第三次读数即可,不可在读数上停留太久,一般取 5～6 位读数.在 0.5 m 的导轨上可以找很多等间隔点来作 D_1-D_2-D_1 的测量,可测量 6 组数据,算出每组的光速值,求其平均,与 $2.997\,9\times10^8$ m/s 相比较,求出平均相对误差.

自己设计实验数据记录和处理表格.

四、影响测量准确度和精度的几个问题

1. 电路时延误差

由于是教学仪器,应尽可能增加学生动手的机会,在 D_1-D_2-D_1 的顺序测量中,未采用电子开关方式,而采用了手动测量,这样便不可避免地引入了电路时延误差,表现为 2 次 D_1 位置时的频率值不同.

2. 幅度误差

“光电接收开关”和“光开关”的翻转时间与接收到的光信号强度有关.当棱镜

小车处在不同位置时,光电接收开关接收到的光信号强度也不同,引起“幅度误差”.

3. 照准误差

由于发射管不是理想中的“点”光源,应看作是面光源,在这个面上的每一点发光速度并不相同,实际上发射的是“群速”.光电接收管也有这种情况,每一点上的光电转换时延是不一样的.棱镜小车处在不同的位置时,光斑大小和位置也会有所变化,引起照准误差.

五、思考与讨论

1. 根据实验中各个量的测量精度,分析本实验产生误差的原因?
2. 光-电振荡是怎样形成?有什么特点?
3. 本实验有什么巧妙之处?测量出哪些量就能计算出光速?为什么?

参考文献

[1] 吴思诚、王祖铨.近代物理实验[M].2版.北京:北京大学出版社,1995.
[2] 母国光.光学[M].北京:人民教育出版社,1981.

2-4 微波的光特性

微波技术是近代发展起来的一门新兴学科,在国防、通信、工业、农业,以及材料科学中有着广泛应用.随着社会向信息化、数字化的迈进,微波作为无线传输信息的技术手段,将发挥更为重要的作用.特别在天体物理,射电天文、宇航通信等领域,具有别的方法和技术无法取代的特殊功能.

微波有“似光性”,用可见光、X光观察到的反射、干涉和衍射现象都可以用微波再现出来,对于微波的波长为0.01 m量级的电磁波,用微波作波动实验要显得形象、直观,更容易理解,通过观测微波的反射、干涉、衍射及偏振等现象,能加深理解微波和光都是电磁波,都具有波动这一共同性.

一、微波的特性及应用

1. 微波的特性

什么是微波?微波是波长很短(也就是频率很高)的电磁波,一般把波长从1 m到1 mm,频率在300~300 000 MHz范围内的电磁波称作微波.广义的微波包括波长从10 m到10 μm(频率从30 MHz到30 THz)的电磁波.微波具有以下特点.

(1) 波长短. 它不同于一般的无线电波,因微波波长短到毫米,它具有类似光一样有直线传播性质.

(2) 频率高. 微波已成为一种电磁辐射,趋肤效应、辐射损耗相当严重. 所以在研究微波问题时要采用电磁场和电磁波的概念和方法. 不能采用集中参数元件. 需要采用分布参数元件,如波导、谐振腔、测量线等. 测量的量是驻波比、频率、特性阻抗等.

(3) 量子特性. 在微波波段,电磁波每个量子的能量范围约为 $10^{-6}\sim10^{-3}$ eV. 许多原子和分子发射和吸收的电磁波能量正好处于微波波段内,人们正是利用这一特点研究分子和原子的结构,发展了微波波谱学、量子电子学等新兴学科,并研制了量子放大器、分子钟和原子钟.

(4) 能穿透电离层. 微波可以畅通无阻地穿过地球周围的电离层,是进行卫星通信、宇航通信和射电天文学研究的一种有效手段.

基于微波具有上述特点,微波作为一门独立学科得到人们的重视,获得迅速的发展.

2. 微波的应用

(1) 雷达与通信. 微波的早期发展与雷达密切相关:利用微波直线传播的特性,可制成军用的如超远程预警雷达、相控阵雷达以及民用的气象雷达、导航雷达等.

在通信方面,微波的可用频带很宽,信息容量大,现代移动通信和卫星通信中都在微波波段.

(2) 受激辐射原理——频标、计量标准. 在微波波谱学深入研究的基础上,1957 年根据受激辐射原理发明了微波受激辐射放大器,即"脉塞"(Maser),这就是大家知道的量子放大器. 1960 年发明了光受激辐射放大器,即"莱塞"(Laser),这就是激光器. 激光的发明,是 20 世纪科学技术上的一个重大突破,但是追根寻源,不难看出激光器的发明只是将微波技术中的(受激辐射原理)成果(量子放大器)"移植"到可见光波段的一项新成就.

量子频率标准(原子钟)是利用波谱学成就制作的精确时间频率测量设备,目前量子频标的频率稳定度和准确度已分别达到 10^{-14} 和 10^{-15} 的数量级,在精确测量频率的基础上,物理学理论如量子电动力学和广义相对论所预言的某些效应,兰姆(Lamb)移位、电子反常磁矩、引力"红移"和引力波等已得到验证.

近年来,科技界出现一种倾向,力图用一种物理定律把其他物理量(如长度、电压和温度等)转换成频率的测量以提高测量精确度. 1968 年国际计量大会决议:"定义时间单位'秒'为铯-133 原子基态的两个超精细能级之间跃迁所对应的辐射的 9 192 613 770 周期的持续时间",这条谱线就处于微波波段内. 1983 年国际计量大会对米的定义做出决议:"米是光在真空中在 1/299 792 458 秒的时间间隔内行程的长度". 新的米定义建立在"秒"和物理基本常数光速(299 792 458 m/s)的基础上.

(3) 微波与物质的相互作用. 微波铁氧体是微波技术中常用的一种各向异性材料,它不仅具有较强的磁性,而且具有很高的电阻率. 微波很容易通过铁氧体,在铁氧体中产生特殊的磁效应——旋磁性. 在恒磁场和微波场的作用下,微波铁氧体的微波磁导率是一个张量. 张量磁导率的特点是:①非对称性,这使微波在铁氧体中传播具有非互易性,成为制作非互易微波铁氧体器件的基础;②张量元素都是复数,其实部具有频散特征,其虚部具有共振特性,是研究铁氧体的微波特性和微观结构的基础.

等离子体是分别带有正负电荷的两种粒子所组成的电中性的粒子体系,其中至少有一种带电粒子是可以自由运动的. 等离子态称为物质的第四态. 等离子体物理与受控热核反应、空间研究、天体物理和气体激光等密切相关,且有重要应用,利用微波与等离子体的相互作用,可以对等离子体的特性进行研究并促进应用. 例如:①微波等离子诊断(利用微波在等子离子体中的传播特性,对等离子体的参量进行测量);②利用高功率微波加热等离子体(利用等离子体的高频损耗特性进行微波加热);③利用微波产生等离子体(高功率微波可以使气体放电产生等离子体).

(4) 穿透电离层——天体物理和射电天文研究. 以微波为主要观测手段的射电天文学的迅速发展,扩大了天文观察的视野,促进了天体物理的研究,所谓 60 年天文学的四大发现——类星体、中子星、微波背景辐射和星际分子,全都是利用微波为主要观测手段发现的. 其中,微波背景辐射被誉为"20 世纪天文学的一项重大成就",荣获 1978 年诺贝尔物理奖.

(5) 介质的微波特性——微波电谱和磁谱,微波吸收材料,微波遥感. 微波电谱和磁谱是指介质的介电常数和磁导率与外加微波场频率的相互关系,微波电谱和磁谱不仅提供介质材料性能的重要判据,在基础研究中也具有特殊的意义. 例如在电子对抗技术中采用的微波吸收材料,由微波遥感获得遥感信息等,都与微波技术和微波电谱、磁谱有关.

3. 耿氏(Gunn)二极管振荡器

教学实验室常用的微波振荡器除了反射式速调管振荡器外,还有耿氏(或称体效应)二极管振荡器,也称之为固态源.

耿氏二极管振荡器的核心是耿氏二极管. 耿氏二极管主要是基于 n 型砷化镓的导带双谷——高能谷和低能谷结构. 1963 年耿氏在实验中观察到在 n 型砷化镓样品的两端加上直流电压,当电压较小时样品电流随电压增高而增大;当电压 V 超过某一临界值 V_{th} 后,随着电压的增高电流反而减小(这种随电场的增加电流下降的现象称为负阻效应)；电压继续增大($V>V_b$)则电流趋向饱和(如图 2-4-1 所示). 这说明 n 型砷化镓样品具有负阻特性.

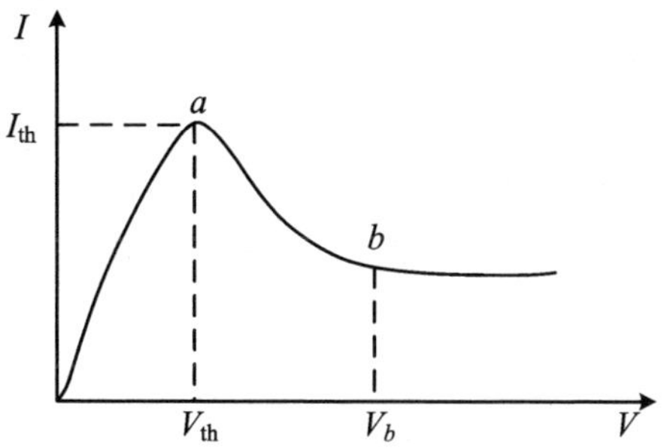

图 2-4-1　耿氏管的电流-电压特性

砷化镓的负阻特性可用半导体能带理论解释. 如图 2-4-2 所示，砷化镓是一种多能谷材料，其中具有最低能量的主谷和能量较高的临近子谷具有不同的性质. 当电子处于主谷时有效质量 m^* 较小，则迁移率 μ 较高；当电子处于子谷时有效质量 m^* 较大，则迁移率 μ 较低. 在常温且无外加电场时，大部分电子处于电子迁移率高而有效质量低的主谷，随着外加电场的增大，电子平均漂移速度也增大；当外加电场大到足够使主谷的电子能量增加至 0.36 eV 时，部分电子转移到子谷，在那里迁移率低而有效质量较大，其结果是随着外加电压的增大，电子的平均漂移速度反而减小.

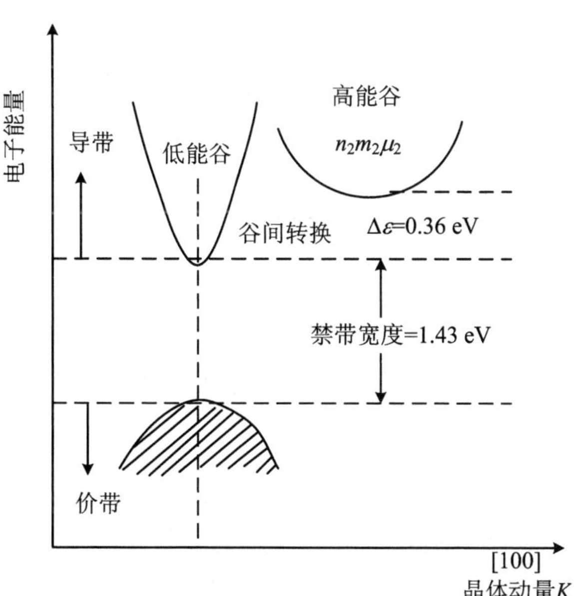

图 2-4-2　砷化镓的能带结构图

如图 2-4-3 所示为一耿氏管示意图. 在管两端加电压,当管内电场 E 略大于 E_T(E_T 为负阻效应起始电场强度)时,由于管内局部电量的不均匀涨落(通常在阴极附近),在阴极端开始生成电荷的偶极畴;偶极畴的形成使畴内电场增大而使畴外电场下降,从而进一步使畴内的电子转入高能谷,直至畴内电子全部进入高能谷,畴不再长大. 此后,偶极畴在外电场作用下以饱和漂移速度向阳极移动直至消失. 而后整个电场重新上升,再次重复相同的过程,周而复始地产生畴的建立、移动和消失,构成电流的周期性振荡,形成一连串很窄的电流,这就是耿氏二极管的振荡原理.

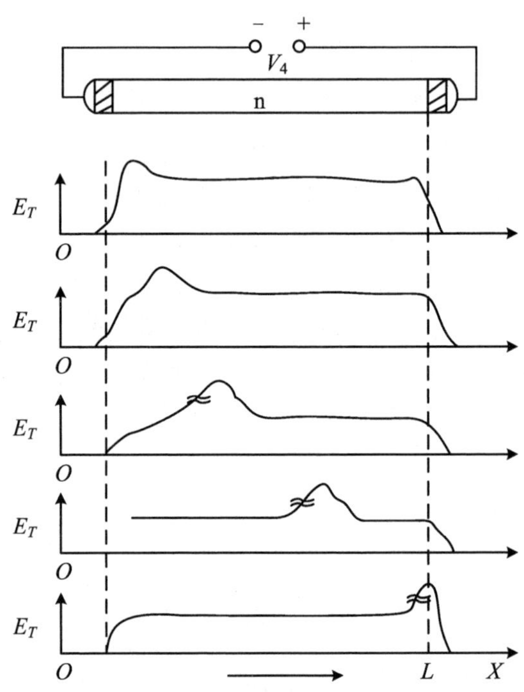

2-4-3 耿氏管中畴的形成、传播和消失过程

耿氏二极管的工作频率主要由偶极畴的渡越时间决定. 实际应用中,一般将耿氏管装在金属谐振腔中做成振荡器,通过改变腔体内的机械调谐装置可在一定范围内改变耿氏振荡器的工作频率.

4. 晶体检波器

微波检波系统采用半导体点接触二极管(又称微波二极管),外壳为高频铝瓷管,形状像子弹(也有别的形状的),结构如图 2-4-4(a)所示. 晶体检波器就是一段波导和装在其中的微波二极管,结构如图 2-4-4(b)所示. 将微波二极管(检波晶体)插入波导宽壁中,使它对波导两宽壁间的感应电压(与该处电场强度成正比)进行检波.为了获得大的检波信号输出,调节后部的短路活塞位置,使它与晶体间的距离约等于 $\lambda_g/4$,使晶体处于电场最大(驻波波腹)处.有的晶体检波器,前方装有三螺钉调配器,以便使它后面与输入波导相匹配,提高检波效率.

由于检波晶体上的电压 V 与微波中的电场 E 成正比,检流电流通 i 与 E 的关系为

$$i = kE^n \tag{2-4-1}$$

式中,k 是一比例常数,n 是大于 1 小于 2 的一个数,当 E 较小时,$n\approx 2$,这是晶体的平方律区域;当 E 较大时,$n\approx 1$,这是晶体的线性律区域.在平方律区域,晶体的检波电流与晶体接受的微波功率成正比.

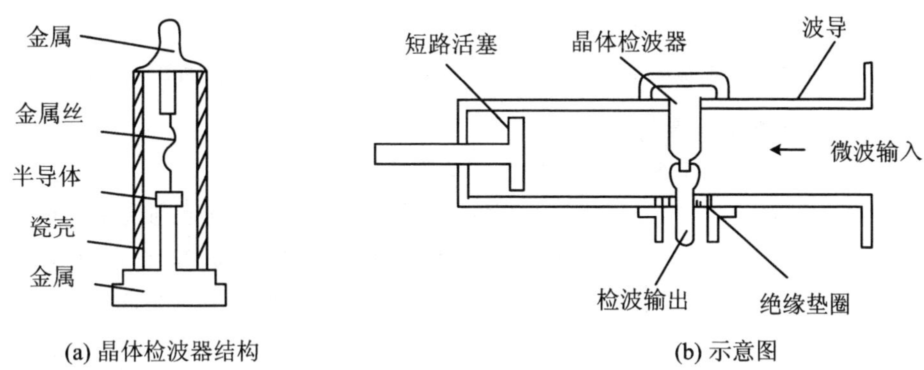

(a) 晶体检波器结构　(b) 示意图

图 2-4-4　检波晶体结构

二、实验原理

1. 微波的反射

微波遵从反射定律,如图 2-4-5 所示,一束微波从发射喇叭 A 发出以入射角 i 射向金属板 MN,则在反射方向的位置上,置一接收喇叭 B,只有当 B 处在反射角 $i'=i$ 时,接受到的功率最大,即反射角等于入射角.

2. 微波的单缝衍射

微波的衍射原理与光波完全相同,当一束微波入射到一宽度与波长可比拟的狭缝时,它就要发生衍射现象,如图 2-4-6 所示.

设微波波长为 λ,狭缝宽度为 a,当衍射角 φ 符合:

$$a\sin\varphi = \pm k\lambda \quad (k = 1,2,3,\cdots) \tag{2-4-2}$$

时在狭缝背面出现衍射波的强度极小,而当

$$a\sin\varphi = \pm (2k+1)\frac{\lambda}{2} \quad (k = 0,1,2,\cdots) \tag{2-4-3}$$

时,则在缝后面出现衍射波的强度极大(主极大发生在 $\varphi=0$ 处).

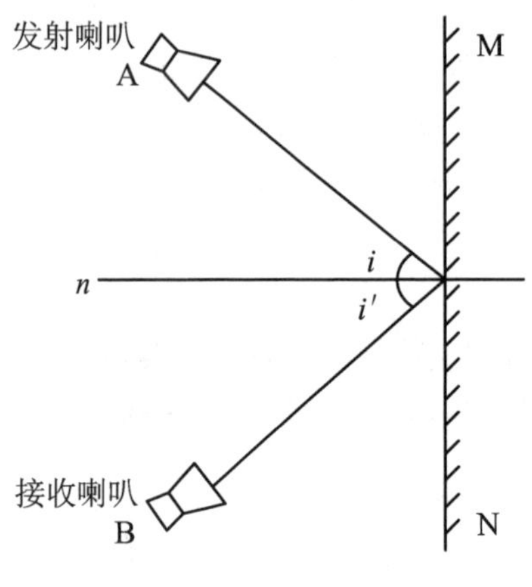

图 2-4-5 微波的反射

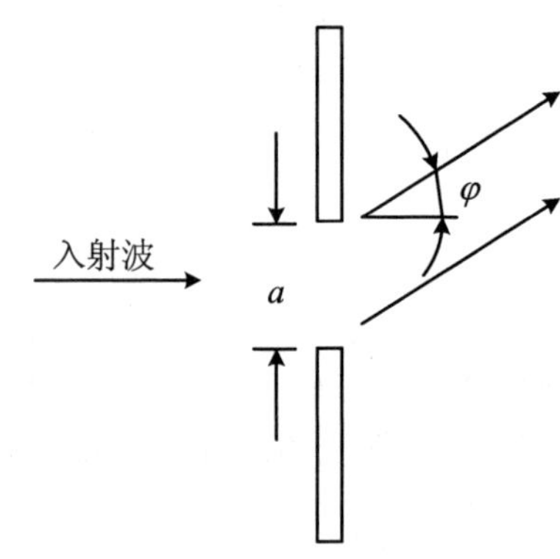

图 2-4-6 微波的单缝衍射

3. 微波的双缝干涉

微波遵守光波的干涉规律,如图 2-4-7 所示.

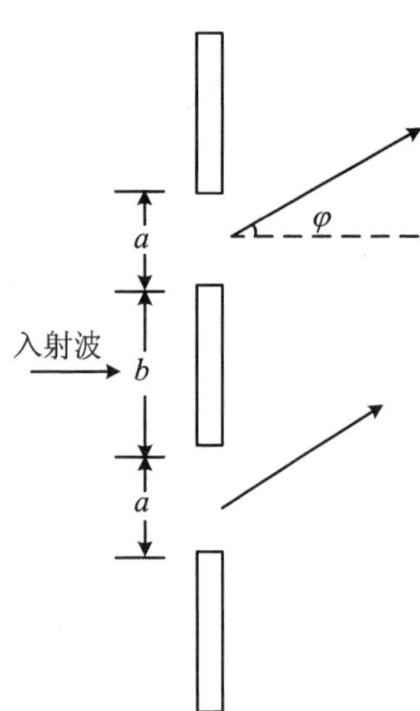

图 2-4-7 微波的双缝干涉

当一束微波(波长为 λ)垂直入射到金属板的 2 条狭缝上,则每条狭缝就是次波源. 由两缝发出的次波是相干波,因此金属板的背面空间中,将产生干涉现象,设缝宽为 a,两缝间距离为 b,则由光的干涉原理可知,当

$$(a+b)\sin\varphi=\pm k\lambda \quad (k=0,1,2,3,\cdots) \tag{2-4-4}$$

时,干涉加强(主极大发生在 $\varphi=0$ 处). 当

$$(a+b)\sin\varphi=\pm(2k+1)\frac{\lambda}{2} \quad (k=0,1,2,3,\cdots)$$

时,干涉减弱.

4. 微波的偏振性

微波在自由空间传播是横波,它的电场强度矢量 $\boldsymbol{E}$ 与磁场强度矢量 $\boldsymbol{H}$ 和波的传播方向 $\boldsymbol{S}$ 永远成正交的关系,它们的振动面的方向总是保持不变. $\boldsymbol{E}$、$\boldsymbol{H}$、$\boldsymbol{S}$ 遵守乌莫夫-坡印矢量关系(见图 2-4-8),即为

$$\boldsymbol{E}\times\boldsymbol{H}=\boldsymbol{S} \tag{2-4-5}$$

如果 E 在垂直于传播方向的平面内,沿着一条固定的直线变化,这样的横电磁波叫线极化波,在光学中也叫偏振波. 电磁场沿某一方向的能量有 $\cos^2\alpha$ 的关系,这就是光学中的马吕斯定律.

$$I=I_0\cos^2\alpha \tag{2-4-6}$$

式中，I_0 为偏振光强度，α 是两极化方向间的夹角.

5. 微波的迈克尔逊干涉

用微波源做波源的迈克尔逊干涉仪与光学中的迈克尔逊干涉完全相似，其装置如图 2-4-9 所示，发射喇叭发出的微波，被 45°放置的分光玻璃板 MM(也称半透射板)分成两束，一束由 MM 反射到固定反射板 A；另一束透过 MM 到达可移动反射板 B. 由于 A、B 为全反射金属板，两列波被反射再次回到半透射板. A 束透射，B 束反射，汇聚于接收喇叭，于是接收喇叭收到两束同频率、振动方向一致的二束波. 如果这二束波的位相差为 π 的偶数倍，则干涉加强；当位相差为 π 的奇数倍则干涉减弱.

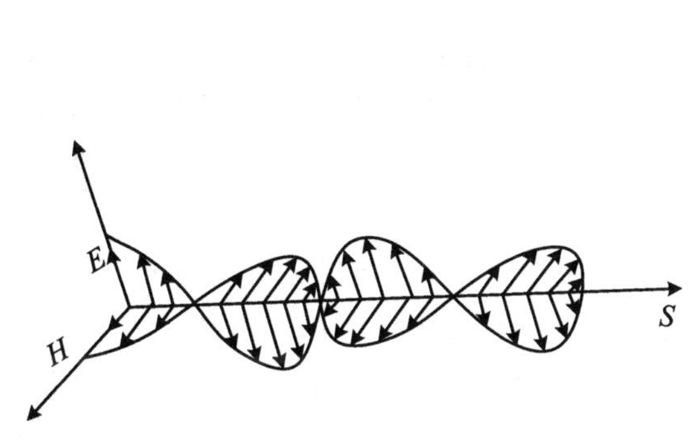

图 2-4-8　E、H、S 遵守乌莫夫-坡印矢量关系

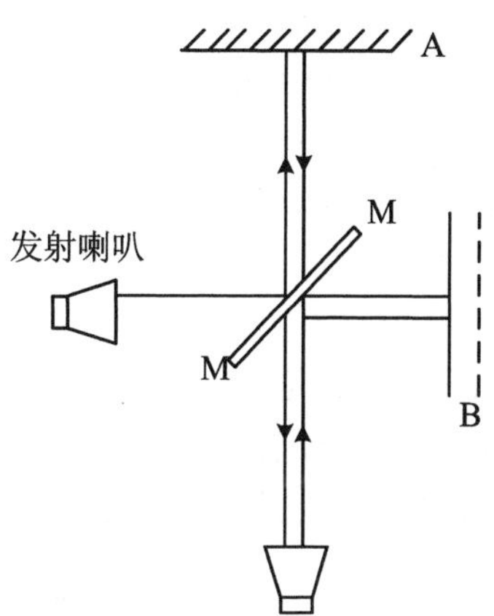

图 2-4-9　微波的迈克尔逊干涉仪

假设入射的微波波长为 λ，经 A 和 B 反射后到达接受喇叭的波程差为 δ，当

$$\delta = k\lambda \quad (k = 0, \pm 1, \pm 2, \pm 3, \cdots) \tag{2-4-7}$$

时，有接收喇叭后面的指示器将有极大示数. 当

$$\delta = (2k+1)\lambda/2 \quad (k = 0, \pm 1, \pm 2, \pm 3, \cdots) \tag{2-4-8}$$

时，指示器显示极小示数.

当 A 不动，将活动板 B 移动 L 距离，则波程差就改变了 $\delta = 2L$，假设从某一级极大开始记数，测出 n 个极大值，则由 $2L = n\lambda$ 得到

$$\lambda = \frac{2L}{n} \tag{2-4-9}$$

即可测出微波的波长.

6. 微波的布拉格衍射

X 光波与晶体的晶格常数属于同一数量级，晶体点阵可以作为 X 射线衍射光栅，而微波波长是 0.01 m 量级的电磁波，显然实际晶体不能作为微波的三维衍射光栅，本实验以立方点阵(点阵结点之间距离为 0.01 m 量级)的模拟晶体为研究对

象，用微波向模拟晶体入射，观测不同晶面上点阵的反射波产生干涉应符合的条件，即应满足布拉格(Bragg)在1912年导出的X射线衍射关系式——布拉格公式.

现对模拟立方晶体水平上的某一晶面加以分析，如图2-4-10所示，假设“原子”占据着点阵的节点，两相邻“原子”之间的距离为a(晶格常数). 晶体内特定取向的平面用密勒指数(h,k,l)标记，图2-4-10中实线和虚线分别表示(100)和(110)晶面与水平某一晶面的交线，当一束微波以0°角掠射到(100)晶面，一部分微波将为表面层的“原子”所散射，其余部分的微波将为晶体内部各晶面上的“原子”所散射. 各层晶面上“原子”散射的本质是因“原子”在微波电磁场协迫下做与微波同频率的受迫振荡，然后向周围发出电磁波. 由图2-4-10知入射波束PA和QB分别受到表层“原子”A和第二层“原子”B散射，散射束分别为AP'和BQ'，则PAP'和QBQ'的波程差δ为

$$\delta = CB + BD + 2d\sin\theta \tag{2-4-10}$$

式中，$d=AB$为晶面间距，对立方晶体$d=a$，显然波程差为入射波波长λ的整数倍时，即

$$2d\sin\theta = n\lambda \tag{2-4-11}$$

两列波同相位，产生干涉极大值，式中θ表示掠射角(入射线与晶面夹角)，称为布拉格角；n为整数，称为衍射级次. 同样可以证明，凡是在此掠射角被(100)各晶面散射的微波均为干涉加强，式(2-4-11)就是著名的布拉格公式.

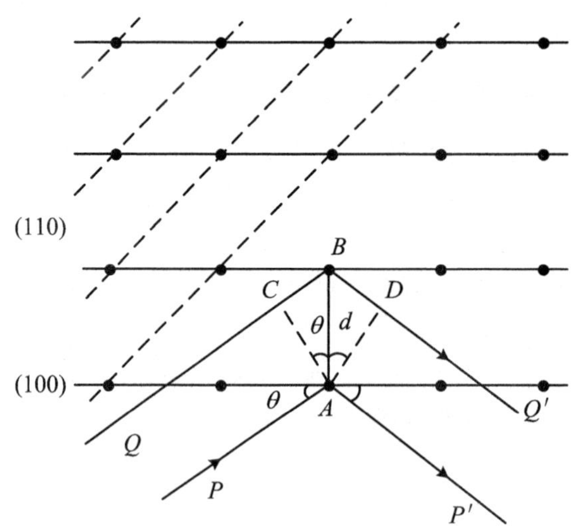

图 2-4-10 模拟晶体微波布拉格衍射

布拉格公式仅对于(100)晶面族成立，而对于其他晶面族也成立，但晶面间距不同. 对于(110)晶面族$d_{110}=a/\sqrt{2}$，计算晶面间距的公式为

$$d_{hkl}=\frac{a}{\sqrt{h^2+k^2+l^2}} \tag{2-4-12}$$

三、实验装置

本实验装置如图 2-4-11 所示微波分光计的结构，可分为四个部分. 一是发射部分：是由固定臂 4 及其上端的发射喇叭 3 组成，称为发射天线，微波信号由三厘米雪崩固态源发出，经可变衰减器到发射喇叭 3. 二是接收部分：由可绕中心轴转动的活动臂 7、接收喇叭 6 及其转动角度指示仪 15、晶体检波器 9 和指示器 10 组成. 三是在两喇叭之间可绕中心轴自由转动的分度平台 11，平台一周分为 360 等分，其转动的角度可由固定臂指针 5 指示，平台上有定位销钉，定向坐标和固定被测部件 14 用的 4 个弹簧销钉. 四是圆盘底座 12，底座上有做迈克尔逊干涉实验用的固定正交两个反射板（图中未画出）的定位螺纹孔和水平调节螺钉 13.

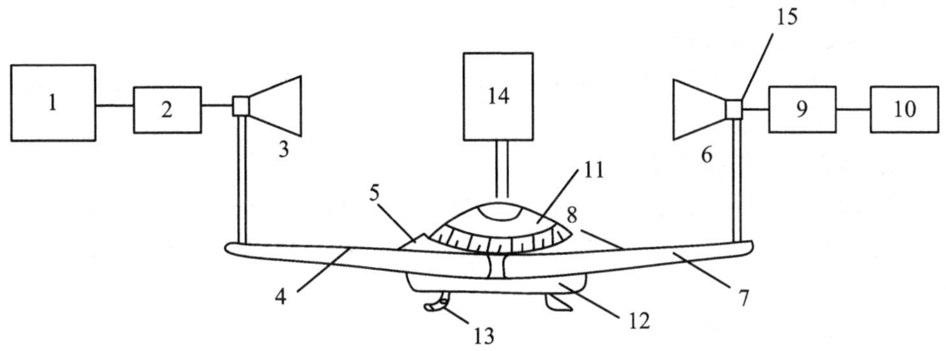

图 2-4-11　实验装置图

固态信号源发出的信号具有单一的波长（λ＝32.02 mm），相当于光学实验中要求的单色光. 当选择“连续”时，指示器是微安表，当选择“方波”时指示器为测量放大器. 两个喇叭天线的增益大约为 20 dB，波瓣的理论半功率点宽度大约为：H 面是 20°，E 面是 16°，当发射喇叭口面宽边与水平面平行时，发射信号电矢量的偏振方向是垂直的.

实验前首先旋转分度平台（平台上不放被测部件 14）使 0°刻线与固定臂上指针对正，再转动活动臂上的指针 8 与分度平台 180°刻线对正，然后将安装在底座上的塑料头螺钉拧紧，销紧活动臂使之不自由摆动，读出指示器示数；然后，松开螺钉，移动活动臂向左右同样角度（如 20°），观看指示器读数左右移动时偏转是否相同，如果不同，略略旋转接收喇叭，反复调节直至左右指示器偏转相等为止.

做反射、单缝衍射、双缝干涉实验时，14 分别为反射板、单缝衍射板、双缝干涉板；做迈克尔逊干涉实验时，14 为分光玻璃板，按图 2-4-9 安装，并安装两个正交反射板;做布拉格衍射实验时 14 为模拟立方晶体.

四、实验内容

1. 反射实验

在入射角分别等于 30°,35°,40°,45°,50°,55°,60°,65°时测出相应的反射角的大小,并在反射板的另一侧对称地进行测量,然后求其相应的反射角平均值,数据以列表形式给出.

2. 单缝衍射实验

在 $a=7$ cm 测出 1 级极小和 1 级极大的 φ 角值,并同理论计算值相对比,求出相对误差.

3. 双缝干涉实验

在 $a=4$ cm,$b=5$ cm 时计算出 0 级及 1,2 级极小值和 1,2 级极大值的 φ 角,通过实验验证,数据列表给出,计算出相对误差.

4. 微波的偏振实验

在 α 角取 0°,10°,20°,30°,40°,50°,60°,70°,80°,90°时,测出 I_0 及 I,同理论值对比,数据列表给出.

5. 迈克尔逊干涉实验

调整发射喇叭和接收喇叭彼此正交,移动活动反射板,测出 n 个极大值位置,计算微波波长,做 3 次取平均,将平均波长 $\bar{\lambda}$ 与给定的波长 λ 做比较,求出相对误差,数据以列表形式给出.

6. 布拉格衍射实验

测量(100)和(110)晶面衍射强度随入射角 θ 变化,分别计算出晶面间距,并与模拟晶体的实际尺寸做比较,求出相对误差,每改变 2°测一读数. 数据以列表及画出 $I\sim\theta$ 关系曲线形式给出(为了避免两喇叭之间波的直接入射,入射角取值范围最好选在 30°~70°之间).

参考文献

[1] 沈致远. 微波技术[M]. 北京:国防工业出版社,1980.
[2] 吴思诚. 近代物理实验[M]. 北京:北京大学出版社,1995.

2-5 核磁共振的稳态吸收(NMR)

磁共振是指磁矩不为零的原子或原子核在稳恒磁场作用下对电磁辐射能的共

振吸收现象.

如果共振是由原子核磁矩引起的，则该粒子系统产生的磁共振现象称核磁共振(简写为 NMR)；如果磁共振是由物质原子中的电子自旋磁矩提供的，则称电子自旋共振(简写为 ESR)，亦称顺磁共振(简写为 EPR)；而由铁磁物质的磁畴磁矩所产生的磁共振现象，则称铁磁共振(简写为 FMR).

磁共振现象虽然在 20 世纪 40 年代已经发现，但由于实验设备和测量技术的限制，发展缓慢. 随着电子技术的发展，计算机在处理数据方面的广泛应用，使磁共振技术突飞猛进. 研究不同频段下磁共振信号的形状、分布以及线宽，可以提供物质磁矩、g 因子、弛豫时间等参数. 从而获得物质微观结构的信息，所以磁共振技术成为物理、化学、生命科学等领域很有价值的基本研究方法. 特别是近 20 年来，磁共振技术在材料、医学、磁测量、石油分析等与生产有密切关系部门的开发应用，使之成为先进的专门测试手段. 如铁磁共振技术，在研究铁磁性物质的应用方面，与微波器件的发展密切相关，核磁共振技术的发展，不仅成为研究核磁矩的准确方法，也是进行分子动态研究的不可取代的重要手段. 核磁共振方法成为磁场测量和校准磁强计的标准方法，其不确定度可达±0.001%. 在医学上，核磁共振可以观察蛋白质分子的溶液构像，已经可以对人体进行断层成像，成为疾病诊断的具有非凡功能的科学工具. 光泵磁共振能在弱磁场下(0.1～1 mT)精确检测气体原子能级的超精细结构. 在基础物理研究、量子频标和精确测定磁场等方面也有很大的实际应用价值.

本实验的目的是观察核磁共振稳态吸收现象，掌握核磁共振的实验原理和方法，测量 B_0 及 ^{19}F 的 g 因子.

一、磁共振

1. 处于恒磁场中的磁矩

由原子物理知识可知，原子中的电子的轨道动量 P_L 与自旋角动量 P_s 会分别产生轨道磁矩 $\boldsymbol{\mu}_L$ 和自旋磁矩 $\boldsymbol{\mu}_s$

$$\boldsymbol{\mu}_L = -\frac{e}{2m_e} \cdot \boldsymbol{P}_L$$

$$\boldsymbol{\mu}_s = -\frac{e}{m_e} \cdot \boldsymbol{P}_s$$

式中，m_e 和 e 分别是电子的质量和电量. 负号表示磁矩的方向，和角动量的方向相反.

由 $\boldsymbol{P}_L$ 与 $\boldsymbol{P}_s$ 合成的角动量记为 $\boldsymbol{P}_J$，$\boldsymbol{P}_J$ 引起的磁矩为 $\boldsymbol{\mu}_J$.

$$\boldsymbol{\mu}_J = -g \cdot \frac{e}{2m_e}\boldsymbol{P}_J \tag{2-5-1}$$

式中,g 为朗德因子,其大小与原子结构有关.

研究表明,原子核类似于原子一样也有自旋,原子核的角动量记为 P_I,它的自旋磁矩

$$\boldsymbol{\mu}_I = g_N \cdot \frac{e}{2m_p} \cdot \boldsymbol{P}_I \tag{2-5-2}$$

式中,g_N 是原子核的朗德因子,其值因原子核不同而异. m_p 是原子核质量,e 是原子核电荷. 由于原子核的质量比电子的质量大 1 836 倍,所以原子核的磁矩比电子磁矩小 3 个数量级.

为了讨论方便,引入玻尔磁子和核磁子的概念. 玻尔磁子 $\mu_B = \frac{e\hbar}{2m_e}$,核磁子 $\mu_N = \frac{e\hbar}{2m_p}$,则式(2-5-1)和式(2-5-2)改写为

$$\boldsymbol{\mu}_J = - g \cdot \mu_B \cdot \frac{\boldsymbol{P}_J}{\hbar} \tag{2-5-3}$$

$$\boldsymbol{\mu}_I = g_N \cdot \mu_N \cdot \frac{\boldsymbol{P}_I}{\hbar} \tag{2-5-4}$$

若把微观粒子的磁矩与角动量之比用一个称之为旋磁比的系数 γ 表示. 则式(2-5-3)和式(2-5-4)可写为

$$\boldsymbol{\mu} = \boldsymbol{\gamma} \cdot \boldsymbol{p} \tag{2-5-5}$$

比较前面的 3 个式子,便得到原子或原子核的朗德因子与回旋磁比两者之间的关系. 求得其中一个,便可确定另一个的数值.

2. 磁矩在恒磁场中的拉莫尔进动

从经典力学可知,具有磁矩 $\boldsymbol{\mu}$ 和角动量 P 的粒子,在外磁场 $\boldsymbol{B}_0$ 中受到一个力矩 $\boldsymbol{L}$ 的作用

$$\boldsymbol{L} = \boldsymbol{\mu} \times \boldsymbol{B}_o \tag{2-5-6}$$

此力矩使角动量发生变化

$$\frac{\mathrm{d}\boldsymbol{P}}{\mathrm{d}t} = \boldsymbol{L}$$

因 $\gamma = \frac{\mu}{P}$,故

$$\frac{\mathrm{d}\boldsymbol{\mu}}{\mathrm{d}t} = \gamma\boldsymbol{\mu} \times \boldsymbol{B}_o \tag{2-5-7}$$

若 B_o 是稳恒的且沿 Z 方向,可求解上述方程得

$$\left.\begin{aligned} \mu_z &= C(\text{常数}) \\ \mu_x &= \mu_o \sin(\omega_o t + \delta) \\ \mu_y &= \mu_o \cos(\omega_o t + \delta) \end{aligned}\right\} \tag{2-5-8}$$

上式表示 μ 绕 B_o 作进动，运动频率为 $\omega_o=\gamma B_o$，如图 2-5-1 所示.

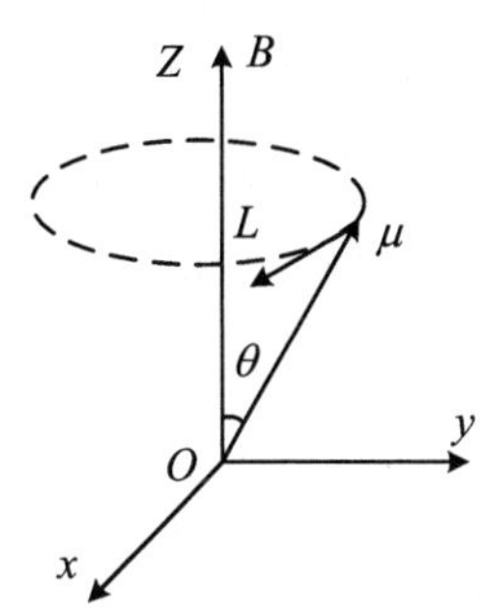

图 2-5-1　磁矩在外磁场中进动示意图

3. 磁矩在磁场中的能量

从量子力学可知，微观粒子自旋角动量和自旋磁矩在空间的取向是量子化的，P 在外磁场方向（z 方向）的分量只能取

$$P_z = m\hbar,\quad m = I, I-1, \cdots, -I+1, -I \text{ 等 } 2I+1 \text{ 个值}$$

式中，I 为表征粒子性质的自旋量子数，m 称为磁量子数. 在外磁场 B_0 中，磁矩 μ 与 B_0 相互作用能为

$$E=-\boldsymbol{\mu}\cdot\boldsymbol{B}_o=-\mu_z B_o=-\gamma P_z B_o=-\gamma m\hbar B_o \tag{2-5-9}$$

对应不同的 m 值 E 也不同，因而一个能级分裂为 $2I+1$ 个次能级，每个次能级与磁矩在空间的不同取向对应. 对于最简单的氢核 ^{1}H（或电子），其 $I=\dfrac{1}{2}$，$\left(S=\dfrac{1}{2}\right)$，则 $m=\pm\dfrac{1}{2}$，故有两个次能级，其磁矩取向及其能级示意如图 2-5-2 所法，两个能级能量差为

$$\Delta E = \gamma\hbar B_o = \omega_o\hbar \tag{2-5-10}$$

$\omega_0=\gamma B_0$ 称为拉莫尔（Larmor）频率.

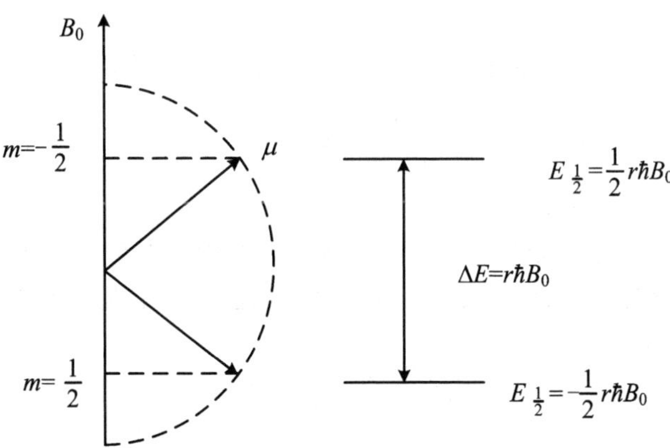

图2-5-2　$I=\dfrac{1}{2}$ 的粒子磁矩在 B_0 中的取向及相应的能级示意图

4. 辐射场的作用与磁共振跃迁

若在 xy 平面内施加一个旋转磁场 B_1，其旋转频率为 ω_0，旋转方向与 μ 进动方

向一致，因而 B_1 对 μ 的作用恰似一个恒定磁场，μ 也会绕 B_1 进动. 结果使夹角 θ 增大，如图 2-5-3、图 2-5-4 所示，θ 增大，表示粒子从 B_1 中获得能量.

当交变电磁场的频率 ν 满足 $h\nu=\Delta E$，而 $\omega=\omega_0$ 时，会发生粒子对电磁场能量的吸收或辐射，因而引起粒子在次能级之间的跃迁.

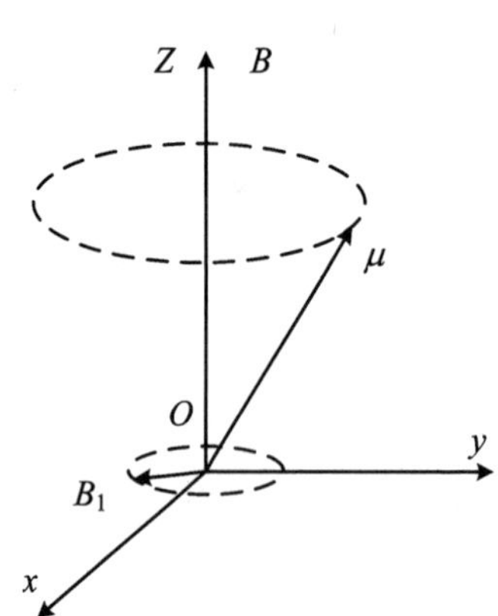

图 2-5-3　xy 平面内加进 $\boldsymbol{B}_1$ 示意图

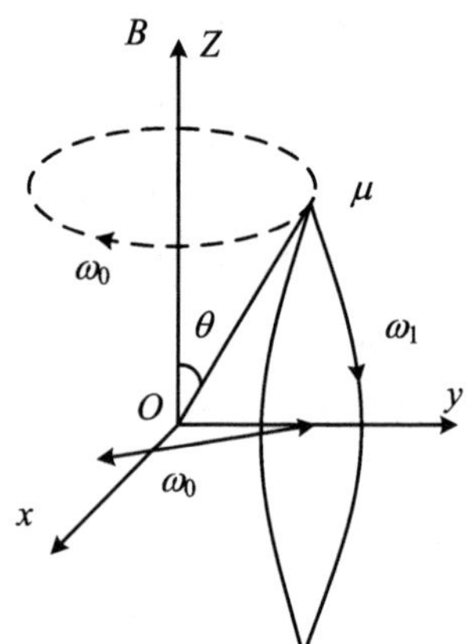

图 2-5-4　存在 $\boldsymbol{B}_1$ 时磁矩进动情况

5. 弛豫过程与弛豫时间

由于实际研究的样品是由许多元磁矩 μ 组成的系统，引入磁化矢量 M，它的定义是单位体积内元磁矩的矢量和

$$\boldsymbol{M}=\sum_i \boldsymbol{\mu}_i$$

式中，$\sum\limits_i$ 遍及单位体积，在外磁场 B_o 中，M 受到力矩的作用，则

$$\frac{\mathrm{d}\boldsymbol{M}}{\mathrm{d}t}=\gamma\boldsymbol{M}\times\boldsymbol{B}_o \tag{2-5-11}$$

式中，$\boldsymbol{M}$ 以角频率 $\omega_0=\gamma B_o$ 绕 B_o 进动.

用上述方程描述系统的运动是不完全的，还必须考虑与周围环境的相互作用. 处于恒定外磁场内的粒子，其元磁矩 μ 都绕 B_o 进动，但它们进动的初始相位是随机的，因而从(2-5-8)式可得

$$M_z=\sum_I \mu_{iz}=M_O$$

$$M_x=\sum_i \mu_{ix}=0$$

$$M_y=\sum_i \mu_{iy}=0$$

即磁化矢量只有纵向分量，横向分量相互抵消，当 xy 平面内加进 B_1 时，各 μ_i 也绕 B_1 进动，使 $M_z\neq M_0$，$M_x\neq 0$，$M_y\neq 0$，去掉 B_1 后，这种不平衡的状态不能维持下

去，而自动地向平衡状态恢复，称为弛豫过程.

设 M_z 和 M_{xy} 向平衡状态恢复的速度与它们离开平衡状态的程度成正比，则

$$\left.\begin{aligned}\frac{\mathrm{d}M_z}{\mathrm{d}t}&=-\frac{M_z-M_0}{T_1}\\\frac{\mathrm{d}M_{xy}}{\mathrm{d}t}&=-\frac{M_{xy}}{T_2}\end{aligned}\right\}\tag{2-5-12}$$

T_1 称纵向弛豫时间，它描述自旋粒子系统与周围物质晶格交换能量使 M_z 恢复平衡状态的时间常数，故又称自旋-晶格弛豫时间. T_2 称横向弛豫时间，它描述自旋粒子系统内部能量交换使 M_{xy} 消失过程的时间常数，故又称自旋-弛豫时间.

二、实验原理

原子核具有自旋，其自旋磁矩在外磁场中会作进动. 表 2-5-1 列出了一些原子核的自旋量子数、磁矩和进动频率.

表 2-5-1　一些原子核的自旋量子数、磁矩和进动频率

核　素	自旋数 I	磁　矩 μ/μ_N	回旋频率 MHZ · T^{-1}
^{1}H	1/2	2.792 70	42.577
^{2}H	1	0.857 38	6.536
^{3}H	1/2	2.978 8	45.414
^{12}C	0		
^{13}C	1/2	0.702 16	10.705
^{14}N	1	0.403 57	3.076
^{15}N	1/2	−0.283 04	4.315
^{16}O	0		
^{17}O	5/2	−1.893 0	5.772
^{18}O	0		
^{19}F	1/2	2.627 3	40.055
^{31}P	1/2	1.130 5	17.235

实现核磁共振，必须有一个稳恒的外磁场 B_0 和一个与 B_0 和总磁矩 M 所组成的平面垂直的旋转磁场 B_1，当 B_1 的角频率 ω 等于 $\omega_0=\gamma B_0$ 时，则发生核磁共振. γ 为核的旋磁比.

$$\gamma = g\,\frac{2\pi\mu_N}{h} \tag{2-5-13}$$

式中，g 为核的朗德 g 因子，μ_N 为核磁子，$\mu_N=3.152\,451\,5\times10^{-14}\,\mathrm{MevT}^{-1}$，$h$ 为普朗克常数.

研究核磁共振有两种方法，一是连续波法或称稳态方法，是用连续的射频场(即旋转磁场 B_1)作用到核系统上，观察到核对频率的响应信号. 另一种是脉冲方法，用射频脉冲作用在核系统上，观察到核对时间的响应信号. 脉冲法有较高的灵敏度，测量速度快，但需要进行快速传傅立叶变换，技术要求较高. 以观察信号区分，可观察色散信号或吸收信号. 但一般观察吸收信号，因为比较容易分析理解. 从信号的检测来分，可分为感应法、平衡法和吸收法. 当共振时，核磁矩吸收射频场能量而在附近线圈中感应到的信号，则为感应法. 测量由于共振使电桥失去平衡而输出的电压即为平衡法. 直接测量由于共振使射频振荡线圈中负载发生变化的为吸收法. 本实验用连续波吸收法来观察核磁共振现象.

为了观察核磁共振信号，可以固定 B_0，让 B_1 的频率 ω 连续变化而通过共振区，当 $\omega=\omega_0=\gamma B_0$ 时，即出现共振信号，此为扫频法. 若使 B_1 的频率不变，让 B_0 连续变化而扫过共振区，则为扫场法，由于技术上的原因，一般用扫场法，即在稳恒磁场 B_0 上加一交变低频调制磁场 $\widetilde{B}=B_m\sin2\pi ft$，使样品所在的实际磁场为 $B_0+\widetilde{B}$. 如图 2-5-5(a)所示，相应的进动频率 $\omega_0=\gamma(B_0+\widetilde{B})$ 也周期性地变化，如果射频场的角频率 ω 是在 ω_0 的变化范围内，则当 $\widetilde{B}$ 变化使 $B_0+\widetilde{B}$ 扫过 ω 所对应的共振磁场 $B'=\dfrac{\omega}{\gamma}$ 时，则发生共振，从示波器上观察到共振信号如图 2-5-5(b)所示. 改变 B_0 或 ω 都会使信号位置相对移动，当共振信号间距相等且重复频率为 $2\pi f$ 时，表示共振发生在调制磁场 $2\pi f=0$、π、2π，…等处，如图 2-5-6 所示，此时

$$B_0+\widetilde{B}=B_0=\frac{\omega}{\gamma}=\frac{2\pi v}{\gamma}$$

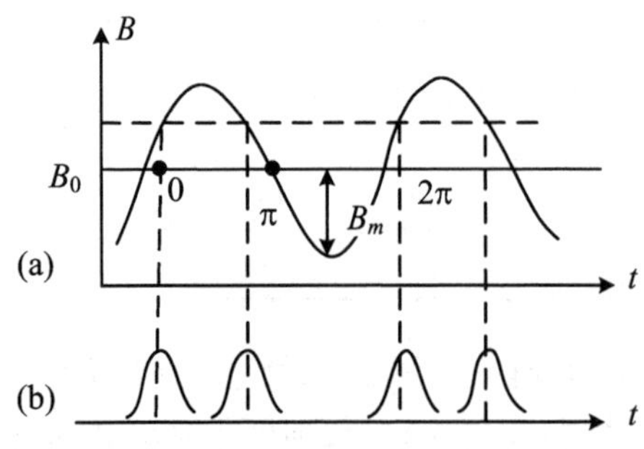

图 2-5-5 扫场信号与共振信号

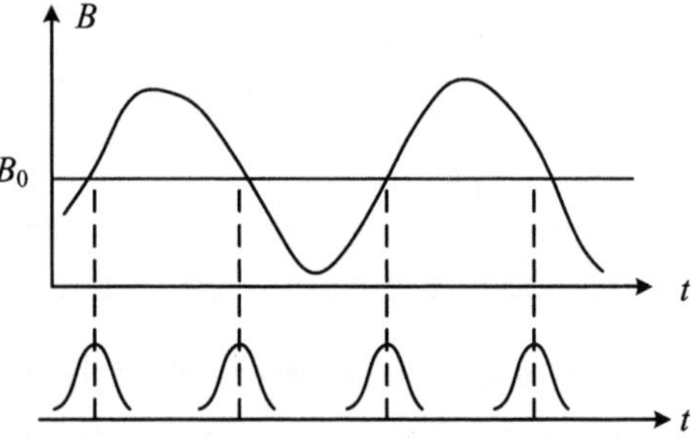

图 2-5-6 等间距共振信号

若已知样品的 γ，测出此时对应的射频场频率 ν，即可算出 B_0，反之测出 B_0，可算出 γ 和 g 因子. 若两种样品，先后置于相同的磁场中，当信号等间距时有

$$\frac{2\pi\nu_1}{\gamma_1}=\frac{2\pi\nu_2}{\gamma_2}$$

由此可求出

$$\gamma_2=\frac{\nu_2}{\nu_1}\gamma_1 \tag{2-5-14}$$

据式(2-5-14)知，只有扫描磁场通过共振区的时间远长于 T_1、T_2 时才会有稳态的吸收信号，如图 2-5-7 所示，若扫场速度很快，则核磁矩在 xy 平面的分量 $\boldsymbol{M}_{xy}$ 以 T_2 为时间常数趋向于零，则观察到不稳定的瞬时信号如图 2-5-8 所示.

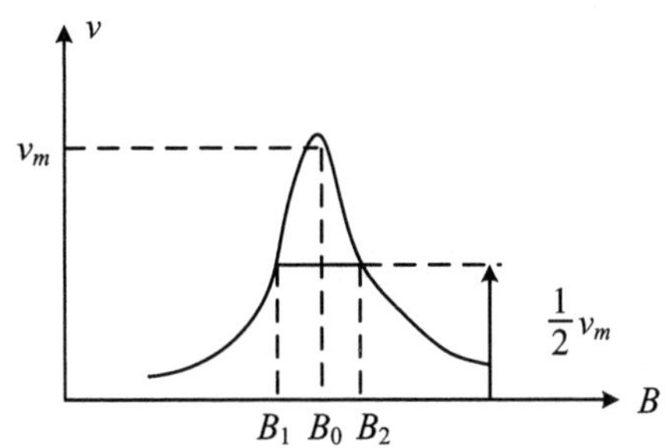

图 2-5-7　稳态共振吸收信号

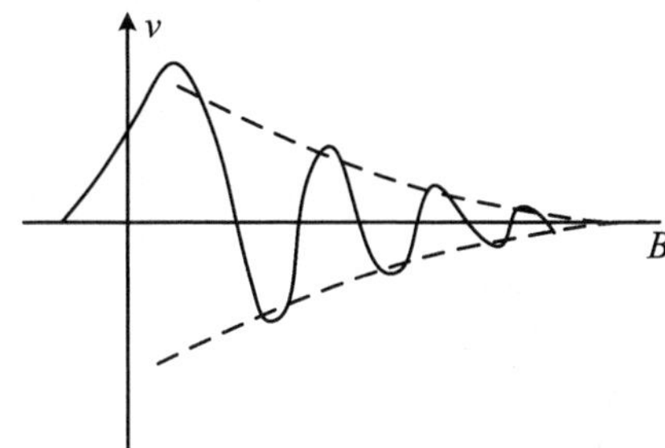

图 2-5-8　瞬时共振吸收信号

在样品中加入少许顺磁离子，即具有电子磁矩的粒子，在一定条件下，可使共振信号变大，因为电子磁矩产生较强的局部磁场而影响核磁的弛豫过程，使 T_1、T_2 都大为变小. T_1 的变小可使用较强之 B_1，从而增强了共振信号，T_1、T_2 的变小，使共振信号变宽.

三、共振信号与线宽

式(2-5-11)和式(2-5-12)表示，磁共振时，存在两种独立发生的作用，互不影响，故可把两式简单地相加，得到描述磁共振现象的基本运动方程

$$\frac{\mathrm{d}\boldsymbol{M}}{\mathrm{d}t}=\gamma\boldsymbol{M}\times\boldsymbol{B}-\frac{1}{T_1}(M_z-M_0)k-\frac{1}{T_2}(M_xi+M_yj), \tag{2-5-15}$$

称为布洛赫(Bloch)方程.

实验时，B 由 B_0 和 B_1 组成，B_1 是一个在 xy 平面内沿 x 或 y 方向的线偏振场(由振荡器产生的射频或微波磁场)，它可看作是两个圆偏振场的叠加，即

$$B_x=B_1\cos\omega t,\quad B_y=\mp B_1\sin\omega t$$

在这两个圆偏振场中，只有当圆偏振场的旋转方向与运动方向相同时才起作用. 所以对于 γ 为正的系统，起作用的是顺时针方向的圆偏振场. 即

$$B_x = B_1\cos\omega t,\quad B_y = -B_1\sin\omega t$$

代入式(2-5-13),得

$$\left.\begin{aligned}\frac{\mathrm{d}M_x}{\mathrm{d}t} &= \gamma(M_yB_0 + M_ZB_1\sin\omega t) - \frac{M_x}{T_2}\\ \frac{\mathrm{d}M_y}{\mathrm{d}t} &= -\gamma(M_xB_0 - M_zB_1\cos\omega t) - \frac{M_y}{T_2}\\ \frac{\mathrm{d}M_Z}{\mathrm{d}t} &= -\gamma(M_xB_1\sin\omega t + M_yB_1\cos\omega t) - \frac{M_z - M_0}{T_1}\end{aligned}\right\}\quad (2\text{-}5\text{-}16)$$

现在,另取一个新的直角坐标系(x',y',z'),z'轴与原来的Z轴重合,x'始终与B_1一致,y'垂直于B_1,即新坐标系以角速度ω绕z轴旋转,在新坐标系中,B_1是静止的,M_{xy}在x',y'上的投影为u,v,如图2-5-9所示,则

$$\begin{aligned}M_x &= u\cos\omega t - v\sin\omega t\\ M_y &= -v\cos\omega t - u\sin\omega t\\ M_z &= M_z\end{aligned}$$

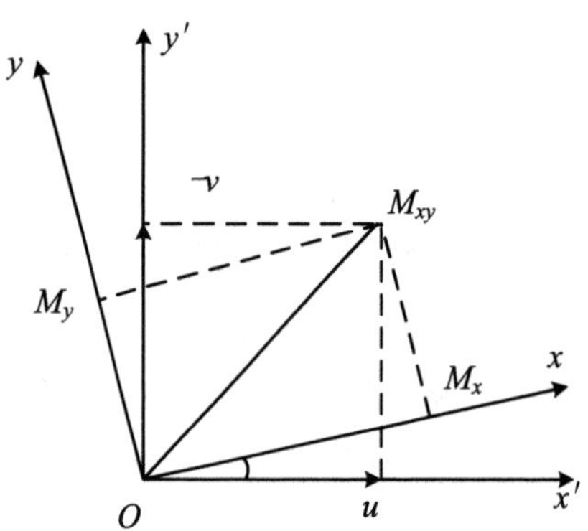

图 2-5-9 **M**在两种坐标系的转换

代入式(2-5-16),得

$$\left.\begin{aligned}&\frac{\mathrm{d}u}{\mathrm{d}t} + \frac{u}{T_2} + (\omega_0 - \omega)v = 0\\ &\frac{\mathrm{d}v}{\mathrm{d}t} + \frac{v}{T_2} - (\omega_0 - \omega)u + \gamma B_1M_z = 0\\ &\frac{\mathrm{d}M_z}{\mathrm{d}t} + \frac{M_z - M_0}{T_1} - \gamma B_1v = 0\end{aligned}\right\}\quad (2\text{-}5\text{-}17)$$

上式最后一项表明M_z的变化是v的函数,据$E=-M_z\cdot B_1$,v的变化表示系统能量的变化.为求解上述方程,可根据实验条件进行某些简化,例如,实验时,通常采用扫场或扫频的方法,若磁场或频率缓慢变化,则可以认为u、v、M_z不随时间变化,即

$$\frac{\mathrm{d}u}{\mathrm{d}t} = \frac{\mathrm{d}v}{\mathrm{d}t} = \frac{\mathrm{d}M_z}{\mathrm{d}t} = 0$$

则方程的稳态解为

$$\left.\begin{aligned} u &= \frac{\gamma B_1 T_2^2(\omega_0-\omega)M_0}{1+T_2^2(\omega_0-\omega)^2+\gamma^2 B_1^2 T_1 T_2} \\ v &= \frac{-\gamma B_1 M_0 T_2}{1+T_2^2(\omega_0-\omega)^2+\gamma^2 B_1^2 T_1 T_2} \\ M_z &= \frac{[1+T_2^2(\omega_0-\omega)^2]M_0}{1+T_2^2(\omega_0-\omega)^2+\gamma^2 B_1^2 T_1 T_2} \end{aligned}\right\} \tag{2-5-18}$$

式中，u、v 分别称为色散信号和吸收信号，u 反映 B_1 对样品所发生的 M 的度量，v 描述样品从 B_1 中吸收能量的过程，u 和 v 与 ω 的关系如图 2-5-10 所示. 磁共振实验一般观察 v 信号，由式(2-5-18)知，当 $\omega=\omega_0$ 时，$v=\dfrac{\gamma B_1 T_2 M_0}{1+\gamma^2 B_1^2 T_1 T_2}$为极大值，$B_1$、$T_1$ 小时，v 就大，当 $B_1=1/\gamma(T_1T_2)^{\frac{1}{2}}$ 时，v 达到最大值.

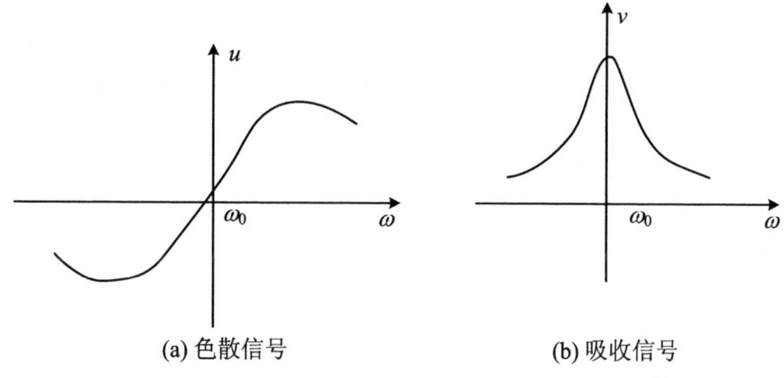

(a) 色散信号　(b) 吸收信号

图 2-5-10　色散信号和吸收信号

实验时，所用样品包含大量粒子，在热平衡下，每一能级上的粒子数服从玻尔兹曼分布，对于 E_1、E_2($E_1<E_2$)对应的粒子数为 N_{10}、N_{20}，一般 $E_2-E_1=\Delta E\ll kT$，故有

$$\frac{N_{20}}{N_{10}}=\exp\left(-\frac{\Delta E}{KT}\right)\approx 1-\frac{\Delta E}{kT} \tag{2-5-19}$$

或

$$\frac{N_{20}}{N_{10}}\approx 1-\frac{\gamma \hbar B_0}{kT}$$

式中，k 为玻尔兹曼常数. 在室温下，$T=300$ K 时，当 B_0 为 1 T(特斯拉)时$\dfrac{N_{20}}{N_{10}}\approx$ 0.999 993，N_{10}、N_{20}的差数提供了观察磁共振的可能性，当 B_0 大，T 小时，共振信号强. 磁共振时，处于 E_1 的粒子吸收 B_1 的能量跃迁到 E_2，若 B_1 连续起作用，粒子不断吸收 B_1 能量跃迁到 E_2，最后粒子数差趋向于 0 而出现饱和现象. 然而，由于存在弛豫过程，处于 E_2 的粒子无辐射地把能量传递出去而回到 E_1，使系统处于新的热平

衡状态,因而我们可以观察到稳定的吸收信号.在新的热平衡状态下,粒子差数为

$$n_0=\frac{N_{10}-N_{20}}{1+\gamma^2B_1^2T_1T_2}, \tag{2-5-20}$$

综上所述,B_0越强,B_1、T_1越小,T越低,可以得到较强的共振吸收信号.

另外,共振时粒子在能级间反复跃迁而不是长期停留在某一能级上,因此,它们处于某一能级上的时间是有限值,据测不准关系有

$$\Delta E\cdot\tau=\hbar \tag{2-5-21}$$

式中,ΔE为能级宽度,τ为能级寿命.由此产生的谱线宽度为Δw,即

$$\Delta w=\frac{\Delta E}{\hbar}=\frac{1}{\tau}$$

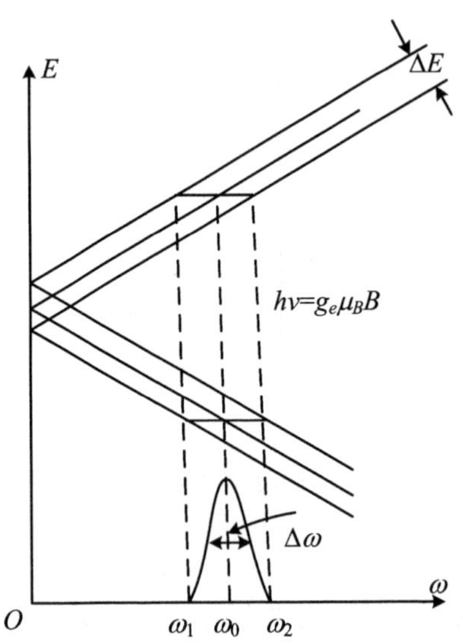

图 2-5-11 能级宽度引起共振信号变宽

即能级是有宽度的,如图 2-5-11 所示,故共振时,不仅发生在$\omega=\omega_0$处,在$\omega_2\approx\omega_1$范围内也会发生,共振信号有一定宽度,它可归结为粒子处于能级上的平均寿命τ,而τ受T_1、T_2、B_1的影响.由式(2-5-18)知,共振信号宽度

$$\Delta\omega=\frac{2}{T_2}(1+\gamma^2B_1^2T_1T_2)^{\frac{1}{2}} \tag{2-5-22}$$

在B_1很弱,系统不饱和情况下,$\gamma^2B_1^2T_1T_2\ll 1$,则

$$\Delta\omega=\frac{2}{T_2}$$

$\Delta\omega$是对应于共振信号最大幅度降到一半处对应之频率间隔.若用磁场表示,则为

$$\Delta B=\frac{2}{\gamma T_2}$$

因此,当不考虑磁场的非均匀度影响时,共振信号宽度主要由T_2决定.

四、实验装置

图 2-5-12 是实验的装置图,包括电磁铁、边限振荡器、探头及样品、频率计、示波器及移相器稳流电源等.

电磁铁由磁头及主线圈和扫场线圈组成,主线圈通以稳恒电流时产生B_0,改变电流大小或磁极距离,可以改变B_0的大小.扫场线圈通以 50 Hz 交流电流产生扫场磁场$\widetilde{B}$.对磁场的一般要求是稳定性和样品所在范围内均匀性好.

边限振荡器是一种工作状态处于将开始振荡与不振荡之间边缘区的振荡器，它提供核磁共振所需的 B_1. 在吸收法中，B_1 是由振荡线圈提供，该线圈兼作接收线圈，样品置于线圈中，振荡时，沿线圈轴线方向（设为 x 轴）产生一个线偏振磁场

$$B_x = 2B_1\cos\omega t$$

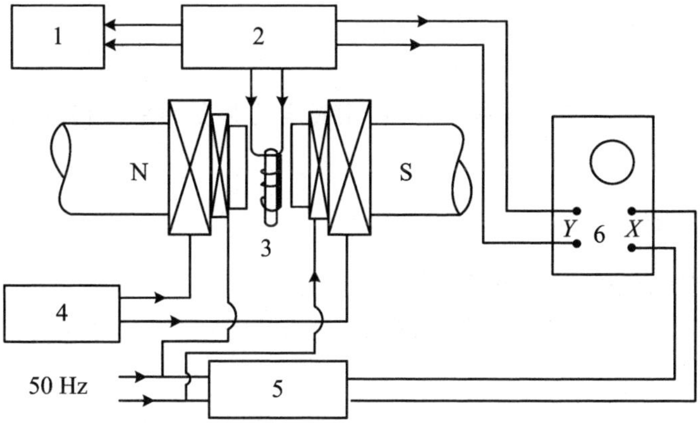

1. 频率计 2. 边限振荡器 3. 探头及样品 4. 稳流电源 5. 移相器 6. 示波器　*NS* 为电磁铁

图 2-5-12　NMR 实验装置图

它可分解为两个旋转方向相反的圆偏振场，对 γ 为正的系统，起作用的是顺时针旋转的磁场，当 $\omega=\omega_0=\gamma B_0$ 时，则发生共振. 实验时，线圈置于磁隙间且使轴线垂直于 B_0，适当调节振荡器工作状态使其处于边限区，当磁场扫过共振区时，样品吸收 B_1 能量而改变线圈的 Q 值，使振荡幅度有较大变化，利用检波器检出这种变化，由示波器显示出来. 振荡器不处于边限区时，B_1 较强，易使样品饱和，则观察不到共振信号. 图 2-5-13 为边限振荡器线路图.

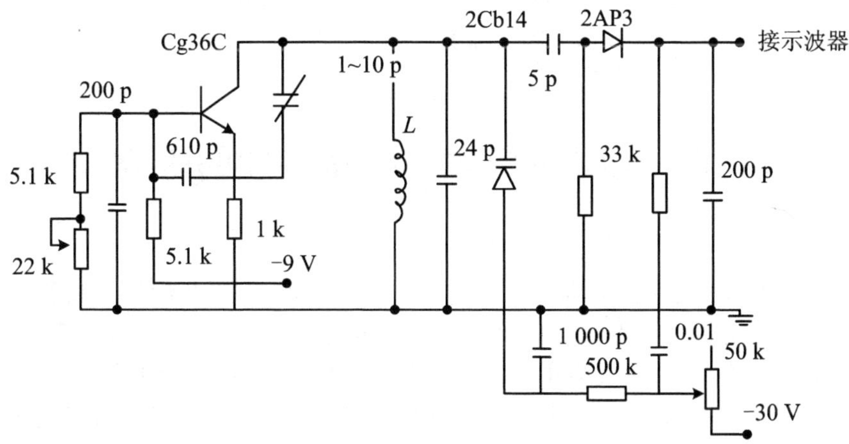

图 2-5-13　边限振荡器线路图

五、实验内容

1. 观察^{1}H 的核磁共振信号

样品用蒸馏水，缓慢改变 B_0 或 v，找出共振信号，然后分别改变 B_0、v、$\widetilde{B}$ 大小，观察共振信号位置、形状的变化并分析讨论.

2. 测量 B_0

记录下振荡频率 ν_H，即与待测磁场相对应的共振频率. 由核磁共振发生的条件可得

$$B_0 = \frac{\omega}{\gamma_H} = \frac{2\pi\nu_H}{\gamma_H} \quad (\gamma_H = 2.675\,22 \cdot 10^2 \text{ MHz/T})$$

3. 观察^{19}F 的核磁共振现象

用聚四氟乙烯做样品，观察^{19}F 的核磁共振现象，在相同的 B_0时，用式(2-5-2)计算 γ_F 和 g_F.

六、思考题

1. 如何确定对应于磁场为 B_0时核磁共振的共振频率?
2. 不加扫场电压能否观察到共振信号?
3. B_0、B_1的作用是什么? 如何产生? 它们有什么区别?
4. 试简述如何用磁共振方法测量 B_0的方法.

参考文献

[1] 褚圣麟. 原子物理学[M]. 北京:人民教育出版社,1979.
[2] 王金山. 核磁共振波谱仪与实验技术[M]. 北京:机械工业出版社,1982.
[4] 吴思诚. 近代物理实验[M]. 北京:北京大学出版社,1995.

2-6 电阻应变式传感器特性的研究

对力、扭矩、位移、速度、加速度及流量等物理量的测量，可将其变化量转化成由应力引起敏感器件电阻的变化，经电路输出电信号，这就是电阻式传感器. 该传感器的种类很多，目前已成为非电量电测技术中非常重要的检测手段，广泛应用于工程测量和科学实验中. 其中最常用的就是利用某些金属或半导体材料制成的电阻应变式传感器. 早在 1952 年就发明了金属箔式应变片，到 1958 年又制成了半导

体应变片.

本实验只涉及电阻应变式力学量传感器. 要求了解电阻应变式传感器的基本原理、结构、基本特性和使用方法;研究比较电阻应变式传感器配合不同转换和测量电路的灵敏度特性,从而掌握电阻应变式传感器的使用方法和使用要求;通过称重实验学习电子秤的原理并能设计简单的电子秤.

一、传感器技术

随着现代测量、控制和自动化技术的发展,传感器技术越来越受到人们的重视. 特别是近年来,传感器的发展极为迅速,已经成为一门新的,以传感器为核心逐渐拓展,和测量学、计量学、微电子学、材料科学、信息处理技术和计算机技术等各种先进技术和方法相结合的,技术高度综合和密集的学科. 在工业自动化、能源、交通、灾害预测、安全防卫、环境保护、医疗卫生等方面所开发的传感器,不仅能代替人的五官功能,并且在检测人的五官所不能感受的参数方面创造了十分有利的条件. 传感器技术的应用领域十分广泛,如在实验过程中要检测各种物理量,而这些物理量需要通过传感器才能变换成便于处理的信号. 传感器是获取信息的重要手段,也是计算机与外部交换信息的重要环节,如果没有各种类型的传感器提供可靠、准确的信息,计算机控制就难以实现.

传感器(transducer 或 sensor)是将各种非电量(包括物理量、化学量、生物量等)按一定规律转换成便于处理和传输的另一种物理量(一般为电量)的装置. 它一般由敏感元件、转换元件和测量电路三部分组成,有时还需要加辅助电源,方框图如图 2-6-1 所示.

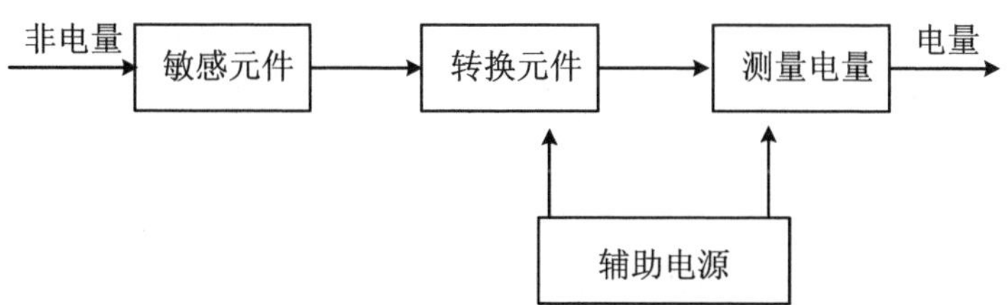

图 2-6-1　传感器的组成方框图

在完成非电量到电量的变换时,并非所有的非电量都能利用现有的手段直接变换为电量,往往是将被测非电量预先变换为另一种易于变换成电量的非电量,然后再变换为电量. 能够完成预变换的器件称为敏感元件,又称预变换器. 如在传感器中各种类型的弹性元件常被称为敏感元件,并统称为弹性敏感元件.

将感受到的非电量直接转换为电量的器件称为转换元件. 例如压电晶体、热电偶等. 需要指出的是,并非所有的传感器都能包括敏感元件和转换元件,如热敏电阻、光电器件等.另外一些传感器,其敏感元件和转换元件可合二为一,如固态压阻式压力传感器等.

将转换元件输出的电量变换成便于显示、记录、控制和处理的有用电信号的电路称为测量电路.测量电路的类型视转换元件的分类而定,经常采用的有电桥电路及其他特殊电路,如高阻输入电路、脉冲调宽电路、振荡回路等.

过去人们习惯地把传感器仅作为测量工程的一部分加以研究,但是自20世纪60年代以来,随着材料科学的发展和固体物理效应的不断发现,目前传感器技术已形成了一个新型科学技术领域,建立了一个完整的独立科学体系——传感器工程学.传感器技术不仅是利用各种功能材料实现信息检测的一门应用技术,也是检测(传感)原理、材料科学、工艺加工等三个要素的最佳结合.

传感器的种类很多,分类方法也各有不同,一般常采用的分类方法有以下几种.

① 按输入量分类.如输入量分别为温度、压力、位移、速度、加速度、湿度等非电量时,则相应的传感器称为温度传感器、压力传感器、位移传感器、速度传感器、加速度传感器、湿度传感器等.这种分类方法给使用者提供了方便,容易根据测量对象选择所需要的传感器.

② 按测量原理分类.现有传感器的测量原理主要是基于电磁原理和固体物理学理论.如根据变阻的原理,相应的有电位器式、应变式传感器;根据变磁阻的原理,相应的有电感式、差动变压器式、电涡流式传感器式;根据半导体理论,则相应的有半导体力敏、热敏、光敏、气敏等固态传感器.

③ 按工作机理分类.可分为结构型和物性型两种.所谓结构型传感器,主要是通过机械结构的几何尺寸的变化,将外界被测参数转换成相应的电阻、电感、电容等物理量的变化,从而检测出被测信号,这种传感器目前应用得最为普遍.物性型传感器则是利用某些材料本身的物理性质的变化而实现测量,它是以半导体、电介质、铁电体等作为敏感材料的固态器件.

近年来,由于半导体技术已经进入了超大规模集成化阶段,各种制造工艺和材料性能的研究已经达到相当高的水平.这为传感器的发展创造了极为有利的条件.当前,传感器技术的发展方向有以下几个方面.

① 发现新现象.利用物理现象、化学反应和生物效应是各种传感器的基本原理,所以发现新现象与新效应是传感器技术发展的重要基础,其意义极为深远.

② 开发新材料.随着材料科学的进步,在制造各种材料时,人们可以任意控制它的成分,从而可以设计与制造出各种用于传感器的功能材料.例如控制半导体氧化物的成分,可以制造出各种气体传感器;光导纤维用于传感器是传感器功能材料的一个重大发现;有机材料作为功能材料,正引起国内外科学家的极大关注.

③ 传感器的固态化.物性型传感器亦称固态传感器.目前发展很快.它包括半

导体、电介质和强磁性体三类，其中半导体传感器的发展最引人注目. 它不仅灵敏度高、响应速度快、小型轻量，而且便于实现传感器集成化和多功能化. 如目前最先进的固态传感器，在一块芯片上可同时集成差压、静压、温度三个传感器，使差压传感器具有温度和压力补偿功能.

④ 传感器的集成化和多功能化. 随着传感器应用领域的不断扩大，借助半导体技术的蒸镀技术、扩散技术、光刻技术、精密细微加工及组装技术，使传感器从单个元件、单一功能向集成化和多功能化方向发展. 所谓集成化，就是将敏感元件、信息处理或转换单元及电源等部分利用半导体技术将其制作在同一芯片上，如集成压力传感器、集成温度传感器、集成磁敏传感器等. 多功能化则意味着传感器具有多种参数的检测功能，如半导体温湿敏传感器、多功能气体传感器等.

⑤ 传感器的智能化. 智能传感器是一种带微型计算机，兼有检测、判断、信息处理等功能的传感器. 它具有很多特点，例如，它可以确定传感器的工作状态，对测量数据进行修正，以减少环境因素如温度的变化引起的误差，用软件解决硬件难以解决的问题，完成数据计算与处理工作等.

总之，传感器技术在发展国民经济、推动社会进步方面的作用是非常显著的. 传感器和传感器技术，即信息获取技术已成为现代信息技术的重要基础，这是与多种现代技术密切相关的尖端技术，因此在近代物理实验教学中学习和掌握与其相关的基本知识和实验方法是非常重要的.

二、实验原理

1. 应变效应

电阻应变式力学量传感器，是由已黏贴了电阻应变敏感元件的弹性元件和变换测量电路组成的. 被测的力学量作用在具有一定形状的弹性元件上，例如悬臂梁，使之产生形变，安放在其上的电阻应变敏感元件就将该力学量引起的形变转化为自身电阻值的变化，再通过变化测量电路，将此电阻值的变化转化为电压的变化后输出，由输出电压变化量的大小可得出该被测力学量的大小. 目前，使用最多的电阻应变敏感元件是金属或半导体电阻应变片. 本实验中仅介绍和使用金属箔式电阻应变片.

设有一根长为 L，截面积为 S，电阻率为 ρ 的金属丝，其电阻为

$$R = \frac{\rho L}{S} \tag{2-6-1}$$

如果沿导线轴线方向施加拉力或压力使之产生形变，其电阻值也会随之变化，这种现象称为应变电阻效应. 将式(2-6-1)两边取对数，得

$$\ln R = \ln\rho + \ln L - \ln S$$

等式两边微分则得

$$\frac{dR}{R}=\frac{d\rho}{\rho}+\frac{dL}{L}-\frac{dS}{S} \tag{2-6-2}$$

式中，$\frac{dR}{R}$表示电阻的相对变化；$\frac{d\rho}{\rho}$为电阻率的相对变化；$\frac{dL}{L}$为金属丝长度相对变化，用 $\varepsilon=\frac{dL}{L}$称为金属丝长度方向的应变或轴向应变；$\frac{dS}{S}$为截面积的相对变化，因为 $S=\pi r^2$，r 为金属丝的半径，则 $dS=2\pi r dr$，$\frac{dS}{S}=2\frac{dr}{r}$，其中$\frac{dr}{r}=\varepsilon_r$ 为金属丝半径的相对变化，即径向应变.

由材料力学知道，在弹性范围内金属丝沿长度方向伸长时，径向（横行）尺寸缩小，反之亦然. 即轴向应变 ε 与横向应变 ε_r 存在下列关系

$$\varepsilon_r=-\mu\varepsilon \tag{2-6-3}$$

式中，μ 为金属材料的泊松比.

根据实验研究结果，金属材料电阻率相对变化与其体积相对变化之间有下列关系

$$\frac{d\rho}{\rho}=C\frac{dV}{V} \tag{2-6-4}$$

式中，C 为金属材料的某个常数（例如康铜（一种铜镍合金）丝 $C\approx1$），V 为体积，体积相对变化$\frac{dV}{V}$与应变 ε、ε_r 之间有下列关系

$$V=S\cdot L$$

$$\frac{dV}{V}=\frac{dS}{S}+\frac{dL}{L}=2\varepsilon_r+\varepsilon=-2\mu\varepsilon+\varepsilon=(1-2\mu)\varepsilon$$

由此得

$$\frac{d\rho}{\rho}=C\frac{dV}{V}=C(1-2\mu)\varepsilon$$

将上述各关系式一并代入式(2-6-2)，得

$$\begin{aligned}\frac{dR}{R}&=C(1-2\mu)\varepsilon+\varepsilon+2\mu\varepsilon\\&=[(1+2\mu)+C(1-2\mu)]\cdot\varepsilon=K\cdot\varepsilon\end{aligned} \tag{2-6-5}$$

式中，K 对于一种金属材料在一定应变范围内为一常数，将微分 dR、dL 改写成增量 ΔR、ΔL，可写成下式：

$$\frac{\Delta R}{R}=K\frac{\Delta L}{L}=K\cdot\varepsilon \tag{2-6-6}$$

式中，比例系数 K 称为金属丝的应变灵敏度系数，其物理意义为单位应变引起的电阻相对变化. 由(2-6-5)式可知，K 由两部分组成，前一部分仅由金属丝的几何尺寸变化引起，后一部分由电阻率随应变而引起的变化，它除与金属丝几何尺寸变化有

关外，还与金属本身的特性有关. 一般的金属材料，在弹性范围内，其泊松比 μ 通常在 0.25～0.4 之间，$1+2\mu$ 在 1.5～1.8 之间，如康铜 $C\approx1$，$K\approx2.0$，其他金属或合金，K 一般在 1.8～3.6 之间. 半导体材料在受到应力作用后，其电阻率发生明显变化，这种现象被称为压阻效应.

对于一条形半导体材料，其电阻相对变化量由式(2-6-2)得出

$$\frac{\mathrm{d}R}{R}=\frac{\mathrm{d}\rho}{\rho}+(1+2\mu)\varepsilon \tag{2-6-7}$$

半导体材料由于 $\frac{\mathrm{d}\rho}{\rho}=\pi\sigma=\pi E\varepsilon$，将此代入式(2-6-7)，则有

$$\frac{\mathrm{d}R}{R}=\pi\sigma+(1+2\mu)\varepsilon=(\pi E+1+2\mu)\varepsilon \tag{2-6-8}$$

由于 πE 一般都比 $(1+2\mu)$ 大几十倍甚至上百倍，因此引起半导体材料电阻相对变化的主要因素是压阻效应，所以式(2-6-8)也可以近似写成

$$\frac{\mathrm{d}R}{R}=\pi E\sigma \tag{2-6-9}$$

式中，π 为压阻系数，E 为弹性模量，σ 为应力.

2. 电阻应变片的结构

电阻应变片是目前常用的电阻应变敏感元件，其结构如图 2-6-2 所示. 它由敏感栅、基底、盖层、黏结剂等组成.

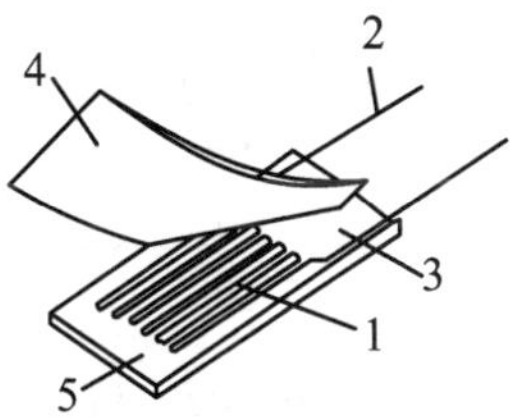

1. 敏感栅；2. 引线；
3. 粘结剂；4. 盖层；
5. 基底

图 2-6-2　应变片结构示意图

敏感栅是应变片最重要的组成部分，它由厚度为 0.003～0.010 mm 的金属箔制成栅状或用直径为 0.015～0.05 mm 的金属丝制作，可以根据传感器的不同要求制成特定的形状、尺寸和所需要的电阻值. 一般情况下电阻应变片的电阻值为 60 Ω、120 Ω、200 Ω 等各种规格，以 120 Ω 最为常用.

因应变片的性质直接影响敏感元件的性能指标，故它的制造工艺(大部分是手工工艺)比较精细且有严格的要求，封状固化后的应变片可作为成品的敏感元件使用.

3. 电阻应变片的主要特性

电阻应变片有多方面的优点，在国民经济的各个部门都得到广泛的应用. 必须

指出的是在不同使用场合、在不同的使用条件，对电阻应变片性能指标的要求也会相差很大. 例如使用环境温度可能是常温、高温或低温不同，就要求电阻应变片的温度特性要与其相适应. 又如被测物件的大小、形状的复杂程度等都可能有极大的不同，也是选择电阻应变片时要考虑的条件. 而对每种电阻应变片来说，不太可能同时满足那么多相差很大的使用要求，它们只能是各自具有不同的优良指标，具备各自的特点，使用者根据不同的要求选择适宜的电阻应变片. 电阻应变片的主要特性如灵敏度系数、横向效应、机械滞后、应变极限、最大工作电流、动态特性、疲劳寿命、绝缘电阻、蠕变和温度效应等，都是选择使用时要考虑的.

实际工作中和进行实验设计时，要根据具体的实验条件、要求、用途等选择具有适当特性指标的应变片.

4. 电阻应变片式传感器的测量电路

应变片将机械应变转换为电阻变化后，为了显示和记录，通常将应变片组成电桥电路，使得由非电量引起的应变片电阻变化转化为电压或电流的变化. 根据使用电源的不同，分为直流电桥和交流电桥，首先分析直流电桥，其基本电路如图 2-6-3(a)所示.

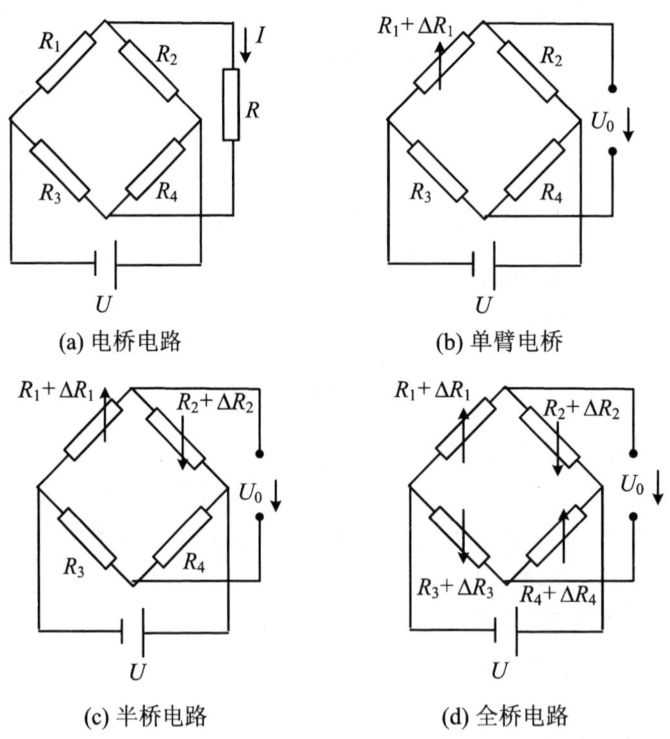

(a) 电桥电路 (b) 单臂电桥

(c) 半桥电路 (d) 全桥电路

图 2-6-3 电桥电路

(1) 直流电桥. 由图 2-6-3(a)桥路图可知：当电源电压为 U，其内阻为零，桥臂电阻为 R_1、R_2、R_3 及 R_4，负载电阻为 R，根据等效电压源定理，可计算出负载电流与电桥各参数之间的关系为

$$I=\frac{(R_1R_4-R_2R_3)}{R(R_1+R_2)(R_3+R_4)+R_1R_2(R_3+R_4)+R_3R_4(R_1+R_2)} \tag{2-6-10}$$

当 $I=0$ 时，称电桥平衡，其条件为

$$R_1R_4=R_2R_3 \quad 或 \quad \frac{R_1}{R_2}=\frac{R_3}{R_4} \tag{2-6-11}$$

平衡条件可表述为电桥相对两臂电阻的乘积相等，或相邻两臂的电阻比值相等.

电阻应变片工作时，通常其电阻变化是很小的，电桥相应的输出电压也很小. 要推动检测或记录仪器工作，还必须将电桥输出电压进行放大，为此必须了解 $\Delta R/R$ 与电桥输出电压的关系.

在四臂电桥中，如只有 R_1 为工作应变片，由于应变而产生相应的电阻变化为 ΔR_1，而 R_2、R_3 及 R_4 为固定电阻，则此电桥称为单臂电桥. U_0 为电桥输出电压，并设负载电阻 R 开路，电桥电路如图 2-6-3(b)所示. 无应变时，$\Delta R_1=0$，电桥处于平衡状态，$U_0=0$；若应变片受力作用产生应变，则该臂阻值为 $R_1+\Delta R_1$，时，电桥就有输出电压 U_0 为

$$\begin{aligned}U_0&=\frac{R_1+\Delta R_1}{R_1+\Delta R_1+R_2}U-\frac{R_3}{R_3+R_4}U\\&=\frac{(R_4/R_3)(\Delta R_1/R_1)}{[1+(\Delta R_1/R_1)+(R_2/R_1)][1+(R_4/R_3)]}U\end{aligned} \tag{2-6-12}$$

设电桥初始平衡时$\dfrac{R_2}{R_1}=\dfrac{R_4}{R_3}=n$ 时，且若$\dfrac{\Delta R_1}{R_1}\ll n$，略去分母中的$\dfrac{\Delta R_1}{R_1}$，可得

$$U_{01}\approx\left[\frac{nU}{(1+n)^2}\right]\cdot\frac{\Delta R_1}{R_1} \tag{2-6-13}$$

定义 $K_V=\dfrac{U_0}{\left(\dfrac{\Delta R_1}{R_1}\right)}$为单臂工作应变片的电桥(输出)电压灵敏度，其物理意义是，单位电阻相对变化量引起电桥(输出)电压的变化.

$$K_V=\frac{nU}{(1+n)^2} \tag{2-6-14}$$

由此可以看出 K_V 值的大小由电桥电源电压 U 和桥臂 n 决定. 电桥电源电压越高，输出电压的灵敏度越高，但提高电源电压使应变片和桥臂电阻功耗增加，温度误差增大，一般电源电压取 2～4 V 为宜. 桥臂比 n 取何值使 K_V 最大，K_V 是 n 的函数，

取$\frac{dK_V}{dn}=0$时K_V有最大值，显然$n=1, R_1=R_2=R_3=R_4$，可求得最大电压灵敏度为

$$K_{V1}=\frac{U}{4} \tag{2-6-15}$$

式(2-6-13)中求出的输出电压值是近似值，实际值应按式(2-6-12)计算，其结果为

$$U_{01}=\frac{nU(\Delta R_1/R_1)}{(1+n)(1+n+\Delta R_1/R_1)} \tag{2-6-16}$$

因此有非线性误差

$$\delta=\frac{(U_0-U_{01})}{U_0}=\frac{\Delta R_1/R_1}{1+n+\Delta R_1/R_1} \tag{2-6-17}$$

为了减小和克服非线性误差，常用的方法就是采用差动电桥，如图 2-6-3(c)所示，在试件上安装两个工作应变片，一片受拉力，另一片受压力. 两者应变符号相反，接入电桥相邻桥臂，称作半桥差动电桥. 输出电压为

$$U_{02}=U\frac{R_1+\Delta R_1}{(R_1+\Delta R_1+R_2-\Delta R_2)-R_3/(R_3+R_4)} \tag{2-6-18}$$

设电桥平衡时$R_1=R_2=R_3=R_4$，$\Delta R_1=\Delta R_2$，则

$$U_{02}=(U/2)\cdot(\Delta R_1/R_1) \tag{2-6-19}$$

因此，输出电压U_{02}与电阻变化$\frac{\Delta R_1}{R_1}$呈线性关系，没有非线性误差，而且电桥灵敏度$K_{V2}=\frac{U}{2}$比单臂电桥时提高一倍，还具有温度补偿作用.

为了提高输出电压的灵敏度或进行温度补偿，在桥臂中往往安置多个应变内片. 电桥也可采用四臂电桥或称为全桥差动电桥，如图 2-6-2(d)所示. 电桥平衡时$R_1=R_2=R_3=R_4$，若忽略高阶微小量，可得

$$U_{02}=U\cdot\frac{\Delta R_1}{R_1} \tag{2-6-20}$$

可见此时没有非线性误差，输出电压为单臂的 4 倍.

(2) 交流电桥. 采用直流电桥的优点是稳定性高，直流电源易于获得，电桥调节平衡电路简单，连接导线分布参数影响小. 但是输出电压采用直流放大器，易产生零点漂移，线路也较复杂，因此应变电桥现多采用交流电桥，用交流电桥时，其连接导线分布、电容影响、平衡调节、信号放大电路等均与直流电桥有明显不同.

交流电桥线路与直流电桥类似，只是各桥臂均为含有L、C、R或任意组合的复阻抗. 设交流电桥的四臂Z_1、Z_2、Z_3、Z_4为阻抗、U为交流电源，开路输出电压为U_0. 根据电路分析，同直流电桥一样有

$$U_0=\frac{UZ_1}{Z_1+Z_2}-\frac{UZ_3}{Z_3+Z_4}=\frac{U(Z_1Z_4-Z_2Z_3)}{(Z_1+Z_2)(Z_3+Z_4)} \tag{2-6-21}$$

要满足电桥平衡条件，即 $U_0=0$，则应有

$$Z_1Z_4-Z_2Z_3=0 \quad 或 \quad \frac{Z_1}{Z_2}=\frac{Z_3}{Z_4} \tag{2-6-22}$$

设四桥臂阻抗分别为

$$Z_i=R_i+\mathrm{j}X_i=Z_i\mathrm{e}^{\mathrm{j}\varphi_i} \quad (i=1,2,3,4) \tag{2-6-23}$$

上式，R_i 为各桥臂电阻，X_i 为各桥臂的电抗，Z_i 和 φ_i 分别为各桥臂复阻抗的模值和幅角. 将这些值代入式(2-6-22)中，得交流电桥的平衡条件是

$$Z_1Z_4=Z_2Z_3 \quad 且 \quad \varphi_1+\varphi_4=\varphi_2+\varphi_3 \tag{2-6-24}$$

上式说明交流电桥平衡条件为：相对桥臂阻抗模之积相等，相对桥臂阻抗幅角之和相等.

设交流电桥的初始状态是平衡的，当工作应变片电阻 R_i 改变 ΔR_i 后，引起阻抗 Z_1 变化 ΔZ_1，代入式(2-6-21)中，有

$$U_{01}=\frac{U\dfrac{Z_1}{Z_3}\dfrac{\Delta Z_1}{Z_1}}{\left(1+\dfrac{Z_3}{Z_1}+\dfrac{\Delta Z_1}{Z_1}\right)\left(1+\dfrac{Z_4}{Z_3}\right)} \tag{2-6-25}$$

略去上式分母中的$\dfrac{\Delta Z_1}{Z_1}$项，并设初始 $Z_1=Z_2$，$Z_3=Z_4$，则有

$$U_{01}=\frac{U}{4}\cdot\frac{\Delta Z_1}{Z_1} \tag{2-6-26}$$

上述结论与直流电桥情况相似.

三、实验内容

本实验使用 CSY 998 型传感器实验综合实验仪，该仪器由实验台、激励源、显示面板和处理电路等四部分组成. 实验台插座面板上有 6 片应变片，其中标志符号↑表示黏贴于平行梁上表面的应变片，↓表示黏贴于下梁下表面的应变片，↔为横行工作的补偿片. 当梁受压力(可用称重托盘上的重物实现)时，上表面被拉长，下表面被压缩，应变片反映不同.

1. 测量电阻应变传感器单臂电桥灵敏度

(1) 实验目的：了解金属箔式应变片单臂电桥的工作原理和灵敏度特性.

(2) 操作内容.

① 熟悉仪器各部件配置、功能和使用方法、操作注意事项等. 详细阅读仪器说明书.

所需单元和部件：直流稳压电源、差动放大器、电桥、托盘、V/F 数字电压频率表.

有关旋钮的初始位置：直流稳压电源输出置于 0 V 档；电压量程置于 20 V 档；

差动放大器增益旋钮置于最小.

差动放大器调零:将差动放大器的同相端和反相端与地短接,输出接到数字电压表输入端,调整增益旋钮使增益达到最大(顺时针转到底),然后调整调零电位器,使数字电压表显示 0.000 .

② 观察传感器结构及应变片位置,熟悉仪器上的电桥电路,电桥单元上所示的 4 个桥臂电阻并未安装,仅作为组桥示意标记,表示在组桥时应外接桥臂电阻. R_1、R_2、R_3 作为备用的桥臂电阻,按需接入桥路. 根据图 2-6-4 的电路结构,将一片应变片接在电桥电路中,其他桥臂用固定电阻,加上平衡电路,构成单臂电桥.

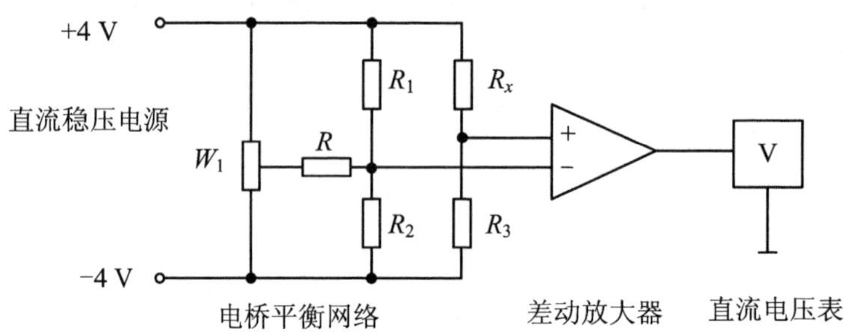

图 2-6-4 实验用的电桥电路

③ 检查线路确实无误后,电压量程置于 20 V 档,接通总电源及单元电路电源,注意电源电压输出不允许大于±4 V,否则应变片因过热而损坏. 托盘上不放任何重物,调整电桥平衡电位器 W_1,使数字电压表指示为 0.000;再将电压量程置于 2 V 档,调整电桥平衡电位器 W_1,使数字电压表指示为 0.000;将砝码逐渐放入托盘,分别记录输出电压,最多不要超过 200 g.

④ 作输出电压(V)与加载重物(W)关系曲线,计算出灵敏度 $S(=\Delta V/\Delta W)$的大小,应作 ΔW 上升和下降两条曲线,观察两条曲线是否一致,讨论为什么?

2. 比较单臂、半桥和全桥的灵敏度

(1) 实验目的. 比较单臂、半桥和全桥的灵敏度,用直流全桥制作一个称重 100 g,感量 1 g 的数字电子秤.

(2) 操作内容.

① 应变片半桥实验. 断开电源,将图 2-6-4 中 R_3 换成与 R_x 相反的另一个应变片,形成半桥,实验步骤同实验 1 中的③相同.

② 应变片全桥实验. 断开电源,将图 2-6-3 中 4 个桥臂电阻全部换成应变片,形成全桥,注意对角桥臂要相等,操作方法同实验 1 中的③一样.

③ 分别作出半桥和全桥的 V-W 特性曲线,求灵敏度 S. 可在同一坐标纸上描出单臂、半桥、全桥电压与重量特性曲线,并比较分析讨论.

④ 保留全桥电路接线，设计一个称重 100 g，感量为 1 g 的数字电子秤. 对于电子秤要进行校准：其方法是，先使托盘空载，调节电桥平衡电位器使数字电压表为零. 而后在托盘放标准砝码 100 g，调节差动放大器增益旋钮使数字电压表显示满度值，即 100 mV，此时 1 mV ＝1 g . 卸去砝码，重新调整差动放大器调零电位器，使数字电压表读数为零，这个过程经反复校准后，称重 100 g，感量为 1 g 的电子秤设计成功. 称出 10 g、20 g、50 g 标准重量并记录数据.

(3) 注意事项. 直流稳压电源不能超过±4 V，以免损坏应变片；在实验过程中如发现数字电压表量程过载，将量程扩大.

3. 交流全桥的电子秤实验

(1) 实验目的. 了解交流供电的金属箔式应变片电桥的实际应用.

(2) 操作内容.

① 4 片应变片按图 2-6-5 所示的全桥电路接成工作电桥，图中 R_1 至 R_4 均为应变片，连接电路时，要注意应变片的受力状态及其组合，R_A、R_D、C、R 等为平衡调节网络.

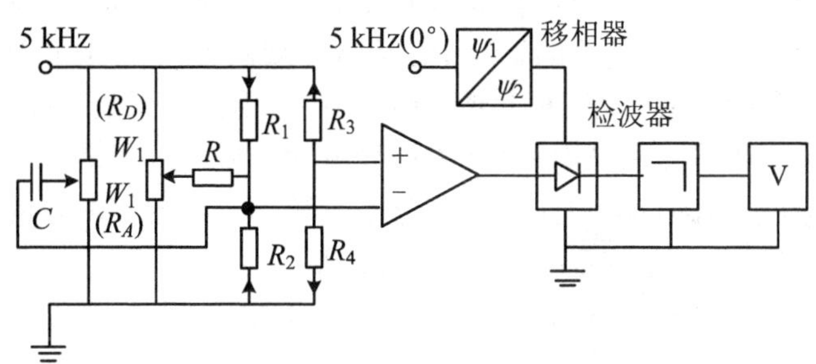

图 2-6-5　交流全桥电路

② 将差动放大器调零并观察移相电路与检波电路输入和输出波形的关系.

③ 将音频振荡器的幅度旋至适中的位置，调好移相器(使输出与输入同相位).

④ 调整 W_1 与 W_2 使数字电压表指示为零.

⑤ 加上砝码. 记录数字电压表的读数，将数据结果列表，根据所得数据，作出 V-W 关系特性曲线，并与前面直流电桥的结果比较.

⑥ 放上未知的重物并记录数字电压表读数，并计算重物重量.

四、思考和讨论

1. 何为金属的电阻应变效应？金属丝的应变灵敏度的物理意义是什么？
2. 测量电路中，单臂、半桥、全桥电路各有什么共同点和不同点？

3. 比较直流电桥和交流电桥各有什么特点?

4. 试设计一个电阻应变式传感器应用的事例.

参 考 文 献

[1] 王化祥.传感器原理及应用[M].天津:天津大学出版社,2002.

[2] 何希才,传感器及其应用电路[M].北京:电子工业出版社,2001.

2-7 霍尔传感器实验

1879 年,霍尔设计了一个根据运动载流子在外磁场中的偏转来确定在导体或半导体中占主导地位的载流子类型的实验.在研究通有电流的导体在磁场中受力时,发现在垂直于磁场和电流的方向上产生了电动势,这个电磁效应称为霍尔效应.在半导体材料中,霍尔效应比在金属中大几个数量级,引起人们对它深入研究.霍尔效应的研究在半导体理论的发展中起到了重要的推动作用.直到现在,霍尔效应的研究仍是研究半导体性质的重要实验方法.利用霍尔系数和电导率的联合测量,可以用来研究半导体的导电机构(本征导电和杂质导电)、散射机构(晶格散射和杂质散射),并可以确定半导体的一些基本参数,如:半导体材料的导电类型、载流子浓度、迁移率大小、禁带宽度、杂质电离能等.

在霍尔效应发现约 100 年后,克利清、多尔达和派波尔发现了量子霍尔效应,它不仅可作为一种新型的二维电阻标准,还可改进一些基本常量的测量精度,是当代凝聚态物理学和磁学中最令人惊异的进展之一,克利清因为此项发现荣获 1985 年诺贝尔物理学奖.

利用霍尔效应制成的各种霍尔元件,称为霍尔传感器,已广泛应用于工业自动化技术、检测技术和信息处理等各个方面.通过本实验掌握霍尔效应的原理;熟悉霍尔传感器的特性和直流、交流测量电路;了解用霍尔传感器测量磁场的原理和方法.

一、实验原理

1. 霍尔效应

霍尔效应从本质上讲是运动的带电粒子在磁场中受洛伦兹力的作用而引起的偏转.当带电粒子(电子或空穴)被约束在固体材料中,这种偏转就导致在垂直电流和磁场的方向上产生正负电荷在不同侧的聚积,从而形成附加的横向电场.

如图 2-7-1 所示,磁场 B 位于 Z 的正向,与之垂直的半导体薄片上沿 x 正向

通以电流 I_S(称为控制电流或工作电流),假设载流子为电子(N 型半导体材料),它沿着与电流 I_S 相反的 X 负向运动.

由于洛伦兹力 f_L 的作用,电子即向图中虚线箭头所指的位于 Y 轴负方向的 B 侧偏转,并使 B 侧形成电子积累,而相对的 A 侧形成正电荷积累. 与此同时运动的电子还受到由于两种积累的异种电荷形成的反向电场力 f_E 的作用,随着电荷积累的增加,f_E 增大,当两力大小相等时,则电子的积累达到了动态平衡. 这时在 A、B 两端横面之间建立的电场称为霍尔电场 E_H,相应的电势称为霍尔电势 V_H.

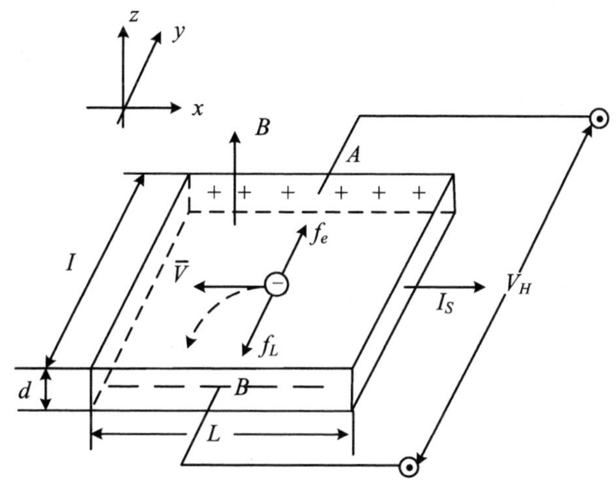

图 2-7-1　霍尔效应原理图

设电子以相同的速度 $\bar{V}$ 向图示的 x 负方向运动,在磁场 B 的作用下,并设其正电荷所受洛伦兹力方向为正,则电子受到的洛伦兹力为

$$f_L = -e\bar{V}B \tag{2-7-1}$$

式中,e 为电子电量,$\bar{V}$ 为电子漂移的平均速度,B 为磁感应强度.

与此同时,霍尔电场作用于电子的力 f_E 可表示为

$$f_E = (-e)(-E_H) = e\frac{V_H}{l} \tag{2-7-2}$$

式中,E_H 指电场的方向与所规定的正方向相反,l 为霍尔元件宽度,V_H 霍尔电势.

当达到动态平衡时,二力的代数和为零,即 $f_E + f_L = 0$,于是得

$$\bar{V}B = \frac{V_H}{l} \tag{2-7-3}$$

又因为电流密度 $j = -ne\bar{V}$, n 为电子浓度(单位体积中电子数),负号表示电子运动与电流方向相反. 则霍尔元件的电流强度为 $I_S = j/d = -ne\bar{V}ld$,将电子速度 $\bar{V}$

$=-\frac{I_S}{neld}$ 代入式(2-7-3),霍尔电势为

$$V_H=-\frac{I_SB}{ned} \tag{2-7-4}$$

式中,d 为霍尔元件的厚度.

若霍尔元件采用 P 型半导体材料,则可以推导出

$$V_H=\frac{I_SB}{ped} \tag{2-7-5}$$

式中,p 为单位体积中的空穴数.

由式(2-7-4)和式(2-7-5)可知,根据霍尔电势的正负可以判断材料的类型.

2. 霍尔系数和灵敏度

设 $R_H=\frac{1}{ne}$,则式(2-7-4)可以写成

$$V_H=-R_H\frac{I_SB}{d} \tag{2-7-6}$$

式中,R_H 称为霍尔系数,其大小反映出霍尔效应的强弱. 根据电阻率公式 $\rho=1/ne\mu$ 得

$$R_H=\rho\mu$$

式中,ρ 为材料的电阻率;μ 为载流子的迁移率,即单位电场作用下载流子的运动速度. 一般电子的迁移率大于空穴的迁移率,因此制作霍尔元件时多采用 N 型半导体材料.

当霍尔元件的材料和厚度确定时,若设

$$K_H=-\frac{R_H}{d}=-\frac{1}{ned} \tag{2-7-7}$$

将式(2-7-7)代入式(2-7-6),则有

$$V_H=-K_HI_SB \tag{2-7-8}$$

式中,K_H 称为元件的灵敏度,它表示霍尔元件在单位磁感应强度和单位控制电流下的霍尔电势的大小,其单位是[mV/mA·T],一般要求 K_H 愈大愈好. 由于金属的电子浓度很高,所以它的霍尔系数或灵敏度都很小,因此不适宜作霍尔元件. 此外元件厚度 d 愈薄,灵敏度愈高,所以制作霍尔元件片时,可以采用减少 d 的方法来增加灵敏度,但不能认为 d 愈薄愈好,因为此时元件的输入和输出电阻将会增加,这对锗元件是不希望的.

应当注意,当磁感应强度 B 和元件平面法线成一角度时,如图 2-7-2 所示,此时实际作用于霍尔片的有效磁场是其法线方向的分量,即 $B\cos\theta$,则其霍尔电势为

$$V_H=-K_HI_SB\cos\theta \tag{2-7-9}$$

由式(2-7-2)可知,当控制(工作)电流 I_S 或磁感应强度 B,两者之一改变方向时,

霍尔电势 V_H 的方向随之改变；若两者方向同时改变，则霍尔电势 V_H 极性不变.

3. 霍尔传感器的结构特点

霍尔片一般采用 N 型锗(Ge)、锑化铟(InSb)和砷化铟(InAs)等半导体材料制成. 锑化铟元件的霍尔输出电势比较大，但受温度的影响也大；锗元件的输出虽小，但它的温度性能和线性度却比较好；砷化铟与锑化铟元件比较，前者输出电势小，线性度较好. 因此，采用砷化铟材料作霍尔元件受到普遍重视.

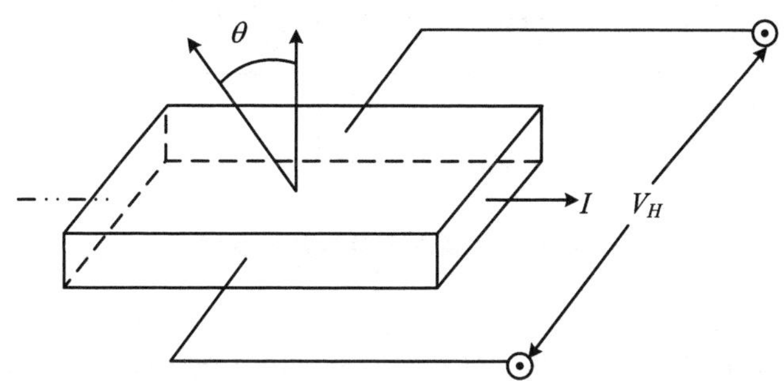

图 2-7-2　霍尔输出与磁场角度的关系

霍尔元件的结构比较简单，它由霍尔片、引线和壳体组成，如图 2-7-3 所示，霍尔片是一块矩形半导体薄片. 在短边的两个端面上焊出两根控制电流端引线(如图 2-7-3 中 1、1′所示)；在长边中点以点焊形式焊出两根霍尔电势输出端引线(如图 2-7-3 中 2、2′所示). 焊点要求接触电阻小(即为欧姆接触). 霍尔片一般用非磁性金属、陶瓷或环氧树脂封装. 在电路中，霍尔元件常用如图 2-7-4 所示的符号表示.

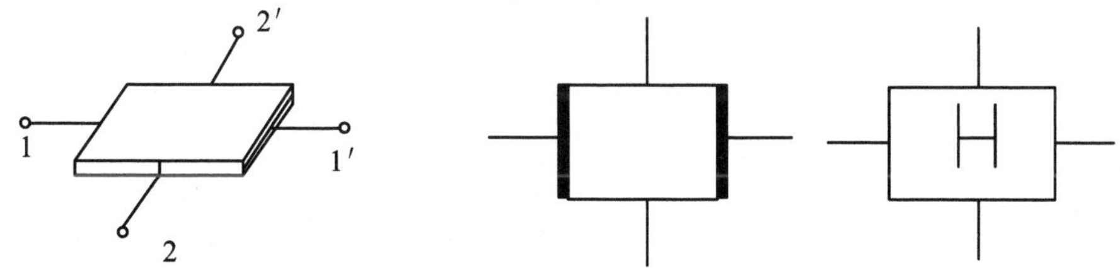

图 2-7-3　霍尔元件示意图　　**图 2-7-4　霍尔元件的符号**

霍尔元件测量磁场的基本电路如图 2-7-5 所示，将霍尔元件置于待测磁场的相应位置，并使元件平面与磁感应强度 B 垂直，在其控制端输入恒定的工作电流 I_S，霍尔元件的霍尔电势输出端接毫伏表，测量霍尔电势 V_H 的值.

二、实验内容

本实验使用 CSY998 型传感器实验综合实验仪，该仪器由实验台、激励源、显示面板和处理电路等四部分组成.

1. 霍尔传感器直流激励特性测试

(1) 实验目的:了解霍尔传感器的工作原理和工作情况.

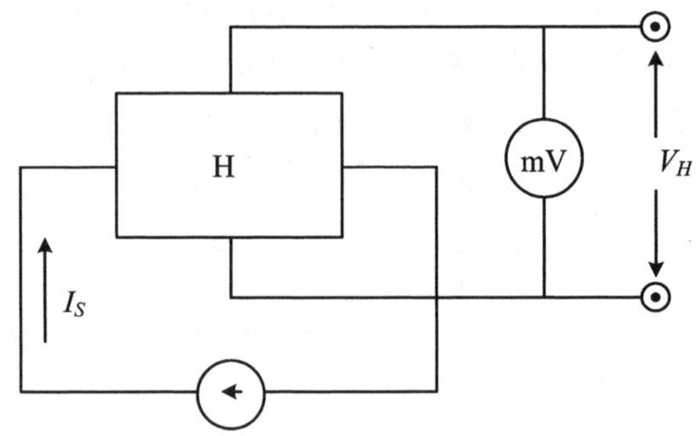

图 2-7-5 霍尔元件的基本电路

(2) 实验所需部件和注意事项.

① 所需单元和部件:霍尔传感器、直流稳压电源、差动放大器、电桥平衡网络、测微器、V/F 表.

② 有关旋钮的初始位置:直流稳压电源输出置于 0 V,V/F 表换挡开关置于 V,量程开关置于 20 V.

③ 双平行梁处于(目测)水平位置时,霍尔片应处于环形磁铁的中间,示意图如图 2-7-6(a)所示.

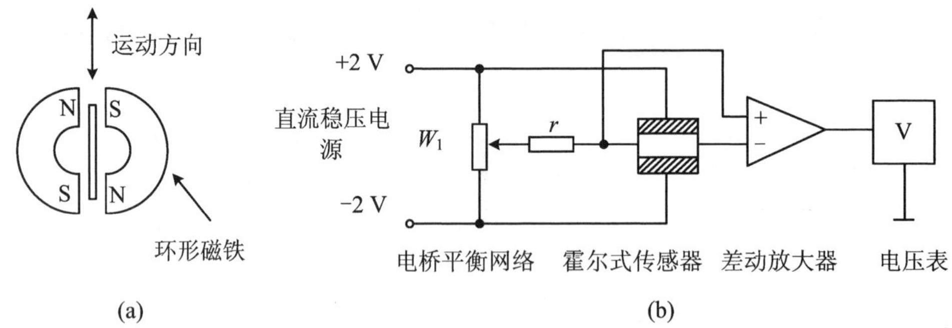

图 2-7-6 霍尔传感器直流激励特性测试电路

④ 直流激励电压不能过大,以免损坏霍尔片.

⑤ 本实验测出的实际上是磁场的分布情况,它的线性越好,位移测量的线性度也越好.它的变化越陡,位移测量的灵敏度也就越大.

(3) 实验步骤.

① 按照图 2-7-6(b)所示的电路结构,将霍尔传感器、直流稳压电源、电桥平衡网络、差动放大器、数字电压表连接起来,组成测量线路.

② 转动测微器，使双平行梁处于(目测)环形磁铁的中间位置，并以此为零点.

③ 开启电源，差动放大器调零；将直流稳压电源置±2 V 档(不能过大，以免损坏霍尔片)，差动放大器增益调于中间位置，调电桥平衡电位器 W_1，使 20 V 量程数字电压表显示为零，稳定数分钟后，将电压表量程置于 2 V 档后，再仔细调零.

④ 上下转动测微头±8 cm，使梁的自由端产生位移，记下数字电压表显示的数值. 每次位移 0.4 mm 记一个电压数值，根据所得结果计算灵敏度 S. $S=\Delta V/\Delta X$(式中 ΔV 为电压变化，ΔX 为相应的梁端位移的变化)，作出 V-X 关系曲线，并分析讨论.

2. 霍尔传感器交流激励特性测试

(1) 实验目的：了解霍尔传感器交流激励下的工作情况.

(2) 实验所需部件和注意事项.

① 所需单元和部件：霍尔传感器、差动放大器、电桥平衡网络、音频振荡器、移相器、相敏检波器、测微器、V/F 表、低通滤波器、双踪示波器等.

② 有关旋钮的初始位置：音频振荡器频率为 2 kHz，输出幅度为峰峰值 2 V，V/F 表换挡开关置于 V，量程开关置于 20 V.

③ 双平行梁处于(目测)水平位置时，霍尔片应处于环形磁铁的中间，示意图如图 2-7-6(a)所示.

(3) 实验步骤.

① 根据图 2-7-7 所示的电路结构，将霍尔传感器、电桥平衡网络、差动放大器、音频振荡器、移相器、相敏检波器、低通滤波器、数字电压表等连接起来，组成一个测量线路. 将示波器探头分别接至差动放大器的输出端和相敏检波器的输出端.

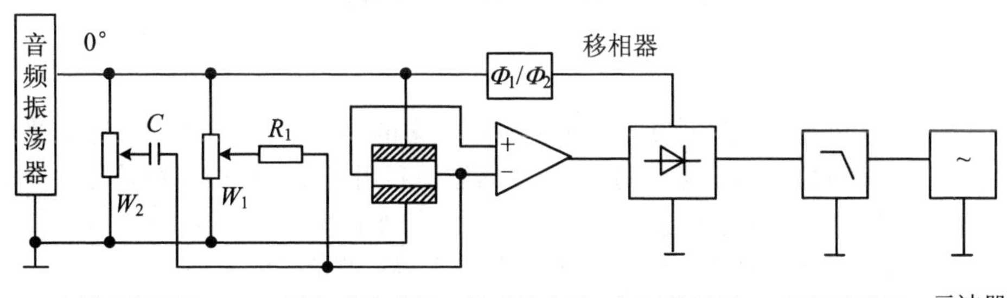

图 2-7-7　霍尔传感器交流激励特性测试电路

② 开启电源，从音频振荡器 0°插口取出 $f=2$ kHz，V_0pp≤5 V 的交流激励信号.

③ 转动测微器，使双平行梁(目测)水平位置. 调整电桥平衡电位器 W_1 和 W_2，使差动放大器的输出为最小(用示波器观察)，稳定数分钟后，再仔细调零，使数字

电压表的读数为零.

④ 向上转动测微器 2 mm,使梁的自由端上移.调整移相器电位器,使数字电压表指示为最大(绝对值),同时观察相敏检波器的输出波形.

⑤ 测微头退回相对零点,若读数偏离零,重复调 W_1 和 W_2,使数字电压表指示为零.

⑥ 上下转动测微头 ±6 mm,每次位移 0.4 mm 记一个电压值 S. $S=\Delta V/\Delta X$(式中 ΔV 为电压变化,ΔX 为相应的梁端位移变化),作出 V-X 关系曲线,并分析讨论.

三、思考与讨论

1. 若磁场不与霍尔元件片的法线一致,对测量结果会有何影响?如何用实验方法判断 B 与元件法线是否一致?
2. 怎样确定霍尔元件的导电类型?
3. 试叙述并解释用示波器观察到霍尔传感器交流激励特性测试中的波形.
4. 试设计一个用霍尔传感器测量磁场的实际应用电路.

参 考 文 献

[1] 王化祥.传感器原理及应用[M].天津:天津大学出版社,2002.
[2] 吕斯骅,朱印康.近代物理实验技术:Ⅰ[M].北京:高等教育出版社,1993.

2-8 光纤传感器实验

光纤传感器是 20 世纪 70 年代中期发展起来的一门新技术,它是伴随着光纤及通信技术的发展而逐步形成的.光纤传感器是利用光在光纤中传播特性的变化来检测、量度它所受到的环境变化.通过被测量的变化来调制波导中的光波,使光纤中的光波参量随被测量的变化而改变,从而求得被测信号的大小.

光纤传感器以其高灵敏度、抗电磁干扰、耐腐蚀、可挠曲、体积小、结构简单、易于与微机连接、便于遥测等独特的优点.因此,获得了广泛的应用.光纤传感器可以探测的参量很多,按被测对象的不同可分为位移、振动、转动、压力、弯曲、应变、速度、加速度、电流、磁场、电压、温度、声场、流量以及生物医学量、化学量等.应用范围遍布军事、民用、商业、医学、工业控制等领域.

按照光纤在传感器中所起的作用,光纤传感器一般可分为功能型传感器和非功能性传感器两大类.

① 功能型传感器. 这是利用光纤本身的特性把光纤作为敏感元件,对光纤内传输的光进行调制,使传输的光强度、相位、频率或偏振态等特性发生变化,再通过对被调制过的信号进行解调,从而得出被测信号. 这种传感器又叫传感型光纤传感器,或叫做全光纤传感器.

② 非功能型传感器. 这是利用其他敏感元件感受被测量的变化,光纤仅作为光波的传输介质,常用来传输来自远处或难以接近场所的光信号,所以也叫传光型光纤传感器或混合型光纤传感器.

本实验安排了三组实验,主要学习了解光纤位移、振动、转速等传感器的基本原理和特性.

一、实验原理

1. 光纤结构与传光原理

光纤是传导光波的玻璃纤维(也有塑料光纤),它由纤芯和包层组成,纤芯位于光纤的中心部位,光主要在这一部分里传输. 纤芯外面由包层围绕,纤芯折射率比包层折射率约大 1%,对于不同的应用,有许多不同类型的光纤. 根据纤芯折射率的分布,具有代表性的光纤是阶跃折射率型和渐变折射率型两种. 这两种光纤的折射率分布和光在其中的传输形式如图 2-8-1 所示.

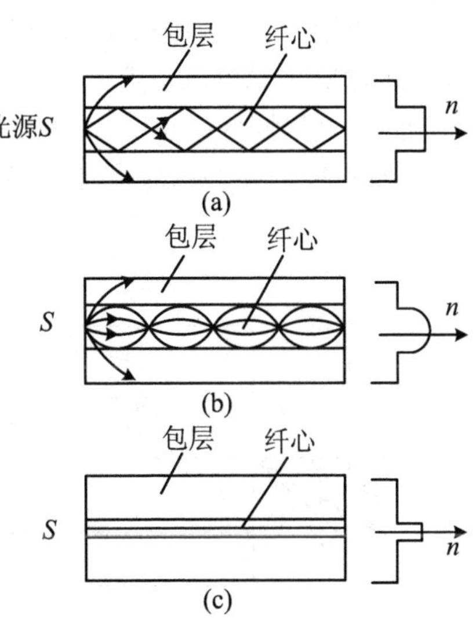

图 2-8-1　典型光纤结构和光传输形式

阶跃型光纤纤芯与包层间折射率的变化是阶梯状的,如图 2-8-1(a)所示. 光线的传输是在纤芯与包层的界面上产生全反射,呈锯齿形前进. 渐变型光纤纤芯的折射率从中心轴线开始沿径向逐渐减少,如图 2-8-1(b)所示,因此,偏离中心轴线的光线呈曲线蛇行前进. 上述两种光纤纤芯直径为 50～100 μm,称为多模光纤. 图 2-8-1(c)为单模光纤,其纤芯直径为 3～10 μm.

光纤是玻璃细丝,性脆、易断,为提高其抗拉强度,保护表面和使用方便,在包层表面又涂覆一层硅酮树脂一类的材料,称涂覆层.

2. 光纤的几何参数

根据国际电报电话咨询委员会(CCTTT)建议,光纤几何参数包括以下内容:

心径、包层表面直径、心径不圆度、包层表面不圆度、包层表面相对于纤芯中心的不同心度.它们分别由下面公式来定义:

$$纤芯不圆度 = \frac{d_{max} - d_{min}}{d_{max} + d_{min}} \times 2 \tag{2-8-1}$$

$$包层表面不圆度 = \frac{D_{max} - D_{min}}{D_{max} + D_{min}} \times 2 \tag{2-8-2}$$

式中,d_{max}、d_{min}分别是心径的最大值和最小值,D_{max}、D_{min}分别是包层表面直径的最大值和最小值.

$$包层表面相对纤芯中心的不同心度 = \frac{y}{d} \tag{2-8-3}$$

式中,y 是纤芯中心和包层表面中心的距离,d 是心径.

3. 光纤的数值孔径

数值孔径是光纤传光性质的结构参数之一,是表示光学纤维集光能力的一个参量.如图 2-8-2 所示,光线 1 以 θ 角入射到纤芯和包层间的光滑界面上.只要我们选择适当的入射角 θ,以角 φ 入射到纤芯和包层间的光滑界面上.只要我们选择适当的入射角 θ,总可以使角 φ 大于临界角 φ_m,使光线 1 在界面上发生全反射,全反射光线 1 又以同样的角度 φ 在对面界面上发生第二次全反射.如果光导纤维是均匀的圆柱体,入射光线经无数次全反射后从另一端以和入射角 θ 相同的角度射出.

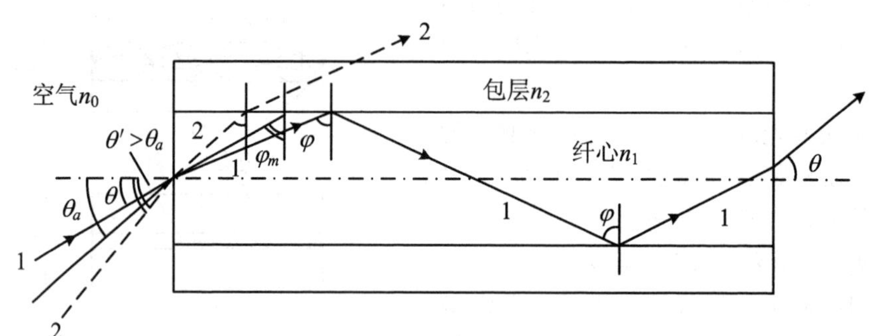

图 2-8-2 圆柱形光学纤维传光原理

在光纤端面上,当光线入射角小于一定值 θa 时,折射光线在纤芯和包层界面上的入射角 φ 才会大于临界角 φ_m,光线才能在光纤内多次全反射而传递到另一端.在光纤端面上,入射角 $\theta' > \theta_a$ 的那些光线,折射后在界面上入射角小于临界角 φ_m,光线将射出界面,如图中光线 2.这个入射角 θa 称为光学纤维的孔径角,它的数值由光学纤维的数值孔径决定.数值孔径 N 为

$$N = n_0 \sin\theta_a = \sqrt{n_1^2 - n_2^2} \tag{2-8-4}$$

式中，n_0是入射光线所在介质的折射率，n_1和n_2分别为光纤的纤芯和包层的折射率. 由式(2-8-4)可见，θ_a 越大，光纤的数值孔径就越大. 数值孔径是表示光纤集光能力的一个参量，它越大就表示光纤接收的光通量越多.

二、实验内容

本实验使用 CSY998 型传感器实验综合实验仪，该仪器由实验台、激励源、显示面板和处理电路等四部分组成.

1. 光纤位移传感器的位移测量

位移是一种常量，它是线位移和角位移的总称. 位移测量在工程中得到广泛的应用. 而且其他物理量和机械量都可以通过某些弹性元件和传动机构，转换成位移而测得. 位移的含义是表示物体上某点在某一确定方向上的位置变动. 因而它是一个有大小和方向的矢量. 测量位移的方法很多，按测量原理分为机械法和电气法两种. 在电气法位移测量中也有众多的位移传感器，而光纤传感器是其中的一种. 在光纤传感器中也有多种类型，主要可分为强度和干涉型两大类. 本实验中采用的是传光型反射式光纤位移传感器，属于强度型.

本实验目的是掌握传光型反射式光纤位移传感器测量位移的方法，了解位移—输出电压的特性，并学会分析外界干扰的影响以及扩充位移传感器的应用范围.

（Ⅰ）光纤位移传感器实验原理

光纤位移传感器是利用光导纤维传输光信号的功能，根据探测到的反射光的强度来测量反射表面位移的距离，光纤位移传感器测量位移原理示意图如图 2-8-3 所示.

标准的光纤位移传感器是由 600 根光导纤维组成的一个直径为 0.762 mm 的光缆，光纤内芯是折射率为 1.62 的火石玻璃，包层用折射率为 1.52 的玻璃，光缆的后部被分为两支，一支用于光发射，一支用于光接收. 光源是 2.5 V 的白炽灯泡，而接收光信号的敏感元件是光电池光敏检测器接收到的是与光强成正比的电信号. 对于每 0.25 μm 的位移产生 1 V 的电压输出. 分辨率是 0.025 μm. 它的工作原理是：当光纤探头端部紧贴被测件时，发射光纤中的光不能反射到接收光纤中去，因而就不能产生光电流信号，当被测表面渐渐远离光纤探头时发射光纤照亮被测表面的面积 A 越来越大，因而相应发射光锥和接收光锥重合的面积 B_1 越来越大，接收光纤端面上被照亮的 B_2 区也越来越大. 因此输出信号随着位移的加大线性增长，当达到一定位移时，就会在位移—输出电压特性曲线上出现一个“光峰点”，光峰点以前的这段曲线叫前坡区. 当被测表面继续远离时，由于被反射光照亮的 B_2 面积大于 C，即有部分反射光没有反射进入接收光纤，输出信号基本不变，出现光峰区. 当接收光纤更加远离被测表面,接收到的光强逐渐减少,光敏检测器的输出信号逐渐减弱,便进入曲线的后坡区. 位移—输出电压特性曲线如图 2-8-4 所示.

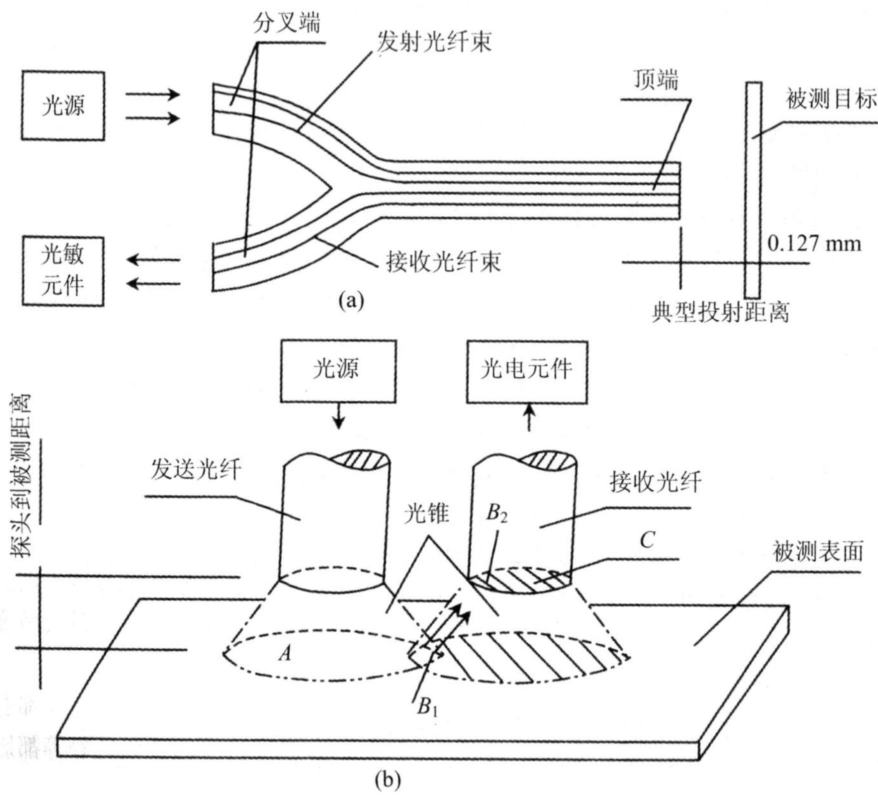

图 2-8-3 光纤位移传感器原理示意图

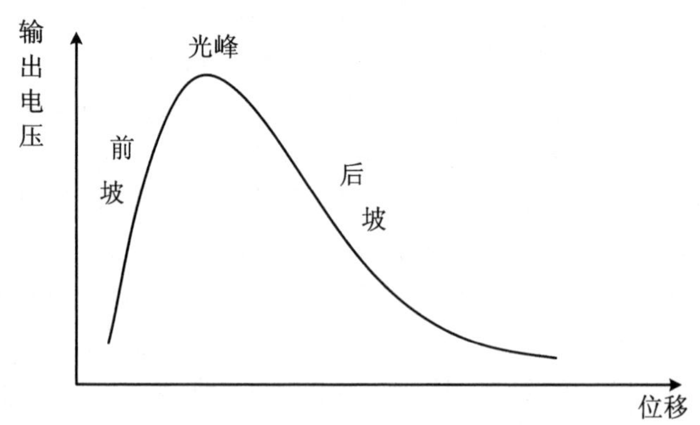

图 2-8-4 位移—输出电压特性曲线

在前坡区,输出信号的强度增加的非常快,所以这一区域可以用来进行微米级的位移测量.在后坡区,信号的减弱与探头和被测表面之间的距离平方成反比,这一区域可用于距离较远,而灵敏度、线性度和精度要求不高的测量.在光峰区,输出信号对于光强度变化的灵敏度要比位移变化的灵敏度大得多,所以这个区域可用于对表面状态进行光学测量.

光纤位移传感器的灵敏度与外界环境以及所使用的光纤束特性等都有关.如光导纤维的数量、光导纤维的尺寸以及每一根纤维的数值孔径等都影响灵敏度的大小.

(Ⅱ)光纤位移传感器的实验内容

光纤位移传感器的测量方框图如图2-8-5所示.它由位移测量架(含螺旋千分卡尺、反射镜等)、Y型光纤束及探头、电源及激励光源、反馈控制单元、光接收信号放大单元、数字电压表单元及示波器等组成.

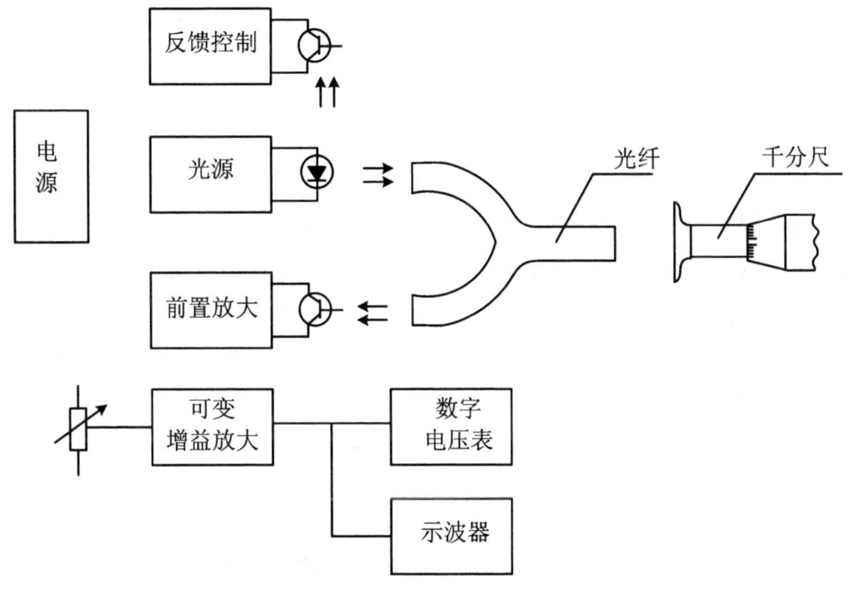

图2-8-5　位移传感器测量框图

(1) 实验准备.

① 移去遮光罩,转动千分卡尺手把,将反射镜移向右侧.

② 将光纤探头插入位移架左侧探头位,并用螺丝固定.

③ 开启电源,预热5 min.

④ 将数字电压表的输入和光纤传感器输出相连接.

⑤ 用擦镜纸,轻擦光纤探光端面和反射镜,除去灰尘且不留纸屑,盖上遮光罩,可以开始测量位移—输出特性.

(2) 实验操作.

① 左右来回缓慢移动反光镜，在距光纤探头 0.5～1.0 mm 范围内，寻找输出峰值(即光峰点)，调节放大器增益，使峰值定为 10.00 V. 此步骤需要来回几次细心调整，待数值稳定后，方可进行下一步.

② 转动千分卡尺手把，使反射镜轻微接近光纤探头，小心不要过分按压，以免损坏光纤探头端面和反射镜，此时传感器输出接近为零，千分卡尺上读数就是位移读数.

③ 每隔 0.01 读出数字电压表读数，记录位移和电压读数，位移最大值可到 3 mm.

④ 作出 V-X 特性曲线，计算灵敏度和线性度.

⑤ 为观察外界光影响，可除去遮光罩以及改变环境光照情况下重复上述测量.

⑥ 实验结束后，一切恢复原状，保护好光纤探头和反射镜，并关掉光纤变换器的电源.

(3) 实验注意事项.

① 光纤输出端不允许接地，否则损坏内部元件.

② 由于前置放大增益较大和内部热燥声电压，显示在 0.05 左右跳动属正常.

③ 为了保护反光镜片，不允许光纤探头与之接触相碰.

2. 光纤振动传感器的振动测量

一个物理量的值在观测时间内不停地经过极大值和极小值而变化，这种变化状态称为振动. 在振动测量中，需要测量的基本参数是振动的振幅、频率和相位. 根据不同的测试目的，振动的测量可以有不同的方法. 本实验是基于传光型反射式光纤位移传感器的结构和原理，直接测量振动的频率，了解光纤位移传感器的动态响应.

(Ⅰ) 光纤振动传感器的原理

这种传感器的结构、原理与前面介绍的光纤位移传感器相似，只将反射膜片黏在振动片上，就构成了光纤振动传感器，如图 2-8-6 所示. 光源发出的光由发射光纤传输并投射到反射镜片的表面，然后反射，由接收光纤接收并传回光敏元件，当反射膜片随振动而位置发生变化时，则输出的信号也发生变化，如果振动是周期性的，那么反射膜片的位置变化也是周期变化的，从而输出信号也是周期变化. 根据位移—输出特性曲线，适当选取光纤探头的反射片的起始位置，就可正确测量出振动频率.

振动传感器实验装置框图如图 2-8-7 所示，它由振动台(包括振动源、频率振幅可调单元)、Y 型光纤束、光电转换耦合器、光纤变换器、V/F 表、示波器等组成.

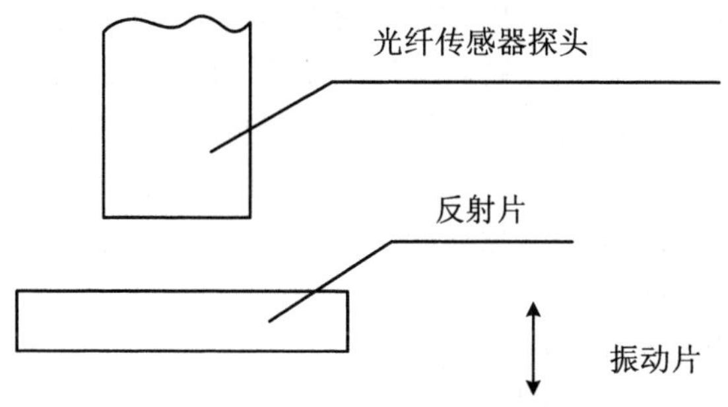

图 2-8-6　光纤振动传感器的基本原理

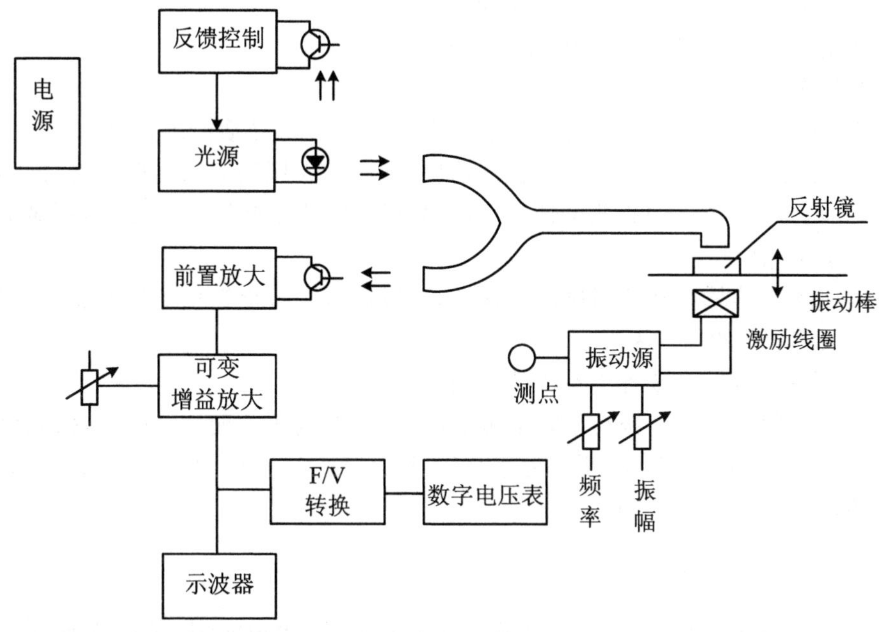

图 2-8-7　光纤振动传感器振动测量框图

（Ⅱ）光纤振动传感器的实验内容

(1) 实验准备.

① 首先用擦镜纸轻轻擦掉光纤探头和反射面的灰尘，再将光纤探头插入振动测量架，并对准振动梁反射面中心.

② 细心调节探头和反射面距离约在 0.5 mm（即利用前坡区测量），若实验中测量值误差偏大时，可重新调整，调准距离以取得在振动时有良好周期性振动波形.

③ 开启电源，并预热 5 min.

④ 将数字显示表测量转换开关置于频率测量挡，再将其输入短路，调整频率旋钮使其显示为零，然后再断开输入，将振动信号源与其输入连接.

⑤ 将振动源输出幅度调至最小附近，再开启振动源开关，观察显示频率是否稳定(显示范围在 3～30 Hz 之间)，否则，微微增加振动源输出幅度，以达到稳定显示. 特别要避免振动源频率与共振梁频率(在 10～15 Hz 范围)相同，引起共振，其振幅过大，损坏光纤探头.

⑥ 将光纤变换器输出增益调至最大.

(2) 光纤振动传感器实验步骤.

实验内容：调节振动源输出频率，使振动频率 f_1 输出从 5～25 Hz，每隔 1 Hz 观察光纤传感器测量值 f_2，并记录数据.

作出 $f_1 \sim f_2$ 曲线，计算线性度和误差.

具体操作是：

① 将振动源输出调定在某一待测频率 f_1，用显示频率表测出其频率.

② 将频率显示表输入转至传感器输出，微微加大振动源输出振幅，使振动梁起振，并在反射面不击打探头的情况下，调节到振幅尽可能大，待稳定后，用显示频率表读出 f_2 值.

③ 将显示表输入转接回振动源输出，并微微减少输出振幅到尽可能小，但要使显示表读数仍然稳定为限.

④ 重复上述①～③各步骤，测量其余各频点.

(3) 实验注意事项. 振动梁在谐振点附近，在激励源不变的情况下，振幅会突然增大，容易损坏光纤探头，需格外小心(一般该谐振点在 11 Hz 左右)；另外，如果反射膜片有污损时，应及时更换.

三、思考与讨论

1. 有哪些因素会影响光纤位移传感器输出特性曲线的形状、线性范围等?
2. 影响光纤振动传感器测量稳定性有哪些因素?
3. 如何克服环境光对光纤位移传感器和光纤振动传感器的影响?
4. 试设计一个用光纤传感器测量转速的实际应用电路.

参 考 文 献

[1] 贾伯年. 传感器技术[M]. 南京：东南大学出版社，1999.

[2] 安毓英. 光学传感与测量[M]. 北京：电子工业出版社，2001.

2-9　超声波特性及主要参数的测量

超声波是一种机械波，是指频率高于 20 kHz，在弹性介质中传播的一种机械振荡. 郎之万第一次采用居里兄弟发现的压电晶体作为超声波发射和接收的核心部件，奠定了超声波传播和研究的基础. 超声波具有能量高、方向性好等优点，因此在超声波段对部分声学量进行测量比较方便. 在本实验中，我们主要了解超声波的物理特性及其产生机制；学会用位相法测超声波声速并会用逐差法处理数据；测量超声波在介质中的吸收系数及反射面的反射系数；并运用超声波检测声场分布.

一、实验原理

1. 超声波的有关物理知识

介质中的质点，是弹性联系的. 某质点在介质内振动，能够激发附近质点的振动. 这种机械振动在介质中的传播过程称为弹性波. 声波是一种在气体、液体、固体中传播的弹性波. 声波按频率的高低分为次生波(f<20 Hz)、声波(20 Hz≤f≤20 kHz)、超声波(f>20 kHz)和特超声波(f≥10 MHz)，如图 2-9-1 所示.

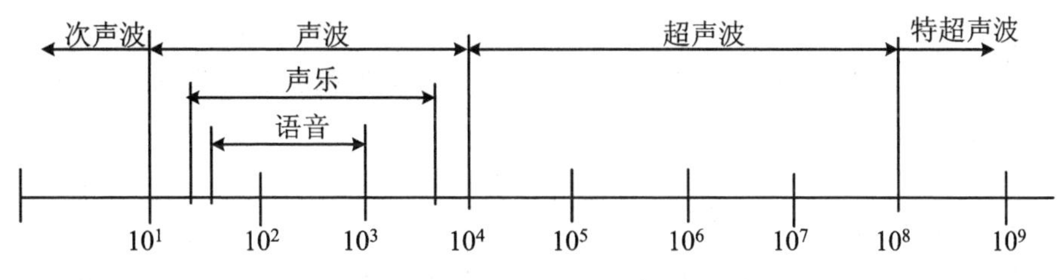

图 2-9-1　声波频谱分布图

振荡源在介质中可产生如下形式的振荡波：

横波，质点振动方向和传播方向垂直的波. 它只能在固体中传播.

纵波，质点振动方向和传播方向一致的波. 它能在固体、液体、气体中传播.

表面波，当材料介质受到交变应力作用时，产生沿介质表面传播的波. 介质表面的质点作椭圆形式的振动. 因此表面波只能在固体中传播且随深度的增加而衰减很快.

板波，在板厚与波长相当的弹性薄板中传播的波. 可分为 SH 波与兰姆波.

超声波由于其波长短，频率高，故有其独特的特点：

绕射现象小，方向性好，能定向传播；能量较高，穿透力强，在传播过程中衰减很小.在水中可以比在空气或固体中以更高的频率传的更远.而且在液体里的衰减和吸收是比较低的;能在异质界面产生反射、折射和波形转换.

2. 超声波的传播速度

横波、纵波、表面波的传播速度取决于介质的弹性常数及介质密度.兰姆波的传播速度,不仅取决于介质的弹性常数,还取决于介质的厚度及频率.

由于气体与液体中剪切模量为零,因而在气体和液体中没有横波,只能传播纵波.

超声波的传播速度就是声波的传播速度,气体中声速的公式为

$$V=\sqrt{\frac{\gamma RT}{M}} \tag{2-9-1}$$

式中,γ 为空气定压比热容和定容比热容之比($\gamma=Cp/Cv$),R 是普适气体常量,M 为摩尔质量,T 是热力学温度.

液体中声速的公式为

$$V=\sqrt{\kappa/\rho} \tag{2-9-2}$$

式中,κ 为体积弹性模量,ρ 为密度.

如果忽略空气中的水蒸气和其他杂物的影响,气体中在 0 ℃($T_0=273.15$ K)时的声速为

$$V_0=\sqrt{\gamma RT_0/M}=331.45\ \mathrm{m/s} \tag{2-9-3}$$

液体中声速在 900～1 900 m/s 之间.水中声速约为 1 500 m/s,随着温度升高而升高(76～85 ℃时最大),其他液体中的声速随着温度的升高而降低.

由波动理论可知

$$V=f\lambda \tag{2-9-4}$$

式中,f 为波的频率,λ 为波长.

所以只要知道频率和波长即可求出波速.实验中采用低频信号发生器控制换能器,信号发生器的输出频率就是声波的频率,声波的波长可用驻波法和行波法测量.

3. 超声场及声波的一些特征量

充满超声波的空间或超声振动所涉及的介质叫做超声场.描述声场的物理量有以下几个.

声压.超声场中某一点在某一瞬时所具有的压强 P_1 与没有超声波存在时同一点的静态压强 P_0 之差为该点的声压,用 P 表示.

$$P=P_1-P_0\quad(\text{单位为帕斯卡}) \tag{2-9-5}$$

声阻抗.介质中某一点的声压 P 与该点处振动速度 V 之比称为声阻抗 Z.

$$Z=P/V \tag{2-9-6}$$

声强. 单位时间内垂直通过单位面积的声能. 用 I 表示，单位为 W/m^2.

$$I = \frac{1}{2}\frac{P^2}{Z} \tag{2-9-7}$$

分贝. 规定 $I_0 = 10^{-16}\ W/cm^2$ 为声强标准. 某一声强 I 与 I_0 标准声强之比，取常用对数得到二者差的数量级，称为声强级 L_I(分贝).

$$L_I = 10\lg\frac{I}{I_0} \tag{2-9-8}$$

由声强与声压的关系，得到

$$L_I = 20\lg\frac{p_1}{p_0} \tag{2-9-9}$$

在示波器屏幕上波高与声压成正比，故利用该式可以计算出超声波中任意两波高的分贝差.

4. 超声波在介质界面上的反射、折射与透射

每当声波传播到两种媒质的分界面时，就会产生反射、透射现象. 反射、透射波的振幅取决于入射波、入射角、反射表面和媒质的阻抗特性. 声能流正比于它们振幅的平方.

考虑一束超声波波束在空气中传播，波束遇到障碍物反射面形成反射波与透射波，如图 2-9-2 所示.

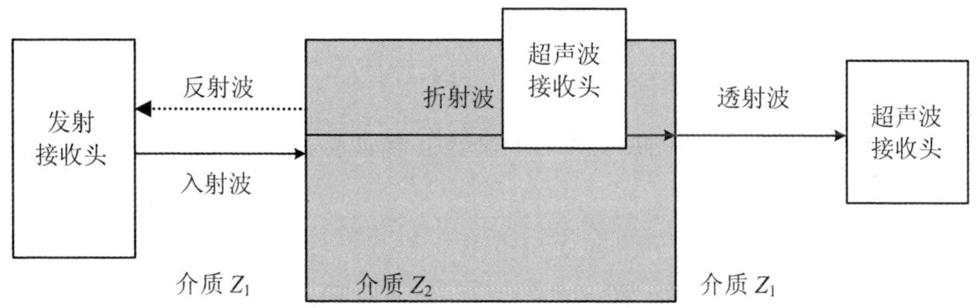

图 2-9-2　超声波在介质界面上的反射、折射与透射框图

界面上反射波的振幅与入射波的振幅之比叫做声强反射系数，记为 R.

$$R = A_{反射}/A_{入射} \tag{2-9-10}$$

界面折射波的振幅与入射波的振幅之比叫做声强透射系数，记为 T.

$$T = A_{折射}/A_{入射} \tag{2-9-11}$$

介质透射波的振幅与入射波的振幅之比叫做声强吸收系数，记为 $T_{吸}$.

$$T_{吸} = \frac{A_{透射}}{A_{入射}} \tag{2-9-12}$$

5. 超声波的波形转化现象

当超声波倾斜入射到异质界面时，除了产生与入射波同类型的反射波与折射波以外,还会产生与入射波不同类型的反射波与折射波,此现象称为波形转换.波形转换只发生在斜入射的界面,而且与界面两侧介质的状态有关.

6. 超声场的分布

本实验中以圆盘声源为例,讨论一下波源轴线上的声压分布.如图 2-9-3 所示,在空气介质中有一超声波声源发生器,发射头可近似看为一圆盘,辐射出单一频率的正弦波.

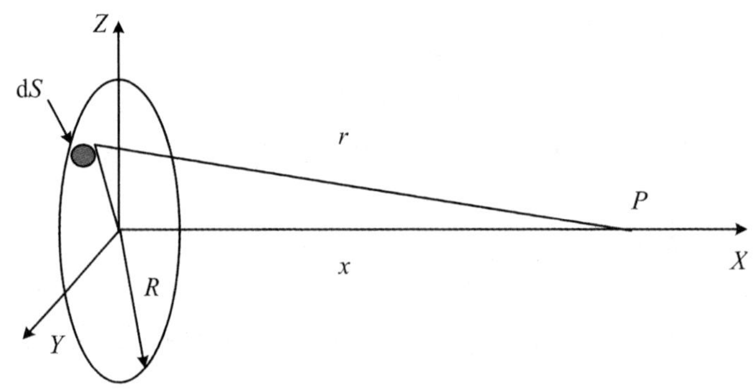

图 2-9-3 圆盘声源声场示意图

根据波的叠加原理,波源轴线上任一点的声压等于波源各点发射的球面波在该点引起的声压叠加.

$$P = 2P_0 \sin\frac{\pi}{\lambda}(\sqrt{R^2+x^2}-x) \tag{2-9-13}$$

式中,P_0为声源的起始声压;R 为声源的半经;λ 为波长;x 为声源轴线上某点至声源的距离.

考虑介质衰减

$$P = 2P_0 \sin\frac{\pi}{\lambda}(\sqrt{R^2+x^2}-x)e^{-\alpha x} \tag{2-9-14}$$

式中,α 为衰减系数.

当 $x>D(2R)$时

$$P \approx 2P_0 \sin\frac{\pi D^2}{8x\lambda} \tag{2-9-15}$$

当 $x>\frac{3D^2}{4\lambda}$时,进一步简化为

$$P \approx \frac{p_0 F}{x\lambda} \tag{2-9-16}$$

式中,F 为声源面积,$F=\frac{\pi D^2}{4}$.

圆盘轴线上的声压分布规律如图 2-9-4 所示.

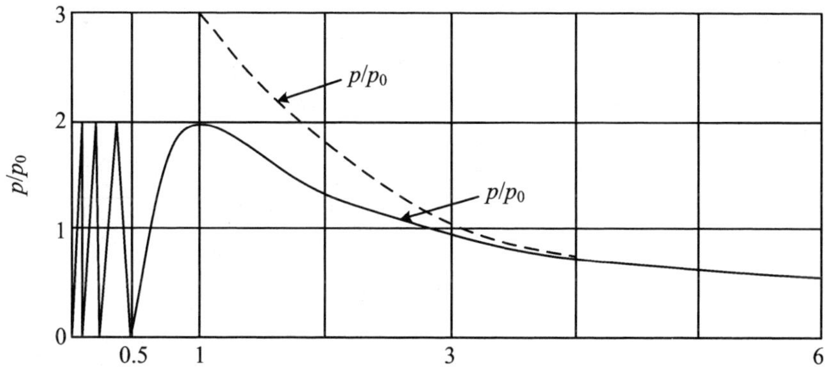

图 2-9-4　超声场分布图

由以上公式以及图示可以看出,在声源附近的轴线上声压上下起伏变化. 我们把声源附近的轴线上产生一系列极大极小的区域称为超声场的近场区,也叫菲涅尔区. 声源上最后一个声压极大值至声源的距离称为近场长度 N.

$$N = D^2 - \frac{\lambda^2}{4\lambda} = \frac{D^2}{4\lambda} = \frac{R^2}{\lambda} = \frac{F}{\pi\lambda} \tag{2-9-17}$$

$x>N$ 的区域叫作远场区,也叫夫琅禾费区. 在此区中,轴线上的声压随距离的增加而单调的减少.

二、实验装置

实验装置主要有超声波物理特性综合测试仪、示波器、计算机、打印机等.

超声波物理特性综合测试仪主要由可调信号发生器,超声波发射与接收探头、带卡尺、各种坐具的实验平台,信号放大器等组成.

超声探头实际上就是一个压电陶瓷换能器,它可以把电能转化为声能,也可以把声能转化为电能. 压电晶片是该探头的核心元件,如图 2-9-5 所示.

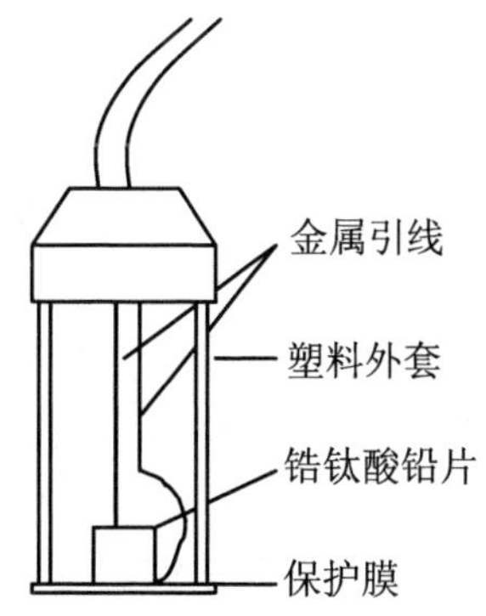

图 2-9-5　超声波探头

由于在该仪器(见图 2-9-6)上巧妙地设计了一个带坐具、标尺的实验平台. 超声探头可以在平台上自由活动,故可以把仪器调节到不同的工作方式来测量超声波的声速、反射系数、透射系数、吸收系数、声场分布等物理特性. 使学生能直观地去理解超声波的特性.

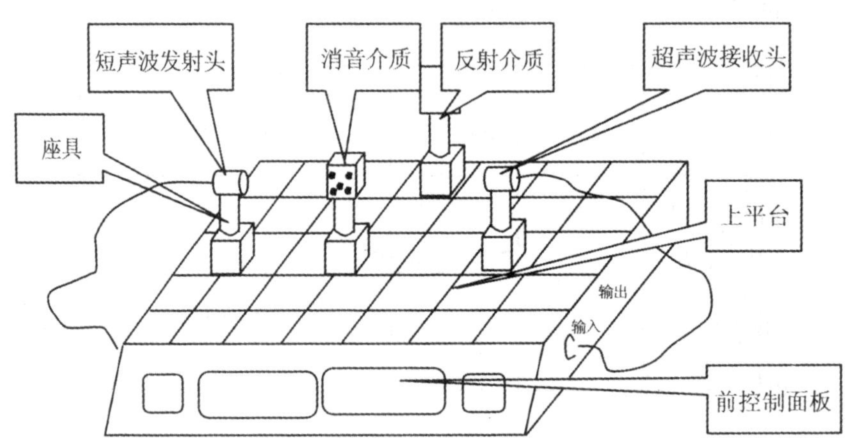

图 2-9-6 超声波物理特性综合测试仪

三、实验内容

1. 超声波声速的测量

分别把超声波发射信号和超声波接收信号同时输入示波器，根据示波器显示的李萨如图，即可得出超声波在介质中传播的速度

$$V = \lambda f \tag{2-9-18}$$

式中，f 为频率.

将超声波发射头定位在平台上，在平台上沿传播方向慢慢移动超声波接收头，由示波器信号找出相位两次重合时接收头所处的位置，记下此处接收头所处位置 x_i. 通过式

$$\lambda = x_{末} - x \tag{2-9-19}$$

算出 λ. f 由信号发生器读出，应用式(2-9-18)计算 V 值.

2. 测量超声波在介质中的吸收系数

因为超声波发生器与接收器是由同一种材料制成的，所以

$$A/A_0 = U/U_0 \tag{2-9-20}$$

式中，U_0 是信号发生器输出电压数值，U 是示波器显示电压数值.

$$T_{吸} = A_{透射}/A_{入射} = U/U_0 \tag{2-9-21}$$

3. 反射系数的测定

$$R = U'/U_0 \tag{2-9-22}$$

式中，U_0 是信号发生器输出电压数值，U' 是超声波接收器信号在示波器显示的峰值有效值.

4. 测量频率与电压的关系

(1) 调整电路,把超声波传感器的接收探头固定在平台上,调整探头位置,使其与发射探头处于同一水平位置.

(2) 把发射探头和接收探头接在示波器上.

(3) 固定两者的距离和角度.

(4) 改变频率,记录频率与电压值.

(5) 改变接收探头位置重复上述步骤.

(6) 绘制出超声波的 f-U 图.

5. 测超声波声场分布

固定发射源在超声波物理特性综合测试仪平台上,接收头定位在声源轴线上,角度不变,改变接收头与发射头的距离,通过示波器记录振幅随距离的改变量,绘制出位移振幅关系图(X-A 图),与图 2-9-4 进行比较.

计算出近场长度 N.

注意事项:

(1) 不要使超声波发生器的频率太低,大于 20 kHz.

(2) 要使超声波发生器发射端与接收端上下对齐,处在同一平面上.

(3) 注意保护超声波传感器以免损伤.

四、思考题

1. 固定两换能器的距离、改变频率,以求声速,是否可行?
2. 什么是超声波的衍射现象?
3. 测出的超声波速度与真实值有差别,为什么?
4. 讨论超声波频率、声源面积与近场分部有何关系?

参 考 文 献

[1] 王化祥,张淑英. 传感器原理与应用[M]. 天津:天津大学出版社,1996.

[2] 常铁军,祁欣. 材料近代分析测试方法[M]. 哈尔滨:哈尔滨工业大学出版社,1999.

[3] 谢行恕. 大学物理实验[M]. 北京:高等教育出版社,1999.

2-10　非线性混沌实验

长期以来,人们在认识和描述运动时,大多只局限于线性动力学描述方法,即确定的运动有一个完美确定的解析解. 但是自然界在相当多情况下,非线性现象却起着很大的作用. 1963 年,美国气象学家 Lorenz 在分析天气预报模型时,首先发现空气动力学中混沌现象,该现象只能用非线性动力学来解释. 于是,1975 年“混沌”作为一个新的科学名词首先出现在科学文献中.

世界是有序的还是无序的? 从牛顿到爱因斯坦,他们都认为世界在本质上是有序的,有序等于有规律,无序就是无规律,系统的有序有律和无序无律是截然对立的. 这个单纯由有序构成的世界图像,有序排斥无序的观点,几个世纪来一直为人们所赞同. 但是混沌和分形的发现,向这个单一图像提出了挑战,经典理论所描述的纯粹的有序实际上只是一个数学的抽象,现实世界中被认为有序的事物都包含着无序的因素. 混沌学研究表明,自然界虽然存在一类确定性动力系统,它们只有周期运动,但它们只是测度为零的罕见情形,绝大多数非线性动力学系统,既有周期运动,又有混沌运动,虽然并非所有的非线性系统都有混沌运动,但事实表明混沌是非线性系统的普遍行为. 混沌既包含无序又包含有序,混沌既不是具有周期性和其他明显对称性的有序态,也不是绝对的无序,而可以认为是必须用奇怪吸引子来刻画的复杂有序,是一种蕴涵在无序中的有序. 以简单的 Logistic 映射为例,系统在混沌区的无序中存在着精细的结构,如倒分岔、周期窗口、周期轨道排序、自相似结构、普适性等,这些都是有序性的标志. 所以,在混沌运动中有序和无序是可以互补的.

回顾历史,量子力学创立以前,人们长期认为,波动性和粒子性是两个截然对立的物质属性. 后来爱因斯坦等人提出了著名的微观粒子波粒二象性观点,认为波动性和粒子性是微观粒子统一的基本属性,从而极大地推动了科学的发展. 与此惊人的相似,混沌学的创立正在缩小确定论和随机论这两大体系之间的鸿沟,世界既不能分成两半,也不是非此即彼. 混沌学研究揭示:世界是确定的、必然的、有序的,但同时又是随机的、偶然的、无序的,有序的运动会产生无序,无序的运动又包含着更高层次的有序. 现实世界就是确定性和随机性、必然性和偶然性、有序和无序的辩证统一.

开始于 20 世纪 70 年代初的混沌学研究,正以其广度和深度的磅礴气势,揭开了物理学、数学乃至整个现代科学发展的新篇章. 混沌学的创立,将在确定论和概率论这两大科学体系之间架起桥梁,它将改变人们的自然观. 可以看作是 20 世纪以来,继相对论和量子力学之后在物理学上的第三次革命,揭示一个形态和结构崭新的物质运动世界.

这个实验中我们用级联倍周期分岔的方式学习了解混沌效应,在此基础上,通过对非线性电路振动周期发生的分岔及混沌现象的观测和对非线性单元电路的电流—电压特性的测量,进一步了解混沌效应的内在规律及其演化机制,掌握这种用电路实现混沌的方法及原理.

一、实验原理

什么叫做混沌？混沌是有内在规律的随机性和系统的行为对初值极度敏感的一类问题.如一根针直立在桌上,则不论多么小的扰动,都会使它向某一方向倒下,而且倾倒的方向对初始扰动是非常敏感的.在这里我们通过非线性电路用级联倍周期分岔的方式来接近混沌.

1. 倍周期分岔到混沌的产生

为了说明从分岔到产生混沌,我们举一个简单的例子.例如,在频率为 ω 的周期外力作用下的阻尼振子在周期外力的作用下做标准的受迫振动,其微分方程如下：

$$m\frac{\mathrm{d}^2x}{\mathrm{d}t^2}+b\frac{\mathrm{d}x}{\mathrm{d}t}+kx=F\cos\omega t \tag{2-10-1}$$

其解是阻尼振动的暂态解和强迫振动的稳定解的叠加.稳定解为

$$x(t)=A\cos(\omega t+\varphi) \tag{2-10-2}$$

经过一段时间后,它的周期一定(等于振动源的周期 ω)、振幅恒定为 x_0,振动如图 2-10-1 所示.

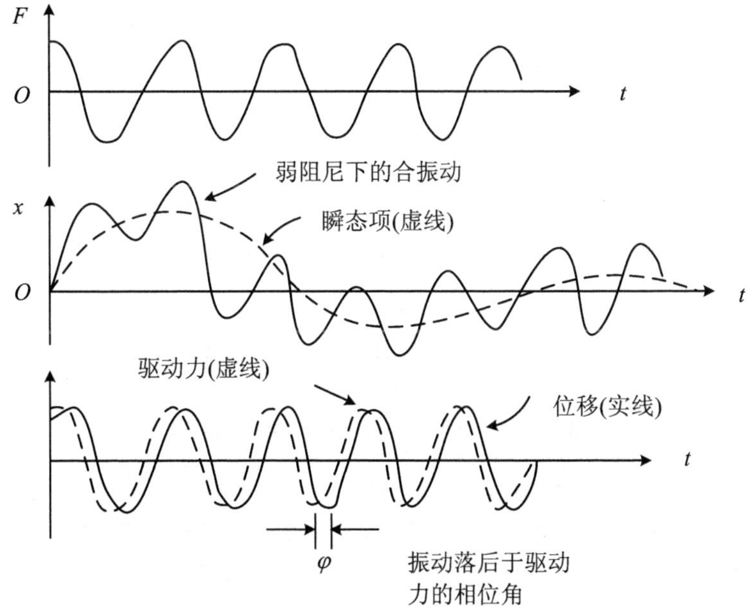

图 2-10-1　受迫振动

现在改变频率 ω,记录下在每个频率下振动稳定后的最大振幅值.记录频率振幅曲线如图 2-10-2 所示.

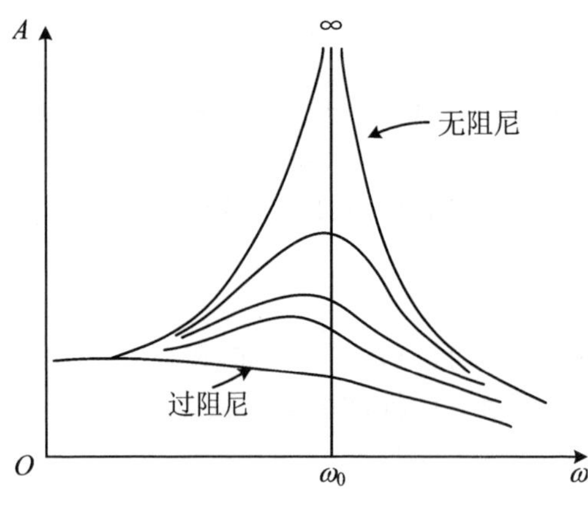

图 2-10-2 无非线性因素的频率振幅曲线

对图 2-10-2 某一条阻尼曲线进行讨论，很明显对应于每一个频率谐振子的振幅是一定的，质点作周期振动，也就是周期没有发生分岔.

我们加入一个非线性因素，在振子前放一个质量很大的挡块，以阻止振子做谐振，并设质点与挡块发生弹性碰撞，使质点以原速弹回，这时振子受到的冲击力与它的位移显然是非线性关系. 我们再慢慢改变频率，记录下在每个频率下振动稳定后的最大振幅值. 记录频率振幅曲线如图 2-10-3 所示.

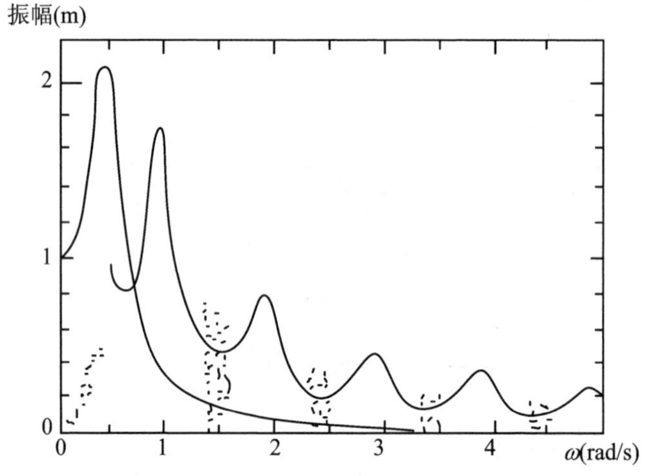

图 2-10-3 有非线性因素的频率振幅曲线

从图 2-10-3 可以看到，在 $\omega=1.5$ rad/s，…，$\omega=4.3$ rad/s 附近存在有无数分散的点组成的区间. 因此，在这些频率下，振子每次反弹的高度都不同，没有重复性. 这个区域就是混沌区. 那么周期是怎样分岔而逐步走向无序的呢？我们把 $\omega=1.5$ rad/s 附近的频率振幅曲线图放大来分析.

由图 2-10-4 中可看出，当 $\omega=1.25$ rad/s 时振幅只有一个值，表示质点每次反弹的高度都相同，说明质点是在作周期运动. 但注意到从 $\omega=1.325$ rad/s 开始，单一的曲线开始分岔，表示曲线反弹的高度有两个值，可以认为振动的周期为原先的两倍. 这就是周期的第一次分岔. 图 2-10-5 所示为当 $\omega=1.35$ rad/s 时的时间振幅曲线(x-t).

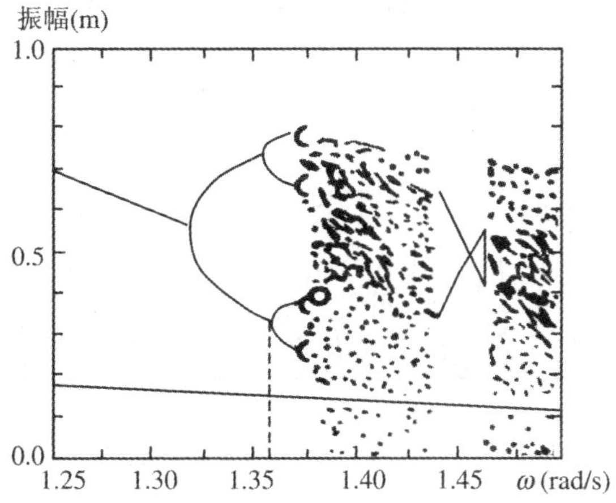

图 2-10-4　$\omega=1.5$ rad/s **附近的频率振幅曲线图**

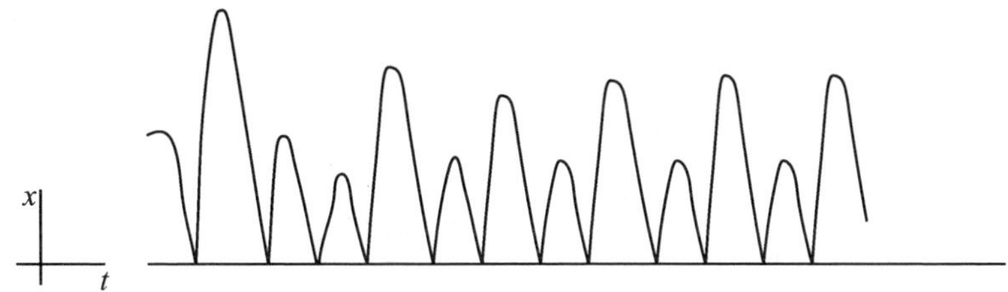

图 2-10-5　**当** $\omega=1.35$ rad/s **时的时间振幅曲线**

如果图 2-10-4 继续增大频率,当 $\omega=1.362$ rad/s 时,曲线又开始分岔,振幅变为 4 个值,相当于周期又增加一倍. 周期进行了第二次分岔. 如频率作更小间隔的增加,振幅将出现 8 个值,那么周期相当于原先的 8 倍,进行了第三次分岔. 如此继续下去,当 $\omega=1.37$ rad/s 左右时,这种分岔已达到无穷多次,质点反弹的高度在不断变化,永不重复,它有无穷多个取值. 因此周期变为无穷大. 如图 2-10-6 所示. 于是,振动系统由周期成倍的增长(分岔)进入了混沌状态. 可以简单地用图 2-10-7 来表示.

混沌行为也相应地表现为对初值的极度敏感. 图 2-10-8 表示系统在 $\omega=1.5$ 的条件下,相应于 5 个非常接近的初值的时间振幅(x-t)曲线. 在最初的几个周期里,这些曲线是一致的. 但随着时间的演化,它们变得非常不相同.

2. 非线性电路与非线性动力学

实验电路如图 2-10-9 所示,其中只有一个非线性元件 R,它是一个有源非线性负阻器件，其伏安特性曲线如图 2-10-10 所示. 电感器 L 和电容器 C_2 组成一个损耗可以忽略谐振回路：可变电阻 $R_{V1}+R_{V2}$ 和电容器 C_1 串联，将振荡器产生的正弦信号移相输出. 较理想的非线性元件上电压与通过它的电流极性是相反的. 由于加在此元件上的电压增加时，通过它的电流却减小，因而将此元件称为非线性负阻元件.

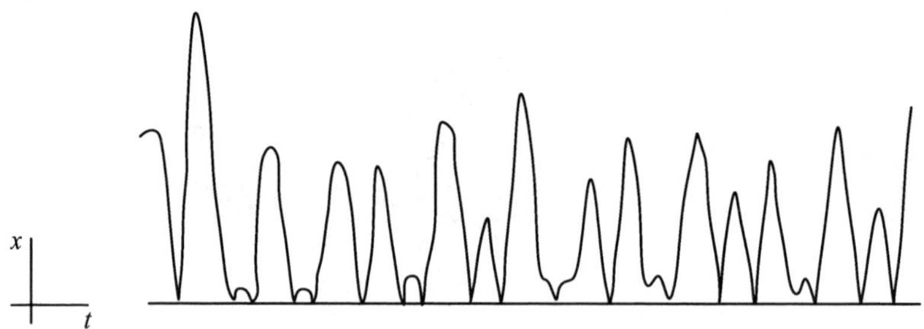

图 2-10-6 $\omega=1.35$ rad/s **时(混沌状态)的时间振幅曲线**

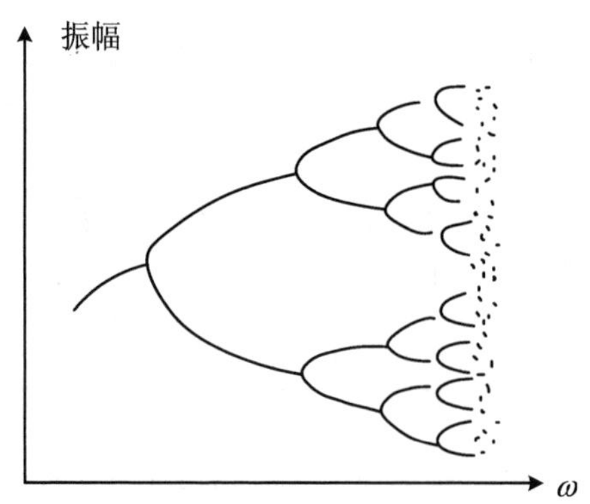

图 2-10-7 由倍周期分岔到混沌

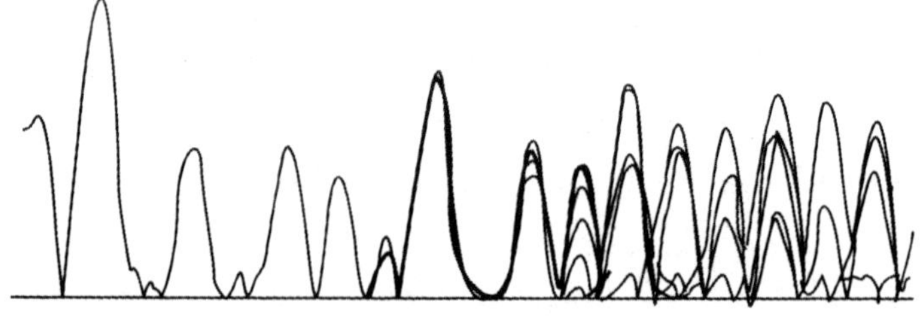

图 2-10-8 在混沌状态下非线性振子 x-t **曲线敏感地依赖初值**

在此电路中，电感 L 和电容器 C_2 组成的谐振回路可看作是做周期性振荡的振荡源，通电后发生谐振，由于非线性电阻的作用，通过调节电位器 $R_{V1}+R_{V2}$ 可使此振荡进行倍周期分岔,逐步变为非线性振荡(即产生混沌).

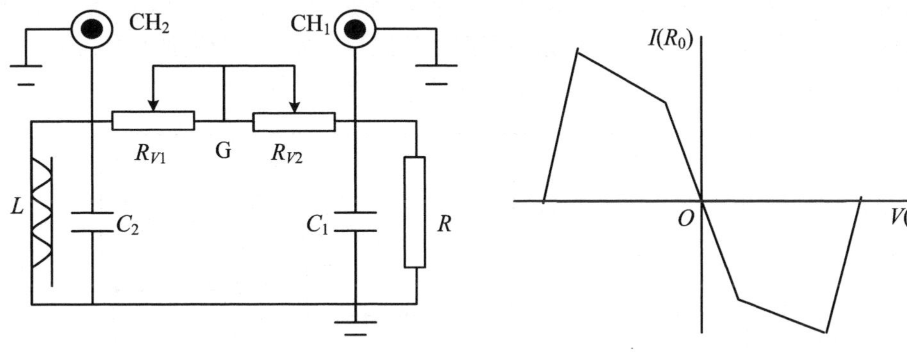

图 2-10-9　非线性电路　　图 2-10-10　非线性负阻特性曲线

电路的非线性动力学方程为

$$C_1 \frac{\mathrm{d}V_{C_1}}{\mathrm{d}t} = G(V_{C_2} - V_{C_1}) - gV_{C_1}$$

$$C_2 \frac{\mathrm{d}V_{C_2}}{\mathrm{d}t} = G(V_{C_1} - V_{C_2}) - i_L$$

$$L \frac{\mathrm{d}i_L}{dt} = -V_{C_2}$$

式中,导纳 $G=1/(R_{V_1}+R_{V_2})$,Vc_1和 Vc_2分别表示加在 C_1和 C_2上的电压,i_L表示流过电感器 L 的电流,g 表示非线性电阻的导纳.

3. 有源非线性负阻元件的实现

有源非线性负阻元件实现的方法有多种,这里使用的是 Kennedy 于 1993 年提出的方法:采用两个运算放大器(一个双运放 TL082)和 5 个配置电阻来实现,其电路如图 2-10-11 所示. 由于本实验研究的是该非线性元件中混沌运动对整个电路的影响,只要知道它主要是一个负阻电路(元件),能输出电流维持 LC 振荡器不断振荡,而非线性负阻元件的作用是使振动周期产生分岔和混沌等一系列现象. 其实,很难说哪一个元件是绝对线性的,我们这里特意做一个非线性的元件只是想让非线性的现象更明显.

实际非线性混沌实验电路如图 2-10-12 所示.

实验中我们就是按照此图连接电路,通过示波器来观察非线性混沌现象,并借助其他器件对有源非线性负阻元件的特性进行测量.

二、实验装置

实验装置主要有 NCE-1 型非线性电路混沌实验仪、示波器、万用表、连接导线若干等.

NCE-1 型非线性电路混沌实验仪主要由可插接的仪器面板、两个自制电感线圈组成，面板结构如图 2-10-12 所示，各元件可用插接线连接. 连接 CH_1 与 CH_2 到示波器的 X 与 Y 输入，以观测 LC 振荡器产生的波形周期分岔及混沌现象. 通过万用表可对产生混沌的关键元件有源非线性负阻的特性进行测量.

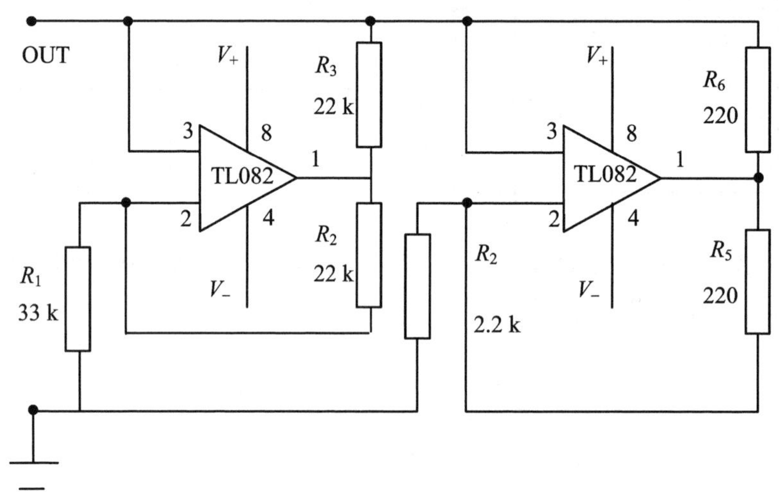

图 2-10-11 非线性负阻实现的原理图

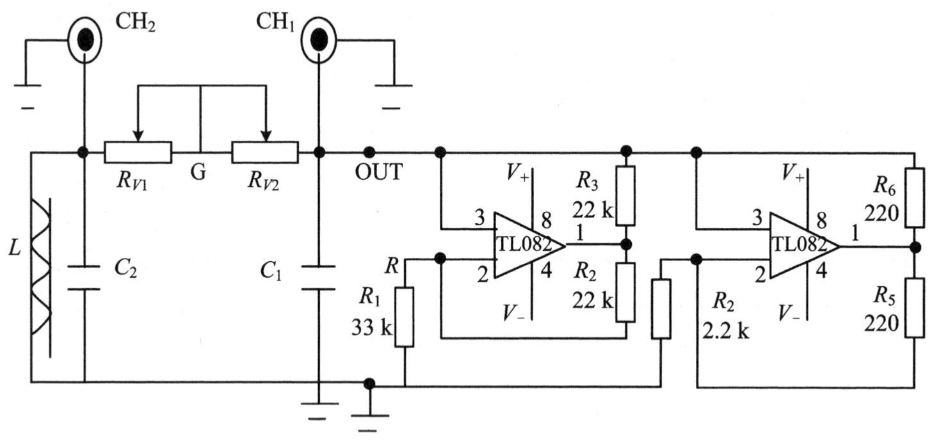

图 2-10-12 实际非线性混沌实验电路

三、实验内容

1. 实验现象的观察

将示波器调至 CH_1-CH_2 波形合成档，调节可变电阻器的阻值，我们可以从示波器上观察到一系列现象. 最初仪器刚打开时,电路中有一个短暂的稳态响应现象. 这个稳态响应被称作系统的吸引子(attractor),如图 2-10-13 所示. 这意味着系统的响应部分虽然初始条件各异,但仍会变化到一个稳态. 在本实验中对于初始电路中的微小正负扰动,各对应一个正负的稳态. 当电导继续平滑增大,到达某一值时,我们发现响应部分的电压和电流开始周期性地回到同一个值,产生了振荡. 这时,我们就说,我们观察到一个单周期吸引子(penod-one attractor),如图 2-10-14 所示. 它的频率决定于电感和非线性电阻组成的回路的特性.

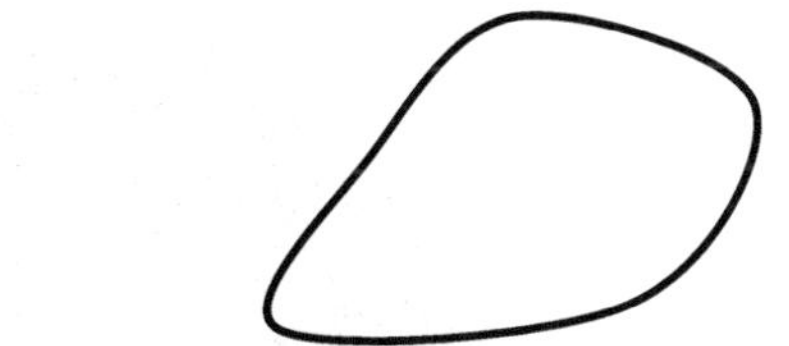

图 2-10-13　零维吸引子的焦点　　图 2-10-14　单周期吸引子(一维极限环)

再增加电导时,我们就观察到了一系列非线性的现象,先是电路中产生了一个不连续的变化:电流和电压的振荡周期变成了原来的二倍,也称分岔(bifurcation). 继续增加电导,我们还会发现二周期倍增到四周期,四周期倍增到八周期. 如果精度足够,当我们连续地,越来越小地调节时就会发现一系列永无止境的周期倍增,最终在有限的范围内会成为无穷周期的循环,从而显示出混沌吸引(chaotic attractor)的特性. 如图 2-10-15 所示.

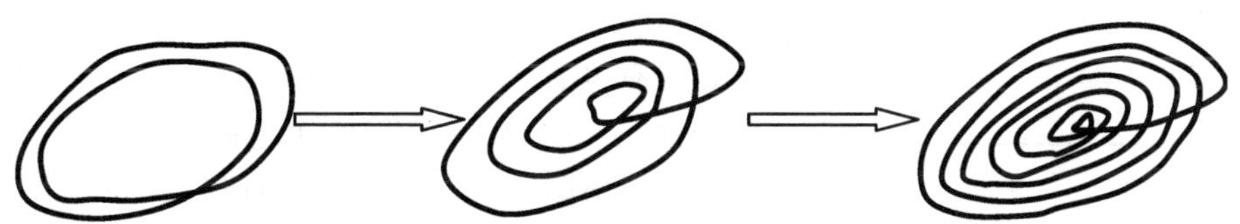

图 2-10-15　从二周期倍增到四周期,四周期倍增到八周期

需要注意的是,对应于前面所述的不同的初始稳态,调节电导会导致两个不同的但却是确定的混沌吸引子,这两个混沌吸引子是关于零电位对称的.

实验中,我们很容易地观察到倍周期和四周期现象,再有一点变化,就会导致一个单旋涡状的混沌吸引子,较明显的是三周期窗口. 观察到这些窗口表明了我们得到的是混沌的解,而不是噪声. 在调节的最后,我们看到吸引子突然充满了原本两个混沌吸引子所占据的空间,形成了双旋涡混沌吸引子(doubulescrollchaotic attractor),如图 2-10-16 所示. 由于示波器上的每一点对应着电路中的每一个状态,出现双混沌吸引子就意味着电路在这个状态时,相应于电路处在最初状态的那个响应状态. 最终会到达哪一个状态完全取决于初始条件.

在实验中,尤其需要注意的是,由于示波器的扫描频率不符合的原因,当分别观察示波器的每个输入端波形时,可能无法观察到正确的现象.这样,就需要仔细分析.可以通过调节示波器不同的扫描频率档来观察现象,以期得到最佳的图像.

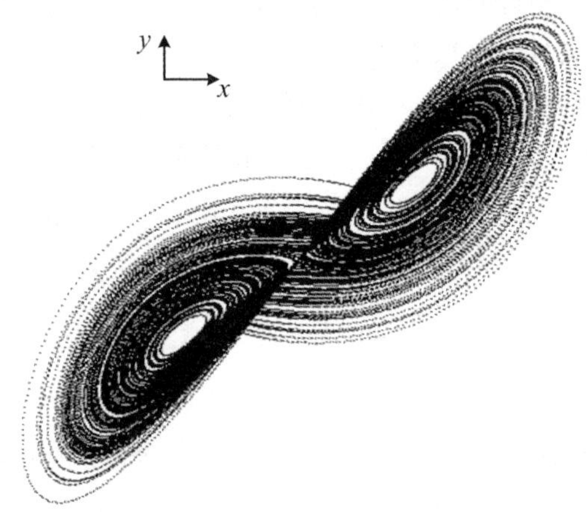

图 2-10-16　示波器上所显示的双吸引子

2. 实验元件特性的测量

(1) 对非线性电阻特性曲线的测量.对于实验中的非线性电阻,对它的非线性特性进行测量.测量的线路如图 2-10-17 所示.

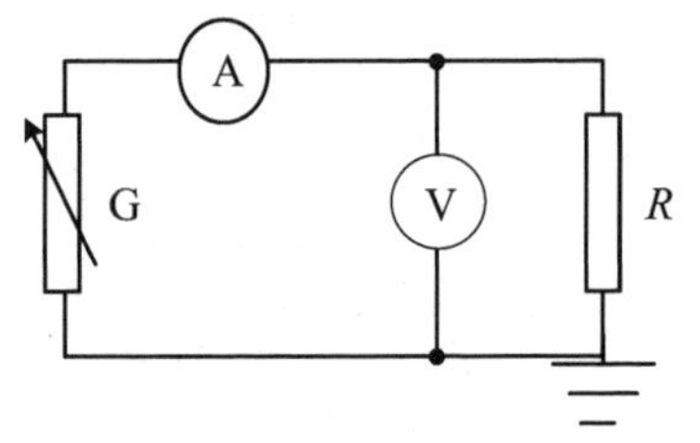

图 2-10-17　测量线路图

图中伏特表用来测量非线性元件的两端的电压.由于非线性电阻是有源的,因此,回路中始终有电流.G 使用电阻箱,其作用只是改变非线性元件的对外输出.使用电阻箱可以得到很精确的电阻,尤其可以对电阻值作微小的调整,进而微小地改变输出.缺点是电阻值变化不连续,但并不影响测量.测量数据如表 2-10-1 所示.

对以上的实验数据进行线性拟合,可得:$k_1=-7.406\times10^{-4}$ A/V,$b_1=-7.042\times10^{-3}$ mA,$r=0.9996$;$k_2=-4.042\times10^{-4}$ A/V,$b_2=0.605$ mA,$r=0.9999997$;$k_3=-2.185\times10^{-4}$ A/V,$b_3=27.30$ mA.

对直线的交点,即转折点进行计算,得:$V_{01}=1.775$ V,$I_{01}=1.323$ mA;$V_{02}=-10.276$ V,$I_{02}=4.759$ mA.

可见,实际的曲线三段分段线形度很高,因而对非线性元件的电压—电流特性曲线(图 2-10-10)在一定范围内可作分段线性近似,也便于以下的理论讨论.对于正向电压部分的曲线,由理论计算是与反向电压部分曲线关于原点 180°对称的.由于实验中非线性元件在零点附近是负阻特性,因而很难在零点稳定,故不易测量元件的正向伏安特性.

表 2-10-1　测量数据

电压(V)	电流(mA)	电压(V)	电流(mA)	电压(V)	电流(mA)
−10.000m	0.015	−1.800	1.331	−10.600	1.089
−100.06m	0.081	−2.000	1.115	−10.800	3.685
−200.0m	0.155	−3.000	1.819	−11.000	3.266
−400.9m	0.304	−4.000	2.222	−11.200	2.839
−600.0m	0.451	−5.000	2.626	−11.400	2.408
−801.6m	0.600	−6.000	3.303	−11.600	1.969
−1.0050	0.751	−7.000	3.434	−11.800	1.528
−1.1955	0.893	−8.000	3.839	−12.000	1.085
−1.3957	1.042	−9.000	4.213	−12.200	0.635
−1.6082	1.197	−10.000	4.62～10	−12.400	0.446

(2) 对电感影响的测量. 实验中,电感的选择对结果的影响很大. 不适应的电感对波形,甚至对结果都会产生极大影响. 电感过大,使振荡周期过长;电流过小,则电流响应过快,无法形成振荡. 实验发现,在一定范围内,电感与振荡频率 f 成正比,与振荡的振幅成正比.

由于在本实验中,制作线圈时使用了磁芯,因而线圈的电感对电流的变化非常明显(见表 2-10-2). 下表的测量最佳值是 16～18 mH,这时,波形没有出现失真等现象,各种图像也较完好.

表 2-10-2　电流电感关系测量值

I(mA)	0.350	1.00	5.00	8.82	10.0	15.1
L(mH)	16.3	16.6	17.5	17.6	17.9	18.5

3. 实验的具体步骤

(1) 打开机箱,把机箱右下角的铁氧体介质电感连接插孔插到实验仪面板左面对应的香蕉插头上. 实验仪面板上的 CH_2 接线柱连接示波器的 Y 输入,CH_1 接线柱连接示波器的 X 输入,并连接实验仪与示波器的接地端. 调节示波器的相关旋扭,使示波器的水平方向显示 X 输入的大小,垂直方向显示 Y 输入的大小,并置 X 和 Y 输入为 DC.

(2) 实验仪右上角内的电源九芯插头插入实验仪面板上对应的九芯插座上,注意插头、插座的方向,插上电源,上调实验仪面板右边的钮子开关,对应的±15 V 指示灯点亮. 开启示波器电源,调节 W_1 粗调电位器和 W_2 细调电位器,改变 RC 移相器中 R 的阻值,观测相图周期的变化,观测倍周期分岔,阵发混沌,三倍周期,吸引子(混沌)和双吸引子(混沌)现象,分析混沌产生的原因. 上调实验仪面板左边的钮子开关可开启 0~19.999 V 直流数字电压表,数字闪烁表示输入电压超过量程.

(3) 按图 2-10-12 所示接好电路,调节 $R_{v1}+R_{v2}$ 阻值. 在示波器上观测图 2-10-13 所示的 CH_1-地和 CH_2-地所构成的相图(李萨如图),调解电阻 $R_{v1}+R_{v2}$ 由大到小时,描绘相图周期的分岔及混沌现象. 将一个环形相图的周期定为 P,那么要求观测并记录 $2P$,$4P$,阵发混沌,$3P$,单吸引子(混沌),双吸引子(混沌)共 6 个相图和相应的 CH_1-地和 CH_2-地两个输出波形.

(4) 有源非线性电阻元件与 RC 移相器连线断开. 按图 2-10-17 测量非线性单元电路在电压 $V<0$ 时的伏安特性,作出 I-V 关系图.

4. 注意事项

(1) 运算放大器 TL082 的正负极不能接反,地线与电源的接地点接触必须良好.

(2) 关掉电源后拆线.

(3) 仪器应该预热 10 min 开始测量数据.

四、思考题

1. 非线性负阻电路,在本实验中的作用是什么?

2. 为什么要采用 RC 移相器并且用相图来观测倍周期分岔现象? 如不用移相器,可用哪些仪器或方法?

3. 通过本实验请阐述倍周期分岔、混沌、奇怪吸引子等概念的物理意义?

参考文献

[1] 吴泽华. 大学物理[M]. 杭州:浙江大学出版社,1999.
[2] 洛伦兹 E N. 混沌的本质[M]. 北京:气象出版社,1997.

附录

混沌的定义:对于闭区间 I 上的连续函数 $f(x)$,如果存在一个周期为 3 的周期点时,就一定存在任何正整数的周期点,即一定出现混沌现象. 混沌是一种"确定性"现象,是一种强非线性动态,是相对于一些"不动点""周期点"特定形式的一种未定形的交融于特定形式间的无序状态.

吸引子：在耗散系统中刘维尔定理失效，系统相空间收缩，并最终趋向维数比原来相空间低的极限集合. 这种运动可以看作是一个“吸引”过程，这个极限集合就称为吸引子.

2-11　亥姆霍兹线圈磁场测量实验

亥姆霍兹线圈是用两个半径和匝数完全相同的线圈，同轴排列放置且二者间距等于其半径，串接而成的线圈。利用该线圈既可以产生极微弱直至数百高斯的磁场，又可用于地磁场的抵消补偿、检测永磁体特性等，在科研及工业生产等领域有着广泛的应用。通过该实验可以学习和掌握不同的测量弱磁场方法、验证磁场迭加原理、描绘磁场分布等内容。

一、实验原理

1. 载流圆线圈轴线上的磁场分布

根据毕奥—萨伐尔定律，半径为 R、匝数为 N 的载流线圈，当通过电流为 I 时，在轴线（通过圆心并与线圈平面垂直的直线）上任意点 P 处的磁感应强度为

$$B = \frac{\mu \cdot R^2}{2(R^2 + x^2)^{3/2} N \cdot I} \tag{2-11-1}$$

式中，$\mu_0 = 4\pi \times 10^{-7}$ H/m，为真空磁导率，x 为线圈中心到 P 点的距离，中心轴线上 B 的大小和 x 的关系如图 2-11-1 所示。由式(2-11-1)看出，在中心处($x=0$)的磁场最强，其磁感应强度 B_0 为

$$B_0 = \frac{\mu_0}{2R} N \cdot I \tag{2-11-2}$$

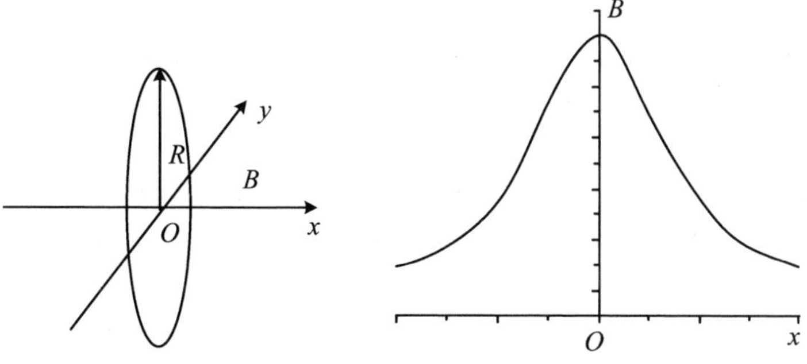

图 2-11-1　单个圆线圈的磁场分布示意图

2. 亥姆霍兹线圈轴线上的磁场分布

亥姆霍兹线圈是由一对彼此平行且连通的共轴圆形线圈组成，两线圈半径 R、匝数 N 均相同，线圈之间的距离 d 正好等于圆形线圈的半径 R。坐标原点 O 取在两线圈中心连线的中点处。这种线圈的特点是当两线圈串联并通以相同方向和大小的电流 I 时，能在其公共轴线中点附近产生较广的均匀磁场区如图 2-11-2 所示，所以在生产和科研中有较大的使用价值，也常用于弱磁场的计量标准。

设 x 为亥姆霍兹线圈中轴线上某点离中心点 O 的距离，则亥姆霍兹线圈轴线上任意一点的磁感应强度为

$$B' = \frac{1}{2}\mu_0 \cdot N \cdot I \cdot R^2\left\{\left[R^2 + \left(\frac{R}{2}+x\right)^2\right]^{-3/2} + \left[R^2 + \left(\frac{R}{2}-x\right)^2\right]^{-3/2}\right\} \tag{2-11-3}$$

而在亥姆霍兹线圈上中心 O 处的磁感应强度 B_0' 为

$$B_0' = \frac{8}{5^{3/2}}\frac{\mu_0 \cdot N \cdot I}{R} \tag{2-11-4}$$

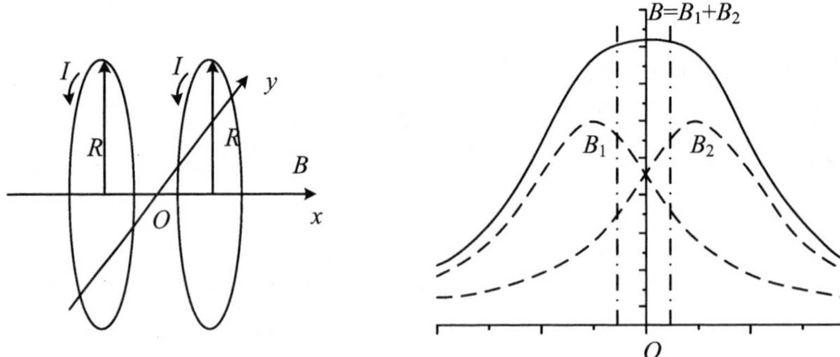

图 2-11-2 亥姆霍兹线圈及其磁场分布示意图

3. 磁场分布的测量方法

磁感应强度 B 是一个空间矢量函数，因此磁场的分布不但要考虑其大小分布，同时还要考虑其在空间各点的磁场方向，而轴线上的磁场方向可根据线圈中电流方向确定。下面重点介绍感应法测磁场的原理。

(1) 电磁感应法测磁场

电磁感应法就是利用一个小探测线圈中磁通量变化所感生的电动势大小来测量磁场及判断磁场方向，该方法只适合于探测交变电流产生的交变磁场，探测原理如图 2-11-3 所示。

设交流信号驱动线圈产生的交变磁场的磁感应强度瞬时值为

$$B_i = B_m \sin\omega t \tag{2-11-5}$$

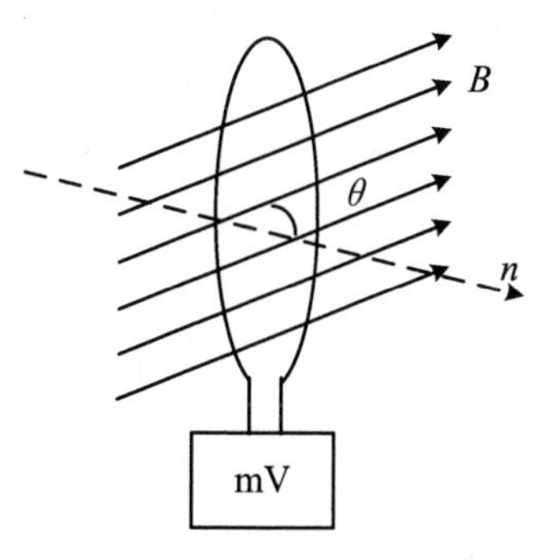

图 2-11-3　感应法测磁场示意图

式中，B_m 为磁感应强度的峰值，其有效值为 B，ω 为交变信号的角频率。

设一个小的探测线圈处于该磁场中，则通过该线圈的有效磁通量为

$$\Phi = nSB_m\cos\theta\sin\omega t \tag{2-11-6}$$

式中，n 为探测器线圈匝数，S 为该线圈的截面积，θ 为截面法线 n 与 B 之间的夹角，则线圈产生的感应电动势为

$$\varepsilon = -\frac{\mathrm{d}\Phi}{\mathrm{d}t} = -nS\omega B_m\cos\theta\cos\omega t = -\varepsilon_m\cos\omega t \tag{2-11-7}$$

式中，$\varepsilon_m = nS\omega B_m\cos\theta$ 为感应电动势的幅值。当 $\theta=0$ 时，$\varepsilon_{\max} = nS\omega B_m$，此时感应电动势最大。数字毫伏表测量显示的值为有效电压 $U_{\max} = \varepsilon_{\max}/\sqrt{2}$，则磁感应强度的有效值为

$$B = \frac{B_m}{\sqrt{2}} = \frac{U_{\max}}{nS\omega} \tag{2-11-8}$$

（2）探测器线圈的设计

实验中由于磁场分布是不均匀的，因此要求探测线圈要尽可能小。但实际不可能做到很小，否则会影响测量灵敏度。一般地，要求设计的线圈长度 L 和外径 D 有 $L=2D/3$ 的关系，线圈内径 d 满足 $d \leqslant D/3$，通过理论计算可得，线圈在磁场中的等效面积可表示为 $S=0.12\pi D^2$，这样线圈测得的平均磁感应强度可近似看成是线圈中心的磁感应强度，于是式(2-11-8)最终可写为

$$B = \frac{54}{13\pi^2 ND^2 f}U_{\max} \tag{2-11-9}$$

二、实验仪器与用具

亥姆霍兹线圈仪，低频信号发生器(测量交变磁场)，恒流源(测量直流线圈磁场)，毫伏表，毫特斯拉计，导线，探测线圈，霍尔传感器等。

三、实验内容

（1）测量单个载流圆线圈轴线上各点磁感应强度.

（2）测量并描绘单个载流圆线圈半径平面上磁感应强度分布.

（3）测量并描绘亥姆霍兹线圈中心轴线上各点的磁感应强度分布.

（4）测量并描绘与亥姆霍兹线圈中心轴线垂直的平面内的磁感应强度分布.

（5）验证磁场迭加原理. 在测量内容(3)的基础上分别测量两个线圈单独导电

流时在中心轴线上产生的磁场,注意此时保持两线圈间距不变,位置固定不动,记录数据并描画曲线.

(6) 进一步验证磁场迭加原理(选做).利用霍尔传感器测量:测量亥姆霍兹线圈在间距分别为 $d=R/2$,$d=3R/2$(R 为线圈半径)时轴线上的磁场分布。在利用霍尔传感器测量中,毫特斯拉计为高灵敏度仪器,可以显示 1×10^{-6} T 磁感应强度变化。因而在线圈断电情况下,不同位置毫特斯拉计所显示的最后一位略有区别,这主要是地磁场和其他杂散信号的影响。因此,应在每次测量前拔掉线圈电源调零。利用探测线圈测量:选择亥姆霍兹线圈中心为坐标原点,在 x 轴上、y 轴上和 xOy 平面内分别测出线圈 1、2 的磁场大小和方向,再测出线圈 1、2 顺向串联后的磁场大小和方向。实验中线圈电路要保持相同数值,逐点验证叠加原理:按矢量叠加原理算得磁场大小和方向,与串联起来测得的磁场大小和方向进行比较。

四、注意事项

(1) 实验探测器采用集成霍尔传感器,灵敏度高,因而地磁场对实验影响不可忽略,移动探头测量时须注意零点变化,可以通过不断调零消除此影响.

(2) 接线或测量数据时,要特别注意检查移动两个线圈时,是否满足亥姆霍兹线圈的条件.

(3) 两个线圈采用串接方式与电源相连时,必须注意磁场的方向。如果接错线有可能使亥姆霍兹线圈中间轴线上磁场为零.

五、思考题

(1) 单线圈轴线上的磁场分布规律如何?亥姆霍兹线圈是怎样组成的?其基本条件有哪些?它的磁场分布特点又怎样?

(2) 分析圆电流磁场分布的理论值与实验值误差的产生原因.

(3) 探测线圈放入磁场后,不同方向上毫伏表指示值不同,哪个方向最大?如何测准 U_{max} 值?指示值最小表示什么?

(4) 如果将两个线圈反向通过电流,其中心轴线上的磁场是如何分布的?

参考文献

[1] 贾起民,郑永令.电磁学[M].上海:复旦大学出版社,2001.

[2] 吴芸,童菊芳.大学物理基础实验教程[M].北京:科学出版社,2009.

2-12　温度的检测与控制

温度是国际单位制 7 个基本的物理量之一，自然界中任何物理、化学过程都紧密地与温度相联系. 而且在工业生产、安全监控、灾害诊断中，温度扮演着至关重要角色. 在很多产品生产过程中，温度的测量都直接和产品质量、提高生产效率、节约能源、安全生产等重要经济技术指标相联系. 因此温度测量在工业和科学研究中得到广泛的应用，在国民经济各个领域中都受到相当的重视. 为此我们安排了温度检测与控制实验，目的是让学生系统学习温度检测原理，掌握温度传感器的使用方法，培养学生了解温度、测量温度、控制温度的能力.

温度传感器是利用材料的热敏特性实现热—电转换. 它主要包括：利用温差引起热电动势的热电偶；利用电阻温度特性的热敏电阻；利用 PN 结温度特性的温度传感器等.

一、热电偶传感器

热电偶传感器是目前接触式测温中应用最广的热电式传感器，具有结构简单、制造方便、测温范围宽、热惯性小、准确度高、输出信号便于远传等优点.

热电偶是利用塞贝克效应制成的温度传感器. 把两种不同的导体或半导体连接在一起，当接点处温度变化时，在相应的回路中产生热电动势并有一定大小的电流. 热电动势是由两种不同导体或半导体的接触电势和各自温差电势组成. 热电动势的大小与两种材料的性质及结点温度有关.

1. 两种不同金属的接触电势

当两种金属接触在一起，由于不同金属导体的自由电子密度不同，在结点处就会发生电子迁移扩散. 设金属 A 与 B 的自由电子密度分别为 N_A 和 N_B，当两者接触时接触面上就会发生电子扩散. 若 $N_A > N_B$，则金属 A 失去电子，在接触区产生电势差，称为接触电势. 达到动态平衡时，稳定的接触电势为

$$e_{AB}(T) = \frac{KT}{q_0}\ln\frac{N_A}{N_B} \tag{2-12-1}$$

式中，$e_{AB}(T)$为 A、B 两种金属在温度 T 处的接触电势；$q_0 = 1.6\times10^{-19}$ C 为电子电荷；T 为结点处的绝对温度；K 为玻尔兹曼常数.

2. 金属导体的温差电势

当金属导体两端温度不等时，高温端的自由电子具有较大的动能向低温端扩散，结果高温端失去电子，低温端获得电子，高低温两端形成一个电势差，称做温差

电势，温差电势的大小表示为

$$e(T,T_0)=\int_{T_0}^{T}\tau_T\mathrm{d}T \tag{2-12-2}$$

式中，$e(T,T_0)$是金属导体高温端绝对温度 T 与低温端绝对温度 T_0 形成的温差电势；τ_T 为汤姆逊系数，表示单一导体两端温度差 1 ℃时所产生的温差电势，其值与材料性质及两端温度有关.

金属导体 A 与 B 组成热电偶闭合回路时，回路总的热电势（见图 2-12-1）表示为

$$\begin{aligned}E_{AB}(T,T_0)&=[e_{AB}(T)-e_{AB}(T_0)]+[e_A(T,T_0)-e_B(T,T_0)]\\&=\frac{kT}{q_0}\ln\frac{N_A(T)}{N_B(T)}-\frac{kT_0}{q_0}\ln\frac{N_A(T_0)}{N_B(T_0)}\\&\quad+\int_{T_0}^{T}(\tau_A-\tau_B)\mathrm{d}T\end{aligned} \tag{2-12-3}$$

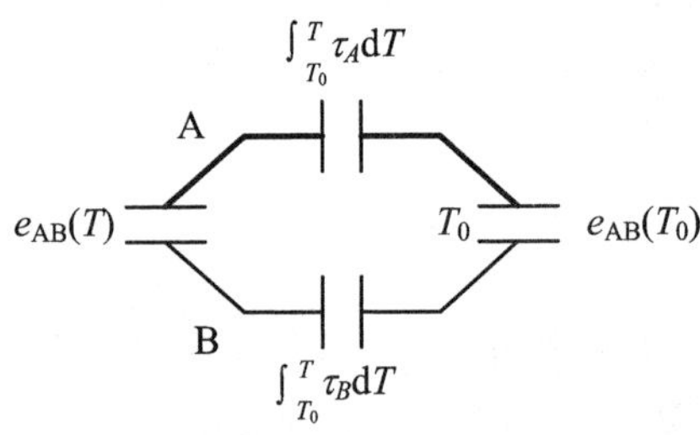

图 2-12-1　电偶闭合回路

式中，$N_A(T)$和 $N_A(T_0)$是金属 A 在结点温度分别为 T 和 T_0 处的电子密度，$N_B(T)$与 $N_B(T_0)$也是同 $N_A(T)$一样的含义，电子密度是温度的函数，两处电子密度不同. τ_A 与 τ_B 分别为金属 A 与 B 的汤姆逊系数，是与温度有关的.

由此可得出如下结论.

(1) 热电偶必须采用两种不同金属作为热电极才符合塞贝克效应条件，否则，同种金属 $N_A=N_B$，$\tau_A=\tau_B$，回路总热电势为 0.

(2) 尽管采用两种不同金属，若热电偶两结点温度相等，即 $T=T_0$ 回路总热电势仍为 0.

(3) 热电偶 AB 的热电势只与结点温度有关，与材料 A、B 中间各处温度无关.

3. 热电偶基本定律—中间导体定律

若把闭合回路 T_0 处断开，接入第三导体 C，如图 2-12-2 所示. 当 A 与 B 结点温度为 T，其余结点温度为 T_0，且 $T>T_0$ 时，则回路中总热电势为

$$E_{ABC}(T,T_0)=E_{AB}(T)+E_{BC}(T_0)+E_{CA}(T_0) \tag{2-12-4}$$

当 $T=T_0$ 时回路中总电势为零，即

$$E_{ABC}(T_0)=E_{AB}(T_0)+E_{BC}(T_0)+E_{CA}(T_0)=0 \tag{2-12-5}$$

所以

$$E_{ABC}(T,T_0)=E_{AB}(T)-E_{AB}(T_0)=E_{AB}(T,T_0) \tag{2-12-6}$$

由此可知，在热电偶回路中接入第三种导体，只要其两端温度相等，就不影响

原热电偶热电势，这就是中间导体定律. 据此定律，可将第三种导体换成测试仪或连接导线，只要保持两接点温度相同，就可以对热电势进行测量.

热电偶测温电路十分简单，只要用电位差计等测出热电偶两端电动势，换算成温度即可，图 2-12-3 中 C 为第三种金属的连接导线，根据中间导体定律，只要保持导线 C 与基准接点两种温度相等（同为 T_0），就不影响测量精度.

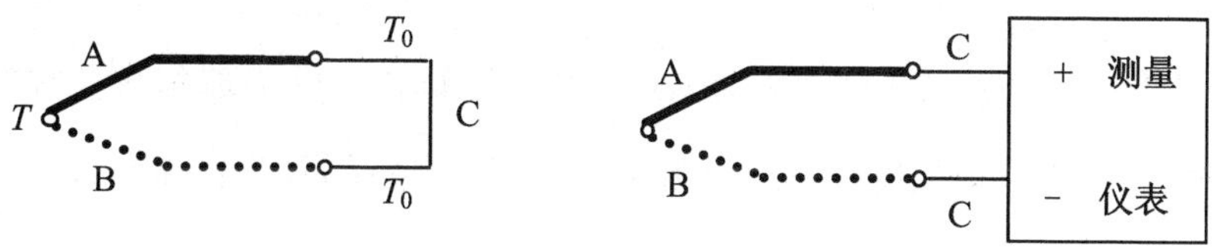

图 2-12-2　第三导体接入图　　**图 2-12-3　热电偶测量原理图**

二、热敏电阻

半导体陶瓷材料制成热敏电阻，称作半导瓷热敏电阻. 半导瓷热敏电阻是以金属氧化物为原料，采用陶瓷工艺制成具有半导体物性的陶瓷电阻器件. 半导瓷热敏电阻主要有 NTC（临界温度系数）热敏电阻、PTC（正温度系数）热敏电阻、CTR（临界温度系数）热敏电阻三类. 这些热敏电阻的共同特点是体积小、响应快灵敏度高、重复性好、工艺性强，适于大批量生产，成本则较低. 被广泛用于室温范围的测温或控温.

半导瓷热敏电阻的基本参数如下：

(1) 零功率电阻值 R_T. 在规定温度下，热敏电阻的功耗引起的电阻值变化小到可以忽略的程度时，测得的电阻值称作零功率电阻值. 热敏电阻通常采用传热工作方式，使其处于零功率状态，热敏电阻功耗最低，其零功率电阻值大小就表示环境温度的高低.

(2) 电阻温度系数 α_T. 半导瓷热敏电阻的温度特性是指在静止空气中测得的热敏电阻的零功率电阻值随温度变化的规律. 在规定温度下，热敏电阻的零功率电阻值的相对变化量$\frac{dR_T}{R_T}$与温度增量 dT 之比定义为电阻温度系数，写成

$$\alpha_T = \frac{dR_T/R_T}{dT} \cdot 100\%(℃^{-1}) = \frac{100}{R_T}\frac{dR_T}{R_T}\%(℃^{-1}) \qquad (2\text{-}12\text{-}7)$$

(3) 热敏电阻的最大功率 P_{max}，是指在 25 ℃静止空气中能长期施加在器件上的最大功率.

(4) 热敏电阻的耗散系数 δ. 热敏电阻功率耗散的变化量 ΔP 与其温度变化量 ΔT 之比称作热敏电阻的耗散系数 δ，表示为

$$\delta = \frac{\Delta P}{\Delta T}\left(\frac{W}{K}\right) \qquad (2\text{-}12\text{-}8)$$

其物理意义是热敏电阻本体温度上升 1 ℃所消耗功率.

(5) 热容 C. 热容是指热敏电阻本体温度每变化 1 ℃所耗散或吸收的热量.

这里着重考虑 NTC 热敏电阻，他具有温度升高而电阻值减小的负温度系数特性. 因此常温下可全部电离，即表现为电导率仅与载流子的迁移率有关. NTC 半导瓷热敏电阻的电导率与温度的关系可近似的表示为

$$\sigma = A \cdot e^{-\frac{\Delta E}{KT}} \tag{2-12-9}$$

式中，A 为与载流子浓度有关的常数；ΔE 为电导激活能，K 为玻尔兹曼常数，T 为环境温度. 若把上式写成电阻率或电阻形式，并令$\dfrac{\Delta E}{K}=B$，B 为材料常数，则有

$$\rho_T = \rho_0 \cdot e^{\frac{B}{T}} \tag{2-12-10}$$

$$R_T = R_0 \cdot e^{\frac{B}{T}} \tag{2-12-11}$$

式中，ρ_T 与 R_T 是温度为 T 时热敏电阻的电阻率和电阻值；ρ_0 与 R_0 是温度为 $T.$ 时热敏电阻的电阻率和电阻值. 对式(2-12-11)取对数得

$$\ln R_T = \ln R_0 + \frac{B}{T} \tag{2-12-12}$$

可见在对数坐标中，$\ln R_T$ 与$\dfrac{1}{T}$成线形关系，B 为斜率，表示为

$$B = \frac{m_R}{m_T} = \frac{\ln R_T - \ln R_{T_2}}{\dfrac{1}{T_1} - \dfrac{1}{T_2}} \tag{2-12-13}$$

式中，R_{T_1} 为温度为 T_1 时的零功率电阻值，R_{T_2} 为温度为 T_2 时的零功率电阻值.

代入式(2-12-7)，可得

$$\alpha_T = \frac{1}{R_T} \cdot \frac{\mathrm{d}R_T}{\mathrm{d}T} = \frac{\mathrm{d}(\ln R_T)}{\mathrm{d}T}$$

$$\alpha_T = d\left(\ln R_0 + \frac{B}{T}\right)/\mathrm{d}T = -\frac{B}{T^2} \tag{2-12-14}$$

显然，温度系数 α_T 并非常数，随温度上升而迅速减小，并且温度系数是负值，式中材料常数 B 称作热敏电阻的特征常数，与材料结构、烧结条件有关.

三、PN 结温度传感器

PN 结构成的二极管和三极管的伏安特性对温度有很大的依赖性，利用这一点制成 PN 结温度传感器(温敏二极管)和晶体管温度传感器，这类传感器灵敏度高，响应快，在科研生产中得到广泛的应用.

二极管的正向电流、电压满足下式

$$I = I_s(e^{qU/mkT} - 1) \tag{2-12-15}$$

在常温条件下，$U>0.1$ V 时，上式可近似为

$$I = I_s e^{qU/mkT} \tag{2-12-16}$$

式中，$q=1.602\times10^{-19}$ C，为电子电量；$k=1.381\times10^{-23}$ J/K，为玻尔兹曼常数；T 为绝对温度；I_s 为反向饱和电流；m 为理想二极管参数，理论值为 1. 因管子特性、使用条件不同，m 值稍有变化，在实验中 $m\approx2$.

由上式可知，当 T 为某一温度时，二极管正向电流、电压满足指数关系；如果温度升高，伏安特性曲线随之移动. 反向饱和电流 I_s 与温度有关.

$$I_s = Ae^{E_g/kT} \tag{2-12-17}$$

代入上式并取定一恒定小电流（通常 $I_0=100\ \mu$A），可以得到 U 和 T 近似满足线性关系

$$U \approx KT + U_{g0} \tag{2-12-18}$$

式中，$K=-2.3$ mV/℃，即每升高 1 ℃，U 减少约 2.3 V，这正是 PN 结温度传感器的测温原理. 由 U_{g0} 可以求出温度为 0 K 时半导体材料的禁带宽度 $E_{g0}=qU_{g0}$，硅材料的 E_{g0} 约为 1.20 eV.

四、实验内容

如前所述，热电偶传感器、热敏电阻、PN 结温度传感器等对于温度的变化都很敏感，我们运用它们各自的特性，设计出不同的温度电压变换电路，使得温度的变化由电压的变化体现出来，通过检测电压去检测温度.

1. 热电偶传感器温度——电压变换测量

对于热电偶传感器，冷端需保持在 0 ℃，但若不是精密测温，我们可以不考虑冷端补偿. 在本实验中我们设计了如图 2-12-4 所示的温度电压变换电路. 它是由一个差动输入的运算放大器、调零电路等组成，图中 R_1 和 R_2 为限流电阻，W 为调零电位器，R_f 为放大倍数调整电位器，热电偶一端接地，一端接放大器的同相端，当热电偶所处环境温度变化时，输出电压则要发生变化.

实验步骤如下：

（1）按照图（2-12-4）接好电路，+V、−V 端分别接 +5 V、−5 V 直流电源.

（2）将热电偶传感器插入热源中，将温度检测与控制实验仪的测量—设定开关置于设定档，调节到预设温度.

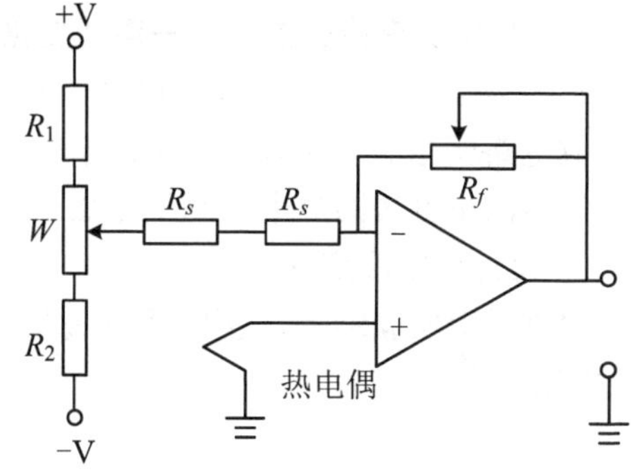

图 2-12-4　热电偶温度电压变换电路图

（3）打开副电源，测出室温下输出

的电压值,若放大器输出的电压值与室温不符,调节调零电位器,使输出达到所需要的电压值.

(4) 将热源与实验仪连接,等温度达到所需温度,开始记录数据.

(5) 重复(2)、(3)、(4)步骤,记录不同温度下的数据.

(6) 根据实验数据作出 V-T 图,计算出热电偶的灵敏系数.

(7) 作出温度-电压转换关系特性曲线,计算出温度-电压变换系数和运算放大器的电压放大倍数.

2. 热敏电阻温度-电压变换测量

热敏电阻温度电压变换电路如图 2-12-5 所示,它是由含热敏元件的桥式输入电路及差分运放电路组成,W 为调零电位器,R_f 为放大器的增益调整电位器. 当热敏元件所在的环境温度发生变化时,引起电阻的变化,接入电桥电路转换为电压的变化,输入到运算放大器,经放大器放大后,输入直流电压表可测量出其值. 这里采用的是负温度系数热敏元件,故应接在与运放电路反相输入端有关的桥臂中.

实验测量方法同热电偶测量方法.

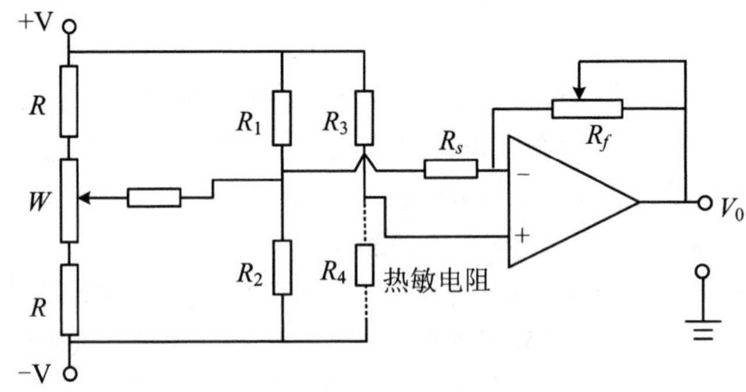

图 2-12-5 热敏电阻温度电压变换电路

3. PN 结温度传感器温度—电压变换测量

PN 结温度电压变换电路如图 2-12-6 所示. 这里采用的是硅晶体管,故应接在与运放电路反相输入端有关的桥臂中.

实验测量方法同热电偶测量方法.

4. 设计数字温度计

根据以上实验结果,选用一种传感器设计一个量程 200 ℃,分辨力不低于 0.2 ℃的数字温度计.

四、思考与讨论

1. 在本实验中，为什么热敏电阻和 PN 结温度传感器需要接在运算放大器的反相端，而热电偶却接在同相端？

2. 如果分别用实验中的三种温度传感器制作数字温度计，各有什么特点，它们各自的测量、控制适用条件是什么？

3. 给定一种未知的温度传感器，如何设计出一个数字温度计，请写出实验方案.

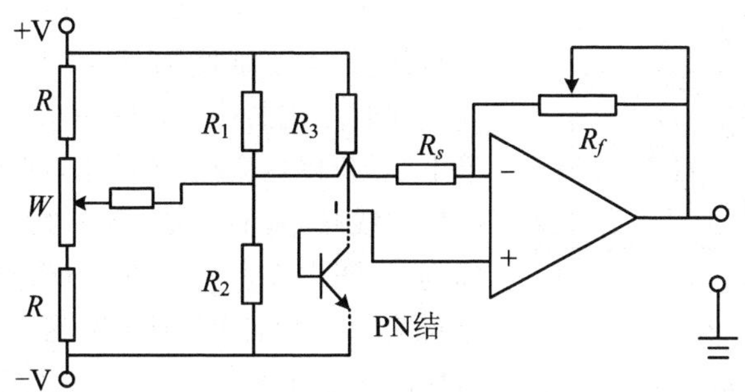

图 2-12-6　PN 结温度电压变换电路

参考文献

[1]　吴兴惠，王彩君. 传感器与信号处理[M]. 北京：电子工业出版社，1998.

[2]　牛德芳. 半导体传感器原理及其应用[M]. 大连：大连理工大学出版社，1993.

2-13　铁磁材料的磁化曲线和磁滞回线

铁、镍、钴等金属及其合金，以及一些含铁的氧化物均属于铁磁质，它们具有两个基本特征：其一是在外磁场作用下能被强烈磁化，磁导率很高；其二是磁滞和剩磁现象，即在外磁场消除后，铁磁质仍保留磁化状态. 磁滞回线和基本磁化曲线是铁磁材料分类和选用的主要依据.

用示波器法来测量磁学量是磁测量的基本方法之一，它具有直观、方便、迅速以及不同的磁化条件下（交变磁化及脉冲磁化等）测量的优点，适用于一般工厂快速检测和对成品进行分类.

本实验的目的，主要就是了解用示波器法显示磁滞回线的基本原理和学会用示波器法测绘磁化曲线和磁滞回线，其次借助磁滞回线测试仪测定样品的基本磁化曲线，作 μ-H 曲线，以及测定样品的 H_c、B_r、B_m 和（$H_m \cdot B_m$）等参数.

一、实验原理

1. 铁磁材料简介

铁磁材料（如铁、镍、钴和其他铁磁材料）除了具有高的磁导率外，另一个重要的特点就是磁滞. 磁滞现象是材料磁化时，材料内部磁感应强度 B 不仅与当时的磁场强度 H 有关，而且与以前的磁化状态有关.

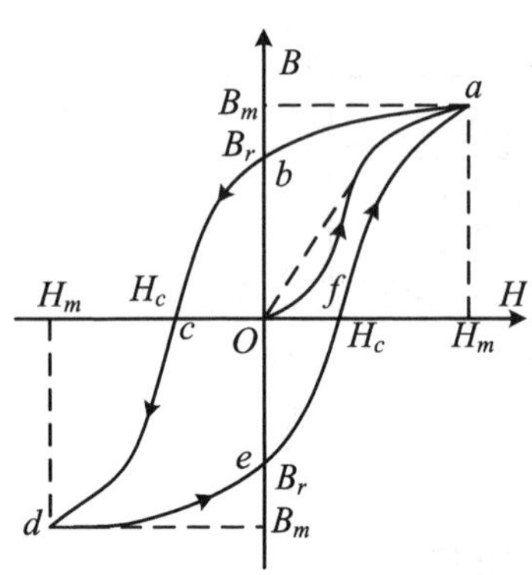

图 2-13-1 铁磁质起始磁化曲线和磁滞回线

图 2-13-1 表示铁磁质在开始时没有磁化，如磁化场 H 逐渐增加，B 将沿 oa 增加，曲线 oa 叫做起始磁化曲线，当 H 增大到某一值时，B 几乎不变. 若将磁化场 H 减小，则 B 并不沿原来的磁化曲线减小，而是沿 ab 曲线下降，即使 H 下降到零（图中 b 点），B 的值仍接近于饱和值，与 b 点对应的 B 值，则为剩余磁感应强度 B_r（剩磁）. 当加反向磁化场 H 时，B 随之减小，当反向磁化场达到某一值（如图中 c 点）时，$B=0$，与 Oc 相当的磁化场强 H_c 称为矫顽磁力. 当反向场继续增加时，铁磁质中产生反向磁感应强度，并很快达到饱和. 逐渐减小反向磁化场，减到零，再加正向磁化场时，则磁感应强度沿 $defa$ 变化，形成一闭合曲线 $abcdefa$，这闭合曲线称为磁滞回线. 所以，当铁磁材料处于交变磁场中时（如变压器中的铁心），将沿磁滞回线反复被磁化→去磁→反向磁化→反向去磁. 在此过程中要消耗额外的能量，并以热的形式从铁磁材料中释放，这种损耗称为磁滞损耗，可以证明，磁滞损耗与磁滞回线所围的面积成正比.

应该说明，当初始态为 $H=B=0$ 的铁磁材料，在交变磁场强度由弱到强依次进行磁化，可以得到面积由小到大向外扩张的一簇磁滞回线，这些磁滞回线顶点的连线称为铁磁材料的基本磁化曲线，由此可近似确定其磁导率 $\mu=\dfrac{B}{H}$，因 B 与 H 非线性，故铁磁材料的 μ 不是常数而是随 H 而变化，如图 2-13-2 所示. 铁磁材料的相应磁导率可高达数千乃至数万，这一特点是它用途广泛的主

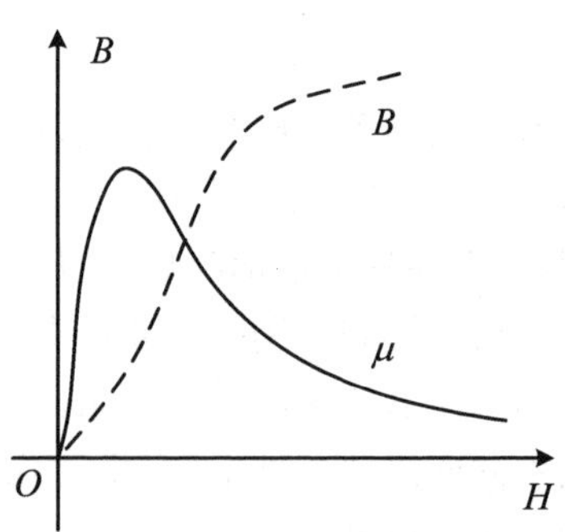

图 2-13-2 铁磁材料 μ 和 H 的关系曲线

要原因之一.

由于有磁滞现象,有若干个 B 值与同一个 H 值对应,即 B 是 H 的多值函数,它不仅与 H 有关,而且与这铁磁质磁化历史有关. 例如,与 $H=0$ 相应的 B 有三个值:① $B=0$ 的 O 点,这与原来没有磁化相对应;② $B=B_r$,这是在铁磁质已磁化之后发生的;③ $B=-B_r$,这是在反向磁化后发生的.

必须指出,当铁磁材料从未被磁化开始,在最初几个反复磁化的循环内,每一个循环 H 和 B 不一定沿相同的路径进行(曲线并非闭合曲线). 只有经过十几次反复磁化(称为"磁锻炼")以后,才能获得一个基本稳定的磁滞回线. 它代表该材料的磁滞性质. 所以样品只有"磁锻炼"后. 才能进行测绘.

不同铁磁材料,其磁滞回线有"胖"、"瘦"之分. 通常根据磁滞回线的形状将磁铁分为软磁材料、硬磁材料和矩形材料等几种,如图 2-13-3 所示.

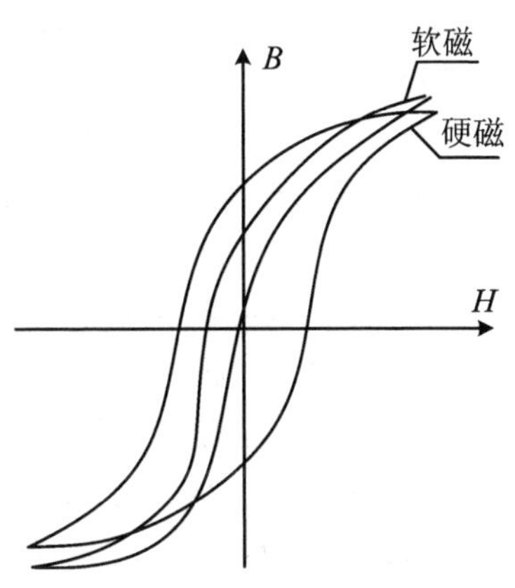

图 2-13-3　不同铁磁材料的磁滞回线

软磁材料的磁滞回线窄而长,剩余磁感应强度 B_r 和矫顽磁力 H_c 都很小,其基本特征是磁导率高,易于磁化及退磁. 软铁、硅钢及玻莫合金属于这一类,它们常用来制造变压器及电机的转子. 当铁磁质反复被磁化时,介质要发热. 实验表明,反复磁化所发生的热与磁滞回线包围的面积成正比,变压器选用软磁材料就是考虑了这一点.

硬磁材料的磁滞回线较宽,B_r 和 H_c 都较大,因此,其剩余磁感应强度 B_r 可保持较长时间. 含有铬、钴或镍等元素的合金属于硬磁材料. 它常用于制造永久磁铁. 矩磁材料的磁滞回线接近矩形,其特点是剩余磁感应强度 B_r 接近饱和时的 B_m,矫顽磁力小. 若使矩形材料在不同方向的磁场下磁化,当磁化电流为零时,它仍能保持 $+B_r(\approx B_m)$ 和 $-B_r(\approx -B_m)$ 两种不同的剩磁,矩磁材料常用作记忆元件,如电子计算机中贮存器的磁芯.

软磁材料和硬磁材料的根本区别在于矫顽力 H_c 的差别. 对于高磁导率的软磁材料,H_c 很小,只有 1～10 A/m(10^{-2}～10^{-1} 奥);对高矫顽磁力硬磁材料 H_c 在 10^5 A/m(1 000 奥)以上;矩磁材料的矫顽磁力 H_c 一般在 10^2 A/m(1 奥)以下. 可见,铁磁材料的磁化曲线和磁滞回线是该材料的重要特性,也是设计电磁机构和仪表的重要依据之一.

由于铁磁材料磁化过程的不可逆性及具有剩磁的特点,在测定磁化曲线和磁滞回线时,首先必须对铁磁材料预先进行退磁,以保证外加磁场 $H=0$ 时,$B=0$;其次，磁化电流在实验过程中只允许单调增加或减小，不可时增时减.

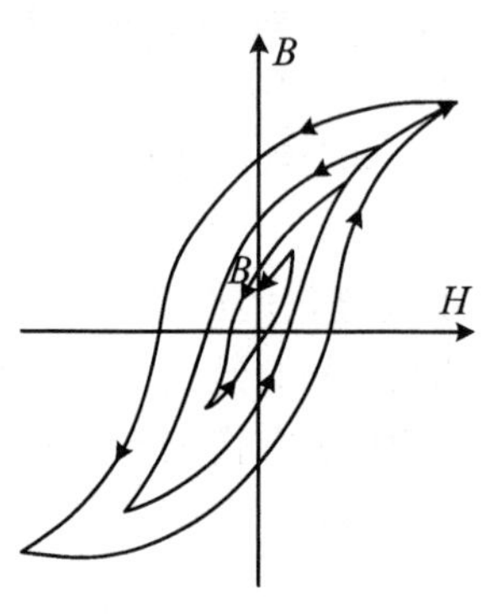

图 2-13-4 退磁示意图

退磁方法，从理论上分析，要消除剩磁 B_r，只要通一反向电流，使外加磁场正好等于铁磁材料的矫顽磁力就行了，实际上，矫顽磁力的大小通常并不知道，因此无法确定退磁电流的大小. 我们从磁滞回线得到启示，如果使铁磁材料磁化达到磁饱和. 然后不断改变磁化电流的方向，与此同时逐渐减小磁化电流，以至于零. 那么该材料磁化过程是一连串逐渐缩小而最终趋向原点的环状曲线，如图 2-13-4 所示，当 H 减小到零时，B 亦同时降到零，达到完全退磁.

总结以上情况，在进行测量时，一般先要退磁，再进行"磁锻炼"，然后进行正式测量.

2. 示波器显示磁滞回线的原理

示波器法广泛用于交变磁场下观察、拍摄和定量测绘铁磁材料的磁滞回线. 但是怎样才能使在示波器的荧光屏上显示出磁滞回线(即 B-H 曲线)呢? 显然，我们希望在示波器的 X 偏转板上输入正比于样品励磁场活动电压，在 Y 偏转板上输入正比于样品磁感应强度的电压，结果在屏上得到样品的 B-H 回线.

用待测铁磁材料制成的圆环，再在外面紧密绕上原线圈(励磁线圈)N_1 和副线圈(测量线圈)N_2，如图 2-13-5 所示.

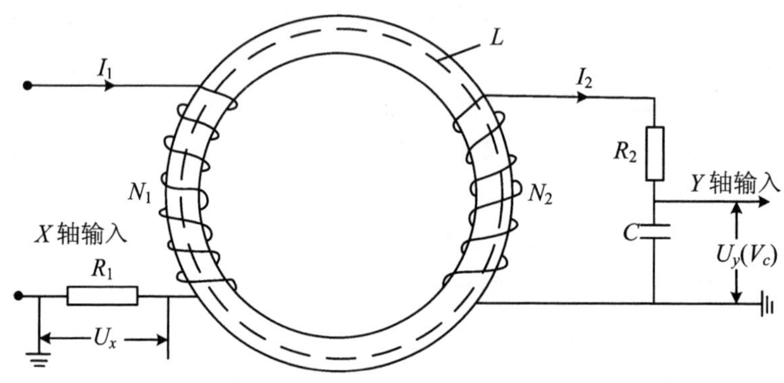

图 2-13-5 实验装置简易图

当原线圈 N_1 中通过磁化电流 I_1 时，此电流在圆环内产生磁场. 根据安培环路定律 $HL=N_1I_1$，磁场强度的大小为

$$H=\frac{N_1I_1}{L} \tag{2-13-1}$$

式中，N_1 为原线圈的匝数，L 为圆环的平均周长.

如果将电阻 R_1 上的电压降 $V_X = I_1 R_1$（注意：I_1 和 V_X 是交变的），取出来加在示波器 X 偏转板上，则电子束在水平方向的偏移跟磁化电流 I_1 成正比，按照式(2-13-1)有 $I_1 = \frac{L}{N_1} H$，所以

$$V_x = \frac{LR_1}{N_1} H \tag{2-13-2}$$

它表明，在交变磁场下，在任一瞬时 t，如果将电压 V_X 接到示波器 X 轴输入端，则电子束在水平偏转正比于励磁场强度 H.

为了获得跟样品中磁感应强度瞬时值 B 成正比的电压 V_y，采用电阻 R_2 和电容 C 组成的积分电路，并将电容 C 两端的电压 V_C 接到示波器 Y 轴输入端. 因交变的磁场 H 在样品中产生交变的磁感应强度 B，结果在副线圈 N_2 内产生感应电动势，其大小为

$$\varepsilon_2 = \frac{\mathrm{d}\Phi}{\mathrm{d}t} = N_2 S \frac{\mathrm{d}B}{\mathrm{d}t} \tag{2-13-3}$$

式中，N_2 为副线圈匝数，S 为待测铁磁质圆环的截面积.

忽略自感电动势后，对于副线圈回路有

$$\varepsilon_2 = V_c + I_2 R_2 \tag{2-13-4}$$

为了如实地绘出磁滞回线，要求：

(1) 积分电路的时间常数 $R_2 C$ 应比 $1/(2\pi f)$（其中 f 为交流电频率）大 100 倍以上，即要求 R_2 比 $1/(2\pi f C)$（电容 C 的阻抗）大 100 倍以上，这样，V_c 与 $I_2 R_2$ 相比可忽略（由此带来的误差小于 1%），于是式(2-13-4)简化为

$$\varepsilon_2 \approx I_2 R_2 \tag{2-13-5}$$

但 R_2 比 $1/(2\pi f C)$ 不能过大，过大了使 V_c 值变小. 显示也就困难了.

(2) 在满足上述条件下，V_c 的振幅很小，如将它直接加在 Y 偏转板上，则不能绘出大小适合需要的磁滞回线，为此，需将 V_c 经过 Y 轴放大器增幅后输至 Y 偏转板. 这就要求在实验磁场的频率范围内，示波器的放大器放大系数必须稳定，不然会带来放大的相位畸变和频率畸变. 而出现磁滞回线“打结”现象，则无法进行定量测量，此时适当调节 R_2 阻值有可能得到最佳磁滞回线图形.

利用式(2-13-5)的结果，电容 C 两端的电压表示为

$$V_c = \frac{Q}{C} = \frac{1}{C}\int I_2 \mathrm{d}t = \frac{1}{CR_2}\int \varepsilon_2 \mathrm{d}t \tag{2-13-6}$$

这表明输出电压是感应电动势 ε_2 对时间的积分，这也是“积分电路”名称的由来，将式(2-13-3)代入上式，得到

$$V_c = \frac{N_2 S}{CR_2}\int \frac{\mathrm{d}B}{\mathrm{d}t}\mathrm{d}t = \frac{N_2 S}{CR_2}\int_0^B \mathrm{d}B = \frac{N_2 S}{CR_2} B \tag{2-13-7}$$

式(2-13-7)表明，接在示波器 Y 轴输入端的电容 C 上的电压 V_c（即 V_y）值正比于

B.这样,在磁化电流变化的一个周期内,电子束的径迹描出一条完整的磁滞回线,以后每个周期重复此过程.

我们可逐渐调节输入交流电压,使磁滞回线由小到大扩展方法,把逐次在坐标纸上记录的磁滞回线顶点的位置连成一条曲线.这条曲线就是样品的基本磁化曲线.

3. 测量磁滞回线上任一点的 B、H 值

在保持测绘 B-H 曲线时示波器的水平增益和垂直增益不改变的前提下,把磁性材料测定仪上的标准正弦波形电压源先后加到示波器的 X、Y 轴输入端,用面板上的高内阻毫伏表测量电压的有效值 V_{xe}、V_{ye},电压的振幅为 $V_{x\max}=\sqrt{2}V_{xe}$,$V_{y\max}=\sqrt{2}V_{ye}$.再用透明小米尺分别测量出屏上水平线段和垂直线段的长度,设为 n_x 和 n_y(厘米),于是得到此时示波器 X 轴和 Y 轴输入的偏转因数 D_x 和 D_y(即电子束偏转 1 cm 所需外加的电压)为

$$D_x=\frac{V_{x\max}}{\frac{n_x}{2}}=\frac{2V_{x\max}}{n_x}=\frac{2\sqrt{2}V_{xe}}{n_x}$$

$$D_y=\frac{V_{y\max}}{\frac{n_y}{2}}=\frac{2V_{y\max}}{n_y}=\frac{2\sqrt{2}V_{ye}}{n_y}$$

为了得到磁滞回线上所求点的 B、H 值,需测出该点在屏上坐标 x、y(厘米),从而计算出加在示波器偏转板上电压.

$$V_x=D_xX \quad 和 \quad V_y=D_yY$$

然后再按式(2-13-2)和式(2-13-7)计算.

$$H=\frac{N_1D_x}{LR_1}X \tag{2-13-8}$$

$$B=\frac{R_2CD_y}{N_2S}Y \tag{2-13-9}$$

式中各量单位:R_1、R_2 为 Ω;L 为 m;S 为 m^2;C 为 F;D_x、D_y 为 V/cm;X、Y 为 cm;则 H 为 A/m;B 为 T.

综上所述,将图 2-13-6 中的 U_1 和 U_2 分别加到示波器的"X 输入"和"Y 输入"便可观察样品的 B-H 曲线;如将 U_1 和 U_2 加到测试仪的信号输入端便可测定样品的饱和磁感应强度 B_m、剩磁 B_r、矫顽磁力 H_c 和磁滞损耗($H_m\cdot B_m$)以及磁导率 μ 等参数.

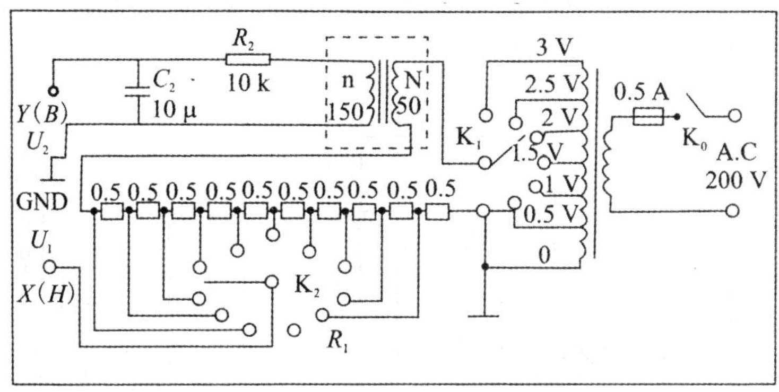

图 2-13-6　实验线路

二、实验仪器

(1) H/KH-MHC 型智能磁滞回线实验仪一台.
(2) 示波器一台.
(3) 透明米尺一根.

三、实验内容

(1) 测绘样品铁磁材料的基本磁化曲线,作 μ-H 曲线.
(2) 测绘样品铁磁材料的磁滞回线.
(3) 测定样品的 H_c、B_r、B_m 和($H_m \cdot B_m$)等参数.

四、实验步骤

1. 调整仪器

(1) 连接线路. 选定样品,并按实验仪上所给的电路连接,如图 2-13-7 所示,令 $R_1=2.5\ \Omega$,"U 选择"置于 0 位. U_1 和 U_2 接于示波器"X 输入"和"Y 输入",插孔⊥为公共端.

(2) 样品退磁. 开启实验仪电源和示波器电源,先对试样进行退磁. 调节示波器,使电子束光点呈现在荧光屏坐标的中心. 顺时针方向转动"U 选择"旋扭,令 U 从 0 增至 3 V,屏上将出现磁滞回线的图像(磁滞回线在二、四象限时,可将 X 或 Y 轴输入端的两根导线互换位置),调节示波器垂直增益,使图形大小适当. 待磁滞回线接近饱和后,逆时针方向转动旋扭,将 U 从最大值降至为 0,其目的是消除剩磁,确保样品处于磁中性状态,即 $B=H=0$,如图 2-13-4 所示.

2. 测绘基本磁化曲线

从零开始,逐渐升高输出电压(分 2、4、6、8、10、12、14 V 共 8 档进行),使磁滞回线由小变大，分别读记每条磁滞回线顶点的坐标，描在坐标纸上，并将所描各点连成曲线，就可得出基本磁化曲线.

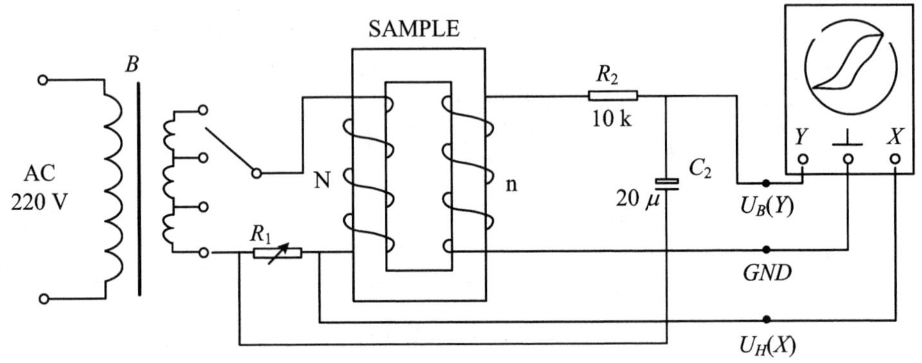

图 2-13-7 实验连线示意图

3. 测绘磁滞回线

(1) 调节输出电压到某值，然后调节示波器垂直增益和水平增益，使磁滞回线大小适当.

(2) 在方格坐标纸上按 1∶1(或 1∶2)的比例描绘屏上显示的磁滞回线，记下有代表性的某些点，如图 2-13-1 中的 a、b、c、e、f 点的坐标 X_i、Y_i.

(3) 测出 L、S 值，记下 R_1、R_2、C、N_1、N_2 值.

(4) 测定示波器的偏转因数 D_x、D_y，按式(2-13-8)和式(2-13-9)算出跟 X_i、Y_i 点对应的 H_i、B_i 值，标在坐标纸上并描绘出磁滞回线，并估算曲线所围面积.

4. 比较样品的磁化性能

观察比较样品 1 和 2 的磁化性能.

5. 测绘 μ-H 曲线

接通实验仪和测试仪之间的连线，开启电源，按步骤 1 退磁后，依次测定 $U=0.5, 1.0, \cdots, 3.0$ V 时的十组 H_m 和 B_m 值，作 μ-H 曲线.

6. 测定样品的相关参数

$U=3.0$ V，$R=2.5\ \Omega$ 测定样品 1 的 H_c、B_r、B_m 和($H_m \cdot B_m$)等参数.

五、实验记录

相关实验数据记录于表 2-13-1 及表 2-13-2.

表 2-13-1　基本磁化曲线与 μ-H 曲线

U(V)	H($\times 10^4$ A/m)	B($\times 10^2$ T)	$\mu = B/H$(H/m)
0.5			
1.0			
1.2			
1.5			
1.8			
2.0			
2.2			
2.5			
2.8			
3.0			

表 2-13-2　B-H 曲线

NO	H($\times 10^4$ A/m)	B($\times 10^2$ T)	NO	H($\times 10^4$ A/m)	B($\times 10^2$ T)	NO	H($\times 10^4$ A/m)	B($\times 10^2$ T)

$H_c =$　　$B_r =$　　$B_m =$　　$(H_m \cdot B_m) =$

六、预习思考题

1. 什么叫铁磁材料的磁滞现象？
2. 什么叫铁磁材料的起始磁化曲线？
3. 为什么测量时必须先进行退磁？
4. 为什么对铁磁样品要进行“磁锻炼”？如何进行？

七、思考与讨论

1. 调节输出电压时，为什么电压必须从零逐渐增大到某一值？

2. 在标定磁滞回线各点的 H_i 和 B_i 值时，为什么示波器的垂直增益和水平增益旋钮不可再动？

3. 为什么磁化电流要单调减小而不能时增时减？

4. 为什么有时磁滞回线出现“打结”现象？如何使它不打结？

参 考 文 献

[1] 肖苏. 实验物理教程[M]. 合肥：中国科学技术大学出版社，2000.

[2] 赵凯华，陈熙谋. 电磁学[M]. 北京：高等教育出版社，1985.

2-14 *RLC* 串联电路的暂态过程

本实验的目的，旨在研究 *RC* 和 *RL* 电路暂态过程，加深对电容、电感特性的理解；观察 *RLC* 串联电路暂态过程，加深对阻尼振动规律的理解.

一、实验原理

RC，*RL*，*RLC* 电路在接通或断开直流电源的短暂时间内，电路由一个平衡态转变到另一个平衡态，这个转变过程称为暂态过程. 本实验分析、观察暂态过程中电压与电流的变化规律.

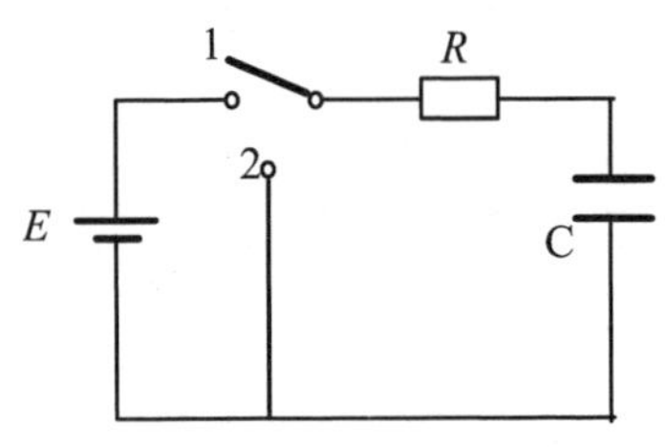

图 2-14-1 *RC* 电路的暂态过程

1. 信号源为直流电源时的暂态过程

(1) *RC* 电路的暂态过程. 电路如图 2-14-1 所示. 当开关 *K* 合向 1 时，直流电源 *E* 通过 *R* 对电容 *C* 充电；在电容 *C* 充电后，把开关 K 从“1”合向“2”，电容 *C* 将通过 *R* 放电，电路方程为

$$u_c + iR = E$$

将 $i=C\dfrac{du_C}{dt}$ 代入上式，充电过程方程可写为

$$\frac{du_C}{dt} + \frac{1}{RC}u_C = \frac{E}{RC},\quad t = 0 \text{ 时}, u_c = 0 \tag{2-14-1}$$

放电过程方程可写为

$$\frac{du_c}{dt} + \frac{1}{RC}u_c = 0,\quad t = 0 \text{ 时}, u_c = E \tag{2-14-2}$$

充电过程方程的解分别为

$$\begin{cases} u_c = E(1 - e^{-\frac{t}{RC}}), \\ i = \dfrac{E}{R} e^{-\frac{t}{RC}} \text{ 或 } u_R = E e^{-\frac{t}{RC}} \end{cases} \tag{2-14-3}$$

放电过程方程的解为

$$\begin{cases} u_c = E e^{-\frac{t}{RC}}, \\ i = -\dfrac{E}{R} e^{-\frac{t}{RC}} \text{ 或 } u_R = -E e^{-\frac{t}{RC}} \end{cases} \tag{2-14-4}$$

可见，在充电过程中，u_c 和 i 均按指数规律变化，只不过充电时 u_c 逐渐加大，而放电时则逐渐减小. 式(2-14-4)中电流的负号表示放电过程的电流方向与充电过程相反.

令 $\tau=RC$，称为电路的时间常数，它反映了指数函数变化的快慢. 图 2-14-2 中的(a)、(b)分别是充电和放电过程的 u_c-t 和 i-t 的曲线图形，并画出了不同的 τ 所对应的曲线.

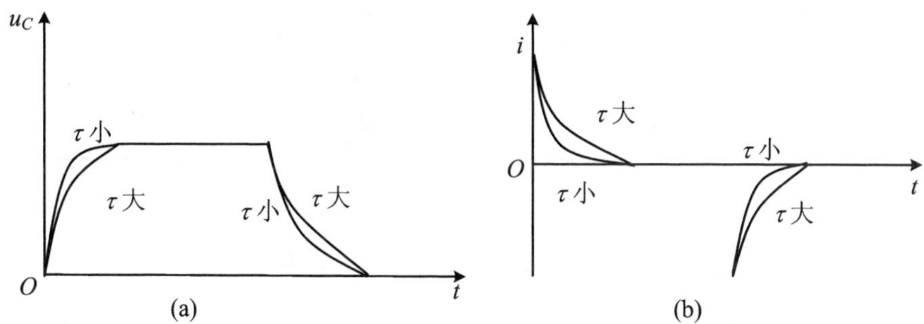

图 2-14-2　充、放电过程的 u_C-t 和 i-t 的曲线图形

(2) RL 电路的暂态过程. 其电路如图 2-14-3所示.

当开关合向“1”时，电路中有电流 I 流过，但由于通过电感的电流不能突变，电流 I 的增长有一相应的过程. 同理，当开关 K 从“1”倒向“2”时，I 也不会骤然降至零，而只会逐渐消失. 电流增长过程方程为

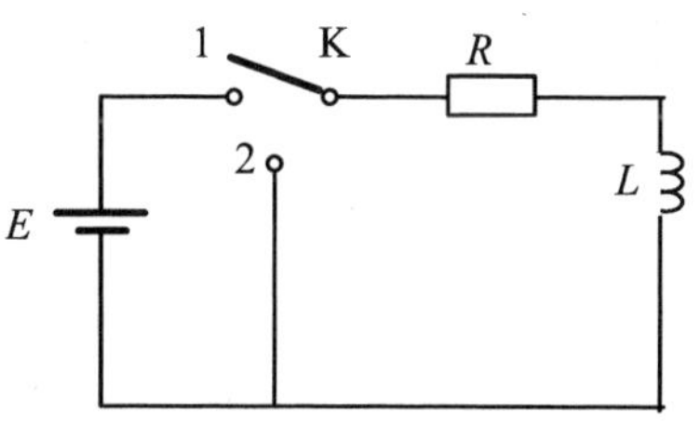

图 2-14-3　RC 电路的暂态过程

$$L\frac{\mathrm{d}i}{\mathrm{d}t} + iR = E, \quad t = 0 \text{ 时}, i = 0 \tag{2-14-5}$$

电流消失过程电路方程为

$$L\frac{\mathrm{d}i}{\mathrm{d}t} + iR = 0, \quad t = 0 \text{ 时}, i = \frac{E}{R} \tag{2-14-6}$$

电流增长过程方程的解为

$$\begin{cases} u_L = E\mathrm{e}^{-Rt/L} \\ i = \dfrac{E}{R}(1 - \mathrm{e}^{-Rt/L}) \text{ 或 } u_R = E(1 - \mathrm{e}^{-Rt/L}) \end{cases} \tag{2-14-7}$$

电流消失过程方程的解为

$$\begin{cases} u_L = -E\mathrm{e}^{-Rt/L} \\ i = \dfrac{E}{R}\mathrm{e}^{-Rt/L} \text{ 或 } u_R = E\mathrm{e}^{-Rt/L} \end{cases} \tag{2-14-8}$$

可见,不论是电流增长还是消失过程,u_R 和 u_L 都是按指数规律变化,电路的时间常数是 $\tau=L/R$,图 2-14-4 中的(a)、(b)分别画出电流增长和消失过程的 u_L-t 和 i-t 曲线图形,并画出了对应于不同 τ 的曲线.

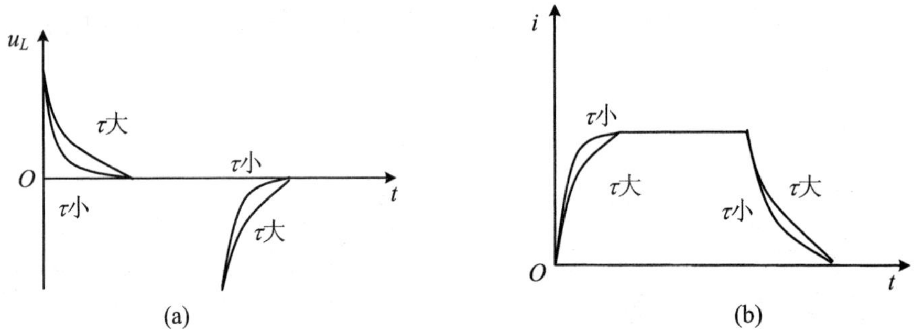

图 2-14-4 充、放电过程的 u_L-t 和 i-t 的曲线图形

(3) RLC 串联电路的暂态过程. 电路如图 2-14-5 所示,先观察放电过程,即开关 K 先合向"1"使电容充电至 E,然后把 K 倒向"2",电容就在闭合的 RLC 电路中放电,电路方程为

$$L\frac{\mathrm{d}i}{\mathrm{d}t} + Ri + u_C = 0$$

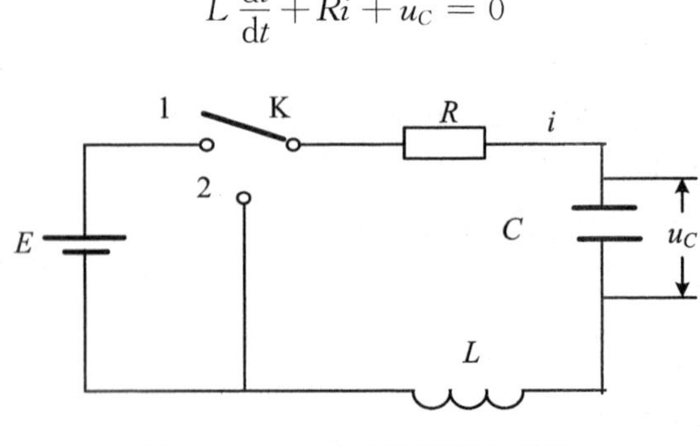

图 2-14-5 RLC 电路的暂态过程

又将 $i=C\frac{\mathrm{d}u_c}{\mathrm{d}t}$代入得

$$LC\frac{\mathrm{d}^2u_C}{\mathrm{d}t^2}+RC\frac{\mathrm{d}u_C}{\mathrm{d}t}+u_C=0 \tag{2-14-9}$$

根据初始条件 $t=0, u_C=E, \frac{\mathrm{d}u_C}{\mathrm{d}t}=0$ 解方程，方程的解分为三种情况.

① $R^2<4L/C$ 属于阻尼较小的情况，其解为

$$u_C=\sqrt{\frac{4L}{4L-R^2C}}E\mathrm{e}^{-t/\tau}\cos(\omega t+\varphi) \tag{2-14-10}$$

其中时间常数

$$\tau=2L/R \tag{2-14-11}$$

衰减振动的圆频率

$$\omega=\frac{1}{\sqrt{LC}}\sqrt{1-\frac{R^2C}{4L}} \tag{2-14-12}$$

u_C 随时间变化的规律如图 2-14-6 中曲线Ⅰ所示，即阻尼振动状态，此时振动的振幅呈指数衰减，τ 的大小决定了振幅衰减的快慢，τ 越小，振幅衰减越迅速.

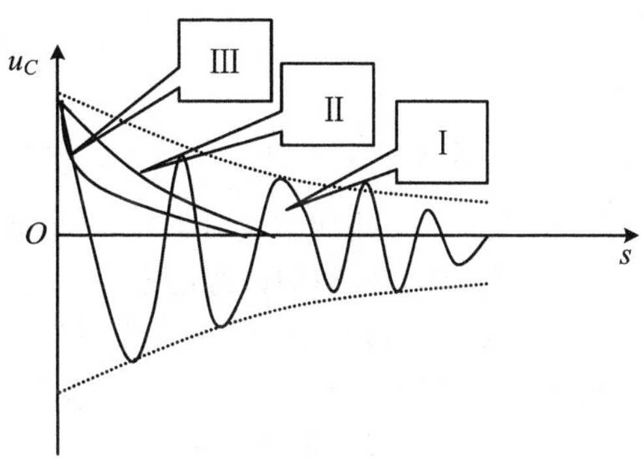

图 2-14-6　u_C 随时间变化曲线

如果 $R^2\ll 4L/C$，通常是 R 很小的情况，振幅的衰减很缓慢，从式(2-14-12)可知

$$\omega\approx 1/\sqrt{LC}=\omega_0 \tag{2-14-13}$$

此时近似为 LC 电路的自由振动. ω_0 为 $R=0$ 时 LC 回路的固有频率，衰减振动的周期为

$$T=\frac{2\pi}{\omega}\approx 2\pi\sqrt{LC} \tag{2-14-14}$$

② 对应于过阻尼状态，其解为

$$U_C=\sqrt{\frac{4L}{R^2C-4L}}E\mathrm{e}^{-\alpha T}\operatorname{sh}(\beta T+\varphi) \tag{2-14-15}$$

其中

$$\alpha=\frac{R}{2L},\quad \beta=\frac{1}{\sqrt{LC}}\sqrt{\frac{R^2C}{4L}-1}$$

式(2-14-15)所表示的 u_C-t 的关系曲线如图 2-14-6 中的曲线Ⅱ，它是以缓慢

的方式逐渐回零，可以证明，若 L 和 C 固定，随电阻 R 的增长，u_C 衰减到零的过程更加缓慢.

③ 对应于临界阻尼状态，其解为

$$u_C = E\left(1+\frac{t}{\tau}\right)e^{-t/\tau} \tag{2-14-16}$$

其中 $\tau=2L/R$，它是从过阻尼到阻尼振动的过渡分界，u_C-t 的关系如图 2-14-6 中的曲线Ⅲ.

对于充电过程，即开关 K 先在位置“2”，待电容放电完毕，再把 K 倒向“1”，电源 E 将对电容充电，于是电路方程变为

$$LC\frac{d^2u_C}{dt^2}+RC\frac{du_C}{dt}+u_C=E \tag{2-14-17}$$

初始条件为 $t=0$ 时，$u_C=0$，$du_C/dt=0$. 方程解为

$$R^2<\frac{4L}{C},\quad u_C=E\left[1-\sqrt{\frac{4L}{4L-R^2C}}e^{-\frac{t}{\tau}}\cos(\omega t+\varphi)\right] \tag{2-14-18}$$

$$R^2>\frac{4L}{C},\quad u_C=E\left[1-\sqrt{\frac{4L}{R^2C-4L}}e^{-\alpha t}\operatorname{sh}(\beta t+\varphi)\right] \tag{2-14-19}$$

$$R^2=\frac{4L}{C},\quad u_C=E\left[1-\left(1+\frac{t}{\tau}\right)e^{-t/\tau}\right] \tag{2-14-20}$$

可见，充电过程和放电过程十分类似，只是最后趋向的平衡位置不同.

2. 信号源为方波时的暂态过程

本实验是用示波器观察上述暂态过程，从示波器的原理可知，要使屏幕上出现稳定的图形，须满足两个条件. 第一，整个暂态过程所用的时间要比较短，例如(1/1 000) s. 这是因为屏幕的光点保留的时间是短暂的，如果暂态过程很长，那么显示后面的过程时前面的图形已经消失，不能观察到图形的全貌. 第二，同样的图形必须重复出现，否则既使图形齐全，但显示一瞬即过，来不及仔细观察.

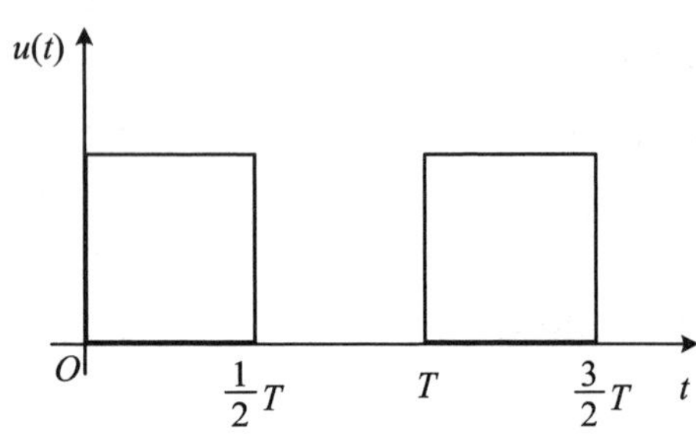

图 2-14-7 方波发生器的波形

为满足图形稳定条件一，L 和 C 的数值要选择得合适. 为了满足条件二，开关 K 不能人工操作，因为人工操作即不能十分迅速，又不能定时重复，办法是用一方波发生器代替直流电源 E. 方波发生器的波形如图 2-14-7 所示. 它在 $0\sim T/2$ 前半周期输出电压为 E，然后迅速回零. 后半周期输出为零，而后不断重复. 这样，前半周期相当于把 K 合向“1”，后半周期相当于 K 合向“2”，方波周期为 T.

把方波发生器接到 RC 电路中，如图 2-14-8 所示. 这时电容及电阻上的电压变化与前述直流电源作用下的结果有所不同. 由于方波输出周期地变化：0，E，0，E，…致使电容不断充电、放电. 经过几个周期后，充放电过程趋于稳定，我们在荧光屏上看到的是达到稳定后的波形，如图 2-14-9 所示.

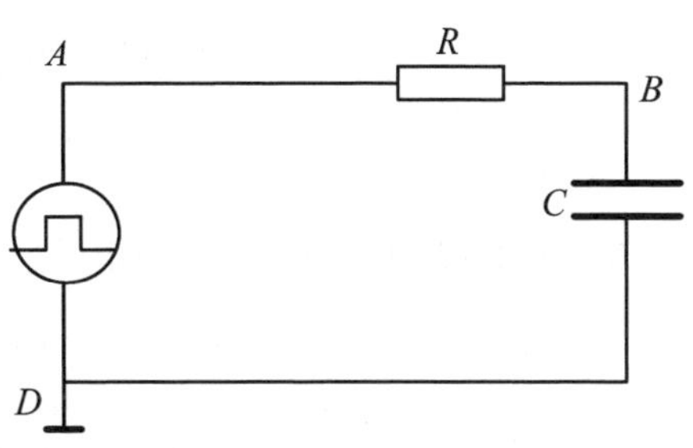

图 2-14-8　方波发生器接到电路中

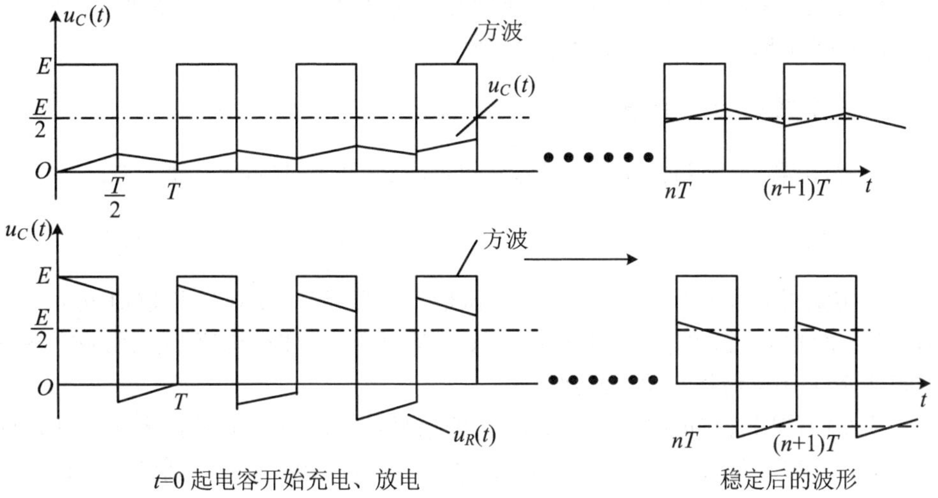

图 2-14-9　示波器观察的波形

电容器充电过程

$$
\begin{cases}
u_C(t) = E\left(1 - \dfrac{e^{-\frac{t}{\tau}}}{1 + e^{-\frac{T}{2\tau}}}\right) \\
u_R(t) = \dfrac{Ee^{-\frac{t}{\tau}}}{1 + e^{-\frac{T}{2\tau}}}
\end{cases}
\tag{2-14-21}
$$

电容器放电过程

$$
\begin{cases}
u_c(t) = \left(\dfrac{E}{1 + e^{-T/2\tau}}\right)e^{-t/\tau}, \\
u_R(t) = -\left(\dfrac{E}{1 + e^{-T/2\tau}}\right)e^{-t/\tau}.
\end{cases}
\tag{2-14-22}
$$

电容器放电过程充、放电过程达到稳定后，u_C 和 u_R 波形的极值如下.

电容充电过程结束 $t=\left(n+\dfrac{1}{2}\right)T$ 时，

$$\begin{cases} u_c\left[\left(n+\dfrac{1}{2}\right)T\right]=\dfrac{E}{1+\mathrm{e}^{-T/2\tau}} \\ u_R\left[\left(n+\dfrac{1}{2}\right)T\right]=\dfrac{E\mathrm{e}^{-T/2\tau}}{1+\mathrm{e}^{-T/2\tau}} \end{cases} \tag{2-14-23}$$

电容放电过程结束 $t=(n+1)T$ 时，

$$\begin{cases} u_C[(n+1)T]=\dfrac{E\mathrm{e}^{-T/2\tau}}{1+\mathrm{e}^{-T/2\tau}} \\ u_R[(n+1)T]=-\dfrac{E\mathrm{e}^{-T/2\tau}}{1+\mathrm{e}^{-T/2\tau}} \end{cases} \tag{2-14-24}$$

由上式可见，方波作用下的波形极值与直流电源作用下的结果有明显不同，对于 RL 电路和 RLC 电路，请结合实验现象自己分析.

二、实验仪器与用具

电感，电容，电阻箱，方波发生器，双踪示波器，开关，自备坐标纸一张.

三、实验内容

本实验用信号源为 YB1631 型功率函数发生器. 当需要观察 R 取值较小的波形时，可将仪器后部的输出电阻开关由 50 Ω 拨到 0 Ω，这时应特别注意勿使电路中电阻为 0 Ω. 用毕请将开关拨回到 50 Ω.

实验中使用双踪示波器观测波形，待测信号接到示波器 Y 轴输入端，采用“直流输入”. 连接电路时应注意“共地”问题，否则因干扰影响，很难得到稳定图形.

1. 观察方波形

方波频率可取 250 Hz，幅值 E 为 4 V. 将方波低电平调到扫描基线上，观察并记录方波波形.

2. RC 电路暂态过程

(1) 观察 u_C. 电路连接如图 2-14-8 所示，将方波输出及 u_c 分别接到示波器的 $Y1$ 和 $Y2$ 输入端，图中 D 点与示波器地端相连. $C=0.1\ \mu\text{F}$，改变 R 数值，分别取 $\tau=RC>T/2$，$\tau=T/2$，以及 $\tau\ll T/2$ 三种情况进行观察，记录 u_C 的波形的极值，并分析解释 u_C 的变化规律.

(2) i 的观察. 要将方波输出和 u_R 接到示波器的两个输入端，考虑一下电路应如何调整，R 取值同(1)，观察、记录 u_R 波形和极值，分析解释 u_R 的变化规律.

将实验得到的 u_c 和 u_R 极值与用式(2-14-23)和式(2-14-24)计算结果进行比较.

3. RL 电路暂态过程

电感 $L=6$ mH，其线圈电阻约为 20 Ω，参照实验内容 2 自己设计、安排电路，

观察并记录 $\tau<T/2$ 的 $u_L(t)$ 和 u_R 波形，分析观察到的波形与图 2-14-4 的曲线是否有区别. 分析解释波形变化规律.

4. *RLC* 串联电路暂态过程

自己确定电路，观察并记录在 R 取值不同时 u_C 的三种波形.

(1) $L\approx6$ mH(线圈电阻 $R_L=20\ \Omega$)，$C=0.1\ \mu$F，计算三种不同运动状态对应的电阻值范围.

(2) 选择合适的 R 值，使示波器上出现阻尼振荡波形，观察下列现象.

① 改变 R 大小，观察图形变化并分析原因，找出随 R 变化的规律.

② 测量振荡周期 T'. 由示波器上读出在方波一个周期 T 内衰减振荡次数 N，则有 $T'=T/N$，根据给定的 L 和 C 值，用式(2-14-14)计算 T'，比较两个结果，这时 R 应取多少为宜?

③ 观察临界阻尼状态. 增大 R 使 u_C 波形刚刚不出现振荡，即处于临界状态，这时回路的总电阻(包括 R_L 和方波发生器的内阻)就是临界电阻. 与公式 $R^2=4L/C$ 计算的临界电阻相比较.

④ 观察过阻尼状态. 继续增大 R，观察不同 R 值对过阻尼状态的 u_C 波形的影响.

四、思考题

1. 用示波器观察本实验波形时，为什么用“直流输入”比用“交流输入”好?

2. 在 RLC 串联电路中，若信号源是直流电源，电动势为 E，电容两端电压是否会大于 E? 做实验时，电容的耐压值取多大才能保证安全?

参 考 文 献

[1] 赵凯华，钟锡华. 光学[M]. 北京：北京大学出版社，1992.

2-15　测定空气折射率

迈克尔逊干涉仪是一种著名的经典干涉仪，其主要特点是利用分振幅法产生双光束以实现干涉. 在近代物理和近代计量技术中迈克尔逊干涉仪具有一定的地位，例如在光谱线精细结构的研究和用光波标定标准米尺等实验中都有着重要的应用. 人们又将该干涉仪的基本原理推广到许多方面，研制成各种形式的干涉仪. 激光出现后，便有了单色性很好的光源，应用也更加广泛.

本实验的目的，旨在锻炼学生熟练掌握迈克尔逊干涉光路的调节方法，然后能够调出非定域干涉条纹，并测量常温下空气的折射率.

一、实验原理

实验装置如图 2-15-1 所示. 本实验是建立在迈克尔逊干涉光路基础上来做的. 光路原理从略. 下面简单介绍一下非定域干涉.

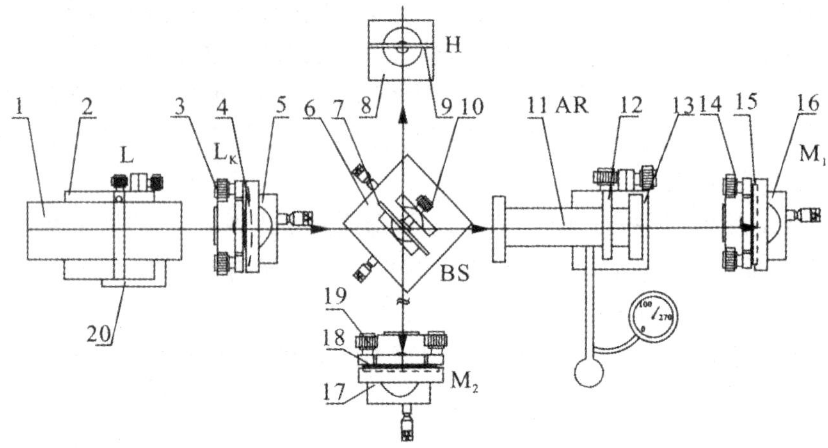

1. He-Ne 激光器 L 2. 通用底座 3. 二维架 4. 扩束器 BE 5. 升降调整座 6. 三维平移底座 7. 分束器 BS 8. 通用底座 9. 白屏 H 10. 干板架 11. 气室 AR 12. 光栅转台 13. 二维平移底座 14. 二维架 15. 平面镜 M_1 16. 二维平移底座 17. 二维平移底座 18. 平面镜 M_2 19. 二维架 20. 二维架

图 2-15-1 实验装置图

激光束经短焦距凸透汇聚后可得点光源 S，它发出球面波照射 M-干涉仪，经 G_1 分束，及 M_1、M_2 反射后射向屏 H 的光可以看成是由虚光源 S_1、S_2'发出的(见图 2-15-2). 其中 S_1 为点光源 S 经 G_1 及 M_1 反射后成的像，S_2'为点光源 S 经 M_2 及 G_1 反射后成的像(等效于点光源 S 经 G_1 及 M_2 反射后成的像). 这两个虚光源 S_1、S_2'发出的球面波，在它们能相遇的空间里处处相干，即各处都能产生干涉条纹. 我们称这种干涉为非定域干涉.

随着 S_1、S_2'与屏 H 的相对位置不同，干涉条纹的形状也不同. 当屏 H 与 S_1、S_2'连线垂直时(此时 M_1、M_2'大体平行)，得到圆条纹，圆心在 S_1S_2'连线和屏 H 的交点 O 处. 当屏 H 与 S_1S_2'连线的垂直平分线垂直时(此时 M_1、M_2'与 H 的距离大体相等，且它们之间有一小夹角)将得到直线条纹. 其他情况下将得到椭圆、双曲线干涉条纹.

下面分析非定域圆条纹的特性(见图 2-15-3).

S_1、S_2'到接收屏上任一点 P 的光程差为 $\Delta L=\overline{S_2'P}-\overline{S_1P}$. 当 $r\ll z$ 时有 $\Delta L=2d\sin\theta$，而 $\cos\theta\approx 1-\theta^2/2$，$\theta\approx r/z$，所以

$$\Delta L = 2d\left(1-\frac{r^2}{2z^2}\right) \tag{2-15-1}$$

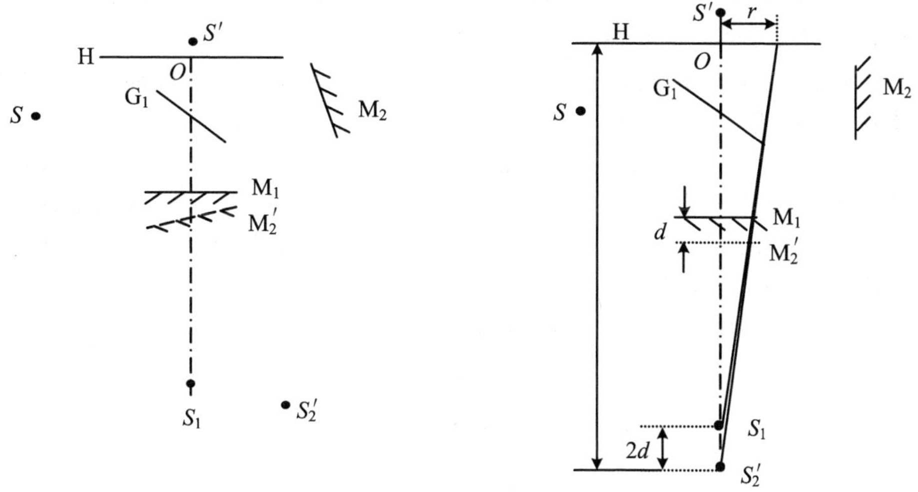

图 2-15-2　非定域干涉光路　　图 2-15-3　非定域圆条纹

(1) 亮纹条件. 当光程差 $\Delta L=k\lambda$ 时，有亮纹. 其轨迹为圆.

$$2d\left(1-\frac{r^2}{2z^2}\right)=k\lambda \tag{2-15-2}$$

若 z、d 不变，则 r 越小，k 越大. 即靠中心的条纹干涉级次高. 靠边缘(r 大)的条纹干涉级次低.

(2) 条纹间距. 令 r_k 及 r_{k+1} 分别为两个相邻干涉环的半径，根据式(2-15-2)有

$$2d\left(1-\frac{r_k^2}{2z^2}\right)=k\lambda \tag{2-15-3.1}$$

$$2d\left(1-\frac{r_{k-1}^2}{2z^2}\right)=(k-1)\lambda \tag{2-15-3.2}$$

两式相减，得干涉条纹间距 Δr.

$$\Delta r = r_{k-1}-r_k \approx \frac{\lambda z^2}{2r_k d} \tag{2-15-4}$$

由此可见，条纹间距 Δr 的大小由 4 种因素决定：① 越靠近中心的干涉圆环(半径 r_k 越小)，Δr 越大. 即干涉条纹中间稀边缘密. ② d 越小，Δr 越大. 即 M_1 与 M_2'的距离越小条纹越稀，距离越大条纹越密. ③ z 越大，Δr 越大. 即点光源 S、接收屏 E 及 M_1(M_2)镜离分束板 G_1越远，则条纹越稀. ④ 波长越长，Δr 越大.

(3) 条纹的“吞吐”. 缓慢移动 M_1 镜,改变 d,可看见干涉条纹“吞”、“吐”的现象. 这是因为对于某一特定级次为 k_1 的干涉条纹(干涉环半径为 r_{k1})有

$$2d\left(1-\frac{r_{k1}^2}{2z^2}\right)=k_1\lambda$$

跟踪比较,移动 M_1 镜,当 d 增大时,r_{k1} 也增大,看见条纹“吐”的现象. 当 d 减小时,r_{k1} 也减小,看见条纹“吞”的现象.

对圆心处,有 $r=0$,式(2-15-2)变成 $2d=k\lambda$. 若 M_1 镜移动了距离 Δd,所引起干涉条纹“吞”或“吐”的数目 $N\equiv\Delta k$,则有

$$2\Delta d = N\lambda \tag{2-15-5}$$

所以,若已知波长 λ,就可以从条纹的“吞”“吐”数目 N,求得 M_1 镜的移动距离 Δd,这就是干涉测长的基本原理. 反之,若已知 M_1 镜的移动距离 Δd 和条纹的“吞”“吐”数目 N,由上式可求得波长 λ.

如图 2-15-4 所示,在 M-干涉光路的一个臂中插入一个气室 AR. 并调出非定域条纹干涉.

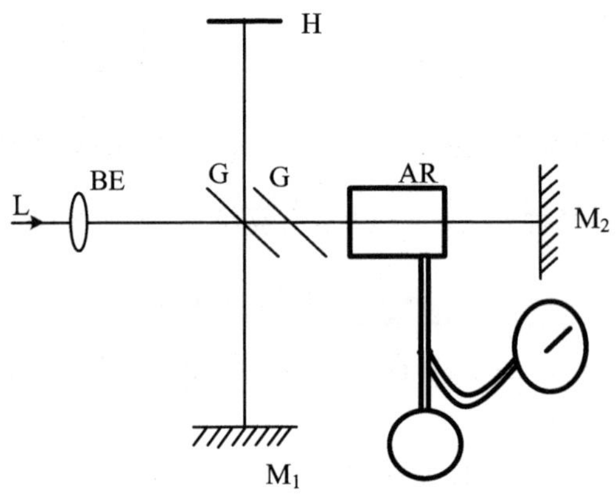

图 2-15-4 测空气折射率的简易光路

改变气室的气压变化 Δp ,从而使气体折射率改变 Δn,(因而光经气室的光程发生变化 $2D\Delta n$),引起干涉条纹“吞”或“吐”N 条. 则有 $2D|\Delta n|=N\lambda$,于是得

$$|\Delta n|=\frac{N\lambda}{2D} \tag{2-15-6}$$

式中,D 为气室的厚度.

理论上可以证明,温度一定,气压不太大时,气体折射率的变化量 Δn 与气压变化量 Δp 成正比.

$$\frac{n-1}{p}=\frac{\Delta n}{\Delta p}=C(\text{常数})$$

故

$$n = 1 + \frac{|\Delta n|}{\Delta p} p$$

将式(2-15-6)代入上式,可得

$$n = 1 + \frac{N\lambda}{2D} \cdot \frac{p}{\Delta p} \tag{2-15-7}$$

此式给出了在气压 p 时的空气折射率 n.

二、实验仪器

GSZ-2 型光学平台,He-Ne 激光器 L 及其电源,扩束器 BE,分束器 G_1、G_2,气室 AR,打气囊,气压表,白屏 H,平面镜 M_1,平面镜 M_2.

三、实验内容

本实验的主要内容就是通过迈克尔逊干涉光路,测量在常温下空气的折射率,实验步骤主要包括以下几步:

(1) 将各器件夹好、靠拢,调等高.

(2) 调激光光束平行于台面,如图 2-15-1 所示,组成迈克尔逊干涉光路(暂不用扩束器).

(3) 调节反射镜 M_1 和 M_2 的倾角,直到屏上两组最强的光点重合.

(4) 加入扩束器,经过微调,使屏上出现一系列干涉圆环.

(5) 反复紧握橡胶球向气室充气,至气压表满量程(40 kPa)为止,记为 Δp.

(6) 缓慢松开气阀放气,同时默数干涉环变化数 N,至表针回零.

(7) 计算实验环境的空气折射率

$$n = 1 + \frac{N\lambda}{2D} \cdot \frac{p}{|\Delta p|}$$

四、注意事项

(1) 实验过程中用到的光学元件都比较精密,不要用手接触光学面.

(2) 气室和气压表防止摔坏,以免封闭性减弱.

(3) 气压表打气时,不须超出气压表量程范围.

五、思考与讨论

1. 实验中怎样才能观察到非定域的直条纹和双曲线条纹?

2. 在迈克尔干涉光路中分束板 G_1 应使反射光和透射光的光强比接近 1∶1,这是为什么?

3. 同一气室,在不同温度下,折射率有何变化?

参 考 文 献

[1] 张毓英,邵义全. 光学实验[M]. 北京:电子工业出版社,1989.
[2] 赵凯华,钟锡华. 光学[M]. 北京:北京大学出版社,1982.

2-16 夫琅禾费衍射及光强分布的记录

夫琅禾费(1787～1826),德国物理学家. 他一生对光学和光谱学作出了重要贡献. 1814 年,夫琅禾费用自己改进的分光系统,发现并仔细研究了太阳光谱中若干条暗线(称夫琅禾费线),利用衍射原理测出它们波长,将 576 条暗线编制成表,还在星光中发现了某些暗线. 他用这些谱线测量了各种光学玻璃的折射率,达到前所未有的精度,解决了大块高质量光学玻璃制造的难题. 他首次用几何光学理论设计制造了消色差透镜,还首创了用牛顿环方法检测光学表面加工精度及透镜形状. 他所制造的大型折射望远镜等光学仪器,负有盛名. 他出色的研究工作,推动了精密光学工业发展.

1821 年,夫琅禾费发表了平行光单缝衍射的研究结果(即夫琅禾费衍射),做了光谱分辨率的试验,第一个定量地研究了衍射光栅,制成 260 条平行线组成的光栅,用它测了光的波长. 1823 年他又用金刚石刀刻制了玻璃光栅,给出了光栅方程,至今仍通用.

本实验通过调节各种夫琅禾费衍射光路,并用光电探测元件对光强分布进行记录,来研究夫琅禾费衍射的规律;同时利用计算机接口技术实时地采集实验数据,在计算机上描绘出夫琅禾费衍射的光强分布曲线,并与理论曲线比较,分析多缝夫琅禾费衍射的动态变化过程,确定主极强数目及缺级位置,从而可以直观地显示出干涉因子的特点、衍射因子的作用和缺级现象等多种动态衍射特征.

一、实验原理

光在传播过程中遇到障碍物时,会偏离原来的直线传播方向,并在障碍物后的观察屏幕上呈光强的不均匀分布,这种现象称为光的衍射. 当光源 S 和衍射场 Σ 都在离衍射物无限远时,称为夫琅禾费衍射,它是光学仪器中最常见的衍射.

1. 产生夫琅禾费衍射的各种光路

在实验中,不可能将光源和衍射场放在无限远,实际接收夫琅禾费衍射的装置有以下四种:

(1) 焦面接收装置(以单缝衍射为例,下同). 把点光源 S 放在凸透镜 L_1 的前焦平面上,在凸透镜 L_2 的后焦平面上接收衍射场,如图 2-16-1 所示.

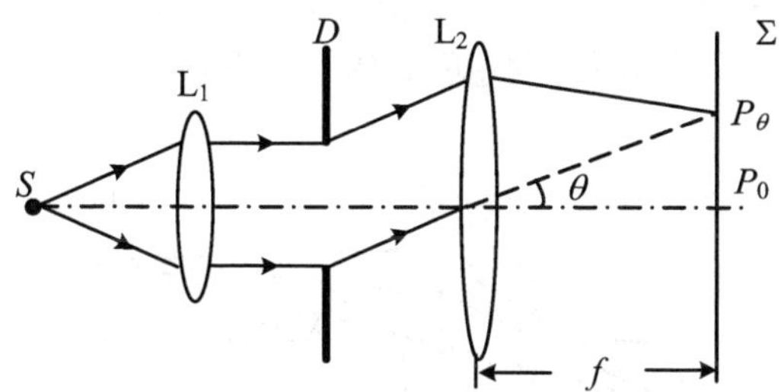

图 2-16-1　焦面接收装置

(2) 远场接收装置. 当满足远场条件时,狭缝前后也可以不用透镜,而直接获得夫琅禾费衍射图样. 远场条件是:① 光源离狭缝很远,即 $R \gg \rho^2/\lambda$,其中,R 是光源到狭缝的距离,ρ 为狭缝宽度的一半,;② 接收场距狭缝足够远,即 $z \gg \rho^2/\lambda$,其中,z 为衍射场距狭缝的距离. 观察点 P 在 $z \gg \rho^2/\lambda$ 的条件下,只要求其满足傍轴条件即可,而这一般都是满足的. 图 2-16-2 为远场接收光路,假设一束平行光垂直入射到狭缝上.

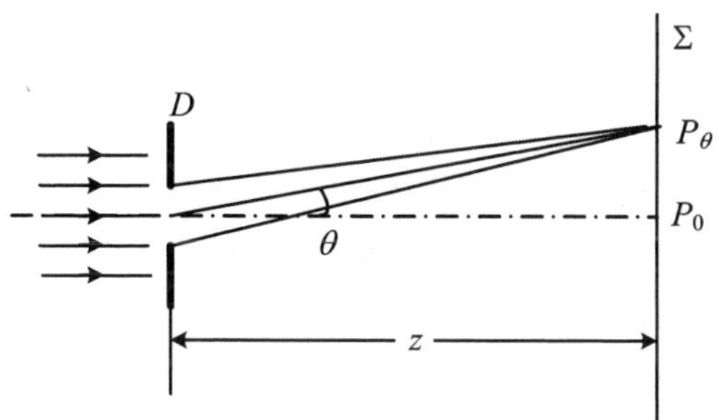

图 2-16-2　远场接收装置

(3) 像面接收装置(一). 衍射屏处于透镜的后方,如图 2-16-3 所示. S 在光轴上,Σ 代表点光源的像面,S' 为 S 的像点.

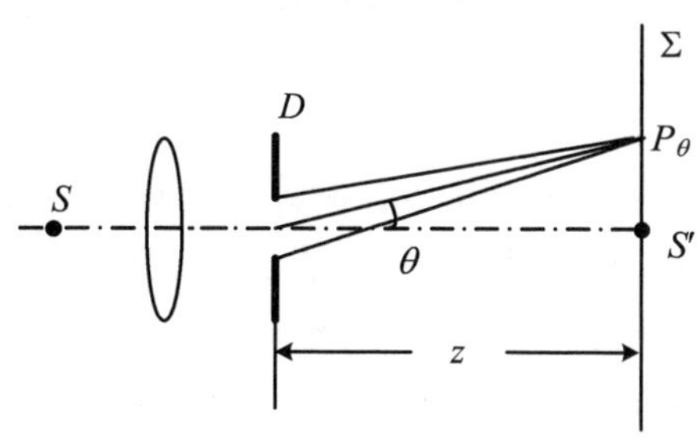

图 2-16-3　像面接收装置(一)

理论上已经证明了 Σ 面上呈现的图样为夫琅禾费衍射图样,即屏上任一点 P_θ 的复振幅与角度 θ 的函数关系符合夫琅禾费衍射的积分形式.

(4) 像面接收装置(二). 衍射屏处

于透镜的前方，如图 2-16-4 所示. P'_θ点是场点 P_θ 的共轭点，S 也在光轴上. 如果光路逆转自右向左，S'变为点光源，衍射屏便处于透镜的后方了，Σ'面上的衍射图样就同像面接收装置(一)Σ 面上的情况，z'相应地取代 z，所以实际呈现在图 2-16-4 的 Σ 面上的衍射图样可由物面上设想的共轭衍射图样导出，二者为物像关系.

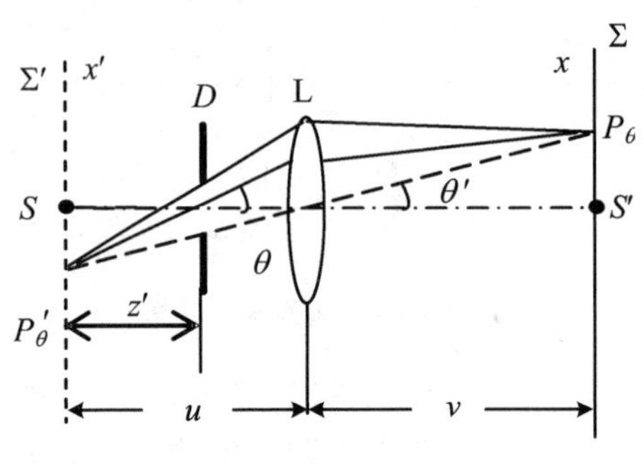

图 2-16-4 像面接收装置(二)

2. 夫琅禾费衍射的一些规律

(1) 单缝夫琅禾费衍射图样. 在图 2-16-1 中，平行于光轴的衍射光束汇聚于像屏的 P_0 处，是中央亮纹的中心，此处光强记为 I_0，与光轴夹角为 θ 的衍射光束汇聚于像屏的 P_θ 处，此处的光强为

$$I_\theta = I_0 \frac{\sin^2 u}{u^2}, \quad u = \frac{\pi a \sin\theta}{\lambda} \tag{2-16-1}$$

式中，θ 为衍射角，a 为狭缝宽度，λ 为所用单色光波长.

当 $\theta=0$ 时，$u=0$，这时光强为 I_0 是最大值. 在其他条件不变的情况下，此光强最大值 I_0 与狭缝宽度 a 的平方成正比.

当 $\sin\theta=k\lambda/a(k=\pm1,\pm2,\pm3,\cdots)$时，$I_\theta=0$，实际上 θ 很小，可近似认为暗纹所对应的衍射角为 $\theta=k\lambda/a$. 由此可见，主极强两侧暗纹之间的半角宽度 $\Delta\theta=\lambda/a$，而其他相邻暗纹之间的角宽度为 $\Delta\theta=\lambda/a$.

除了中央主极强以外两相邻暗纹之间都有一个次极强. 通过计算得出，这些次极强的位置在 $\theta\approx\sin\theta=\pm1.43\lambda/a,\pm2.46\lambda/a,\cdots$，这些次极强的相对强度 $I_\theta/I_0=0.047,0.017,\cdots$

以上所述是单缝衍射图样角分布规律. 而角分布与象屏上横向分布的关系是：对焦面接收装置(见图 2-16-1)而言，$\Delta x/f=\Delta\theta(\lambda/a)$；对远场接收装置(图 2-16-2)而言，$\Delta x/z=\Delta\theta$；对像面接收装置(一)(图 2-16-3)而言，$\Delta x/z'=\Delta\theta$；对像面接收装置(二)(图 2-16-4)而言，$\Delta x'/z=\Delta\theta$，$\Delta x=V\Delta x'=(v/u)\cdot(z\lambda/a)$. 式中 Δx 表示相邻暗纹之间的线宽度(除中央亮纹外)，V 为横向放大率.

(2) 单丝夫琅禾费衍射图样. 根据巴俾涅原理，单丝的衍射图样与其互补的单缝的衍射图样，在自由光场为零的区域内是相同的，所谓自由光场，是指无衍射屏时未受阻碍的光场. 巴俾涅原理对菲涅尔衍射也成立.

采用像面(或角面)接收光路，可以观察到单丝的夫琅禾费衍射图样.

(3)多缝夫琅禾费衍射. N 缝夫琅禾费衍射的强度分布为

$$I_\theta == A\left(\frac{\sin N\beta}{\sin\beta}\right)^2 = A_0^2\left(\frac{\sin u}{u}\right)^2\left(\frac{\sin N\beta}{\sin\beta}\right)^2 \tag{2-16-2}$$

式中，$u=\pi a\sin\theta/\lambda$，$\beta=\pi d\sin\theta/\lambda$，$a$ 是各条缝的宽度，d 为缝间距，A_0 代表单缝衍射下相应于 $\theta=0$ 时场点的振幅. $(\sin u/u)^2$ 为单缝衍射因子，$(\sin N\beta/\sin\beta)^2$ 为缝间干涉因子. 从上面可引出下列结果：① 在缝间干涉因子取极大的方向上，多缝衍射出现一个主极强 $I_\theta=A_\theta^2N^2$，A_θ^2 为单缝在主极强方向衍射的强度. ② 主极强的位置由 $\sin\theta=k(\lambda/d)$决定($k=0,\pm1,\pm2,\cdots$)，与缝数无关. ③ 主极强的最大级次 $|k|<d/\lambda$. ④ 相邻主极强之间有$(N-1)$个极小，$(N-2)$个次极强. ⑤ 主极强的半角宽度 $\Delta\theta=\lambda/Nd\cos\theta_k$. ⑥ 当干涉主极强与单缝衍射因子的零点相遇，出现缺级现象.

3. 光强的测量

在本实验中，采用两种测量光强方法：传统的测量方法是采用硅光电池作为接收器，以光电流的大小来反映光强，此法必须保证二者满足线性关系的条件，才能直接利用光电流的相对大小来表示光的相对强弱；第二种方法是采用 CCD，调整光路，使衍射条纹成像于 CCD 摄像机，在显示器上能够看到清晰可辨的条纹图像，并且利用数据采集卡把衍射条纹图像保存到计算机内，通过工作软件对保存的图像进行分析和显示.

二、实验仪器与用具

GSZ-Ⅱ型光学平台或 1.5 m 长的光具座，He-Ne 激光器，分光计，钠光灯，溴钨灯，扩束透镜，凸透镜，多缝板，单缝板，单丝，硅光电池，检流计，机械扫描装置，CCD 摄像机，显示器，数据采集卡，计算机.

三、实验内容

1. 单缝衍射实验

(1) 按照图 2-16-1 布置光路，分别以溴钨灯、钠光灯做光源，观察衍射现象.

(2) 按照图 2-16-2 布置光路，以 He-Ne 激光器作为光源，观察衍射现象.

(3) 用光电接收系统记录光强的分布，测量衍射条纹的间距，据公式 $\theta=\pm\lambda/a$ 计算狭缝宽度 a.

(4)用细丝代替图 2-16-3 中的狭缝，观察光强分布，并根据公式 $\theta=\pm\lambda/a$ 计算细丝直径 a.

2. 多缝衍射实验

(1) 以钠光灯作光源,用分光计观察多缝(1～5 条)的夫琅禾费衍射图样.

(2) 按照图 2-16-2 布置光路,以 He-Ne 激光器作为光源,观察双缝衍射图样.

(3) 用光电接收系统记录光强的分布,根据公式 $\Delta\theta=\lambda/Nd\cos\theta_k$ 计算缝间距 d.

(4) 利用 CCD 摄像机观察双缝衍射图样,并用数据采集卡将衍射图样保存到计算机内,通过相应的工作软件进行数据处理,与手动测试的结果进行比较.

(5) 利用 CCD 成像系统观察多缝衍射图样.

四、思考题

1. 在单缝夫琅禾费衍射图像中,中央亮纹的角宽度与各次极大(亮纹)角宽度间有何关系?

2. 双缝夫琅禾费衍射和杨氏双缝干涉的条纹有什么区别?

参考文献

[1] 张毓英,邵义全. 光学实验[M]. 北京:电子工业出版社,1989.
[2] 赵凯华,钟锡华. 光学[M]. 北京:北京大学出版社,1982.
[3] 丁慎训,张连芳. 物理实验教程[M]. 北京:清华大学出版社,2002.

2-17 利用光电效应现象测定普朗克常数

光电效应是指一定频率的光照射在金属表面时会有电子从金属表面溢出的现象. 光电效应实验对认识光的本质及早期量子理论的发展,具有里程碑的意义.

19 世纪末,物理学已经有了相当的发展,在力、热、电、光等领域,都已经建立了完善的理论体系,在应用上也取得巨大成果. 当物理学家普遍认为物理学发展已经到顶点时,从实验上陆续出现了一系列重大发现,揭开了近代物理学革命的序幕,光电效应实验在其中起了重要的作用. 1887 年赫兹在用两套电极做电磁波的发射与接收的实验中,发现当紫外光照射到接收电极的负极时,接收电极更易于产生放电,赫兹的发现吸引很多人去做这方面的研究工作. 斯托列托夫发现负电极在光照射下会放出带负电的粒子,形成光电流,光电流的大小与入射光的强度成正比,光电流实际是在照射开始时立即产生,无需时间上的积累. 1899 年,汤姆逊测定了光电流的荷质比,证明光电流是阴极在光照射下发出的电子流. 1900 年赫兹的助手勒纳德用在阴阳极间加反向电压的方法研究电子溢出金属表面的最大速度，发现光源和阴极材料都对截止电压有影响，但光的强度对截止电压无影响，电子溢出金属表面的最大速度与光强无关，勒纳德因这方面的工作获得 1905 年的诺贝尔物理奖. 1905 年爱因斯坦的著名论文《关于光的产生和转化的一个试探性观点》提出光电效应方程，解释了光电效应的实验结果. 通过此实验，目的要使同学们了解光电效应规律，加深对光的量子性的理解，学会相关仪器操作，并测量普朗克常数 h.

一、实验原理

光电效应的实验原理如图 2-17-1 所示. 入射光照射到光电管阴极 K 上，产生的光电子在电场的作用下向阳极 A 迁移构成光电流，改变外加电压 U_{AK}，测量出光电流 I 的大小，即可得出光电管的伏安特性曲线.

光电效应的基本实验事实如下：

(1) 对于某一频率，光电效应的 I-U_{AK} 关系如图 2-17-2 所示. 从图中可见，对一定的频率，有一定的电压 U_0，当 $U_{AK} \leqslant U_0$ 时，光电流为零，这时对应的电压 U_0，被称为截止电压.

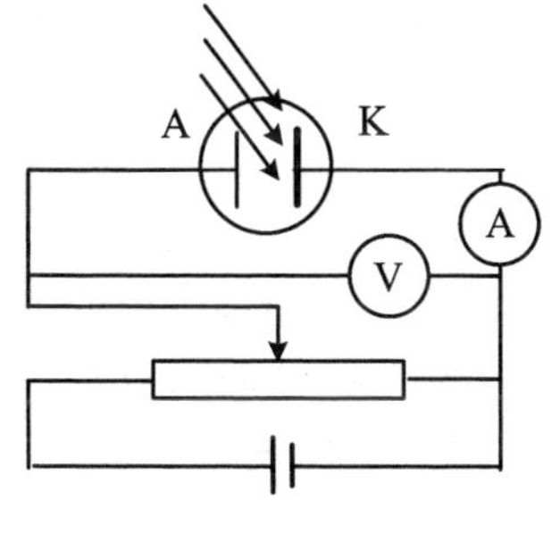

图 2-17-1　光电效应实验原理图

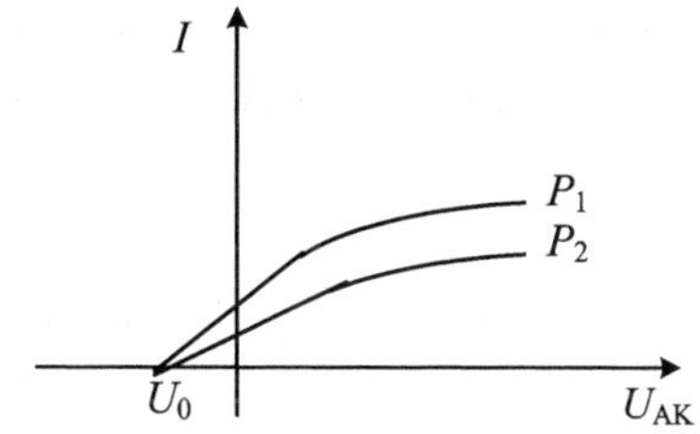

图 2-17-2　同一频率，不同光强时光电管的伏安特性曲线

(2) 当 $U_{AK} \geqslant U_0$，I 迅速增加，然后趋于饱和，饱和光电流 I_M 的大小与入射光的强度 P 成正比.

(3) 对于不同频率的光，其截止电压 U_0 的值不同，如图 2-17-3 所示.

(4) 作截止电压 U_0 与频率 ν 的关系图如图 2-17-4 所示. U_0 与 ν 成正比关系. 当入射光的频率低于某极限值 ν_0 时，不论光的强度如何，照射时间多长，都没有光电流的产生.

(5) 光电效应是瞬时效应. 即使入射光的强度非常微弱，只要频率大于 ν_0，在开始照射后立即有光电子产生，所经过的时间至多为 10^{-9} s 的数量级.

按照爱因斯坦的光量子理论，频率为 ν 的光子具有能量 $E = h\nu$，h 为普朗克常数. 当光子照射到金属表面上时，一次为金属中的电子全部吸收，而无需积累能量的时间.电子把这能量的一部分用来克服金属表面对它的吸引力,余下的就变为电子离开金属表面后的动能,按照能量守恒,爱因斯坦提出著名的光电效应方程

$$h\nu = \frac{1}{2}mv_0^2 + A \tag{2-17-1}$$

式中,A 为金属的溢出功,$\frac{1}{2}mv_0^2$ 为电子获得的初始动能.

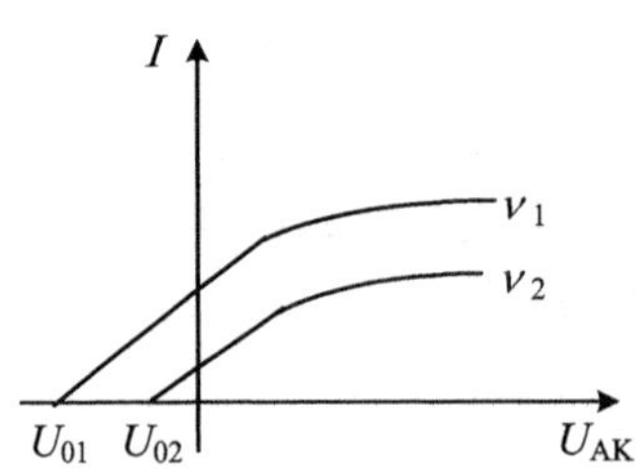

图 2-17-3 不同频率时光电管的伏安特性曲线

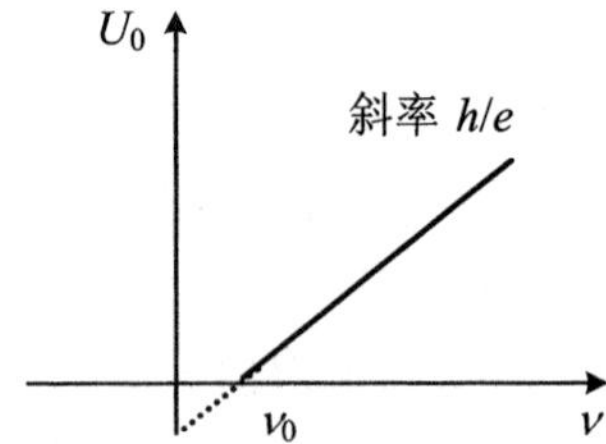

图 2-17-4 截止电压 U_0 与入射光频率 ν 的关系图

由式(2-17-1)可见,入射到金属表面的光的频率越高,溢出的电子动能越大,所以即使阳极电位比阴极低时也会有电子到达阳极形成光电流,直至阳极电位低于截止电压,光电流才为零,此时有关系式

$$eU_0 = \frac{1}{2}mv_0^2 \tag{2-17-2}$$

阳极电位高于截止电压后,随着阳极电压的升高,阳极对阴极发射的电子的收集作用越强,光电流随之上升;当阳极电压升到一定的程度,已把阴极发射的光电子几乎全部收集到阳极,再增大 U_{AK} 时 I 不再变化,光电流出现饱和,饱和的光电流 I_M 的大小与入射光的强度 P 成正比.

光子的能量 $h\nu_0 < A$ 时,电子不能脱离金属,因而没有光电流产生.产生光电流的最低频率(截止频率)是 $\nu_0 = A/h$.

将式(2-17-2)代入式(2-17-1)可得

$$eU_0 = h\nu - A \quad 或 \quad U_0 = \frac{h}{e}\nu - \frac{A}{e} \tag{2-17-3}$$

上式表明截止电压 U_0 是频率 ν 的线性函数,直线的斜率为 $k=h/e$,只要测出不同频率对应的截止电压,就可求出直线的斜率 k,算出普朗克常数 $h=ke$.

二、实验仪器

ZKY-GD-4 智能光电效应(普朗克常数)实验仪,它由光电检测装置和实验仪主机两部分组成.光电检测装置包括光电管暗箱 GDX-1、高压汞灯灯箱 GDX-2、高压汞灯电源 GDX-3 和实验基准平台 GDX-4.实验主机为 GD-4 型光电效应实验

仪,该仪器包含由微电流放大器和扫描电压源发生器两部分组成的整体仪器.

三、实验内容及步骤

1. 测试前准备

(1) 将实验仪及汞灯电源接通(汞灯及光电管暗箱遮光盖盖上),预热 20 min.

(2) 调整光电管与汞灯距离约 40 cm 并保持不变.用专用连接线将光电管暗箱电压输入端与实验仪电压输出端(后面板上)连接起来(红-红,蓝-蓝).

(3) 将"电流量程"选择开关置于所选档位,进行测试前调零.实验仪在开机或改变电流量程后,都会自动进入调零状态.调零时应将光电管电流输出端与实验仪微电流输入端(后面板上)断开,旋转"调零"旋钮使电流指示为 000.0.调节好后,用高频匹配电缆将电流输入连接起来,按"调零确认/系统清零"键,系统进入测试状态.若要动态显示采集曲线,需将实验仪的"信号输出"端口接至示波器的"Y"输入端,"同步输出"端口接至示波器的"外触发"输入端.示波器"触发源"开关拨至"外","Y 衰减"旋钮拨至约"1 V/格","扫描时间" 旋钮拨至约"20 μs/格".此时示波器将用轮流扫描的方式显示 5 个存储区中存储的曲线,横轴代表电压 U_{AK},纵轴代表电流 I.

2. 测量普朗克常数 h

测量截止电压时,"伏安特性测试/截止电压测试"状态键应为截止电压测试状态."电流量程"开关应处于10^{-13} A 档.

(1) 手动测量.

① 使"手动/自动"模式键处于手动模式.

② 将直径 4 mm 的光阑及 365.0 nm 的滤色片装在光电管暗箱光输入口上,打开汞灯遮光盖.此时电压表显示 U_{AK} 的值,单位为 V;电流表显示与 U_{AK} 对应的电流值 I,单位为所选择的"电流量程".

③ 用电压调节键→←↑↓可调节 U_{AK} 的值(→←键用来选择调节位,↑↓键用来调节值的大小).调节电压,观察电流值的变化,寻找电流为零时对应的 U_{AK},以其绝对值作为该波长对应的 U_0 值,并将数据记于表 2-17-1 中.为了尽快找到 U_0 值,调节时应从高电位到低电位,先确定高电位的值,再顺次往低电位调.

④ 依次换上 404.7 nm、435.8 nm、546.1 nm、577.0 nm 的滤色片,重复以上实验步骤.

(2) 自动测量.

① 使"手动/自动"模式键处于自动模式.

② 此时电流表左边的指示灯闪烁,表示系统处于自动测量扫描范围设置状态,用电压调节键可设置扫描的起始和终止电压.对于各条谱线,建议扫描范围大

致为：365.0 nm，−1.90～−1.50 V；404.7 nm，−1.60～−1.20 V；435.8 nm，−1.35～−0.95 V；546.1 nm，−0.80～−0.40 V；577.0 nm，−0.65～−0.25 V.

③ 设置好扫描的起始电压和终止电压后，按动相应的存储区按键，仪器将先清除原有数据，等待约 30 s，然后按 4 mV 的步长自动扫描，并显示、存储相应的电压、电流值.（实验仪设有 5 个数据存储区，每个存储区可存储 500 组数据，并有指示灯表示其状态. 灯亮表示该存储区已存有数据，灯不亮为空存储区，灯闪烁表示系统预选的或正在存储数据的存储区.）

④ 扫描完成后，仪器自动进入数据查询状态，此时查询指示灯亮，显示区显示扫起始电压和相应的电流值. 用电压调节键改变电压值，就可查阅相应的电流值. 读取电流为零时对应的 U_{AK} 值，以其绝对值作为该波长对应的 U_0 值，并将数据记于表 2-17-1 中.

⑤ 按"查询"键，查询指示灯灭，系统回复到扫描范围设置状态，可进行下一次测量. 在自动测量过程中或测量完成后，按"手动/自动"键，系统恢复到手动测试模式，模式转换前工作的存储区的数据将被清除.

3. 测光电管的伏安特性曲线

(1)"伏安特性测试/截止电压测试"状态键应为伏安特性测试状态."电流量程"开关拨至10^{-10} A 档，并重新调零.

(2) 将直径 4 mm 的光阑及所选谱线的滤色片装在光电管暗箱光输入口上.

(3) 观察 5 条谱线在同一光阑、同一距离下的伏安特性曲线. 记录所测 U_{AK} 及 I 的数据到表 2-17-2 中，在坐标纸作对应于以上波长及光强的伏安特性曲线.

(4) 观察某条谱线在不同光阑（即不同光强）、同一距离下的伏安饱和特性曲线. 在 U_{AK} 为 50 V 时，将仪器设置为手动模式，测量并记录同一谱线在同一入射距离下，光阑分别为 2 mm、4 mm、8 mm 时对应的电流值到表 2-17-3 中，验证光电管的饱和电流和入射光强成正比.

(5) 观察某条谱线在不同距离（即不同光强）、同一光阑下的伏安饱和特性曲线. 在 U_{AK} 为 50 V 时，将仪器设置为手动模式，测量并记录同一谱线在同一光阑下，不同距离处的电流值到表 2-17-4 中，验证光电管的饱和电流和入射光强成正比.

四、数据处理

由表 2-17-1 的实验数据，得出 U_0-ν 直线的斜率 k，即可用 $h=ek$ 求出普朗克常数，并与 h 的公认值 h_0 比较，求出相对误差 $E=\frac{h-h_0}{h_0}$，式中 $e=1.602\times10^{-19}$C，$h_0=6.626\times10^{-34}$ JS. 另外，用最小二乘法处理数据求出普朗克常数. 数据处理所用各表如表 2-17-1、表 2-17-2、表 2-17-3、表 2-17-4 所示.

表 2-17-1　U_0-ν 关系　光阑孔 Φ=　mm

波长 λ_i(nm)		365.0	404.7	435.8	546.1	577.0
频率 ν_i(10^{14} Hz)		8.214	7.408	6.879	5.216	5.196
截止电压 U_{0i}(V)	手动					
	自动					

表 2-17-2　I-U_{AK} 关系

U_{AK}(V)												
I($\times 10^{-10}$ A)												
U_{AK}(V)												
I($\times 10^{-10}$ A)												

表 2-17-3　I_M-P 关系　U_{AK}=　V　λ=　nm　L=　mm

光阑孔 Φ(mm)			
I($\times 10^{-10}$ A)			

表 2-17-4　I_M-L 关系　U_{AK}=　V　λ=　nm　Φ=　mm

入射距离 L(mm)			
I($\times 10^{-10}$ A)			

五、思考题

1. 光电效应的实验规律有哪几方面？用波动理论去解释时遇到了哪些困难？
2. 根据爱因斯坦的光子假说，如何解释光电效应的实验结果？

参考文献

[1]　邵义金，陈怀琳. 光学实验[M]. 北京：电子工业出版社，1989.
[2]　赵凯华，钟锡华. 光学：下册[M]. 北京：北京大学出版社，1992.

2-18 用光电法测定介质的光谱透射曲线

分光光度法分析的原理是利用物质对不同波长光的选择吸收现象来进行物质的定性和定量分析，通过对吸收光谱的分析，可判断物质的结构及化学组成. 通过本实验，要求了解分光光度计的使用和原理；测定溶液的光谱透射曲线.

一、实验原理

光通过物质时，光波中振动的电矢量使物质中的带电粒子作受迫振动，光的一部分能量将用来提供这种受迫振动所需要的能量. 这些带电粒子如果与其他原子或分子发生碰撞，振动能量就转变为平动能，从而使分子热运动能量增加，物体发热. 光的一部分能量被组成物质的微观粒子吸收后转为热能，从而使光的强度随穿进物质的深度而减少. 如图 2-18-1 所示，光强为 I_0 的单色平行光沿 x 轴方向通过厚度 d 的均匀介质，其光强变为 I.

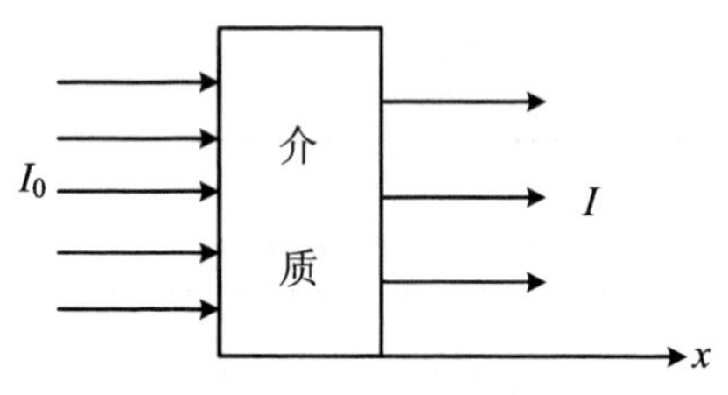

图 2-18-1 光透过物质的情形

根据布格定律则有

$$I = I_0 \mathrm{e}^{-ad} \tag{2-18-1}$$

式中，a 为吸收系数.

如果光被透明溶剂中的物质所吸收，吸收系数 a 与溶液的浓度 ρ_s 成正比，即 $a = B\rho_s$. 其中 B 是一个与浓度无关的常量. 这时式 2-18-1 可改写为

$$I = I_0 \mathrm{e}^{-B\rho_s d} \tag{2-18-2}$$

称此为比尔定律. 注意，比尔定律不考虑分子之间的相互作用，被吸收的光能与光路中分子数成正比. 当溶液的浓度大到足以使分子间的相互作用影响到它们的吸收本领时，就会发生实验结果对比尔定律的偏离.

比尔定律常改写成如下的形式

$$I = I_0 \cdot 10^{-\varepsilon\rho_s d} \tag{2-18-3}$$

令

$$T = \frac{I}{I_0}, \quad A = -\lg \frac{I}{I_0} = \lg \frac{1}{T} \tag{2-18-4}$$

于是消光系数为

$$\varepsilon = \frac{A}{\rho_s d} \tag{2-18-5}$$

式(2-18-3)至式(2-18-5)中 T 为透射率,A 为吸光度(光密度),ε 为消光系数.

二、仪器说明

1. 仪器用具

UV-2000 型分光光度计,如图 2-18-2 所示.

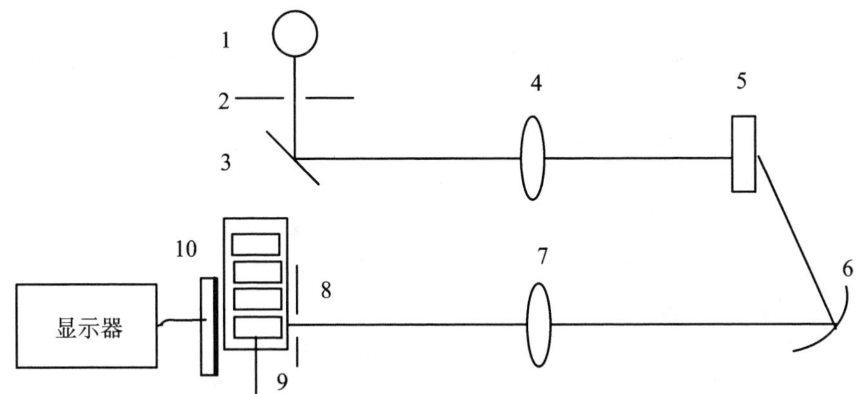

1. 光源 2. 进光狭缝 3. 反射镜 4. 凸透镜 5. 光栅
6. 反射镜 7. 凸透镜 8. 出光狭缝 9. 比色皿池 10. 光电接收器

图 2-18-2　仪器内部简易结构图

2. 仪器原理

光源发出的白色光经过进光狭缝、反射镜、凸透镜后射向光栅,经光栅色散后,各种波长的光被反射镜 6 反射后,经过透镜 7 聚焦于出光狭缝. 反射镜 6 装于一个可旋转的转盘上,转动转盘就可在狭缝的后面得到任一波长的单色光. 出光狭缝的后面置有比色皿定位装置. 单色光通过盛有被测溶液的比色皿后,射到光电池上,从而产生光电流. 光电流 i 和它吸收到的光强度 I 有很好的线性关系,$i=KI$. K 是一个和波长 λ 有关的系数,它与光电材料的光谱特性有关,对于确定的波长 λ,K 是一个常数. 因此光强比的测量就可以通过相应的光电流之比来确定.

3. 仪器操作

仪器通电前,务必检查仪器的工作电压是否与当地的供电电压相符;开机前,需确定仪器样品室是否有样品挡在光路上,光路上有阻挡物将影响仪器自检甚至造成仪器故障. 接通电源后,让仪器预热至少 20 min 使仪器进入热稳定工作状态. 或按 100% T 键 3 s,当显示屏显示特殊符号“----”后松手,仪器便快速进入稳定测试状态. 本仪器有透射比 T、吸光度 A、已知标准样品浓度值 C 或斜率 F 测量样品浓度等测量方式,可根据 MODE 键选择合适的测量方式.

(1) 透射比 T、吸光度 A 的测量.

① 用波长选择旋钮设置所需要的波长.

② 将参比样品溶液和样品溶液分别倒入比色皿中,打开样品室盖,将盛有溶液的比色皿分插入比色皿槽中,盖上样品室盖. 注意:仪器所附的比色皿,其透射比是经过配对测试的,未经配对的比色皿将影响样品的测试精度. 比色皿透光部分表面不能有指印、溶液痕迹,被测溶液中不能有气泡、悬浮物,否则也影响样品的测试精度.

③ 将校具(黑体)置入光路中,在 T 方式下按"% T"键,此时显示器显示"000.0"

④ 将参比样品推(拉)入光路中,按"0A/100% T"键,此时显示器显示的"BLA"直至显示"100.0"%T 或"0.000"A 为止.

⑤ 当仪器显示"100.0"%T 或"0.000"A 后,将被测样品推(拉)入光路,这时便可从显示器上得到被测样品的透射率或吸光度值.

(2) 样品浓度的测量.

① 用 MODE 键将测试方式设置至 A(吸光度)状态.

② 用波长旋钮设置样品的分析波长,每当分析波长改变时,必须重新调整 0A/100%和 0%T.

③ 将参比样品溶液和样品溶液分别倒入比色皿中,打开样品室盖,将盛有溶液的比色皿分插入比色皿槽中,盖上样品室盖.

④ 将参比样品推(拉)入光路中,按"0A/100% T"键,此时显示器显示的"BLA"直至显示"100.0"%T 或"0.000"A 为止.

⑤ 用 MODE 键将测试方式设置至 C(浓度)状态.

⑥ 将标准样品推(拉)入光路中.

⑦ 按"INT"或"DEC"键将已知标准样品的浓度值输入仪器,当显示器显示样品浓度值时,按"ENT"键. 浓度值只能输入整数值,设定范围为 1~1 999.

⑧ 将被测样品推(拉)入光路,这时便可从显示器上得到被测样品的浓度值.

已知标准样品浓度斜率(K 值)测量被测液体浓度值的方法与上面类似.

三、实验内容

(1) 测量溶液的透射率曲线 T_λ-λ.

(2) 测定溶液的消光系数曲线 ε_λ-λ.

四、数据记录及处理

样品室配置四槽位 1 cm 吸收池架,因此 $d=1$ cm. 测得的数据记录于表

2-18-1中.

表 2-18-1　数据记录表

波长 λ(nm)													
透射率 T													
吸光度 A													
浓　度 C													

五、注意事项

(1) 通电前检查工作电压与当地供电电压是否相符.

(2) 开机前检查光路上是否有物品挡光.

(3) 预热 20 min 使仪器读数稳定.

(4) 比色皿必须配对使用.

(5) 实验完毕请即时关机.

(6) 检查样品室是否积存有溢出液体,以防废液对部件及光路系统的腐蚀,要经常擦拭样品室.

(7) 将比色皿清洗干净放回盒中.

(8) 仪器使用完毕,盖好防尘罩.

六、思考题

1. 比尔定律成立的条件是什么?

2. 测量透射率时没有考虑光源的光谱能量分布特性及接收器的光谱灵敏度,这对测量结果有无影响? 为什么?

3. 按照仪器光路图,入射狭缝成像在什么位置? 当用望远镜观察,看到的谱线是否是狭缝的像? 如果是的话,入射狭缝的像为何不是一个?

4. 将参比样品推(拉)入光路中,不进行"100"%T 的调试,还能测量被测样品的透射率吗? 如果能,如何测?

5. 试设想一实验方案,测量由两种物质组成的溶液中各物质的浓度?

参考文献

[1] 赵凯华,钟锡华. 光学[M]. 北京:北京大学出版社,1992.

[2] UV-2000 型分光光度计使用手册. 尤尼克(上海)仪器有限公司.

2-19 空间滤波与光信息处理

1873年阿贝(E Abbe,1840～1905)在显微镜成像原理的研究中,首次提出了在相干光照明下显微镜两次成像的概念.波特(A. B. porter)进一步于1906年以一系列实验证实了阿贝成像原理,这些都是傅立叶光学的萌芽.在激光问世的今天,重复这些实验更容易加深对傅立叶光学空间频率、空间频谱和空间滤波等概念的理解,熟悉阿贝成像原理,了解透镜孔径对成像分辨率的影响以及对研究现代光学信息处理均有十分重要的意义.

一、实验原理

1. 二维傅立叶变换

设有一个空间二维函数 $g(x,y)$ 其二维傅立叶变换为

$$G(f_x,f_y)=\mathscr{F}[g(x,y)]=\int_{-\infty}^{\infty}\int_{-\infty}^{\infty}g(x,y)\exp[-\mathrm{i}2\pi(f_xx+f_yy)]\mathrm{d}x\mathrm{d}y \tag{2-19-1}$$

式中,f_x,f_y 分别为 x,y 方向的空间频率,其量纲为 L^{-1}.而 $g(x,y)$ 又是 $G(f_x,f_y)$ 的逆傅立叶变换,即

$$g(x,y)=\mathscr{F}^{-1}[G(f_x,f_y)]=\int_{-\infty}^{\infty}\int_{-\infty}^{\infty}G(f_x,f_y)\exp[\mathrm{i}2\pi(f_xx+f_yy)]\mathrm{d}f_x\mathrm{d}f_y \tag{2-19-2}$$

上式表示任意一个空间函数 $g(x,y)$ 可以表示为无穷多个基元函数 $\exp[\mathrm{i}2\pi(f_xx+f_yy)]$ 的线性叠加. $G(f_x,f_yy)\mathrm{d}f_x\mathrm{d}f_y$ 是相应于空间频率为 f_x,f_y 的基元函数的权重,$G(f_x,f_y)$ 称为 $g(x,y)$ 的空间频谱.当 $g(x,y)$ 是一个空间周期性函数时,其空间频谱是不连续的分立函数.

2. 光学傅立叶变换

理论上可以证明,如果在焦距为 F 的汇聚透镜的前焦面上放一振幅透过率为 $g(x,y)$ 的图像作为物,并以波长为 λ 的单色平面波垂直照明图像,则在透镜后焦面 (x',y') 上的复振幅分布就是 $g(x,y)$ 的傅立叶变换 $G(f_x,f_y)$,其中 f_x,f_y 与坐标 x',y' 的关系为

$$f_x=\frac{x'}{\lambda F},\quad f_y=\frac{y'}{\lambda F} \tag{2-19-3}$$

故(x',y')面称为频谱面(或傅氏面),如图 2-19-1 所示,由此可见,复杂的二维傅立叶变换可以用一透镜来实现,称为光学傅立叶变换,频谱面上的光强分布则为$|G(f_x,f_y)|^2$,称为功率谱,也就是物的夫琅禾费衍射图. 图 2-19-1 以正交光栅作为物.

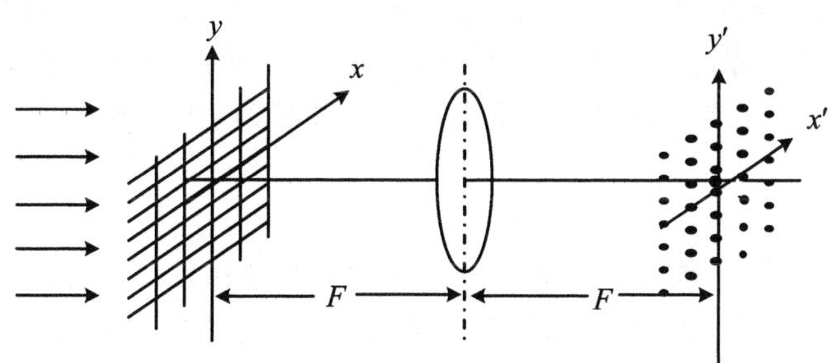

图 2-19-1　物的夫琅禾费衍射

3. 阿贝成像原理

阿贝在 1873 年提出了相干光照明下显微镜的成像原理. 他认为,在相干光照明下,显微镜的成像可分为两个步骤:第一步是通过物的衍射光在物镜的后焦面上形成一个衍射图(初级像);第二步则为物镜后焦面上的衍射图复合为次级像,这个可以通过目镜观察到. 成像的这两步骤本质上就是两次傅立叶变换. 第一步把物面光场的空间分布 $g(x,y)$变为频谱面上空间频率分布 $G(f_x,f_y)$;第二步则是再作一次变换又将 $G(f_x,f_y)$还原到空间分布 $g(x,y)$.

图 2-19-2 显示了成像的这两个步骤. 为了方便起见,我们假设物是一维光栅,单色平行光照射在光栅上,经衍射分解成为不同的方向的很多平行光(每一束平行光相应于一定的空间频率),经过物镜分别聚焦在后焦面上形成点阵. 然后代表不同空间频率的光束又重新在平面上复合而成光栅的像.

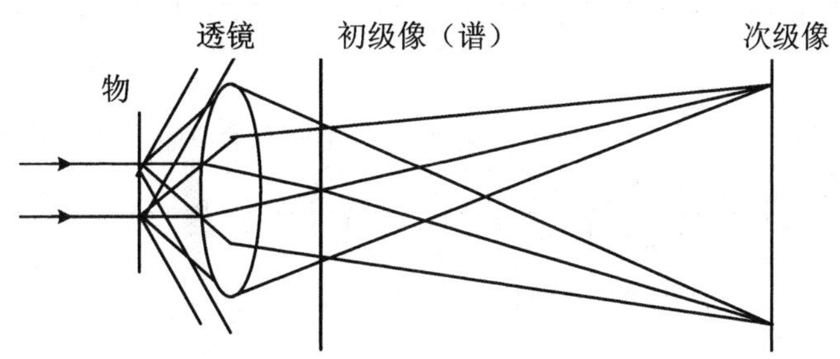

图 2-19-2　阿贝两步成像原理

如果这两次傅氏变换完全是理想的,即信息没有任何损失,则像和物应完全相似(可能有放大或缩小). 但一般说来像和物不可能完全相似. 这是由于透镜的孔径是有限的,总有一部分衍射角度较大的高次成分(高频信息)不能进入到物镜而被丢弃了. 所以像的信息总是比物的信息要少一些. 高频信息主要反映了物的细节,如果高频相信息受到了孔径的限制而不能到达像平面,则无论显微镜有多大的放大倍数,也不可能在像平面上显示出这些高频信息所反映的细节,这是显微镜分辨率受到限制的根本原因. 特别当物的结构非常精细(如很密的光栅)或物镜孔径非常小时,有可能只有 0 级衍射(空间频率为 0)能通过,则在像平面上就完全不能成像.

4. 空间滤波

根据上面讨论,成像过程本质上是两次傅立叶变换,即从空间函数 $g(x,y)$ 变为频谱函数 $G(f_x,f_y)$,再变回到空间函数 $g(x,y)$(忽略放大率). 显然如果我们在频谱面(即透镜的后焦面)上放一些模板(吸收板或相移板),以减弱某空间频率成分或改变某些频率成份的位相,则必然使像面上的图像发生相应的变化,这样的图像处理成为空间滤波,频谱面上这种模板称为滤波器. 最简单的滤波器就是一些特殊形状的光阑. 它使频谱面上一个或一部分频率分量通过,而挡住了其他频率分量,从而改变了像面上图像的频率成分. 例如,圆孔光阑可以作为一个低通滤波器,而圆屏就可以用作为高通滤波器.

二、实验内容

1. 实验仪器

光学平台,氦氖激光器,12 V 溴钨灯,汇聚透镜一个(L_1-4.5 mm),傅立叶变换透镜两个(L_2-190 mm,L-225 mm),可调狭缝光阑,各种形状的模板和毛玻璃等.

2. 光路调节

本实验光路如图 2-19-3 所示,其中透镜 L_1(焦距 F_1)、L_2(焦距 F_2)组成倒装望远系统,将光扩展成具有较大截面的平行光束. L(焦距 F)则为成像透镜. 调节步骤如下.

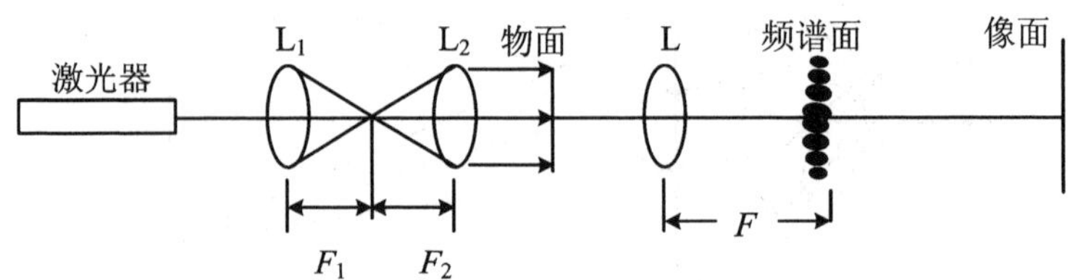

图 2-19-3　傅立叶光学变换

(1) 调节激光管的仰角及转角,使光束平行于光学平台.

(2) 放上 L_1、L_2，使产生一扩束的平行光并调共轴. 怎样检验 L_2 出来的光是否是平行光？如 L_1 的焦距为 4.5 mm，L_2 焦距为 190 mm，则扩束多少倍？

(3) 放上物(带光栅的"光"字)及透镜 L，调共轴，调节 L 的位置直到几米外屏幕上得到清晰的图像. 固定物及透镜位置.(调节成像时，可在物前放一毛玻璃，以便在扩展光源照明下，找到成像的精确位置.)

(4) 确定频谱面位置. 去掉物，用毛玻璃在 L 后焦面附近移动，当毛玻璃散射产生的散斑达到最大限度时，毛玻璃上光点最小，此毛玻璃所在平面就是频谱面. 将滤波器支架放在此平面上.

3. 阿贝成像原理实验

(1) 在物平面放上一维光栅，像平面上看到沿铅垂方向的光栅条纹. 频谱面上出现 0±1，±2，±3，…一排清晰衍射光点，如图 2-19-4 所示. 测量 1、2、3 级衍射点与光轴(0 级衍射)的距离 x'，由式(2-19-3)求出相应的空间频率 f_x 并求光栅的基频. 如表 2-19-1 所示.

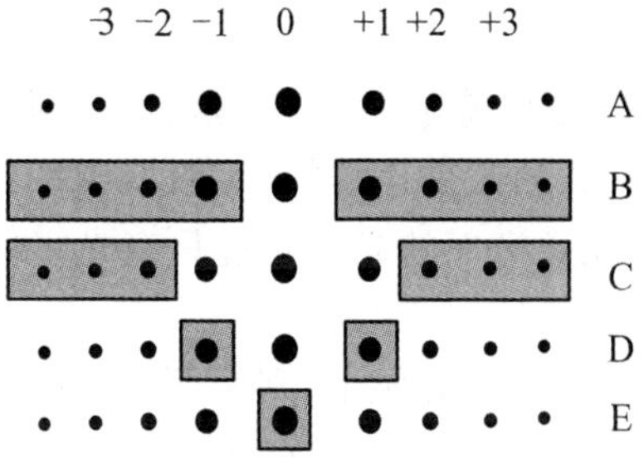

-3 -2 -1 0 +1 +2 +3

A B C D E

图 2-19-4　各种滤波方式

表 2-19-1　位置与空间频率

	位置 x'(mm)	空间频率(1/mm)
一级衍射		
二级衍射		
三级衍射		

(2) 在傅氏面上放上可调换狭缝及其他附加光阑，按图 A、B、C、D、E 分别通过一定的空间频率成分，按表 2-19-2 依次记录像面上成像的特点及条纹间距，特别注意观察 D、E 两条件下图像的差异，并对图像变化做出适当的解释.

表 2-19-2　成像的特点和条纹间距

	通过的衍射点	图像情况	简要解释
A	全部		
B	0 级		
C	0，+1 级		
D	0，+2 级		
E	除 0 级外		

(3) 取下物面上的一维光栅，换上一个二维正焦光栅. 则在频谱面上可以看到

二维分立的光点阵(即正交光栅的频谱),像面上可以看到放大了的正交光栅的像.测出像面上的网格间距.

(4) 依次在频谱面上放上一个小孔及不同取向的狭缝光阑(见图 2-19-5),使频谱面上一个光点或一排光点通过,观察并记录像面上图像的变化,测量像面上的条纹间距,并做出相应的解释.

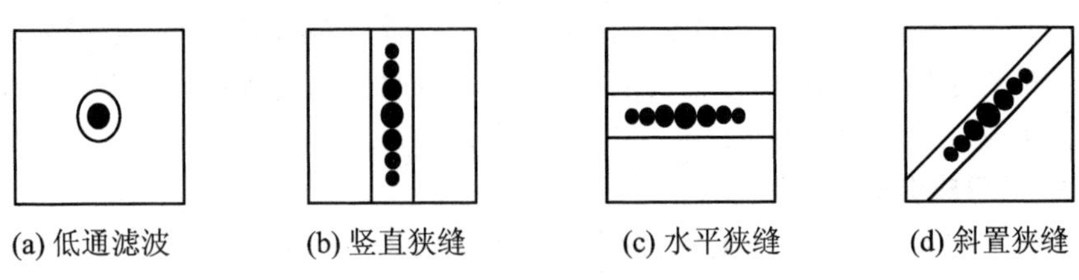

图 2-19-5　狭缝取不同方向

4. 高低通滤波

(1) 将正交光栅与一个空心的“光”字重叠在一起作为物(见图 2-19-6).通过透镜 L 成像在像平面上.

(2) 用毛玻璃观察 L 后焦面上物的空间频谱.光栅为一周期性函数,其频谱是有规律的分立点阵.而字迹不是周期性函数,它的频谱是连续的,一般不容易看清楚.由于光字笔画较粗,空间低频成分较多,因此频谱面的光轴附近只有光字信息而没有网格信息.

(3) 将一个 $\phi=1$ mm 的圆孔光阑放在 L 后焦面的光轴上,则像面上图像发生变化,记录变化的特征.换一个 $\phi=0.3$ mm 的圆孔光阑,图像又有何变化?

(4) 如果网格为 12/mm ,字的笔画粗为 0.5 mm,从理论上计算,要使网格消失和字迹模糊滤波器应有的孔径,并解释上述实验结果.

(5) 将频谱面上光阑作一平移,使不在光轴上的一个衍射点通过光阑(见图 2-19-7),此时在像面上有何现象?

(6) 在透镜 L 的后焦面上放一圆屏光阑挡去空间频谱的中心部分,观察并记录像面上的变化.

图 2-19-6　带光字的网格

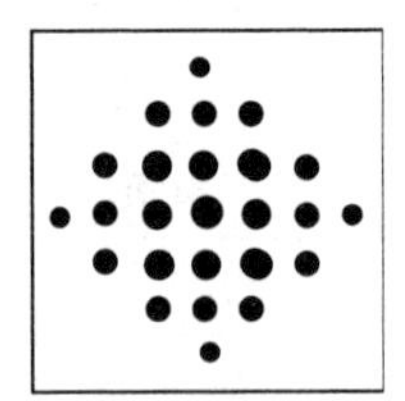

图 2-19-7　网格谱图

5. θ调制实验

所谓θ调制是以不同取向的光栅调制同一物面上的不同部位，经空间滤波后，像面上各相应部位呈现不同的颜色.

（1）实验光路如图 2-19-8 所示. 以 12 V 溴钨灯为光源，灯前放小孔 S，聚光透镜 L_1 将 S 成像于透镜 L_2 前面的 P_2 面上. 物放在紧靠 L_1 的 P_1 平面上，经 L_2 成像于屏幕 P_3 上. 此光路中频谱面是光源的成像面，即 P_2 平面.

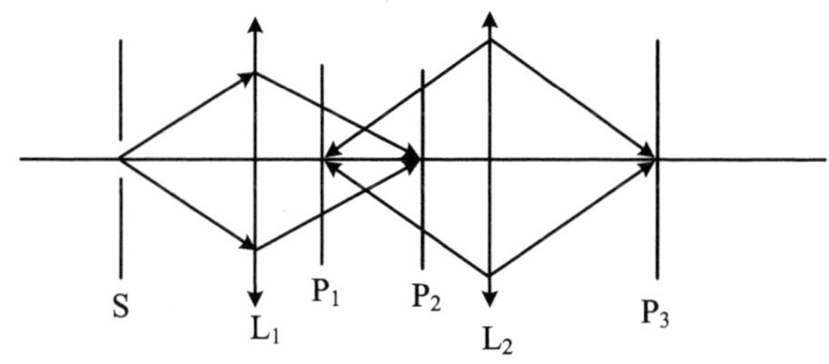

图 2-19-8　θ调制光路

（2）作为物的样品是由全息照相法制成的，它的三个部位（比如上部、中部、下部）分别是不同取向的光栅，间隔为一定的角度.

（3）将上述图样放在 P_1 平面上，在 P_2 平面上可看到光栅的衍射图，三行不同取向的衍射光斑对应于不同取向的光栅. 这些衍射级次除 0 级以外均有色散.

（4）调节 P_2 面上的滤波器，使像面 P_3 上部呈蓝色，中部呈红色，下部呈黄色（当然颜色可以由你任意选择）.

6. 卷积现象的观察

用激光束分别照射在 20/mm 和 200/mm 的两个正交光栅上，观察各自的空间功率谱（即夫朗和费衍射图）. 将两光栅重叠起来，观察并记录其频谱特点. 先后转动两光栅之一，频谱面上有何变化？（根据傅立叶变换的卷积定理可解释观察到的现象.）

三、思考题

1. 根据本实验结果，你如何理解望远镜、显微镜的分辨本领？为什么说一定孔径物镜只能具有有限的分辨本领？如增大放大倍数能否提高仪器的分辨本领？

2. 实验 3、4 均以激光作为光源，有什么优越性？若以钠光或溴钨灯（白光源）代替激光，会产生什么困难，应采取什么措施？

3. 试用卷积定理解释高、低通滤波实验第(5)部分实验现象及θ调制实验.

4. 试设计一个滤波器能滤去图 2-19-6 中的“光”字字迹而保留网格.

参 考 文 献

[1] 张毓英,邵义全.光学实验[M].北京:电子工业出版社,1989.

[2] 赵凯华,钟锡华.光学[M].北京:北京大学出版社,1992.

[3] 宋菲君.从波动光学到信息光学[M].北京:科学出版社,1992.

[4] 苏显渝,李继陶.信息光学[M].北京:科学出版社,1999.

第 3 单元　设计性物理实验

3-1　设计性实验的特点与实验方案的制订

一、设计性实验的性质和特点

设计性实验是在掌握基础性实验和具备综合实验知识及能力之后，对今后开展科学实验全过程进行初步训练的一种教学实验. 也就是在基本训练的基础上，提出一些有利于启发思维、有应用价值的实验课题，让学生进行设计性实验. 课题内容介绍，以提出任务、要求和阐述应用背景为宜，而如何解决问题，解决问题的原理、方法和所用仪器等由学生们自行提出并实践. 目的是使学生运用所学的实验知识和技能，在实验方法的考虑、测量仪器的选择、测量条件的确定等方面受到系统的训练，培养学生具有较强的从事科学实验的能力.

做实验前，要求先广泛查阅有关资料，论证和了解课题原理，提出各种解决问题的方法，并选择最佳方案做实验，最后对实验数据处理、概括归纳、总结分析，得出正确的结论. 这一过程相当于一个小型、初步的科研工作过程，也是一次创新能力的培养过程. 创新能力的培养包含在平时的教学过程中，很显然，它有自己的特点和全过程. 设计性实验正为此创造出良好的条件，提供一个锻炼和实践的机会.

设计性实验的要求和大体步骤是：

(1) 了解题目要求，明确任务.

(2) 查阅有关资料. 争取做前人未做过的事，寻求各种解决问题的方法. 从原理、方法和仪器等多方面提出完成课题任务的依据及实验步骤.

(3) 做实验. 数据记录与处理，测量结果评价，总结分析.

(4) 按科学论文的要求，写出实验报告.

安排设计性实验的目的是充分发挥学生的积极性、主动性，给他们创造一个独立进行实验全过程的条件.

二、实验方案的制订

设计性实验的核心问题是实验方案的制订，在制订实验方案时，应考虑以下几个方面：选择合理的实验方法、设计最佳测量方法、合理配套实验仪器和选择有利的测量条件.

1. 实验方法的选择

根据设计题目，查阅有关资料，提出多种可能的实验方法，画出必要的原理图，推证有关理论公式，通过分析和比较，选择一种实验上可行、经济上最省或实验条件允许、能保证精度要求的最佳实验方法.

2. 测量方法的选择

实验方法选定之后，为使各测量结果误差最小，需进行误差来源及误差传递的分析，并依据可能提供的仪器，确定最合适的测量方法.

3. 实验仪器的选择

根据精度要求，选择与配置经济上最合理的测量仪器.

4. 测量条件的选择

选择最有利的测量条件，可以使测量误差最小. 一般可以通过对误差函数求极值来确定最佳测量条件.

三、设计实验案例

滑线电阻的限流特性和分压特性的研究.

将滑线电阻连成限流器和分压器时，希望负载上的电流和电压能随变阻器触头位置的改变而均匀地变化，即所谓调节的线性较好. 作出滑线电阻的限流特性曲线和分压特性曲线，便可得知滑线电阻与负载应怎样匹配.

[实验目的]

测绘滑线电阻的限流特性曲线和分压特性曲线.

[实验仪器]

直流稳压电源、滑线变阻器、电阻箱、电压表、毫安表等.

[实验提示]

1. 限流特性讨论

限流器的电路如图 3-1-1 所示. 电流的最大值和最小值分别为

$$I_{\max}=\frac{V_0}{R_L},\quad I_{\min}=\frac{V_0}{R_L+R_0}\tag{3-1-1}$$

这就是电流的调节范围. R_0 愈大，$I_{\min}$愈小，调节范围愈大. 我们还要考虑调节时对电流控制的线性程度.

负载 R_L 上的电流为

$$I=\frac{V_0}{R_L+R_0-R_2}=\frac{R_L I_{max}}{R_L+R_0-R_2} \tag{3-1-2}$$

引进参数 $x=R_2/R_0$，$k=R_L/R_0$，可得

$$\frac{I}{I_{max}}=\frac{k}{k+1-x}$$

对于不同的 k 值，x 与 I/I_{max} 的关系如图 3-1-2 所示. 由曲线可知：

（1）负载 R_L 上的电流不可能为零，且 k 越大，电流可调范围越小.

（2）k 越大，调节范围越小，但线性度较好.

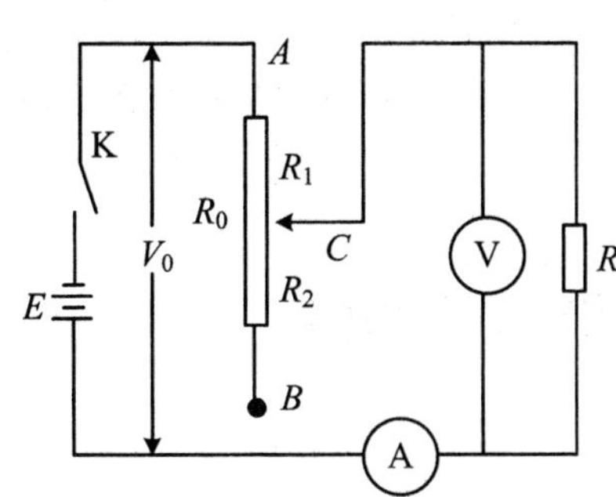

图 3-1-1　限流器电路

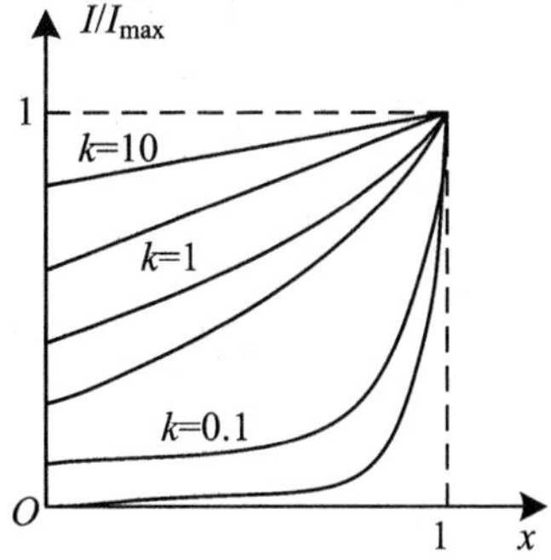

图 3-1-2　x 与 I/I_{max} 的关系曲线

2. 分压器特性讨论

分压器的电路如图 3-1-3 所示. 随触头位置的变动，R_L 上电压 V 就从 0 变到 V_0，调节范围和变阻器阻值 R_0 无关. 触头在任意位置，即任意 R_2 值，负载 R_L 上的电压为

$$V=\frac{R_2 R_L}{R_1(R_2+R_L)+R_2 R_L}V_0 \tag{3-1-3}$$

同样引入参数 $x=R_2/R_0$，$k=R_L/R_0$，可得

$$\frac{V}{V_0}=\frac{xk}{x+k-x^2} \tag{3-1-4}$$

对于不同的 k 值，x 与 V/V_0 的关系如图 3-1-4 所示，由图可以看出以下两点.

（1）当 $k>1$ 时，V/V_0 在整个范围内均匀变化，且有足够的调节范围，故通常取 R_0 接近于负载 R_L.

（2）$k<1$，曲线出现突变部分，不易调到某些电压值.

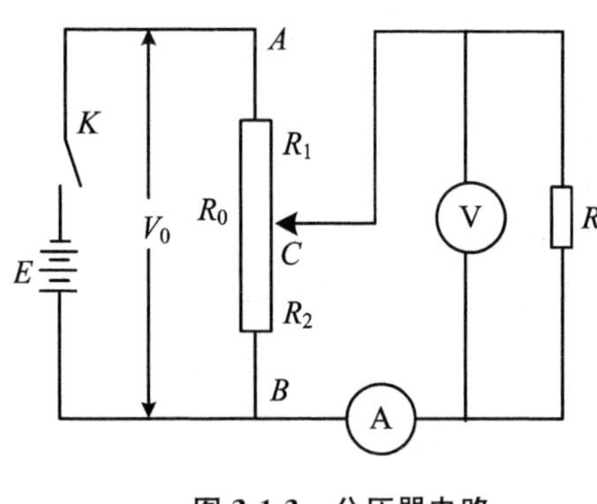

图 3-1-3 分压器电路

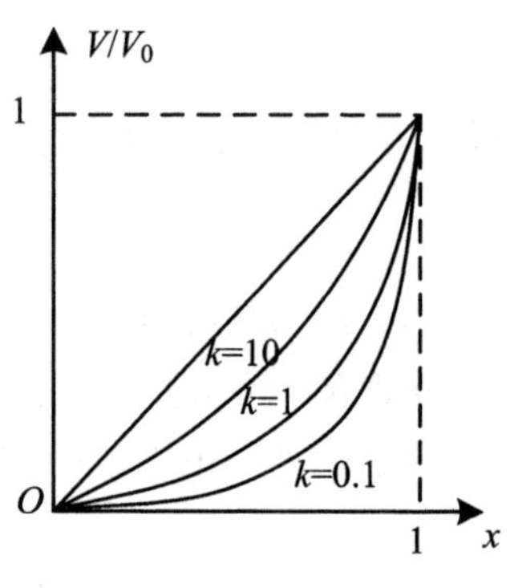

图 3-1-4 x 与 V/V_0 的关系曲线

3-2 设计性实验题目举例

3-2-1 测定酒精的密度

设计要求:(1) 根据给定器材设计实验方案并测定酒精的密度.(2) 不允许用钢尺测量试管的几何尺寸.

实验仪器及材料:试管,盛水大烧杯,钢尺,滴管,酒精,橡皮筋,吸水纸等.

3-2-2 测定自由落体的瞬时速度

设计要求:根据给定器材设计实验方案并测定自由落体下落 30 cm 时的瞬时速度.

实验仪器及材料:重力加速度测定仪,计时-计数-计频仪,小钢球等.

3-2-3 用焦利秤测定重力加速度

设计要求:根据给定器材设计实验方案并测定本地重力加速度.

实验仪器及材料:焦利秤(包括弹簧),砝码,砝码托盘,停表等.

3-2-4 用梁的弯曲法测定金属材料的杨氏模量

设计要求:根据给定器材设计实验方案并测定给定样品的杨氏模量.

实验仪器及材料:杨氏模量测定仪(包括测试样品:钢板、铜板各一条).

3-2-5 测定物体的转动惯量

设计要求:用扭摆测定几种不同形状物体的转动惯量和弹簧的扭转常数,验证转动惯量中的平行轴定理.

实验仪器及材料:扭摆,几种规则的待测刚体(实心、空心圆柱,均匀细杆,圆球),数字式计数计时器,数字式电子台秤.

3-2-6　测定空气的比热容比

设计要求：根据给定器材设计实验方案并测定空气的比热容比.

实验仪器及材料：空气比热容比测定仪(包括贮气瓶、硅压力传感器、温度传感器等).

3-2-7　电位差计校准电表

设计要求：以电位差计为主要仪器，设计校准电压表、电流表校准电路，画出校准曲线，定出被校表等级.

实验仪器及材料：电位差计，标准电池，恒流电源，滑线变阻器，电阻箱，待校表等.

3-2-8　用给定材料制作定值低阻

设计要求：设计制作 1 Ω 以下低阻的方案及步骤. 误差小于 5%.

实验仪器及材料：QJ44 双电桥，电位差计，游标卡尺，米尺，电阻丝等.

3-2-9　太阳能电池的伏安特性

设计要求：了解太阳能电池的工作原理及其应用，测量太阳能电池的伏安特性曲线.

实验仪器及材料：太阳能电池，光功率计，白光光源，可调直流电源，数字万用表，遮光罩，电阻箱.

3-2-10　测材料伏安特性曲线

设计要求：设计测量电路，验证公式 $U=KI^n$，用最小二乘法求系数 K、n.

实验仪器及材料：待测材料，电流表，电压表，变阻器，电源等.

3-2-11 光敏电阻特性测量

设计要求：了解光敏电阻的基本特性，测量其伏安特性曲线和光照特性曲线.

实验仪器及材料：光敏电阻，稳恒直流电源，万用表，测试架，电阻元件等.

3-2-12 二极管的伏安特性

实验仪器及材料：测量普通硅锗二极管及稳压二极管的伏安特性.

仪器用具：二极管，连续可调直流稳压电源，数字电压表，数字电流表，分压限流电阻.

3-2-13　定虚像的位置

设计要求：测某一发光物体相对于凸透镜和凹透镜的两个虚像的位置.

实验仪器及材料：薄透镜(凸透镜、凹透镜)，细杆物体，平面镜，半反射平面镜等.

3-2-14　用双波长法对物质的组分定量分析

设计要求：自行设计实验方案，采用双波长法对两种混合液体的成分进行测量.

实验仪器及材料:分光光度计,待测物质,烧杯等.

3-2-15　测定偏振片的透振方向

设计要求:(1) 可以利用 7 种偏振态的光束的不同特点.(2) 测出透振方向的角度范围.

实验仪器及材料:分光计,偏振片,三棱镜,汞灯,钠灯等.

3-2-16　自组望远镜

设计要求:用透镜组装简易望远镜并测出其相关参数.

实验仪器及材料:光学平台及其附件等.

3-2-17　测小孔的大小

设计要求:用光学原理设计衍射实验,精确测量小孔直径.

实验仪器及材料:光学平台及其附件,夫琅禾费衍射系统等.

3-2-18　设计干涉光路实验

设计要求:用除利用典型的干涉光路以外的方法获得干涉效果.

实验仪器及材料:光学平台及其附件等.

3-2-19　光点反射磁致伸缩效应

设计要求:(1) 写出实验的主要设计思想及实验原理公式.(2) 测出线圈电压 U(线圈电流 I),并计算与之对应的微小升长量 ε.(3) 在坐标纸上画出 ε-U 的关系曲线.

实验仪器及材料:测量杨氏模量专用装置一套(包括光杠杆、砝码、镜尺组、米尺、螺旋测微器等),镍丝(大约 1 m),螺线管(含可调电源、工作电流 2 A).

3-2-20　用积分球测量不规则小孔的面积

设计要求:(1) 写出实验的主要设计思想及实验原理公式.(2) 作出小孔面积 A 与光电流 I 之间的关系曲线.(3) 测定不规则小孔的面积.(4) 用溴钨灯代替激光器重新做实验,比较实验结果.

实验仪器及材料:积分球、激光器、扩束器、检流计、溴钨灯.

3-2-21　电光调制实验

设计要求:(1) 写出实验的主要设计思想及实验原理公式.(2) 在坐标纸上作出 I-U 关系曲线.(3)定量地解释此现象,作理论与实验的比较.

实验仪器及材料:调制晶体——铌酸锂晶体、激光器、起偏器、检偏器、可调电源、光电接收器(光电池、检流计).

3-2-22　旋转式小孔衍射仪的制作与探讨

设计要求:(1) 制作旋转式小孔衍射仪(孔的形状包括单丝、单缝、三角孔、正方孔、六边孔、圆孔、双矩孔、双缝).(2) 画出不同形状的孔对应的衍射图样,然后应用所学的理论做必要的解释.

实验仪器及材料：氦氖激光器、衍射屏、旋转式小孔衍射仪.

3-2-23　测定溶液的折射率

设计要求：(1) 写出实验的主要设计思想及实验原理公式. (2) 用多种方法测定溶液的折射率. (3) 比较各种方法的测量结果，并说明它们的优缺点.

实验仪器及材料：钠光灯、读数显微镜、优质玻璃板和玻璃块各一块、牛顿环装置、被测溶液等.

3-2-24　测定三棱镜的色散率 $dn/d\lambda$

设计要求：(1) 写出实验的主要设计思想及实验原理公式. (2) 测定三棱镜的色散率 $dn/d\lambda$. (3) 正确处理实验数据.

实验仪器及材料：氢灯、分光计、三棱镜.

3-2-25　测量丝线的直径

设计要求：(1) 用多种方法测丝线的直径. (2) 写出设计方案及实验原理. (3) 用合适的数据处理方法求结果. (4) 试分析实验误差的主要来源，并估计其总的不确定度.

实验仪器及材料：(1) 读数显微镜、优质玻璃板、被测丝线. (2) 迈克耳逊干涉仪、被测丝线等，其他相关器件根据设计方案选择.

3-2-26　综合测量光的波长

设计要求：(1) 用多种方法测量光的波长. (2) 写出设计方案及实验原理. (3) 用合适的数据处理方法求结果. (4) 试分析实验误差的主要来源，并估计其总的不确定度.

实验仪器及材料：可供选择的主要仪器有读数显微镜、单缝衍射仪、迈克耳逊干涉仪、其他实验仪器及材料根据设计方案选择.

3-2-27　模拟电冰箱制冷系数的测量

设计要求：根据热力学定律知识，学习掌握电冰箱制冷原理，设计测量模拟电冰箱制冷系数的方法.

实验仪器及材料：模拟电冰箱实验装置.

3-2-28　用电负载功率因素的研究

设计要求：利用三表法测量并计算负载端的功率因数，并研究负载端并联电容后对功率因数的提高以及引起的输电效率的提高的原因，在此基础上研究负载电路功率因数的提高步骤.

实验仪器及材料：电气(电工)技术综合实验装置.

3-2-29　测量橡胶泥的密度

设计要求：有两块体积都相同的同种金属被分别包裹在两块大小不同的橡胶泥内，要求使用下列器材测量橡胶泥的密度 ρ_x.

实验仪器及材料：物理天平、烧杯、细线、1 号待测件、2 号待测件、水(室温下水的密度 $\rho_0=1.00\ g/cm^3$).

3-2-30 制作全息光栅

设计要求：根据全息原理和光栅的空间周期性，采用全息照相的方法制作光栅，设计几种不同的方案，并对它们各自的成像质量和可操作性进行比较.

实验仪器及材料：激光器，防震光学平台，感光底板等.

3-2-31 液体密度的测定

设计要求：(1) 写出实验原理，导出测量公式. (2) 拟出实验步骤. (3) 列出数据表格. (4) 测定待测液体的密度，$E_p \leqslant 0.2\%$. (5) 分析讨论误差产生的原因，并对实验结果进行评价.

实验仪器及材料：待测液、蒸馏水、物理天平、比重瓶、烧杯、密度未知的金属块.

3-2-32 测量地磁场强度的水平分量

设计要求：(1) 利用亥姆霍兹线圈和罗盘针等仪器，用两种方法测量地磁场强度的水平分量 B_h. (2) 写出测量原理，包括磁场矢量合成图、计算公式及实验电路图，并写清实验步骤.

实验仪器及材料：亥姆霍兹线圈、罗盘针、直流电源、电流表、滑线变阻器、反向开关.

3-2-33 测定电容

设计要求：(1) 利用电容器的充电、放电特性，设计两种测定电容的电路，简述测量方法. (2) 说明处理数据的方法，测量结果至少要有两位有效数字. (3) 如果电流表、电压表内阻未知，请设计电路测电容，并简述测量方法.

实验仪器及材料：电压表、微安表、电阻箱、变阻器、直流稳压电源、待测电容、秒表、开关、导线.

3-2-34 谐振法测电感及损耗电阻

设计要求：(1) 测量电感器的电感及损耗电阻. (2) 测量所用电路中电流增长过程里电感器所储存的能量以及电流消失过程中电感器损耗电阻所消耗的能量. (3) 测量信号源的输出功率.

实验仪器及材料：双踪示波器、功率函数发生器、电阻箱一个、待测电感器、开关.

3-2-35 RC 移相电路及测量相位差

设计要求：(1) 用电阻、电容组成移相电路，要求输出电压 U_0 的相位较输入电压 U_i 的相位落后 $\pi/4$，试用三种方法测量相位差. (2) 组成一个移相电路，要求输入、输出电压的相位差 $\Delta\varphi$ 在 $0°\sim180°$间可调，用示波器观察相位差的变化.

实验仪器及材料:正弦波信号源、双踪示波器、电阻箱三个、电感箱一个、电容箱一个.

3-2-36　测量磁场分布

设计要求:(1) 分别测量两个单圆线圈通电时沿轴线方向的磁场分布,并测出轴外某点 M 的磁感应强度大小和方向.(2) 将两个圆线圈串接起来,以同样的电流,测量沿轴线方向各点磁场的分布,并测出轴外 M 点的磁场大小和方向,比较结果,以验证磁场叠加原理.(3) 测量亥姆霍兹线圈轴线附近的磁场分布.要求写出电磁感应法测磁场的原理、计算公式、实验步骤,并对实验结果进行分析讨论.

实验仪器及材料:交流信号发生器,万用电表,亥姆霍兹线圈,磁场测试仪,开关,导线等.

3-2-37　研究 RLC 串联电路的暂态过程

设计要求:(1) 拟订实验方案,设计电路.(2) 分别观察 RL、RC 和 RLC 电路的暂态过程.(3)研究暂态过程中电压与电流的变化规律.

实验仪器及材料:示波器、方波发生器、电阻箱、电感、电容、稳压电源等.

3-2-38　交流电及整流滤波电路的测量

设计要求:(1) 拟订实验方案,设计半波、全波整流及滤波电路.(2) 用电压表测量交流电压的有效值,计算峰-峰值;用示波器观察及测量其电压峰一峰值,计算有效值,画出波形图.(3) 用万用电表分别测量半波、全波整流电路的输入电压和输出电压;用示波器观察半波、全波输入电压和输出电压的波形.(4) 测量和观察滤波电路加滤波电容和不加电容的电压和波形.(5)分析和总结各种电路的特点.

实验仪器及材料:变压器、二极管、电容、万用表、示波器等.

3-2-39　直流稳压电源的制作

设计要求:(1) 拟订实验方案,设计整流滤波稳压电路.(2) 焊接、调试电路.(3) 测试直流稳压电源的稳压性能,分别调节交流输入电压和负载电流(变化控制在 10%之内),检测输出电压的稳定情况,并给予评价.

实验仪器及材料:稳压电源综合实验仪、万用电表、限流电阻等.

3-2-40　实验数据处理软件的开发

设计要求:(1) 针对实验数据处理比较繁琐的实验,进行数据处理系统的开发,以提高实验效率.(2) 需要作图的实现计算机绘制曲线.(3) 具备一定的软件编程基础.

实验仪器及材料:计算机,编程软件.

3-2-41 测定电阻丝的电阻率

设计要求:(1) 推导计算公式.(2) 测出电阻丝的电阻率.(3) 分析测量误差.

实验仪器及材料:箱式电桥、螺旋测微器、米尺、待测电阻丝.

3-2-42 可控硅调光灯的制作

设计要求:(1) 拟定实验方案,设计调光电路.(2) 熟悉各电路元件的性能,连接、调试电路,用万用电表测试灯泡两端的电压范围,观察调光效果.(3) 用示波器测量可控硅调光灯电路有关点的电压波形,并总结分析.

实验仪器及材料:可控硅综合实验仪、示波器等.

3-2-43 延时器与定时器的制作

设计要求:(1) 拟订实验方案,设计延时器与定时器电路.(2) 连接电路,用万用表测试各点电压,观察延时与定时效果.(3) 用示波器观察各点波形,分析总结.

实验仪器及材料:继电器综合实验仪、示波器等.

3-2-44 二极管伏安特性曲线的测绘

设计要求:确定实验方案,选择实验仪器,设计线路,做好测试工作,分析实验结果,写出实验报告.

实验仪器:PN 结物理特性综合实验仪等.

3-2-45 PN 结正向压降与温度关系研究

设计要求:(1) 拟定实验方案,设计实验电路.(2) 连接电路,在 PN 结正向电流恒定的条件下,测绘 PN 结正向压降随温度变化的曲线.(3) 计算出其灵敏度,进行总结分析.

实验用具:PN 结物理特性综合实验仪、热源等.

3-2-46 温度惯性的测量

设计要求:(1) 拟定实验方案,理解温度惯性的概念,设计实验电路.(2) 连接电路,记录设定温度和测量实际温度,观察温度变化过程.(3) 作出设定温度与实际温度随时间变化关系曲线,计算温度惯性的大小,分析总结产生温度惯性的原因.

实验仪器:热源、温度控制与检测综合实验仪等.

3-2-47 热电偶温度传感器特性研究

设计要求:(1) 写出实验原理,设计实验电路.(2) 连接电路,测量热电偶温度—电压变换对应量.(3) 作出温度电压关系特性曲线,计算灵敏度,总结分析.

实验仪器:热源、温度控制与检测综合实验仪等.

3-2-48 热敏电阻温度特性曲线的测试

设计要求:(1) 拟定实验方案,设计实验电路.(2) 连接电路,测量热敏电阻的温度—电压变化对应量.(3) 作出温度电压关系曲线,计算其灵敏度,进行总结分析.

实验仪器:热源、温度控制与检测综合实验仪等.

3-2-49　相敏检波器性能测试

设计要求:(1) 拟定实验方案,设计实验电路.(2) 连接电路,用示波器观察输入和输出波形的相位和幅值关系.(3) 画出相敏检波器各点波形图,进行总结分析.

实验仪器: CSY 型传感器综合实验仪、示波器等.

3-2-50　差动变压器式传感器性能测试

设计要求:(1) 拟定实验方案,设计实验电路.(2) 连接电路,转动测微头,观察波形,记录电压.(3) 作出差动变压器输出特性曲线,计算灵敏度,总结分析,提出零点残余电压补偿方案.

实验仪器: CSY 型传感器综合实验仪、示波器等.

3-2-51　电涡流式传感器的静态标定

设计要求:(1) 拟定实验方案,设计实验电路.(2) 连接电路,转动测微头,每隔 0. 10 mm 读数,用示波器观察各点波形,记录各点电压.(3) 作出输出特性曲线,总结分析.

实验仪器: CSY 型传感器综合实验仪、示波器等.

3-2-52　透镜组节点和焦距的测定

设计要求:测透镜组第一节点、第二节点和焦距.

实验仪器:光学平台及其附件.

3-2-53　超声波测距

设计要求:在了解和掌握超声波的发射和接收原理的基础上,自行设计实验方案,实现对固定距离的测量.

实验仪器及材料:超声波实验仪,数字示波器,数字万用表.

3-2-54　激光器的制作

设计要求:根据激光技术原理,自行设计光路,制作折叠(驻波)激光器.

实验仪器及材料:晶体(工作物质),防震光学平台及组件,探测器,示波器,光阑.

第 4 单元　研究性物理实验

本单元的物理实验以科研实践为主题，以课题组为组织形式，让学生直接参加到新实验的设计或传统实验的更新和改造之中，或者参加到一些教师的科研课题当中，通过选题、开题、初研、实验调试、到一个课题和一个项目的完成、写出总结、答辩报告，进行成果展示和论文答辩等训练，使学生感受科学研究的全过程，得到独立科研能力的锻炼，学到更多书本以外的知识. 研究性物理实验选题一般是在实验教学中提出来，具有明显的研究价值，也具有较好的研究条件，在教师的指导下，通过自己的努力能够完成的题目.

进行研究性物理实验最重要的是创新，在其各个环节，都要有创新的意识. 创新的基础是知识的继承和积累，新的科学发现也是在前人工作的积累下发展起来的，现在的科学和技术的发展更加复杂和深化，所以在进行研究性实验时需要不断地进行学习和总结，逐步积累起广博和深厚的知识基础，才能有所发现，有所突破，有所创造.

研究性实验阶段，每位学生根据所学物理知识及自己的兴趣和能力，选择 1～3 个研究性实验题目进行专题研究，在一年内完成. 选题确定以后，学生要根据自己的研究方向，在教师的指导下进行查阅文献和阅读文献训练，查阅文献不仅要上网查阅电子文献，而且还要到图书馆现场查阅；阅读文献也是进行研究性实验比较重要的一环，学生们不仅要阅读中文文献，还要阅读原始英文文献.

通过选题、查阅文献、阅读文献，每个学生要了解所进行的研究性实验的发展历史和自己要干的工作，在弄懂实验原理的基础上设计出实验方案，在课题小组进行开题报告，报告合格后才能动手进行实验操作. 科学实验不仅要有严谨的科学作风，而且对工作要一丝不苟、实事求是，记录必须真实、不能主观臆测，更不能虚假编造，获取信息后要通过科学分析去伪存真，得到正确的结果.

学生们在研究性实验教学中，通过选题、开题、初研、实验调试、总结答辩等训练，了解科研的环节和方法，学到更多书本以外的知识，培养其科研能力. 与此同时，也要利用教师与学生直接交谈增多的机会，培养学生的良好道德品质和心理素质，引导学生拼搏进取、勇于创新，不仅要教学生如何学习，而且要教学生如何做人，帮助学生树立正确的人生观，增强学生的事业心、使命感，树立起艰苦创业的优良品质和执著追求的科学精神.

时代在前进,学科在发展.研究性实验不像基本实验和综合性实验那样稳定,可以"数年如一日"地进行,它必须不断推陈出新.有些实验经过几届学生做过后,已没有多少内容可供研究了,就应该淘汰.年年增加新内容,是研究性实验能保持其先进性、创新性和有效性的关键.因此,每年充实新内容,淘汰旧实验,不断发展改进.也正因为如此,在研究性实验中我们只选择了两个研究方向给予介绍,其他研究性实验内容,可参考《近代物理实验》和实验室提供的资料,按照指导教师的要求进行.

4-1　激光技术的研究和应用

由于激光具有很好的单色性、相干性、方向性和高能量密度,它已渗透到各个学科领域,激光产业正在我国逐步形成,其中包括激光音像、激光通讯、激光加工、激光医疗、激光检测、激光印刷设备及激光全息等,这些产业正在作为新的经济增长点而引起高度重视.

激光技术是 20 世纪与原子能、半导体及计算机齐名的四项重大发明之一.30 多年来,以激光器为基础的激光技术在我国得到了迅速的发展,现已广泛用于工业生产、通讯、信息处理、医疗卫生、军事、文化教育以及科学研究等各个领域,取得了很好的经济效益和社会效益,对国民经济及社会发展将发挥愈来愈重要的作用.

一、概述

在测量过程中,稳频问题始终是主要的问题.对稳频技术而言,电磁波的频率高低并非主要的问题,关键的是要获得一个稳定基准(频率标准).鉴于无线电领域的经验,1960 年激光器刚一问世,就有人开始考虑它的频率稳定性.初期的注意力集中在参数稳定,工作状态和周围条件的控制方面,但收效都不大,其稳定度仅达 10^{-8}.在激光器稳频技术中,稳定参考标准频率选取方法一般有以下几种:

(1) 以增益曲线作为稳定激光频率的标准[1],但很难达到较高的稳定度,仅为 10^{-8};比如:可利用兰姆凹陷稳频法.稳频实质是:以谱线的中心频率 ν_0 作为参考标准;当激光振荡频率偏离 ν_0 时,即输出一误差信号,通过伺服系统鉴别出频率偏离的大小和方向,输出一直流电压,调节压电陶瓷的伸缩来控制腔长,从而把激光振荡频率自动地锁定在兰姆凹陷中心处.兰姆凹陷稳频是以原子跃迁谱线中心频率 ν_0 作为参考标准的,故 ν_0 本身的漂移会直接影响频率的长期稳定性和复现性的精度.气压造成的压力位移，放电条件的不同都将使得兰姆凹陷中心频率 ν_0 发生变化，这些扰动都不能用伺服系统来调整，只能尽量减小其影响.

(2) 利用分(原)子谱线在外场(电磁场)中的物理效应(塞曼、斯塔克斯)稳定频率[2-5]，稳定性达到 10^{-9}. 塞曼稳频的稳频基理是：将一个发光的原子系统置于磁场中时，其原子谱线在磁场的作用下会发生分裂.这种现象称为塞曼效应.在没有磁场作用下，原子从高能级跃迁到低能级，发出频率为 ν_0 的光.在有外磁场的作用下，原子的能级将发生分裂，成为频率高于未加磁场时的左旋圆偏振光，频率为 $\nu_0+\Delta\nu$，和频率低于未加磁场时的右旋圆偏振光，频率为 $\nu_0-\Delta\nu$. 如果激光振荡频率正好处于 ν_0 时，左旋圆偏振光和右旋圆偏振光的光强相等；若激光振荡频率偏离了 ν_0(如偏离右旋光)，则右旋光的光强 $I_{右}$ 大于左旋光的光强 $I_{左}$，反之，则有 $I_{右}<I_{左}$. 根据激光器输出的两个圆偏振光光强的差别，就可以判别出激光振荡频率偏离中心频率的方向和大小.这样可设法形成一控制信号去调节谐振腔，使它稳定在谱线的中心频率处.

(3) 利用原子(分子)吸收谱线稳定激光频率[6-7]，频率稳定度可达 10^{-14}. 从前面所讨论的兰姆凹陷稳频和塞曼稳频等方法可知，提高频率的稳定性和复现性的关键是如何选择一个稳定的和尽可能窄的参考频率.上述稳频方法都是利用激光本身的原子跃迁中心频率作为参考的，而原子跃迁的中心频率易受放电条件等影响而发生变化，所以其稳定性和复现性就受到局限.为了提高频率的稳定性和复现性，通常采用外界参考频率标准进行稳频.例如：利用饱和吸收稳频，即在谐振腔中放入一个充有低气压气体原子(或分子)的吸收管，它有和激光振荡频率配合很好的吸收线，而且由于吸收管气压很低，故碰撞加宽很小可以忽略不计，吸收线中心频率的压力位移也很小，所以在吸收线中心处形成一个位置稳定且宽度很窄的凹陷，以此作为稳频的参考点，可使其稳定性和复现性精度得到很大的提高.但谱线的频率覆盖范围有限且难调谐，这就大大限制了这种稳定方法的实际应用.

(4) 利用光学元件稳定激光频率[8-11]，以能分辨波长微小变化的元件(色散元件)作为激光稳频基准.它们突出特点是具有较宽的调谐区域.各类干涉仪可用作激光稳频基准.其中 F-P 共焦干涉仪就是一种.它的基理是：在干涉仪上加上音频扫描电压，当激光振荡频率偏离扫描干涉仪的中心频率时，将引起透射光强的改变，从而得到一误差信号，再通过伺服系统把它加到半导体激光器的压电陶瓷上，最后调节激光器的腔长就可实现激光频率的稳定.

由于 F-P 腔是一种能分辨波长微小变化的元件，同时，也能以相同的精度分辨出频率的改变，因而可用作激光稳频基准.它突出的优点是较宽的调谐区域.所以，我们选其作为稳频基准.

二、实验研究的意义和目的

利用 F-P(Fabry-Perot)腔作为频率参考标准的激光稳频系统，是长期以来使用的一种简单而有效系统. 比如引力波探测，高分辨光谱学等实验，它们都用到了高精细度的 F-P 腔、超低温控制和边带锁频技术等.

由于在量子光学及量子信息等有关实验中，需要多处进行频率锁定，且精度在兆赫(MHz)范围. 因此，往往有多台 F-P 腔出现在同一个实验装置中 . 相比较其他的几种稳频技术，利用 F-P 腔的透射特性来稳定激光频率的方法简单，所需实验仪器相对较少，便于在实验中应用.

山西大学光电研究所在这面也作了多年的研究，并且取得了不错的成绩. 例如：四镜环行腔激光器[12]自由运转时频率稳定性小于±5 MHz，锁定后频率稳定性小于±550 kHz. 五镜环行腔激光器[13]自由运转时绿光和红外光的频率稳定性，分别小于±6 MHz 和±3 MHz(1 min)，锁定后绿光和红外光的频率稳定性，优于±484 kHz 和±240 kHz(1 min). 但是对于激光器长时间运转激光频率的稳定性不是很好，所以他们自制了控温的 F-P 腔，利用它长时间的温度稳定性，来作为参考频率，以达到长时间的激光频率稳定性[14].

为了让学生能够深刻理解以及应用所学的理论知识和实验技能，确实地解决每一个实际问题，我们把最新的研究成果引入到本科开放实验中. 下面我们将从理论和实验两方面介绍如何利用 F-P 腔的透射特性来稳定激光频率.

三、影响激光频率的因素

因为激光器某些部分暴露在空气中，空气的折射率、气压、温度、湿度，都可引起频率变化，通风时的气流亦会引起激光频率的起伏. 这类变化引起的波动可达 10^{-6}. 因此，要设法采用全封闭式的光学腔或在激光器外设置屏蔽隔离器. 同时，机械振动也是导致光学谐振腔频率变化的重要因素之一，它们可以从地面或空气传入，因此，需要采用防震措施来隔离地面传来的机械振动，实验中采用压缩空气式防震台，对低频机械振动具有良好的防震能力[15]. 以上措施为被动稳频方法，结构简单，使用方便，但是只能使激光器的频率稳定在 10^{-6} 量级上，光频变化在数百兆赫兹数量级上. 所以，我们必须采用主动稳频技术来提高频率的稳定度.

主动稳频技术的实质是：人为地保持谐振腔的光程腔长稳定不变. 它的主要思想是：选用某一频率作为稳定的参考标准频率，当外界变化影响到激光器的频率，使其偏离这个特定的标准频率时，设法进行鉴别，同时产生出一个反映这个偏差的误差信号，该误差信号不但能指明偏离标准频率值的大小，而且还能指明是偏大还是偏小，然后将误差信号转变为执行信号反馈给激光器的伺服机构，通过控制系统自动调节腔长，使激光器工作频率稳定在特定的标准频率上运转．总之，稳频技术就是保持谐振腔光程长度的稳定性问题[16-17]．

主动稳频技术问题的关键在于如下两点：① 参考频标的选取，要求它的稳定度必须高于所测系统的稳定度．② 反馈系统的信号要求与所测系统的调制信号必须同步进行．频率稳定好坏主要取决于鉴频曲线，鉴频曲线越好，所测系统频率的稳定精度越高．

四、实验基本原理

1. 多光束干涉

请参考赵凯华《光学》．

2. F-P 腔的透射特性

如图 4-1-1 所示：F-P 腔的入射场、反射场、透射场分别为 E^{in}、E_r、E_t，假定由往返腔内带来的光场位相变化为 ϕ，输入腔镜的振幅透射率、反射率分别为 t_1、r_1，输出腔镜的振幅透射率、反射率分别为 t_2、r_2，内腔场为 E_1、E_2、E_3、E_4，与其对应的强度分别为 I_1、I_2、I_3、I_4．输入、输出腔镜的强度透射、反射系数分别为 T_1、R_1、T_2、R_2．

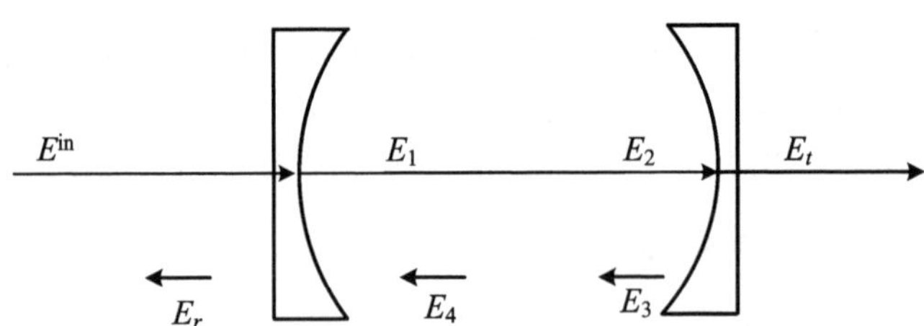

图 4-1-1 F-P 腔

根据光场的输入—输出关系式，存在着如下方程式

$$E_1 = t_1 E^{\text{in}} + r_1 E_4 \quad E_2 = E_1 e^{-i\frac{\phi}{2}} \quad E_3 = E_2 r_2 \tag{4-1-1}$$

$$E_4 = E_3 e^{-i\frac{\phi}{2}} \quad E_r = -r_1 E^{\text{in}} + t_1 E_4 \quad E_t = E_2 t_2 \tag{4-1-2}$$

可以从中得到

$$E_1 = \frac{t_1}{1 - r_1 r_2 e^{-i\phi}} E^{\text{in}} \tag{4-1-3}$$

$$E_t = \frac{t_1 t_2 e^{-i\frac{\phi}{2}}}{1 - r_1 r_2 e^{-i\phi}} E^{\text{in}} = A_{\delta 1} e^{-iA_{\theta 1}} E^{\text{in}} \tag{4-1-4}$$

其中

$$A_{\delta 1} = \frac{t_1 t_2}{\sqrt{1 - 2 r_1 r_2 \cos\phi + r_1^2 r_2^2}} \tag{4-1-5}$$

$$\mathrm{tg}A_{\theta1} = \frac{r_1 r_2 \sin\phi}{1 - r_1 r_2 \cos\phi} \tag{4-1-6}$$

相应的强度为

$$I_t = \frac{T_1 T_2}{1 + R_1 R_2 - 2\sqrt{R_1 R_2}\cos\phi} I^{\mathrm{in}} \tag{4-1-7}$$

由上式可知,输出场随位相 ϕ 的变化而作周期性变化.不难求得

$$I_{t\max} = \frac{T_1 T_2}{1 + R_1 R_2 - 2\sqrt{R_1 R_2}} I^{\mathrm{in}} \tag{4-1-8}$$

图 4-1-2 和图 4-1-3 分别为 F-P 腔透射特性的色散曲线和振幅曲线.

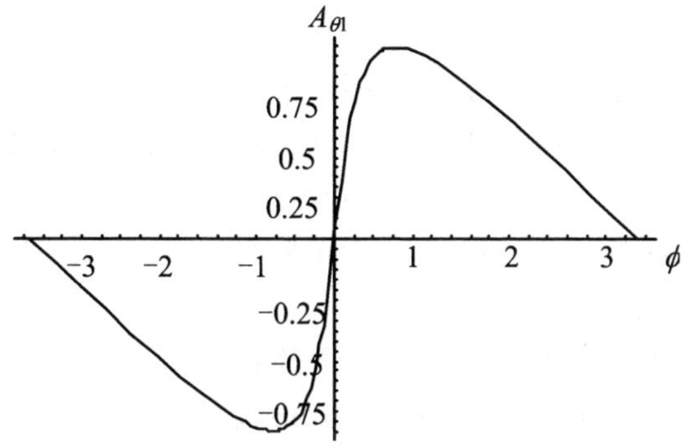

图 4-1-2　F-P 腔透射特性的色散曲线($\delta=0$)

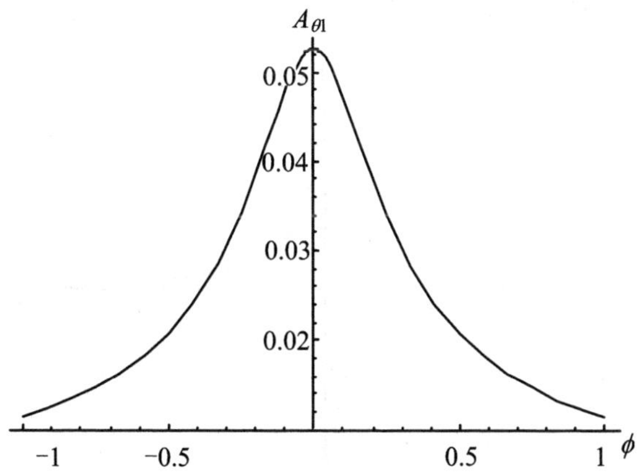

图 4-1-3　F-P 腔透射特性的振幅曲线($\delta=0$)

3. F-P 腔的反射特性

根据输入输出关系的理论,同理可得

$$E_r = \frac{r_2 e^{-i\phi} - r_1}{1 - r_1 r_2 e^{-i\phi}} E^{in} = A_{\delta 2} e^{-iA_{\theta 2}} E^{in} \tag{4-1-9}$$

其中

$$\text{tg} A_{\theta 2} = \frac{(r_1^2 r_2 - r_2)\sin\phi}{(r_1^2 r_2 + r_2)\cos\phi - r_2^2 r_2 - r_1} \tag{4-1-10a}$$

$$A_{\delta 2} = \left[\frac{((r_1^2 r_2 + r_2)\cos\phi - r_2^2 r_1 - r_1)^2 + ((r_1^2 r_2 - r_2)\sin\phi)^2}{(1 - 2r_1 r_2 \cos\phi + r_1^2 r_2^2)^2}\right]^{\frac{1}{2}} \tag{4-1-10b}$$

其响应的强度关系式

$$I_r = \frac{r_1^2 + r_2^2 - 2r_1 r_2 \cos\phi}{1 - 2r_1 r_2 \cos\phi + r_1^2 r_2^2} I^{in} \tag{4-1-11}$$

若考虑内腔其他因素引起的振幅损耗 δ 时，则用关系式 $e^{-\delta} e^{-i\phi} \rightarrow e^{-i\phi}$ 代入式(4-1-10a)和式(4-1-10b)中，可得到实际的振幅和位相特性曲线.

在这里，我们考虑一个相距 50 mm 的两曲率半径为 50 mm，且对 1 064 nm 波长透射率为 3%的两凹镜组成的 F-P 腔反射特性，根据以上关系式，可以得到该腔的透射和反射特性的振幅和色散曲线.

根据以上理论分析，我们可以利用 F-P 腔的透射(反射)特性的振幅(位相)曲线作为稳频基准，而且位相曲线受损耗影响很大，损耗越小，位相曲线在共振频率处变化越陡. 在实验上，其振幅特性可以通过扫描腔长直接获得，其位相特性通过适当的电路系统也可以得到. 下面，我们主要考虑利用透射的振幅曲线的特点实现稳频技术. 图 4-1-4 和图 4-1-5 分别是 F-P 腔反射特性的色散曲线和振幅曲线.

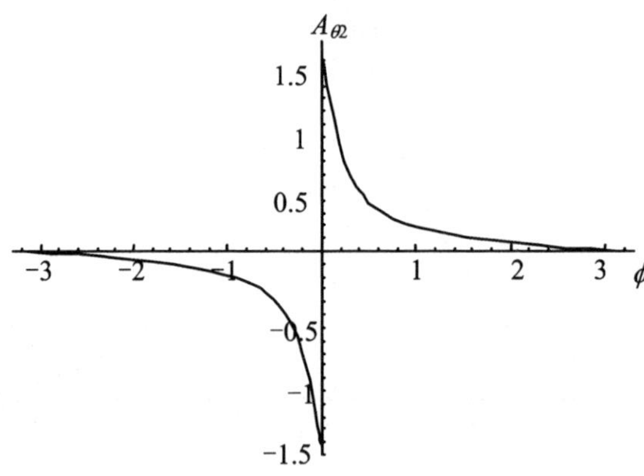

图 4-1-4 F-P 腔反射特性的色散曲线(δ=0.1)

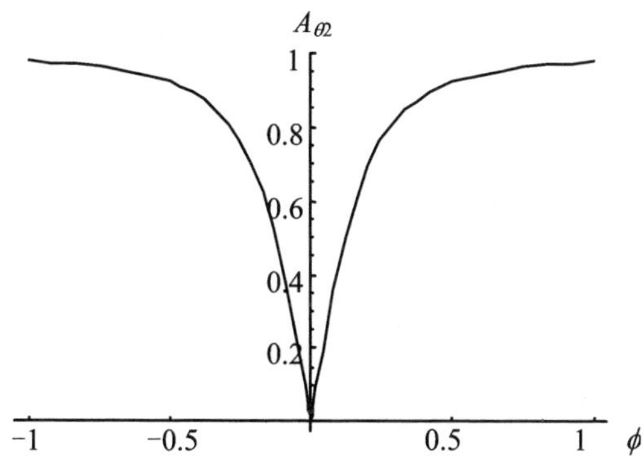

图 4-1-5　F-P 腔反射特性的振幅曲线($\delta=0$)

4. 利用 F-P 腔振幅特性获得色散曲线

我们选用 F-P 腔的共振频率作为稳定激光器的参考标准频率.此时,改变激光器的腔长相当于调节其频率,同时与 F-P 腔的输出功率有关.给激光器的频率加上一个小的正弦调制信号后,激光频率为:$\nu=\nu_0+\nu_{FM}\sin(\omega_m t)$,式中 ν_0 是激光器的中心频率,ν_{FM} 是其频率调制幅度,ω_m 是调制频率,t 是时间.经过 F-P 腔后,腔的输出功率[18]还可表示为

$$I_t=\frac{1}{1+4\left(\frac{F}{\pi}\sin\left(\frac{(\nu-\nu_m)}{FSR}\pi\right)\right)^2}I_{t\max} \tag{4-1-12}$$

式中,$I_{t\max}$ 是 F-P 腔的输出极值,F、FSR、$\phi=\frac{(\nu-\nu_m)\pi}{FSR}$ 分别表示为 F-P 腔的精细常数、自由光谱区、激光频率的失谐量.激光器的频率起伏较小时,这时有:$\frac{(\nu-\nu_m)\pi}{FSR}\ll 1$,且满足 $\frac{F}{\pi}\sin\left(\frac{(\nu-\nu_m)\pi}{FSR}\right)\ll 1$.由此,我们可以把输出功率值在激光器的中心频率 ν_0 处进行泰勒级数展开.对于一个响应较好的稳频系统,ν 与 ν_m 之间的差要比 F-P 腔的带宽小得多,此时,我们要把激光器的频率 ν 锁在 F-P 腔的最接近峰值的频率 ν_m 处,即 $\nu-\nu_m\ll FSR$,此时可近似为

$$I_t(\nu)=I_0(\nu)+I'(\nu)(\nu-\nu_0)+\frac{I''(\nu_0)}{2!}(\nu-\nu_0)^2+\cdots \tag{4-1-13}$$

其中

$$I(\nu_0)\approx I_{t\max}$$

$$I'(\nu_0)\approx -I_{t\max}8\frac{F^2}{FSR^2}(\nu_0-\nu_m)$$

$I'(\nu_0)$、$I''(\nu_0)$ 代表 F-P 腔透射对激光频率的一阶、二阶微分,二阶微分值及高阶微

分值是无穷小量，从而可以忽略. F-P 腔透射特性对激光频率的一阶微分值是纠错信号的数学表达式，存在着如下关系式：当 $\nu_0=\nu_m$，有 $I'(\nu_0)=0$；当 $\nu_0>\nu_m$，有 $I'(\nu_0)<0$；当 $\nu_0<\nu_m$，有 $I'(\nu_0)>0$.

从关系式可直观看出：利用腔的一阶微分信号可以实现对激光频率的负反馈控制，从而将激光频率稳定在腔的透射特性的共振频率处.

从式(4-1-13)，可得

$$\begin{aligned}I_t(\nu)&=I_{t\max}-I_{t\max}8\frac{F^2}{FSR^2}(u_0-\nu_m)(\nu-\nu_0)\\&=[1-A_{\delta11}(\nu-\nu_0)]I_{t\max}\\&=[1-A_{\delta11}\nu_{FM}\sin(\omega_m t)]I_{t\max}\end{aligned}\tag{4-1-14}$$

其中

$$A_{\delta11}=8\frac{F^2}{FSR^2}(\nu_0-\nu_m)\tag{4-1-15}$$

由该式可看出，正弦调制对 F-P 腔的输出功率的影响. 则从腔透射出来的信号可以表示为

$$\begin{aligned}I_t(\nu)&=(1-A_{\delta11}\nu_{FM}\sin(\omega_m t))I_{t\max}\\&=C_1+C_2\sin(\omega_m t)\end{aligned}\tag{4-1-16}$$

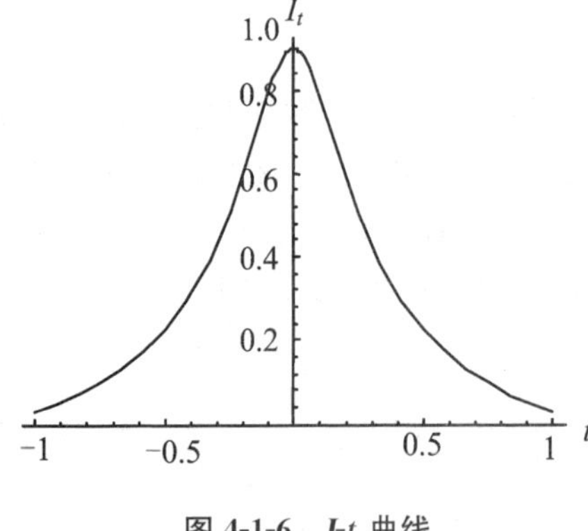

图 4-1-6 I-t 曲线

由上式可以得出，腔的输出特性经过很小的调制后，这里我们选择频率调制幅度式$_{FM}$为 0.01，调制频率为 1 kHz，可得到如图 4-1-6 所示的曲线.

调制信号为 $I(\nu)=C_3\sin(\omega_m t+\theta_1)$. 其中 $C_1=I_{t\max}$，$C_2=A_{\delta11}\nu_{FM}I_{t\max}$，$C_3$ 分别为各信号的振幅量，θ_1 是其调制信号的初始位相. 从腔出来的信号和调制信号分别作为混频器的射频端和输入端，再用低通滤波器将等于及高于 ω_m 的高频信号滤掉，混频器输出端为

$$I_0=I(\nu)\otimes I_t(\nu)=C_4*A_{\delta11}\cos\theta_1$$

通过适当的改变调制信号的初始位相 θ_1，使其为零时，可获得正比于该误差信号 $A_{\delta11}$ 的直流信号，即鉴频曲线.

下面我们具体地讨论鉴频曲线与腔的精细度的关系. 这里，我们取 $R_1=R_2$，值分别为 90%，95%，99%的三种情况. 根据上节的理论分析，除两腔镜的反射率不同外，其他条件相同的情况下，我们可以得到这三种情况的鉴频曲线.

从下面图 4-1-7、图 4-1-8、图 4-1-9 中，可得到鉴频曲线由腔的精细度和腔长决定，随着腔的精细度的增大而变得更陡一些，从而使频率更稳定一些. 然后将该直流信号放大后加载到激光谐振腔的压电陶瓷(PZT)上形成负反馈，从而达到稳

定激光器频率的目的. 经过该 F-P 腔光学元件稳频技术后,激光器的频率稳定在 10^{-8} 上,光频变化在几兆赫量级上.

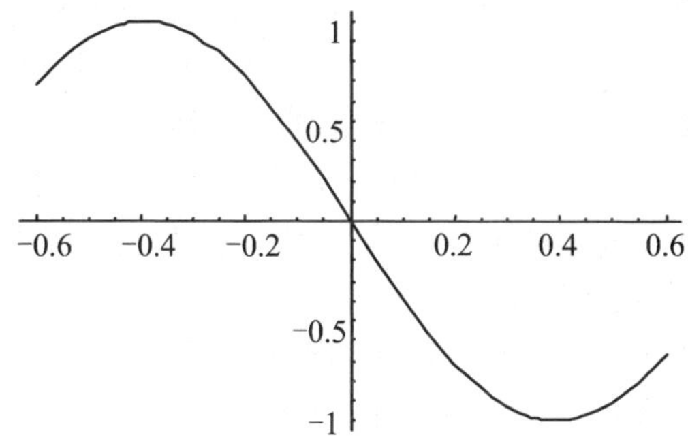

图 4-1-7　鉴频曲线($R=90\%$)

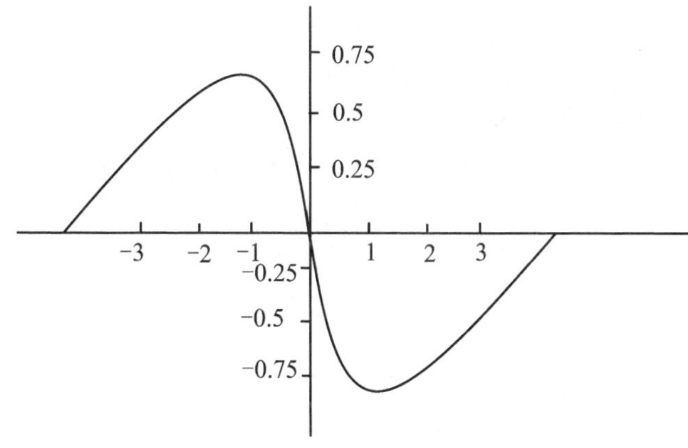

图 4-1-8　鉴频曲线($R=95\%$)

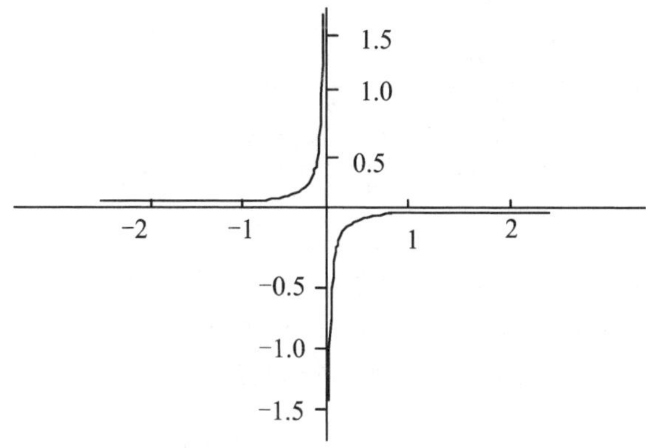

图 4-1-9　鉴频曲线($R=99\%$)

5. 稳频系统的实验装置及实验结果

由于激光器内部和外部条件的变化,谐振频率会在整个增益曲线线型内移动,从而使输出频率发生变化,引起频率的漂移.由此,稳频技术就是随着频率漂移而发展的一种激光技术.它的目的就是设法控制那些可以控制的因素,把其对振荡频率的干扰减至最小极限,从而提高激光频率的稳定性.实验中我们采用山西大学光电研究所研制的稳频全固化 Nd:YVO_4激光器[19],它是实验中的一大优点.由于腔的反馈信号与其频率变化不能很好地同步运转,所以,我们引入 PID 技术来弥补反馈信号相位的不足,使两者同步运行.

作为频率标准的 Fabry-Perot 腔,要求整体机械稳定性好,且腔长保持不变,使共振频率尽量长时间保持在一个确定值附近抖动.由于温度积累效应,腔长有一单向慢变化,一定时间后激光器就会出现跳模现象.在目前量子光学和量子信息有关实验中,需要多处锁频系统,且精度在兆赫(MHz)范围,所以山西大学光电研究所设计了结构稳定、控温精度高且操作方便的 F-P 腔.它的机械稳定性及腔长稳定性得到很大改善,克服了单频激光器跳模问题.

为了满足上述要求,我们将组成腔的两凹面镜固定在具有低膨胀系数的筒状殷钢主体两端,镜片架和殷钢之间放置铟丝,依靠铟丝的微小挤压形变来准直两端镜片,殷钢主体嵌入一紫铜套内,保证珀耳帖元件对殷钢主体的控温快速和均匀,紫铜套的外壁用胶木层包裹保温,尔后固定在铝制的外壳中.它的结构示意图如图 4-1-10 所示.

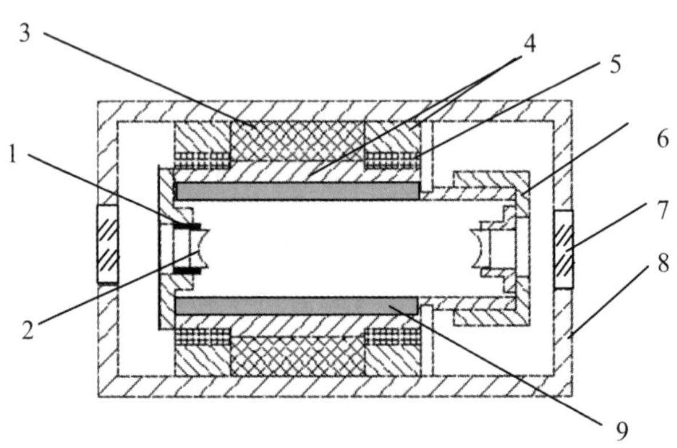

1. 压电陶瓷 2. 1 064 nm 高反境 3. 胶木 4. 紫铜 5. 珀耳帖元件
6. 螺旋微调块 7. 1 064 nm 增透镜 8. 铝壳 9. 殷钢

图 4-1-10 Fabry-Perot 腔结构示意图

主动稳频实验的具体操作如下[20]:利用 F-P 腔的传输特性来稳定环形激光器频率的光路示意图如图 4-1-11 所示.从示波器上监视激光器的模式,激光器稳频系统如图 4-1-12 所示. 首先以电压为 150 V,频率约为 18 Hz 的较大锯齿信号,扫描 F-P 腔,得到腔的透射曲线如图4-1-13所示. 然后从锁相放大器中输出一高频信号,频率因压电陶瓷的不同而不同,这里我们用 18 kHz 左右的高频信号. 把此高频信号输送到 F-P 腔的压电陶瓷上,从而对 F-P 腔的频率进行调制,图 4-1-14 表示调制后的透射曲线. 同时,把探测器 D_1 的信号送到锁相放大器中,让此信号与高频信号混频,我们从锁相放大器可以观察到输出的该 F-P 腔的微分曲线信号如图 4-1-15 和图 4-1-16 所示. 仔细调节该锁相放大器的位相、频率、幅度,使得微分曲线最好. 然后,将此信号反馈回激光器的压电陶瓷上,来改变激光器的腔长. 从而把激光器的频率稳定在该 F-P 腔的共振频率上.

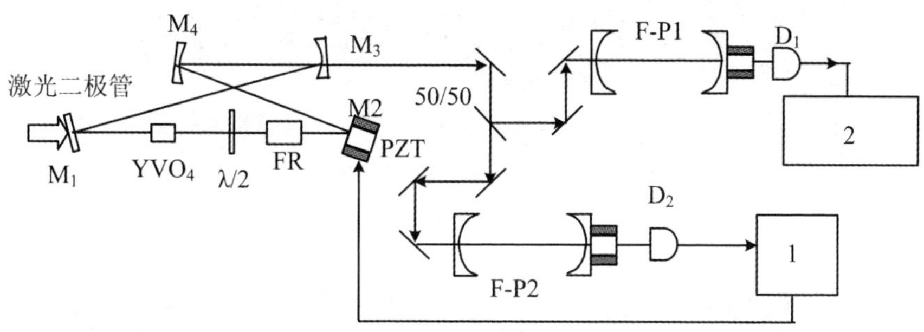

1. 频率稳定伺服系统 2. 示波器

图 4-1-11　光路图

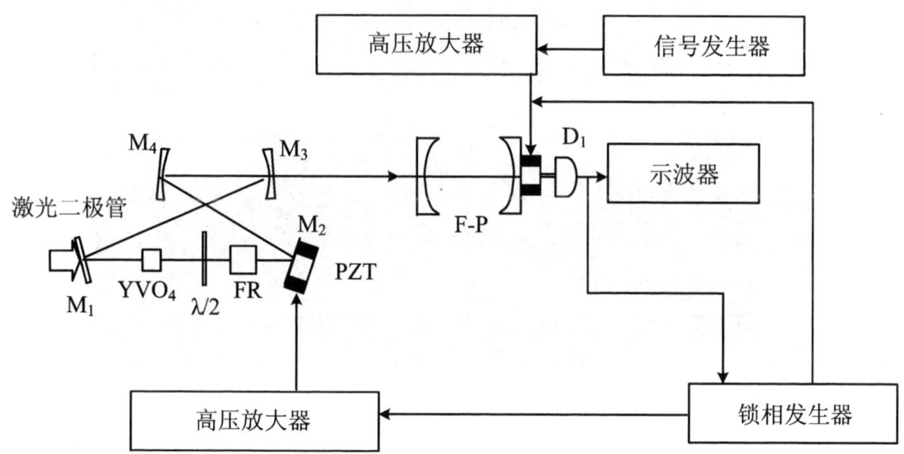

图 4-1-12　激光器稳频系统

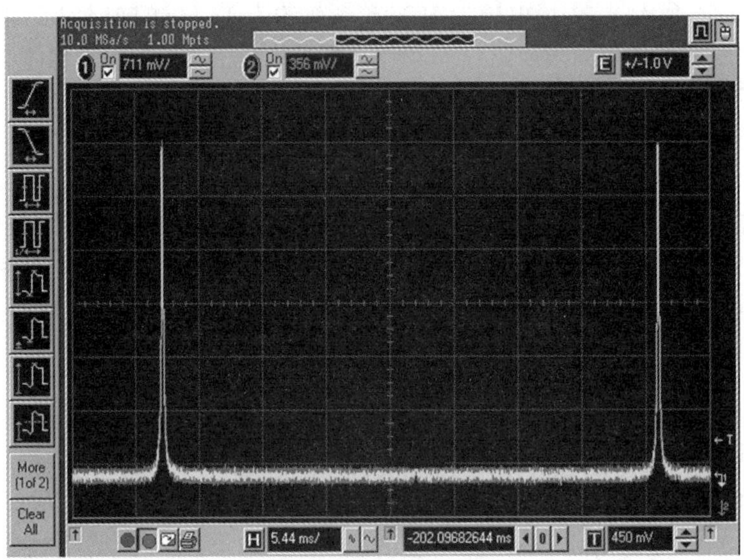

图 **4-1-13** F-P 腔的透射曲线

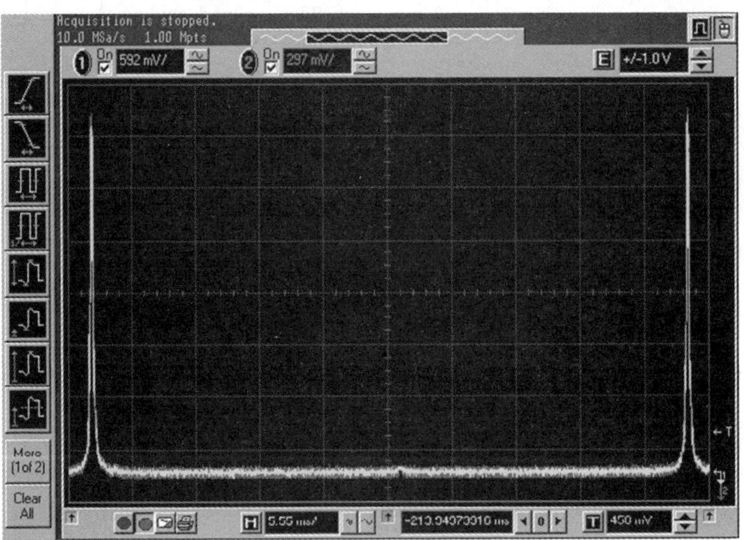

图 **4-1-14** F-P 腔调制后的透射曲线

实验装置如图 4-1-12 所示，激光源是山西大学光电研究所研制的全固化单频 Nd:YVO_4激光器. 采用共焦 F-P 腔作为鉴频器，用调制－同步检波方法进行稳频[20]. F-P2 腔的两凹面镜曲率半径均为 50 mm，对 1 064 nm 的红外光反射率均大于 99.7%. 处于共焦位形，自由光谱区为 1 500 MHz，实测精细度为 400. 模监视腔

F-P1 腔的两凹面镜曲率半径均为 102 mm，自由光谱区为 735 MHz. 实测精细度为 180. 作为激光频率稳定性测量的 F-P1 腔处于扫描工作状态，测量精度与腔的精细常数有关，精细常数愈高，测得短期稳定性会愈准确. 两探测器 D1、D2 为光电管 FFD-100.

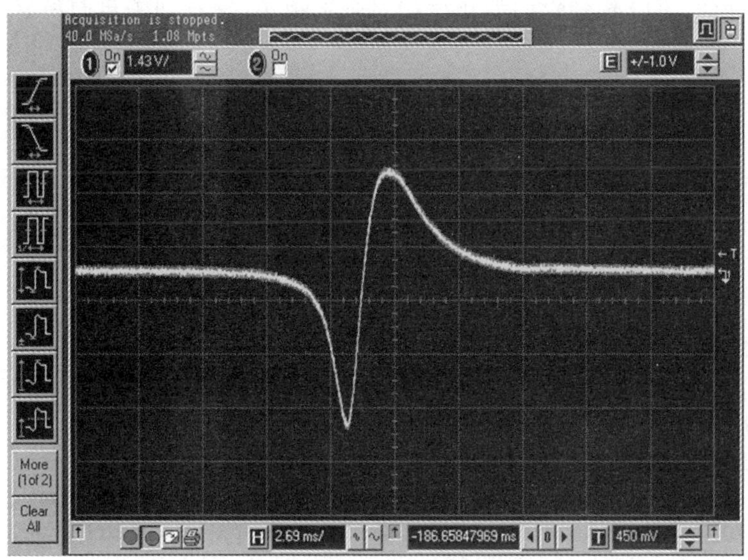

图 **4-1-15**　经混频出来的鉴频信号

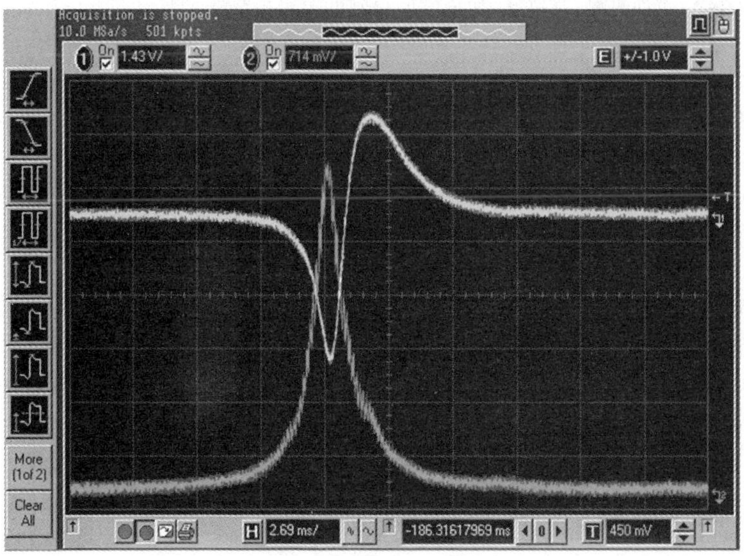

图 **4-1-16**　F-P 腔的微分曲线信号

图 4-1-13 两峰之间表示为一个自由光谱区，大小为 1 500 MHz.

图 4-1-14 与图 4-1-13 的区别在于，经调制后的透射曲线不太光滑，当提高分辨率时，可明显看到有高频信号加到透射曲线上(图 4-1-16).

图 4-1-16 上面亮线表示经混频出来的鉴频信号，下面暗线是经调制后的 F-P 腔的透射曲线，可以看到它们的相位相对延迟很小，这有利于我们很好地锁定激光器.

五、实验结果分析

对 F-P1 腔进行监视，从示波器中我们可以得到激光频率的漂移图. 这里我们要记录激光器在未被锁定以及在锁定状态下的频率短期和长期的漂移，从结果分析这种方法的优点.

参考文献

[1] 中尺正隆，田幸敏治ほか. 用 CH_4 外饱和吸收盒得 3. 39 微米 He-Ne 激光器的无调制的频率稳定化[J]. 电子通信学会论文，1979，62(1)：9-169.

[2] WEI RONG, DENG JINA-LIAO, QIAN YONG. Frequency-Shift of a Frequency Stabilized Laser Based on Zeeman Effect[J]. Chinese Phys. Lett, 2003, 20:1714-1717.

[3] STEVE LECOMTE, EMMANUEL FRETEL, GAETANO MILETI. Self-Aligned Extended-Cavity Diode Laser Stabilized by the Zeeman Effect on the Cesium D 2 Line[J]. Applied Optics, 39(9): 1426-1429.

[4] 梅田伦弘，筑地光雄，高崎彦. 加横磁场得到的单纵模激光的特性[J]. 应用物理，1978，47(11)：1053-1057.

[5] 诸圣磷. 原子物理学[M]. 北京：人民教育出版社，1987.

[6] VARCOE B T H. HALL B V, JOHNSON G. Long term laser frequency control for applications in atomic physics. Meas. Sci[J]. Technol, 2000(11):111-116.

[7] HONG F-L, ONAE A, MATSUMOTO H. Modulation-free saturated dispersion spectroscopy of I_2 using a common-path two-colour interferometer with a Nd: YAG laser[J]. Jpn. J. Appl. Phys, 2000, 39:1918-1919.

[8] Noboru Uehara and Ken-ichi Ueda, Advanced solid state laser[J]. Opt. Lett, 1993, 18:505.

[9] MITSURE MUSHA, KENICHI NAKAGAWA, KEN-ICHI UEDA. Wideband and high frequencystabilization of an injection－locked NdYAG laserto a high-finesse FabryPerotcavity[J]. Optics Letters, 1997, 22(15):1177.

[10] TIMOTHY DAY, GUSTAFSON E K, BYER R L. Sub-hertz relative frequency stabilization of two-diode laser-pumped Nd:YAG lasers locked to a Fabry-Perot interferometer[J]. IEEE J. Quantum Electron, 1992, 28:1106.

[11] 李健，吴令安. 相位调制锁定光学谐振腔[J]. 光学学报，1995，5(12)：1641-1645.

[12] LI XIAOYING, Peng Kunchi[J]. Phys. Rev. Lett, 2002, 88: 0479041-0479044.

[13] 延英，罗玉. 瓦级连续双波长输出 Nd:YAP/KTP 稳频激光器[J]. 中国激光，2003，31(5)：513-517.

[14] FAGANG ZHAO, QING PAN, KUN-CHI ENG. Improving frequency stability of laser by means of temperature-controlled F-P cavity[J]. Chinese optics Letters, 2004.

[15] 蓝信钜. 激光技术[M]. 武汉：华中理工大学出版社，1995.

[16] 姚建铨. 激光技术[M]. 长沙：湖南科学出版社，1979.

[17] 过已吉，石顺祥. 光电子技术及应用[M]. 西安：西安电子科技大学，1992.

[18] 山西大学. 全固化单频倍顿激光器：ZLP81254748[P]. 1998-12-10.

[19] KC PENG, LING AN WU. Kimble[J]. Appl opt, 1985, 24(1).

4-2　黑体辐射实验的研究

19 世纪末，经典物理学已发展到相当完善的阶段，当时许多物理学家都认为物理学的基本规律已被揭露出来，今后的任务只是使这些物理学的基本规律进一步完善. 但正当物理学家们为经典物理学的成就感到满意的时候，一些新的实验事实却给经典物理学以有力的冲击. 其中 1900 年瑞利和金斯用经典的能量均分定理来说明热辐射现象时，出现了所谓的分歧是不可调和的，给 19 世纪末期看来很和谐的经典物理理论，带来了很大的困难，它动摇了经典物理理论的基础，使许多物理学家感到困惑不解.

1900 年德国物理学家普朗克为了得到与实验曲线相一致的公式，提出了一个与经典物理学概念不同的新假设：金属空腔壁吸收或发射电磁波能量时，不是过去经典物理所认为的那样可以连续地吸收或发射能量，而是以与振子频率成正比的能量子 $\varepsilon=h\nu$ 为基本单元来吸收或发射能量. 这就是说，空腔壁上的带电谐振子吸收或发射的能量，只能是 $h\nu$ 的整数倍，并引入普朗克常数 h. 普朗克按照他的量子假设，并用经典的玻耳兹曼统计代替能量均分定理，得出了著名的普朗克黑体辐射公式，从理论上得出了与实验相一致的黑体辐射频谱分布. 普朗克公式的提出，导致了物理学的一场革命，对后来量子理论的建立，起到了重大的作用.

本实验就是通过 WGH-10 型黑体实验装置用计算机扫描黑体的辐射能量曲线，从而验证普朗克公式、唯恩位移定律还有斯特藩-玻耳兹曼定律，并进一步研究黑体与一般发光体辐射强度的关系，学会测量一般发光光源的辐射能量曲线.

一、实验原理

1. 热辐射、黑体、黑体辐射

每个处于热平衡的物体都具有一定的温度，由于物体内的带电粒子在进行热运动，因此它们均以电磁波的形式向外辐射能量，如红外线、可见光、紫外线等. 对于某一给定的物体，单位时间内辐射能量的多少取决于它的温度，因此将这种辐射称为温度辐射或热辐射. 对于不同物体，热辐射与物体的材料，发光表面的性质有关系.

一个物体不仅能向外辐射能量，同时也能吸收来自周围其他物体的辐射能量. 物体的吸收能力用吸收率来描述，所谓吸收率 A，就是吸收能量和入射总能量的比值. A 的值在 0～1 之间，我们把吸收率为 1 的物体称为黑体. 黑体的热辐射即黑体辐射特性可以从理论上计算得到. 要研究热辐射规律，必须选择有普遍意义的物体作研究对象，黑体辐射与其物质材料即表面无关，所以我们只研究黑体辐射.

2. 描述热体辐射的几个物理量

单色辐出度 $M_\lambda(T)$. 在单位时间内物体从表面单位面积上发射的波长介于 λ 和 $\mathrm{d}\lambda$ 之间的辐射电磁波能量 $\mathrm{d}E_\lambda$，则 $\mathrm{d}E_\lambda$ 与 $\mathrm{d}\lambda$ 之比称为单色辐出度 $M_\lambda(T)$，即 $M_\lambda(T)=\mathrm{d}E_\lambda/\mathrm{d}\lambda$（与辐射体的温度和辐射波长有关）.

(1) 辐出度 $M(T)$. 在单位时间内物体从单位表面积上发射的所有各种波长的电磁波能量总和为辐出度 $M(T)$，即

$$M(T)=\int_0^\infty M_\lambda(T)\mathrm{d}\lambda \tag{4-2-1}$$

(2) 单色吸收率 $a_\lambda(T)$. 当辐射从外界入射到物体表面时，被物体吸收的能量与入射总能量之比称为吸收率 A，其中波长在 λ 到 $\lambda+\mathrm{d}\lambda$ 之间的吸收率 $\mathrm{d}A$ 与 $\mathrm{d}\lambda$ 之比为单色吸收率 $a_\lambda(T)$ 即

$$a_\lambda(T)=\frac{\mathrm{d}A}{\mathrm{d}\lambda} \tag{4-2-2}$$

3. 黑体辐射定律

(1) 斯特藩-玻耳兹曼定律. 此定律首先由斯特藩于 1879 年从实践数据的分析中发现. 5 年以后，1894 年玻耳兹曼从热力学理论也得出同样的结果. 定律的内容为：黑体的辐出度与黑体的热力学温度的 4 次方成正比，即

$$M_0(T)=\int_0^\infty M_{0\lambda}(T)\mathrm{d}\lambda=\sigma T^4 \tag{4-2-3}$$

这就是斯特藩-玻耳兹曼定律，式中，σ 叫做斯特藩-玻耳兹曼常量，其值为 $5.671\times10^{-8}\ \mathrm{W\cdot m^{-2}\cdot k^{-4}}$.

(2) 维恩位移定律. 从图 4-2-1 可以看到, 随着黑体温度的升高, 每一条曲线的峰值波长 λ_m 随 T^{-1} 成正比例的减小. 维恩于 1893 年用热力学理论找到 T 与 λ_m 之间的关系为

$$\lambda_m T = b \tag{4-2-4}$$

式中, b 为常量, 其值为 $2.898\times10^{-3}\ \mathrm{m\cdot K}$. 上式表明, 当黑体的热力学温度升高时, 在 $M_{0\lambda}(T)$-λ 的曲线上, 与单色辐出度 $M_{0\lambda}(T)$ 的峰值相对应的波长 λ_m 向短波方向移动, 这称为维恩位移定律.

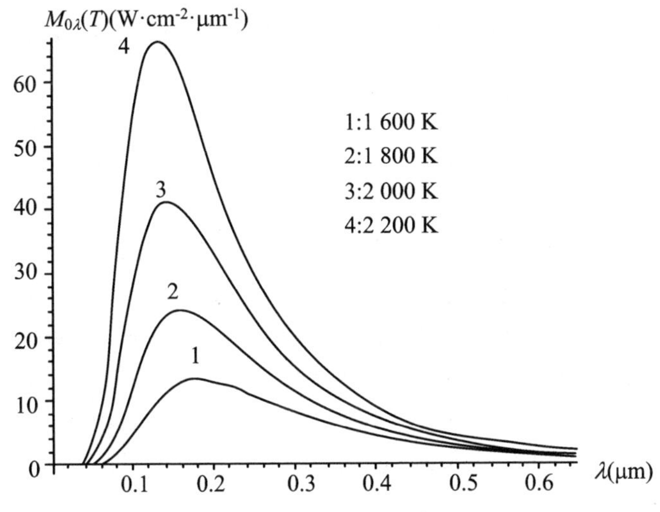

图 4-2-1　黑体单色辐出度 $M_{0\lambda}(T)$ 的实验曲线

(3) 黑体辐射公式. 1900 年德国物理学家普朗克提出了量子假设, 并用经典的玻耳兹曼统计替代能量均分定理, 求出了一维谐振子的平均能量, 从而得到在单位时间内, 从温度为 T 的黑体单位面积上, 频率在 $\nu\to\mathrm{d}\nu$ 范围内的辐射的能量为:

$$M_\nu(T)\mathrm{d}\nu = \frac{2\pi h\nu^3}{c^2}\cdot\frac{\mathrm{d}\nu}{\mathrm{e}^{\frac{h\nu}{kT}}-1} \tag{4-2-5}$$

这就是著名的普朗克黑体辐射公式, 其中 $h=6.63\times10^{-34}\ \mathrm{J\cdot s}$. 普朗克黑体辐射公式还可以写成

$$M_{0\lambda}(T)\mathrm{d}\lambda = \frac{2\pi hc^2}{\lambda^5}\cdot\frac{\mathrm{d}\lambda}{\mathrm{e}^{\frac{hc}{k\lambda T}}-1}$$

即

$$M_{0\lambda}(T) = \frac{2\pi hc^2}{\lambda^5}\cdot\frac{1}{\mathrm{e}^{\frac{hc}{k\lambda T}}-1} \tag{4-2-6}$$

令 $c_1=2\pi hc^2$, 为第一辐射常数; $c_2=hc/k$, 为第二辐射常数. 对式(4-2-6)中 λ 求导

且令为 0,得

$$c_1 \cdot \frac{5\lambda^4(e^{\frac{c_2}{\lambda T}}-1)+\lambda^5 e^{\frac{c_2}{\lambda T}}\left(\frac{c_2}{T}\cdot\frac{-1}{\lambda^2}\right)}{[\lambda^5(e^{\frac{c_2}{\lambda T}}-1)]^2}=0$$

即 $e^{\frac{c_2}{\lambda T}}=\frac{5\lambda T}{5\lambda T-c_2}$,由此式可解出 $\lambda T=2.897\,6\times10^{-3}\ \mathrm{m}\cdot\mathrm{K}$. 因此,$M_{0\lambda}(T)$有极值存在,容易推出该极值为最大值,记为 λ_m,即 $\lambda_m T=2.897\,6\times10^{-3}\ \mathrm{m}\cdot\mathrm{K}$,此即为维恩位移定律.

若将普朗克公式带入辐出度的表达式中,即可得出斯特藩-玻耳兹曼公式:

$$M_0(T)=\int_0^{\infty}M_{0\lambda}(T)\mathrm{d}\lambda=\sigma T^4 \tag{4-2-7}$$

二、实验装置

WGH-10 型黑体实验装置专门用于进行黑体辐射能量的测量和任意发射光源的辐射能量的测量. 可以记录出发光源的能量曲线. 在实验时,通过改变光源的温度,分别进行扫描,可以从记录的光谱辐射曲线直接看到维恩位移现象,并能够对普朗克定律,斯特藩-波耳兹曼定律进行精确的验证. 该实验装置所配的光源是溴钨灯,溴钨灯的谱线大致类似于黑体,但是由于溴钨灯的发射系数不是 1,所以需要进行修正. 软件可以对不同温度下溴钨灯的曲线进行发射系数 ε(仅限与溴钨灯)的修正. 该实验装置还可以作为光谱区间在 800～2 500 nm 范围的光栅光谱仪使用,进行其他实验.

WGH-10 型黑体实验装置,由光栅单色仪、接收单元、扫描系统、电子放大器、A/D 采集单元、电压可调的稳压溴钨灯光源、计算机组成. 该设备集光学、精密机械、电子学、计算机技术与一体. 图 4-2-2 为装置各部分的连线图.

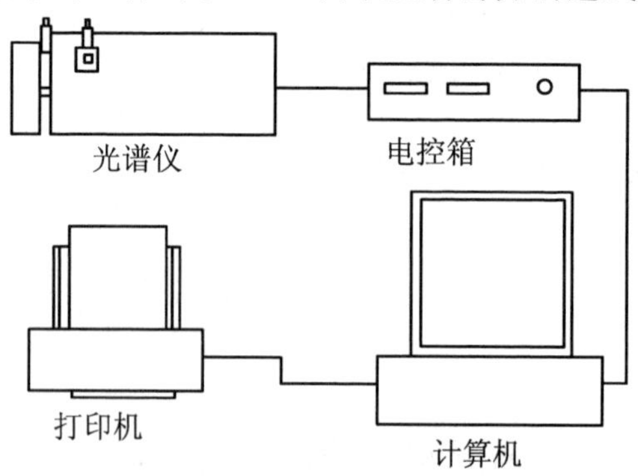

图 4-2-2 WGH-10 型黑体实验装置

主机(光谱仪)有以下几部分组成:单色器、狭缝、接收单元、光学系统以及光栅驱动系统等.

1. 狭缝

狭缝为直狭缝,宽度范围 0～2.5 mm 连续可调,顺时针旋转为狭缝宽度加大,反之为减小.每旋转一周狭缝宽度变化 0.5 mm.为延长使用寿命,调节时应注意最大不超过 2.5 mm,平时不使用时,狭缝最好开到 0.1～0.5 mm 左右.在做本实验时,出缝和入缝要开到相同的宽度不要太大,以防止基线饱和.

为去除光栅光谱仪的高阶次光谱,在使用过程中,操作者可根据需要把备用的滤光片插入入缝插板上.

2. 仪器的光学系统

光学系统采用 C-T 型,如图 4-2-3 所示.

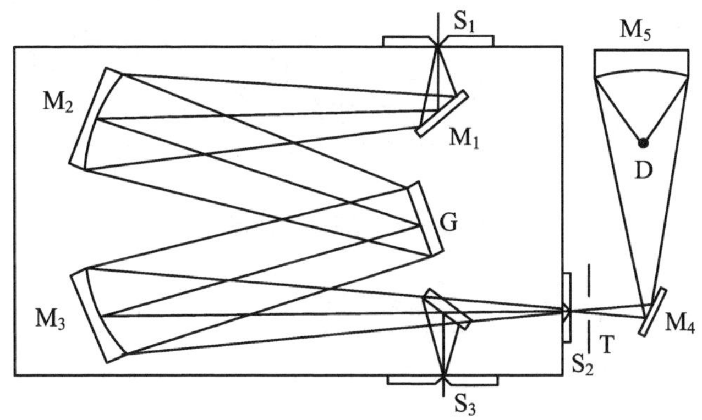

图 4-2-3　光学原理图

光源发出的光束进入入射狭缝 S_1,S_1 位于反射式准光镜 M_2 的焦面上,通过 S_1 射入的光束经 M_2 反射成平行光束投向平面光栅 G 上,衍射后的平行光束,经物镜 M_3 成像在 S_2 上.经 M_4,M_5 汇聚在光电接收器 D 上.

3. 仪器的机械转动系统

仪器采用丝杠由步进电机通过同步驱动,绕光栅台中心回转,从而带动光栅转动,使不同波长的单色光依次通过出射狭缝而完成"扫描",如图 4-2-4 所示.

4. 溴钨灯光源

标准黑体应是黑体实验的主要设置,但购置一标准黑体价格太高,所以本实验装置采用稳压溴钨灯作光源.溴钨灯的灯丝用钨丝制成.钨是难熔金属,熔点较高.而且,其光谱中可见光只占较少部分,大量的是看不见的红外光.

钨丝灯是一种选择性的辐射体,它产生的光谱是连续的总辐射本领 R_T 可由下式表示

$$R_T = \varepsilon_T \sigma T^4$$

式中，ε_T 为温度 T 时的总辐射系数，在给定温度下，钨丝灯辐射强度与绝对黑体的辐射强度之比为 $\varepsilon_T = \frac{R_T}{E_T}$ 或 $\varepsilon_T = (1 - e^{-BT})$（B 为常数 1.47×$10^{-4}$）. 出厂时将给配套用的钨灯光源一套标准的工作电流与色温度对应关系的资料. 资料如表 4-2-1 所示.

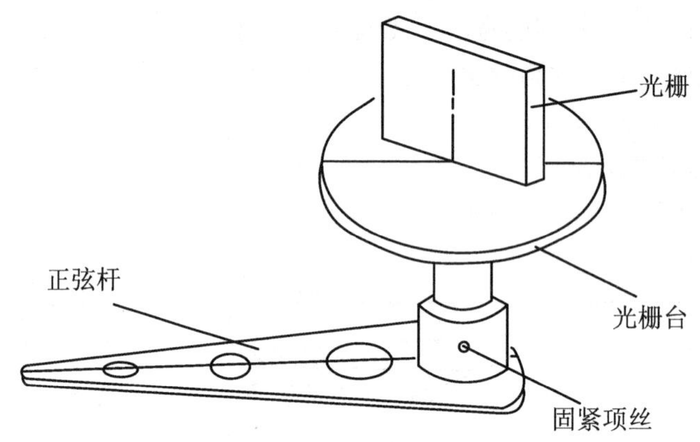

图 4-2-4　光栅转动平台

表 4-2-1　溴钨灯工作电流-色温对应表

电流(A)	2.5	2.32	2.2	2.11	2.01	1.91	1.81	1.73	1.6	1.51	1.42
色温(K)	2 940	2 860	2 770	2 680	2 600	2 550	2 500	2 450	2 400	2 330	2 250

5. 接收器

用 PbS 为光信号接收器. PbS 在 50 Hz 范围内的相对输出大而在高频段很小. 从单色仪出缝射出的单色光信号频率过高，所以要调制成 50 HZ 的频率信号才被 PbS 接收（PbS 的具体性质请看附录）. 该器件可在高温、潮湿条件下工作且性能稳定可靠.

对于 PbS 光电导体，在弱光照下，光电流 I_p 与照度 E 具有良好的线性关系，在强光下则为非线性关系，在弱光照下有 $I_p = SgEU$（Sg 为光点灵敏度，U 为光敏电阻两端所加的电压）.

因此，为保持光信号接收器 PbS 在线性范围内工作，不要将狭缝开得太大.

三、实验内容及步骤

本实验研究的内容为：① 验证斯特藩-玻尔兹曼定律；② 普朗辐射定律；③ 维

恩位移定律；④ 研究黑体和一般发光体辐射强度的关系.

1. 打开系统

(1) 检查线路正确后，合上 220 V 的总电源，先后打开溴钨灯电源和电控箱电源.

(2) 打开计算机，点击黑体图标，打开黑体界面.

(3) 预热 20 min 后，即可开始实验.

2. 基线和传递函数的建立

任何型号的光谱仪在记录辐射光源的能量时都受光谱仪的各种光学元件，接收器件在不同波长处的响应系数影响，习惯称之为传递函数. 在做实验之前，必须扣除其影响. 在软件内存储了一条该标准光源在 2 940 K 时的能量线.

(1) 选择工作模式为“基线”，调节狭缝宽度和增益大小使最大值不超过饱和值 4 096，否则谱线将失真.

(2) 将溴钨灯电源电流调至 2.5 A，对应温度为 2 940 K.

(3) 进行单程扫描. 在此之前，右上角“修正为黑体”和“传递函数”均不选.

(4) 待扫描完毕，计算传递函数，系统将自动保存.

3. 验证斯特藩-玻尔兹曼定律、普朗克公式及维恩位移定律

(1) 选择工作模式为“能量”，右上角“修正为黑体”和“传递函数”均选中.

(2) 调好需要的温度所对应的电流，输入温度.

(3) 进行扫描，系统将扫出此温度对应的黑体能量谱线

(4) 待扫描完毕，通过归一化使谱线与理论谱线起点一致.

(5) 然后陆续研究三个定律.

(6) 之后可调节电流测不同温度下的谱线并观察其随温度的变化情况.

4. 关闭系统

先检索波长到 800 nm 之处，使机械系统受力最小，然后关闭应用软件，最后按下电控箱电源关闭仪器电源.

四、思考题

1. 本实验的波长范围是 800～2 500 nm，为什么选择在这个范围，它与哪些因素有关？

2. 为什么在验证斯特番-玻尔兹曼定律与普朗克公式之前要归一化？

3. 当传递函数建立之后，开始扫出的谱线比较光滑，过一段时间，谱线会变得很不光滑，与理论谱线相差较远，但若重新建立传递函数，效果就会好很多，为什么？

参 考 文 献

[1] 王少杰，顾牡，毛俊健. 大学物理学[M]. 2 版. 上海：同济大学出版社，2002.

[2] 章志鸣，沈元华，陈惠芬. 光学[M]. 2 版. 北京：高等教育出版社，2000.

[3] 陆果. 基础物理学教程：下卷[M]. 北京：高等教育出版社，1998.